ATÉ O FIM DO TEMPO

BRIAN GREENE

Até o fim do tempo

Mente, matéria e nossa busca por sentido num universo em evolução

Tradução
Renato Marques

Grafia atualizada segundo o Acordo Ortográfico da Língua Portuguesa de 1990, que entrou em vigor no Brasil em 2009.

Título original
Until the End of Time

Capa e ilustração
Mateus Acioli

Revisão técnica
Rogério Rosenfeld

Preparação
Cláudia Cantarin

Índice remissivo
Luciano Marchiori

Revisão
Angela das Neves
Carmen T. S. Costa

Dados Internacionais de Catalogação na Publicação (CIP)
(Câmara Brasileira do Livro, SP, Brasil)

Greene, Brian
Até o fim do tempo : Mente, matéria e nossa busca por sentido num universo em evolução / Brian Greene ; tradução Renato Marques. — 1ª ed. — São Paulo : Companhia das Letras, 2021.

Título original: Until the End of Time
ISBN 978-65-5921-340-5

1. Astrofísica 2. Epistemologia 3. Filosofia 4. Universo I. Título.

21-70831 CDD-523.1

Índice para catálogo sistemático:
1. Universo : Astronomia 523.1

Cibele Maria Dias – Bibliotecária – CRB-8/9427

[2021]

EDITORA SCHWARCZ S.A.
Rua Bandeira Paulista, 702, cj. 32
04532-002 — São Paulo — SP
Telefone: (11) 3707-3500
www.companhiadasletras.com.br
www.blogdacompanhia.com.br
facebook.com/companhiadasletras
instagram.com/companhiadasletras
twitter.com/cialetras

Para Tracy

Sumário

Prefácio

"Eu faço matemática porque, uma vez que você prova um teorema, ele permanece. Para sempre."[1] A afirmação, simples e direta, era surpreendente. Eu cursava o segundo ano da faculdade e havia mencionado a um amigo mais velho — que durante anos me ensinara sobre diversos campos da matemática — que estava escrevendo um artigo sobre motivação humana para uma disciplina de psicologia na qual eu me matriculara. A resposta que ele me deu foi transformadora. Até então, eu não havia pensado na matemática em termos nem sequer remotamente parecidos. Para mim, a matemática era um jogo de precisão abstrata maravilhoso, jogado por uma comunidade muito peculiar, que se deliciava com piadas sobre raízes quadradas ou divisão por zero. No entanto, aquele comentário causou um estalo. *Sim*, eu pensei. *Esse é o romance da matemática.* A criatividade restringida pela lógica e por um conjunto de axiomas dita o modo como as ideias podem ser manipuladas e combinadas para revelar verdades inabaláveis. Todo triângulo retângulo desenhado desde antes de Pitágoras e daqui até a eternidade satisfaz o famoso teorema que leva o nome dele. Não há exceções. Claro, você pode mudar os pressupostos e acabar descobrindo novos domínios, a exemplo de triângulos desenhados sobre uma superfície curva, como o couro de uma bola de basquete, os quais podem fazer com que a conclusão de Pitágoras vá por água abaixo. Mas basta corrigir suas hipóteses, conferir e testar seu trabalho, e seu resultado já está pronto para ser esculpido em pedra. Não é preciso escalar o cume da montanha, tampouco vagar pelo deserto, nem descer de modo triunfal até os confins dos infernos. Você pode se sentar confortavelmente diante de uma escrivaninha e usar papel, lápis e uma mente perspicaz para criar alguma coisa atemporal.

Esse ponto de vista abriu minhas perspectivas. A bem da verdade, nunca havia me perguntado *por que* sentia uma atração tão profunda pela matemática e pela física. Solucionar problemas, aprender qual é a configuração do universo e de que modo ele é engendrado — era isso que me cativava. Eu me convenci de que essas disciplinas me seduziam porque pairavam acima da natureza impermanente do cotidiano. Por mais que minhas sensibilidades juvenis tornassem meu engajamento exagerado, de repente tive a certeza de que queria fazer parte de uma jornada rumo a descobertas e achados tão fundamentais que jamais se alterariam. Pouco importava a ascensão e a derrocada de governos, as vitórias e as derrotas do meu time na liga nacional de beisebol, o esplendor e o ocaso das lendas do cinema, da televisão e dos palcos. O que eu queria mesmo era passar minha vida vislumbrando algo transcendente.

Enquanto isso, eu ainda tinha de escrever aquele artigo de psicologia. A tarefa era desenvolver uma teoria que explicasse por que nós, seres humanos, fazemos o que fazemos; mas, assim que eu começava a escrever, o projeto parecia nebuloso demais. Se eu usasse uma linguagem adequada para expor ideias que parecessem minimamente razoáveis, talvez o texto meio que ganhasse forma, conforme meus avanços. Mencionei isso durante o jantar no meu dormitório, e um dos conselheiros residentes sugeriu que eu desse uma olhada em *A decadência do Ocidente*, de Oswald Spengler. Historiador e filósofo alemão, Spengler nutria um interesse permanente por matemática e ciências, sem dúvida a razão pela qual me haviam recomendado sua leitura.

Os aspectos responsáveis tanto pela fama quanto pelo escárnio de que o livro era alvo — previsões de implosão política, uma adesão velada ao fascismo — são profundamente perturbadores e vêm desde então sendo usados para respaldar ideologias pérfidas, mas eu estava focado demais na minha busca para me dar conta disso. Pelo contrário, fiquei intrigado com a visão de Spengler sobre um conjunto extenso de princípios que revelaria o papel fundamental de padrões ocultos em diferentes culturas, análogos àqueles articulados pelo cálculo e pela geometria euclidiana que transformaram a compreensão da física e da matemática.[2] Spengler falava a minha língua. Era inspirador ler um texto de história que reverenciava essas disciplinas como um modelo para o progresso. Mas então topei com uma observação que me pegou de surpresa: "O homem é o único ser que conhece a morte; todos os outros envelhecem, mas com uma consciência inteiramente limitada ao momento imediato, que lhes deve parecer eterno", conhecimento este que incute o "medo essencialmente humano diante da morte". Spengler concluiu que "toda religião, toda investigação científica e toda filosofia se originam disso".[3]

Lembro-me de que me detive por bastante tempo na última frase. Ali estava uma perspectiva sobre a motivação humana que fazia sentido para mim. O encantamento de uma prova matemática talvez resida no fato de ser eterna. Pode ser que a sedução de uma lei da natureza esteja em sua qualidade atemporal. Mas o que nos impulsiona a buscar o atemporal, a procurar qualidades que possam durar para sempre? Quem sabe tudo isso provenha de nossa peculiar consciência de que somos tudo menos eternos, de que nossa vida é qualquer coisa, menos interminável. Isso ecoava e amplificava minha percepção recém-descoberta sobre matemática, física e o fascínio da eternidade: parecia um tiro certeiro. Tratava-se de uma abordagem sobre a motivação humana baseada em uma reação plausível a um reconhecimento onipresente. Tratava-se de uma perspectiva que não havia sido inventada às pressas, no calor do momento.

À medida que continuei pensando nessa conclusão, ela parecia conter a promessa de algo ainda mais grandioso. A ciência, como observou Spengler, é uma resposta ao conhecimento de nosso fim inevitável. O mesmo se pode dizer da religião. E da filosofia. Mas, sério, por que parar por aí? De acordo com Otto Rank, um dos primeiros discípulos de Freud e fascinado pelo processo criativo humano, não deveríamos. O artista, na avaliação de Rank, é alguém cujo "impulso criativo [...] tenta converter a vida efêmera em imortalidade pessoal".[4] Jean-Paul Sartre foi mais longe, ao apontar que a vida é esvaída de sentido "quando se perde a ilusão de ser eterno".[5] A sugestão, então, abrindo caminho para se imiscuir nas obras desses e de outros pensadores que vieram depois, é de que boa parte da cultura humana — das experimentações artísticas às descobertas científicas — é impulsionada pela reflexão da vida sobre sua natureza finita.

Uma encruzilhada. Quem diria que uma preocupação com todas as coisas do âmbito da matemática e da física tiraria proveito das visões de uma teoria unificada da civilização humana impulsionada pela intensa dualidade entre vida e morte?

Tudo bem. Vou respirar fundo enquanto sugiro àquela distante versão de mim mesmo lá do segundo ano de faculdade que não se empolgue demais. No entanto, o entusiasmo que senti provou ser mais do que um deslumbramento intelectual ingênuo e fugaz. Nas quase quatro décadas que se passaram desde então, esses temas permaneceram comigo, ainda que em algum canto esquecido da minha mente. Embora meu trabalho cotidiano tenha se concentrado em teorias unificadas e origens cósmicas, em ponderar sobre o significado mais amplo dos avanços científicos, várias vezes me peguei voltando às questões do tempo e do quinhão limitado que cabe a cada um de nós. Ora, por formação e temperamento, sou cético em relação a explicações unificadas, aplicáveis às mais diversas situações — a física está atulhada de teorias unificadas e malsucedidas sobre as forças da natureza —, e mais ainda quando nos aventuramos no domínio complexo do comportamento humano. De fato, percebi que a consciência do meu próprio e inevitável fim tem uma grande influência sobre tudo o que faço, sem, contudo, fornecer uma explicação exaustiva para tal. Trata-se de uma avaliação que, imagino, é trivial em graus variados. Ainda assim, há um domínio em que os tentáculos da mortalidade são especialmente evidentes.

Em todas as culturas e através dos tempos, atribuímos um valor significativo à permanência. São muitas as maneiras pelas quais fizemos isso: algumas pessoas buscam a verdade absoluta, outras se esforçam para obter legados duradouros, algumas constroem monumentos formidáveis, outras se empenham no encalço de leis imutáveis, e outras ainda se dedicam com fervor a esta ou àquela versão do eterno. A eternidade, como demonstram essas preocupações, exerce uma influência poderosa sobre a mente que tem consciência de que sua duração material é limitada.

Em nossa era, cientistas equipados com ferramentas voltadas aos experimentos, à observação e à análise matemática desbravaram uma trilha pioneira rumo ao futuro, um caminho que, pela primeira vez, revelou características proeminentes do cenário inevitável e definitivo, ainda que distante, que está por vir. Embora obscurecido por uma névoa aqui e uma bruma ali, o panorama está se tornando desanuviado o bastante para que nós, criaturas pensantes, sejamos capazes de desvendar, com mais destreza do que nunca, a maneira como nos encaixamos na imponente vastidão do tempo.

É nesse espírito, nas páginas a seguir, que percorreremos a linha do tempo do universo, investigando em detalhes os princípios físicos que produzem estruturas ordenadas que vão desde as estrelas e as galáxias até a vida e a consciência, no âmbito de um universo fadado à dissolução. Examinaremos argumentos que demonstram que, como os seres humanos, os fenômenos da vida e da mente no universo têm vida útil limitada. De fato, em algum momento é provável que a existência de qualquer tipo de matéria organizada já não seja possível. Examinaremos de que maneira os seres autorreflexivos enfrentam a tensão gerada por essas percepções. Somos resultado de leis que, até onde sabemos, são atemporais e, no entanto, existimos apenas durante o mais breve instante. Somos regidos por leis que operam sem se preocupar com o destino; ainda assim, com frequência nos perguntamos para onde estamos rumando. Somos moldados por leis que não parecem exigir um fundamento lógico subjacente e, contudo, vivemos em uma busca persistente de significado e propósito.

Em suma, vamos esquadrinhar o universo desde o início dos tempos até o que se assemelha a um fim. Ao longo dessa jornada, esmiuçaremos as maneiras deslumbrantes pelas quais mentes inquietas e inventivas iluminaram a transitoriedade fundamental de tudo e a ela responderam.

Em nossa investigação, seremos guiados por descobertas e reflexões de várias disciplinas científicas. A partir de analogias e metáforas, explicarei todas as ideias necessárias em termos não técnicos, levando em conta apenas os fatos e as informações preliminares mais simples. Para conceitos especialmente complexos, fornecerei sínteses que permitirão ao leitor seguir em frente sem perder o rumo. Nas notas ao final do livro, esclarecerei de modo mais detalhado os pormenores matemáticos específicos, e apresentarei referências e sugestões de leituras adicionais.

Como o assunto é vasto e nosso número de páginas, limitado, decidi seguir uma rota estreita, com paradas em vários momentos oportunos e críticos que julgo essenciais para reconhecer nosso lugar dentro da história cosmológica mais ampla. Essa é uma jornada movida pela ciência, a que a humanidade confere significado e relevância, e a fonte de uma aventura vigorosa e enriquecedora.

1. A atração da eternidade

Começos, finais e além

Quando chegar a plenitude do tempo, tudo aquilo que vive morrerá. Por mais de 3 bilhões de anos, à medida que espécies simples e complexas encontravam seu lugar na hierarquia da Terra, a foice da morte lançou uma sombra persistente sobre a vida que florescia. A diversidade se espalhou enquanto a vida saía rastejando dos oceanos, caminhava a passos largos terra afora e alçava voo pelos céus. Mas basta esperar o bastante e o livro de registros de nascimentos e mortes, em que as entradas são mais numerosas do que as miríades de estrelas existentes na galáxia, equilibrará as contas com precisão impassível. O desabrochar de qualquer vida ultrapassa toda espécie de previsão. O destino derradeiro de qualquer forma de vida é uma conclusão inexorável.

E, no entanto, esse fim iminente, tão inevitável quanto o pôr do sol, é algo que apenas nós, humanos, parecemos apreender. Muito antes de nossa chegada, o rugido estrondoso dos trovões das tempestades, o frenesi furioso dos vulcões, os tremores abruptos dos terremotos decerto precipitavam a debandada de todos os seres aptos a fugir em carreira desabalada. Mas essas escapadas são uma reação instintiva a qualquer perigo que se apresente. Quase todas as formas de vida vivem o momento, com o medo resultante da percepção imediata. Somente você e eu e o restante de nossa espécie somos capazes de refletir sobre o passado distante, imaginar o futuro e compreender a escuridão que nos aguarda.

É aterrorizante. Não o tipo de terror que nos faz encolher de medo ou correr em busca de refúgio. Pelo contrário: é um pressentimento que vive dentro de nós, um presságio que aprendemos a sufocar, a aceitar, a não levar a sério. Entretanto, por baixo das camadas obscuras está o fato sempre presente e perturbador daquilo que o futuro nos reserva, o conhecimento que William James descreveu como o "verme no cerne de todas as nossas fontes usuais de prazer".[1] Trabalhar e brincar, ansiar e se esforçar, desejar e amar, tudo nos entrelaça cada vez mais à tessitura da vida que compartilhamos; pensar que tudo isso acabará de repente, parafraseando Steven Wright, basta para deixar qualquer um meio morto de medo. Duas vezes.

É claro, a maioria de nós, em nome da sanidade, não se fixa na finitude. Cuidamos da vida cotidiana, concentrados em preocupações mundanas. Aceitamos o inevitável e direcionamos nossas energias para outras coisas. Porém, o reconhecimento de que nosso tempo é finito nos acompanha e nos ajuda a moldar as escolhas que fazemos, os desafios que aceitamos enfrentar, os caminhos que percorremos. Como afirmou o antropólogo cultural Ernest Becker, vivemos sob uma tensão existencial constante, impelidos para o céu por uma consciência que pode se elevar aos píncaros de Shakespeare, Beethoven e Einstein, mas amarrados à terra por uma forma física cuja deterioração a transformará em pó. "O homem está literalmente cindido em dois: tem consciência de sua esplêndida singularidade, graças à qual sobressai na natureza com imponente majestade, e ainda assim retorna às entranhas da terra, a cerca de sete palmos, para, cego e emudecido, apodrecer e desaparecer para todo o sempre."[2] De acordo com Becker, essa consciência nos compele a negar à morte a capacidade de nos apagar. Alguns apaziguam o anseio existencial por meio do comprometimento com a família, o envolvimento com um time esportivo, um movimento, uma religião, uma nação — construtos que durarão mais que a quantidade de tempo conferida a cada indivíduo na Terra. Outros deixam para trás um rastro de expressões criativas, artefatos que prolongam simbolicamente a duração de sua presença terrena. "Nós nos esquivamos na direção da Beleza", disse Emerson, "como uma guarida dos terrores da natureza finita."[3] Outros buscam subjugar a morte por meio de vitórias ou conquistas, como se status, poder e riqueza garantissem uma imunidade indisponível aos mortais comuns.

Ao longo dos milênios, uma consequência disso tem sido o fascínio generalizado por todas as coisas, reais ou imaginárias, que roçam o atemporal. De profecias de uma vida além-túmulo e ensinamentos de reencarnação a súplicas feitas à mandala varrida pelo vento, desenvolvemos estratégias para lidar com o conhecimento de nossa impermanência e, muitas vezes com esperança, outras tantas com resignação, fazer um gesto em direção à eternidade. O que há de novo em nossa era é o extraordinário poder que tem a ciência de contar uma história lúcida não apenas do passado, voltando até o Big Bang, mas também do futuro. Talvez a eternidade em si esteja para sempre além do alcance de nossas equações, mas nossas análises já revelaram que o universo que conhecemos é transitório. De planetas a estrelas, de sistemas solares a galáxias, de buracos negros a nebulosas rodopiantes, nada é perpétuo. De fato, até onde podemos afirmar, não é apenas a vida de cada indivíduo que é finita, mas também a própria vida em si. O planeta Terra, descrito por Carl Sagan como "um grão de poeira suspenso em um raio de sol", é uma flor evanescente em um cosmo primoroso que, no fim das contas, será estéril. Grãos de poeira, próximos ou distantes, dançam à luz dos raios de sol apenas por um mero instante.

Ainda assim, aqui no mundo, pontuamos este nosso instante fugidio com façanhas assombrosas, fruto de ideias perspicazes, criatividade e engenhosidade, à medida que cada geração tira proveito das realizações das que a precederam, em busca de uma compreensão lúcida sobre como tudo surgiu, esforçando-se para encontrar coerência no destino ao qual rumamos, e ansiando por uma resposta para a indagação: por que tudo isso é importante?

Essa é a história deste livro.

HISTÓRIAS DE QUASE TUDO

Somos uma espécie que se delicia com histórias. Nós nos orientamos pela realidade, apreendemos padrões e os combinamos em narrativas capazes de cativar, informar, assustar, divertir e emocionar. O plural — narrativas — é absolutamente essencial. Na biblioteca da reflexão humana, não existe um volume único que transmita a compreensão definitiva. Em vez disso, escrevemos muitas histórias entremeadas que abarcam diferentes domínios da investigação e da experiência humanas: histórias que, em outras palavras, analisam de forma minuciosa os padrões da realidade usando gramáticas e vocabulários distintos. Prótons, nêutrons, elétrons e outras partículas da natureza são essenciais para contar a história reducionista, analisando o estofo da realidade, dos planetas a Picasso, em termos de seus constituintes microfísicos. Metabolismo, replicação celular, mutação e adaptação são essenciais para contar a história do surgimento e do desenvolvimento da vida, por meio da análise do funcionamento bioquímico de moléculas extraordinárias e das células que elas comandam. Neurônios, informação, pensamento e consciência são essenciais para a história da mente — e com isso as narrativas proliferam: do mito à religião, da literatura à filosofia, da arte à música, elas contam a luta da humanidade pela sobrevivência, a vontade de entender, o desejo urgente de se expressar e a busca de sentido.

Essas são histórias em andamento, desenvolvidas por pensadores oriundos de uma ampla gama de disciplinas variadas. E é compreensível que seja assim. Uma saga que vai dos quarks à consciência é uma crônica robusta. Ainda assim, essas diferentes histórias estão entrelaçadas. *Dom Quixote* trata do anseio da humanidade pelo heroico, contado por meio do frágil Alonso Quijano, personagem criado pela imaginação de Miguel de Cervantes, um ser vivo que respira, pensa, entende e sente — um conjunto de ossos, tecidos e células que, durante sua vida, forneceu os meios para a realização de processos orgânicos de transformação de energia e excreção de resíduos, que por sua vez dependiam de movimentos atômicos e moleculares aprimorados ao longo de bilhões de anos de evolução em um planeta forjado a partir dos detritos das explosões de supernovas espalhadas de uma ponta à outra de uma área do espaço resultante do Big Bang. No entanto, ler as agruras de Dom Quixote é obter uma compreensão da natureza humana que permaneceria opaca se incorporada a uma descrição dos movimentos das moléculas e dos átomos do cavaleiro da triste figura, ou se transmitida por meio de uma elaboração dos processos neuronais que crepitavam na mente de Cervantes enquanto ele escrevia o romance. Por mais conectadas que sejam — e elas com certeza são —, diferentes histórias, contadas em diferentes idiomas e focadas em diferentes níveis de realidade, propiciam revelações muitíssimo diferentes.

Talvez um dia sejamos capazes de transitar de forma integrada e coesa entre essas histórias, conectando todos os produtos da mente humana, reais e fictícios, científicos e imaginativos. Talvez um dia invoquemos uma teoria unificada de ingredientes particulados para explicar a visão avassaladora de um Rodin e as miríades de reações que a escultura *Os burgueses de Calais* suscita naqueles que vivem a experiência de contemplá-la. Quem sabe consigamos compreender de que modo o brilho da luz refletido em um prato giratório, fenômeno banal à primeira vista, é capaz de agitar a mente poderosa de Richard Feynman e instigá-lo a reescrever as leis fundamentais da física. Ainda mais audaciosos, talvez um dia possamos assimilar os mecanismos de funcionamento da mente e da matéria, de maneira tão completa que tudo será desvendado, dos buracos negros a Beethoven, da esquisitice quântica a Walt Whitman. Mas, mesmo que não tenhamos nada que sequer chegue perto dessa capacidade, há muito a se ganhar com a imersão nessas histórias — científicas, criativas, imaginativas — se compreendermos quando e como elas emergiram a partir de outras, anteriores, que se desenrolaram na linha do tempo cósmica e delinearam os desdobramentos, tão controversos quanto conclusivos, que elevaram cada uma delas a seu lugar de proeminência explicativa.[4]

Ao longo desse apanhado de histórias, encontraremos duas forças que compartilham o papel de personagem principal. No capítulo 2 está o primeiro protagonista: a *entropia*. Embora conhecida por muitos em virtude de sua associação com a desordem e a afirmação, reproduzida com frequência, de que a medida da entropia sempre aumenta com o tempo, suas qualidades sutis permitem aos sistemas físicos se desenvolverem em uma variedade abundante de maneiras, às vezes até mesmo dando a impressão de nadar contra a corrente entrópica. Veremos exemplos importantes disso no capítulo 3, uma vez que partículas resultantes do Big Bang aparentemente desdenham do ímpeto de desordem à medida que evoluem para estruturas organizadas como estrelas, galáxias e planetas — e, ao fim e ao cabo, para configurações de matéria que se avolumam e se intensificam com a corrente da vida. Perguntar de que forma essa corrente é acionada nos leva à segunda de nossas influências dominantes: a *evolução*.

Embora seja o principal motor a impulsionar as transformações graduais por que passam os sistemas vivos, a evolução via seleção natural entra em ação bem antes de as primeiras formas de vida começarem a competir entre si. No capítulo 4, vamos nos deparar com moléculas batalhando contra outras moléculas, em lutas pela sobrevivência travadas em uma arena de matéria inanimada. Foram sucessivos rounds de darwinismo molecular, como é chamado esse combate químico, que provavelmente produziram uma série de configurações cada vez mais robustas, dando origem, em última instância, aos primeiros aglomerados moleculares que reconheceríamos como vida. Os detalhes são a essência da pesquisa de ponta, mas, depois das últimas duas décadas de progresso estupendo, o consenso é de que estamos no caminho certo. De fato, talvez as forças duais da entropia e da evolução sejam parceiras perfeitamente compatíveis e complementares na jornada rumo ao surgimento da vida. Embora essa possa parecer uma dupla discrepante — a má fama pública da entropia toca de leve o caos, aparentemente a antítese da evolução ou da vida —, análises matemáticas recentes da entropia sugerem que a vida (ou ao menos qualidades semelhantes à vida) pode muito bem ser o produto *esperado* de uma fonte longeva de energia, a exemplo do Sol, despejando sem parar calor e luz sobre os ingredientes moleculares que competem pelos limitados recursos disponíveis em um planeta como a Terra.

Por mais provisórias que sejam algumas dessas ideias, fundadas apenas em conjecturas, líquido e certo é o fato de que, mais ou menos 1 bilhão de anos depois da formação da Terra, o planeta estava apinhado de vida se desenvolvendo sob a pressão evolutiva, então a fase seguinte de desenvolvimento faz parte do tradicional menu darwiniano. Eventos fortuitos, como ser atingido por um raio cósmico ou sofrer um infortúnio molecular durante a replicação do DNA, resultam em mutações aleatórias; algumas têm impacto mínimo na saúde e no bem-estar do organismo, mas outras são capazes de torná-lo mais ou menos apto na competição pela sobrevivência. As mutações que aperfeiçoam a aptidão têm maior probabilidade de ser transmitidas aos descendentes, porque, segundo o próprio significado da expressão "mais apto", o portador dos traços tem mais chances de sobreviver até a maturidade reprodutiva e gerar prole apta. Assim, de geração em geração, as qualidades que incrementam a aptidão vão se espalhando.

Bilhões de anos mais tarde, à medida que esse longo processo continuou a se desenrolar, um conjunto específico de mutações proporcionou a algumas formas de vida uma capacidade aprimorada de cognição. Algumas delas não apenas se tornaram conscientes, como também adquiriram consciência de que tinham consciência. Ou seja, algumas formas de vida adquiriram autoconsciência consciente. Naturalmente, esses seres autorreflexivos se perguntaram o que é a consciência e como ela surgiu: afinal, como é possível a um turbilhão de matéria estúpida e absurda pensar e sentir? Vários pesquisadores, como será discutido no capítulo 5, antecipam uma explicação mecanicista. Eles argumentam que precisamos entender o cérebro — seus componentes, funções, conexões — com exatidão muito maior do que ocorre hoje, mas, uma vez obtido esse conhecimento, o resultado será uma explicação da consciência. Outros respondem de antemão que estamos enfrentando um desafio muito maior e alegam que a consciência é o enigma mais difícil que já encontramos, o tipo de charada que exigirá perspectivas drasticamente novas com relação não apenas à mente, mas à própria natureza da realidade.

As opiniões convergem quando se trata de avaliar o impacto de nossa sofisticação cognitiva em nosso repertório comportamental. Ao longo de dezenas de milhares de gerações durante o Pleistoceno, nossos antepassados se uniram em grupos que sobreviveram por meio da caça e da coleta. Com o tempo, desenvolveu-se a destreza mental que lhes proporcionou capacidades refinadas para planejar, organizar, comunicar-se, ensinar, avaliar, julgar e resolver problemas. Tirando proveito dessas habilidades individuais aprimoradas, os grupos empregaram forças comunais cada vez mais influentes. O que nos leva ao conjunto seguinte de episódios explicativos, centrados nos avanços evolutivos que deram origem a nós. No capítulo 6, investigamos nossa aquisição da linguagem e a subsequente obsessão com a narração de histórias; o capítulo 7 se aprofunda em um gênero específico de histórias, aquelas que prenunciam as tradições religiosas e fazem a transição para essas tradições; e, no capítulo 8, examinamos a busca longeva e generalizada da expressão criativa.

Ao procurar a origem dessas transformações, comuns e sagradas, os pesquisadores recorreram a uma gama extensa de explicações. Para nós, uma luz-guia essencial continua a ser a evolução darwiniana, aplicada ao comportamento humano. O cérebro, afinal, não passa de outra estrutura biológica evoluindo como resultado de pressões de seleção, e é ele que informa o que fazemos e como reagimos. Ao longo das últimas décadas, os cientistas cognitivos e os psicólogos evolucionistas desenvolveram essa perspectiva, estabelecendo que, assim como grande parte de nossa biologia, nosso comportamento também foi moldado pelas forças da seleção darwiniana. Desse modo, em nossa jornada percorrendo a cultura humana, muitas vezes nos perguntaremos se este ou aquele comportamento pode ter aumentado as perspectivas de sobrevivência e reprodução entre os indivíduos que o praticavam muito tempo atrás, promovendo a ampla propagação desta ou daquela maneira de agir por gerações e gerações de descendentes. No entanto, ao contrário do polegar opositor ou do andar ereto — características fisiológicas herdadas fortemente vinculadas a comportamentos adaptativos específicos —, muitas características herdadas do cérebro moldam predileções, e não ações definitivas. Somos influenciados por essas predisposições, porém a atividade humana resulta de um amálgama de tendências comportamentais com nossa mente complexa, deliberativa e autorreflexiva.

E assim um segundo farol-guia, distinto, mas não menos importante, será apontado para a vida interior que vem atrelada a nossas refinadas capacidades cognitivas. Seguindo a trilha marcada por muitos pensadores, chegaremos a um panorama revelador: com a cognição humana, sem dúvida domamos uma força poderosa, que, com o tempo, acabou nos elevando à categoria de espécie dominante em todo o mundo. Mas as faculdades mentais que nos permitem moldar, configurar e inovar são as mesmas que dissipam a miopia, que, de outra forma, nos manteria estreitamente focados no presente. A habilidade de manipular de forma criteriosa o meio ambiente propicia a capacidade de mudar nosso ponto de vista, pairar acima da linha do tempo e contemplar o que era e imaginar o que será. Por mais que preferíssemos o contrário, chegar ao "Penso, logo existo" é precipitar-se sem cautela em direção à réplica "Existo, logo morrerei".

Essa constatação é no mínimo desconcertante. Entretanto, a maioria de nós é capaz de suportá-la. E nossa sobrevivência como espécie atesta que nossos irmãos também foram capazes de lidar com ela. Mas como fazemos isso?[5] De acordo com uma linha de pensamento, contamos e recontamos histórias nas quais nosso lugar no vasto universo migra para o centro do palco, e a possibilidade de sermos apagados para sempre é contestada ou ignorada — ou, em termos simples, ela sequer existe. Criamos pinturas, esculturas, coreografias e músicas nas quais usurpamos o controle da criação e concedemos a nós mesmos o poder de triunfar sobre todas as coisas finitas. Imaginamos heróis, de Hércules a Sir Galvão, um dos cavaleiros da Távola Redonda, e Hermione, que encaram a morte com desdém e determinação feroz e demonstram, ainda que de forma fantasiosa, que somos capazes de vencer. Desenvolvemos a ciência, que nos fornece inferências esclarecedoras sobre o funcionamento da realidade, e as transformamos em poderes que as gerações anteriores teriam reservado aos deuses. Em suma, podemos ter nosso bolo cognitivo — a agilidade do pensamento que, entre muitas outras coisas, revela nossa difícil situação existencial — e também o prazer de comê-lo. Por meio de nossas capacidades criativas, desenvolvemos defesas formidáveis contra o que, de outra forma, seria um desassossego debilitante.

Ainda assim, uma vez que os motivos não se fossilizam, rastrear a inspiração para o comportamento humano pode ser uma empreitada complicada. Talvez nossas incursões criativas, desde os cervídeos nas cavernas de Lascaux até as equações da relatividade geral, surjam da habilidade do cérebro — fruto da seleção natural, mas excessivamente ativa — de detectar e organizar padrões de forma coerente. Talvez essas e outras atividades correlatas sejam subprodutos requintados, ainda que supérfluos em termos adaptativos, de um cérebro grande o bastante, liberto da obrigação de se concentrar na obtenção de abrigo e sustento em tempo integral. Como discutiremos, há teorias de sobra, porém é ilusório pensar que as conclusões são inabaláveis. Com relação a um aspecto não resta dúvida: imaginamos, criamos e experimentamos obras, das pirâmides à *Nona sinfonia* à mecânica quântica, que são monumentos à engenhosidade humana, cuja durabilidade, se não seu conteúdo, aponta para a permanência.

E com isso, tendo refletido sobre as origens cósmicas, investigado a formação de átomos, estrelas e planetas e vasculhado o surgimento da vida, da consciência e da cultura, direcionaremos nosso olhar para o reino que, durante milênios, literal e simbolicamente, estimulou e subjugou nossa ansiedade cósmica. Ou seja, olharemos daqui até a eternidade.

INFORMAÇÃO, CONSCIÊNCIA E ETERNIDADE

Vai demorar muito tempo para a eternidade chegar. Ao longo do caminho, muita coisa vai acontecer. Futuristas esbaforidos e espetáculos de ficção científica de Hollywood imaginam como serão a vida e a civilização em espaços de tempo que, embora significativos pelos padrões humanos, empalidecem se comparados às escalas temporais cósmicas. É um passatempo divertido fazer conjecturas a partir dos indícios de uma curta extensão de inovação tecnológica exponencial a fim de antever como serão os avanços futuros, mas essas previsões tendem a ser profundamente diferentes do modo como as coisas de fato se desenrolarão. E isso vale para durações de tempo com as quais estamos em certa medida familiarizados, em termos de décadas, séculos e milênios. Em escalas de tempo cósmicas, prever esse tipo de detalhe é perda de tempo. Felizmente, para a maior parte dos temas que investigaremos aqui, o terreno sobre o qual realizaremos nossa caminhada é mais sólido. Minha intenção é pintar o futuro do universo com cores intensas, mas apenas com as pinceladas mais amplas. E, com esse nível de detalhe, podemos retratar as possibilidades com um grau razoável de confiança.

É essencial reconhecer que não se pode obter grande serenidade emocional deixando vestígios em um futuro desolado, desprovido de qualquer pessoa que possa estar lá para notar. O futuro que tendemos a imaginar, mesmo que apenas de modo implícito, é povoado por coisas que nos interessam. Sem dúvida a evolução levará a vida e a mente a assumir uma gama farta de formas, sob os auspícios de uma variedade ampla de plataformas — biológica, computacional, híbrida, e sabe-se lá mais o quê. Contudo, sejam quais forem os detalhes imprevisíveis da composição física ou do pano de fundo ambiental, muitos de nós imaginamos que, em um futuro distante, algum tipo de vida, e, mais especificamente, vida inteligente, existirá e pensará.

Isso suscita uma questão que nos acompanhará ao longo desta jornada: o pensamento consciente pode perdurar de modo indefinido? Ou talvez a mente pensante, como o tigre-da-tasmânia ou o pica-pau-de-bico-de-marfim, possa ser algo sublime que surge por certo período, mas depois se extingue? Não estou focando em nenhuma consciência individual, então a questão nada tem a ver com as tecnologias almejadas — criogênicas, digitais, quaisquer que sejam — capazes de preservar uma determinada mente. Em vez disso, o que questiono é se o fenômeno do pensamento, com o suporte de um cérebro humano ou de um computador inteligente ou, ainda, de um emaranhado de partículas flutuando no vazio ou de qualquer outro processo físico que se mostre relevante, tem condições de sobreviver arbitrariamente no futuro distante.

Por que não sobreviveria? Bem, pensemos na materialização humana do pensamento. Ela surgiu em combinação com um conjunto fortuito de condições ambientais que explicam por que, por exemplo, nosso pensamento ocorre aqui e não em Mercúrio ou no cometa Halley. Somos capazes de pensar porque as condições que encontramos aqui são propícias à vida e ao pensamento, e é por isso que mudanças deletérias no clima da Terra são tão angustiantes. O que não é de todo óbvio é que existe uma versão cósmica dessas preocupações, com consequências relevantes, porém limitadas. Quando se pondera a respeito do pensamento como um processo físico (hipótese que examinaremos), não surpreende que ele só possa ocorrer se certas condições ambientais rigorosas forem atendidas, seja na Terra aqui e agora, seja em qualquer lugar em algum outro momento. E, assim, ao levarmos em consideração a evolução geral do universo, determinaremos se as condições ambientais em evolução no decorrer do espaço e do tempo podem assegurar para sempre a manutenção da vida inteligente.

A avaliação será norteada por reflexões a partir de pesquisas realizadas nos campos da física de partículas, da astrofísica e da cosmologia, as quais nos permitem prever de que maneira o universo se desenrolará ao longo de eras que fazem parecer desprezível toda a linha do tempo desde a grande explosão primordial. Existem incertezas significativas, é claro, e, assim como para a maioria dos cientistas, a razão da minha vida é a possibilidade de a natureza dar um tapa em nossa arrogância e revelar surpresas que ainda não somos capazes de compreender. Contudo, tendo como base aquilo que medimos, observamos e calculamos, o que encontraremos, conforme será exposto nos capítulos 9 e 10, não é animador. Planetas e estrelas, sistemas solares e galáxias e até mesmo buracos negros são efêmeros. O fim de cada um é impulsionado por sua própria combinação distinta de processos físicos, abarcando a mecânica quântica por intermédio da relatividade geral, produzindo, enfim, uma névoa de partículas que flutuam através de um cosmo gélido e silencioso.

Como um pensamento consciente se comportará em um universo que passa por essa transformação? Quem fornece a linguagem para formular essa pergunta e respondê-la é, mais uma vez, a entropia. E, seguindo a trilha entrópica, encontraremos a possibilidade muitíssimo real de que o ato de pensar, levado a cabo por qualquer entidade de qualquer espécie em qualquer lugar, talvez seja tolhido por um acúmulo inevitável de lixo ambiental: no futuro longínquo, pode ser que qualquer coisa pensante queime no calor gerado pelos próprios pensamentos. Aliás, até pensar pode se tornar fisicamente impossível.

Embora o argumento contra o pensamento infinito seja fundamentado em um conjunto conservador de suposições, também levaremos em conta alternativas, futuros possíveis mais propícios à vida e ao pensamento. No entanto, a leitura mais direta sugere que a vida, em especial a vida inteligente, é efêmera. O intervalo na linha do tempo cósmica em que as condições possibilitam a existência de seres autorreflexivos pode muito bem ser deveras estreito. Se você lançar uma olhada superficial sobre a coisa toda, corre o risco de nem sequer perceber a existência da vida. A descrição de Nabokov da vida humana como uma "breve fenda de luz entre duas eternidades de escuridão"[6] pode ser aplicada ao fenômeno da própria vida.

Lamentamos nosso caráter efêmero e buscamos consolo em uma transcendência simbólica: o legado de pelo menos termos participado da jornada. Você e eu não estaremos aqui, mas outros estarão, e o que fazemos, o que criamos, o que deixamos para trás contribui para o que virá e para como a vida futura viverá. Contudo, em um universo que acabará desprovido de vida e de consciência, até mesmo um legado simbólico — um sussurro destinado a nossos descendentes distantes — desaparecerá vazio adentro.

Onde, então, ficamos diante disso?

REFLEXÕES SOBRE O FUTURO

Tendemos a absorver as descobertas sobre o universo em termos intelectuais. Aprendemos alguns fatos novos sobre o tempo, bem como sobre teorias unificadas ou buracos negros. Por um breve momento, isso faz cócegas em nossa mente e, se for impressionante o bastante, permanece. A natureza abstrata da ciência muitas vezes nos leva a enfatizar o conteúdo, e a nos aferrarmos a ele do ponto de vista cognitivo, e somente então, e apenas raramente, esse entendimento tem a chance de nos tocar fundo no âmbito visceral. Entretanto, nas ocasiões em que a ciência evoca tanto a razão quanto a emoção, o resultado pode ser poderoso.

Um bom exemplo disso: alguns anos atrás, quando comecei a pensar em previsões científicas com relação ao futuro distante do universo, minha experiência era sobretudo cerebral. Eu absorvia materiais relevantes como um apanhado maravilhoso, embora abstrato, de ideias atreladas à matemática das leis da natureza. Porém, descobri que, quando me esforçava para *realmente* imaginar tudo o que é vivo, todo pensamento, toda luta e toda realização como uma aberração fugaz em uma linha do tempo cósmica que de outro modo seria desprovida de vida, essa absorção ocorria de um jeito diferente. Eu podia perceber isso. Eu podia sentir isso. E não me importo de compartilhar com o leitor o fato de que, nas primeiras vezes que fiz isso, a jornada foi sombria. Ao longo de décadas de estudo e pesquisa científica, não raro tive momentos de euforia e admiração, mas nunca antes os resultados em matemática e física haviam me esmagado com um pavor oco.

Com o tempo, meu envolvimento emocional com essas ideias se tornou mais refinado. Hoje, contemplar o futuro distante quase sempre provoca em mim uma sensação de calma, de estar conectado, como se minha própria identidade pouco importasse porque foi absorvida por alguma coisa que só posso descrever como um sentimento de gratidão pelo presente da experiência. Uma vez que é mais do que provável que você não me conheça pessoalmente, deixe-me oferecer um contexto. Sou uma pessoa de mente aberta e receptiva a novas ideias, e com uma sensibilidade que exige rigor. Venho de um mundo em que os argumentos devem ser formulados com equações e dados replicáveis, um mundo em que a validade é determinada por cálculos inequívocos que produzem previsões correspondentes a experimentos, dígito por dígito, cuja precisão chega às vezes até uma dúzia de casas além da vírgula decimal. Então, a primeira vez que senti na pele um desses momentos de calma conexão — eu estava num Starbucks em Nova York —, fiquei profundamente desconfiado. Talvez meu chá Earl Grey tivesse sido contaminado por um pouco de leite de soja estragado. Ou talvez eu estivesse enlouquecendo.

Pensando bem, nem uma coisa nem outra. Somos o produto de uma longa linhagem que apaziguou seu desconforto existencial imaginando que deixamos uma marca. E, quanto mais duradoura é essa marca, quanto mais indelével, mais a vida parece ter alguma importância. Nas palavras do filósofo Robert Nozick — mas que poderiam muito bem ter saído da boca de George Bailey —, "A morte oblitera o indivíduo [...], ser completamente apagado, sem deixar nenhum rastro ou vestígio, contribui bastante para destruir o sentido da vida de alguém".[7] Em especial para aqueles que, como eu, não têm uma orientação religiosa tradicional, a ênfase em não ser "obliterado", com o foco implacável na permanência, pode acabar permeando tudo. Minha formação, minha educação, minha carreira, minhas experiências foram todas embasadas na permanência. Em todas as etapas do caminho, segui em frente com um olho treinado para o longo prazo, na busca da realização de alguma coisa que perdurasse. Não há mistério algum no motivo pelo qual minha preocupação profissional foi dominada por análises matemáticas do espaço, do tempo e das leis da natureza; é difícil imaginar outra disciplina capaz de manter os pensamentos cotidianos de um indivíduo mais prontamente focados em questões que transcendem o momento. Mas a própria descoberta científica lança uma luz diferente sobre essa perspectiva. É provável que a vida e o pensamento habitem um minúsculo oásis na cronologia cósmica. Embora regido por elegantes leis matemáticas que possibilitam todos os tipos de processos físicos maravilhosos, o universo será o anfitrião da vida e da mente apenas por um certo tempo. Se você entender isso de forma plena, imaginando um futuro desprovido de estrelas, planetas e coisas que pensam, seu respeito por nossa era pode aumentar e passar do apreço à reverência.

E *esse* foi o sentimento que tomou conta de mim no Starbucks. A calma e a conexão marcaram uma mudança, da busca por um futuro cada vez mais distante para a sensação de habitar um presente que, apesar de transitório, é de tirar o fôlego. Foi uma mudança, a meu ver, incitada por uma contrapartida cosmológica às orientações oferecidas ao longo do tempo por poetas e filósofos, escritores e artistas, sábios gurus espirituais e professores de *mindfulness*, entre inúmeros outros que nos dizem a verdade simples, porém surpreendentemente sutil, de que a vida pode ser encontrada no aqui e agora. É uma mentalidade difícil de manter, mas que inspirou o pensamento de muitos. Nós a vemos na frase de Emily Dickinson: "O sempre é composto por agoras",[8] e em Thoreau, quando diz: "A eternidade em cada momento".[9] É uma perspectiva, constatei, que se torna ainda mais palpável quando mergulhamos em toda a vastidão do tempo — do começo ao fim —, um pano de fundo cosmológico que propicia uma clareza incomparável sobre a singularidade e a fugacidade do aqui e do agora.

O objetivo deste livro é fornecer essa clareza. Viajaremos através do tempo, desde a nossa compreensão mais refinada dos primórdios até o mais próximo que a ciência pode nos levar do finalzinho de todas as coisas. Em detalhes, examinaremos de que modo a vida e a mente emergem do caos inicial, e nos debruçaremos sobre o que um conjunto de mentes curiosas, ávidas, ansiosas, autorreflexivas, inventivas e céticas faz, sobretudo quando percebe sua própria mortalidade. Investigaremos o surgimento da religião, o ímpeto pela expressão criativa, a ascensão da ciência, a busca pela verdade e o anseio pelo atemporal. A arraigada afinidade por algo que seja permanente, por aquilo que Franz Kafka identificou como sendo nossa necessidade de "algo indestrutível",[10] impulsionará, então, nossa marcha ininterrupta em direção ao futuro distante, e isso nos permitirá avaliar as perspectivas de tudo aquilo que estimamos, tudo o que constitui a realidade tal qual a conhecemos, de planetas e estrelas a galáxias e buracos negros até a vida e a mente.

De uma ponta à outra da jornada, o espírito humano da descoberta brilhará de forma abundante. Somos exploradores ambiciosos tentando compreender uma realidade vasta. Séculos de esforço iluminaram terrenos obscuros da matéria, da mente e do cosmo. Durante os milênios vindouros, as esferas de iluminação se tornarão maiores e mais brilhantes. A jornada até aqui já mostrou que a realidade é regida por leis matemáticas indiferentes a códigos de conduta, padrões de beleza, necessidades de companheirismo, desejos de compreensão e busca por sentido. No entanto, por meio da linguagem e da história, da arte e do mito, da religião e da ciência, mobilizamos nosso pequeno quinhão dos desalmados, implacáveis e mecânicos desdobramentos do cosmo, para dar voz à nossa onipresente necessidade de coerência, valor e propósito. É uma contribuição requintada, mas temporária. Como nossa jornada através do tempo deixará claro, tudo leva a crer que a vida é efêmera, e é quase certo que todo o entendimento ensejado pelo surgimento da vida se dissolverá quando ela desaparecer. Nada é permanente. Nada é absoluto. E assim, nessa procura por valor e propósito, as únicas ideias relevantes, as únicas respostas importantes e cheias de significado são aquelas formuladas por nós mesmos. Afinal, durante esse nosso breve momento ao Sol, somos incumbidos da nobre tarefa de encontrar nosso próprio sentido.

Embarquemos.

2. A linguagem do tempo
Passado, futuro e mudança

Na noite de 28 de janeiro de 1948, acomodada entre uma apresentação do *Quarteto em lá menor* de Schubert e a execução de canções folclóricas inglesas, a rádio BBC transmitiu um debate entre uma das mais potentes forças intelectuais do século XX, Bertrand Russell, e o padre jesuíta Frederick Copleston.[1] O tema? A existência de Deus. Russell, cujos textos inovadores em filosofia e princípios humanitários lhe renderiam o prêmio Nobel de Literatura em 1950, e cujas visões políticas e sociais iconoclastas resultariam em sua demissão da Universidade Cambridge e do City College de Nova York, forneceu muitos argumentos para que se questionasse, ou mesmo se rejeitasse, a existência de um criador.

Uma linha de pensamento que dava consistência à posição de Russell é relevante para nossa investigação aqui. "No que tange às evidências científicas", observou o filósofo, "o universo se arrastou, ao longo de etapas lentas, até um resultado um tanto lamentável nesta Terra, e vai se arrastar, em fases ainda mais deploráveis, até chegar a uma condição de morte universal." Com uma perspectiva tão desoladora, eis sua conclusão: "Se isto puder ser encarado como evidência do desígnio divino, cabe-me dizer apenas que esse desígnio não exerce sobre mim o menor encanto. Não vejo, portanto, razão alguma para acreditar em qualquer espécie de Deus".[2] O fio teológico será costurado em capítulos posteriores. Aqui, quero me concentrar na referência de Russell às evidências científicas de uma "morte universal". Isso vem de uma descoberta do século XIX, com raízes tão humildes quanto são profundas suas conclusões.

Em meados do século XIX, a Revolução Industrial estava em plena atividade e operando com capacidade total; em uma paisagem dominada por fábricas e usinas, o motor a vapor havia se tornado o burro de carga confiável e robusto que impulsionava a produção. No entanto, mesmo com o salto decisivo do trabalho manual para o mecânico, a eficiência do motor a vapor — o trabalho útil realizado em comparação com a quantidade de combustível consumida — era escassa. Aproximadamente 95% do calor gerado pela queima de madeira ou carvão se perdia no meio ambiente como resíduo. Isso inspirou diversos cientistas a refletir sobre os princípios físicos que regem o controle de motores a vapor e a buscar maneiras de queimar menos combustível e obter mais energia. Ao final de muitas décadas, as pesquisas aos poucos levaram a um resultado icônico que, com justiça, tornou-se famoso: *a segunda lei da termodinâmica.*

Em termos (bastante) coloquiais, a lei declara que a produção de resíduos é inevitável. E o que confere importância decisiva a essa segunda lei é que, embora os motores a vapor fossem o objeto de estudo, a lei se aplica a todo o universo. A segunda lei descreve uma característica fundamental inerente a toda matéria e energia, independente de sua estrutura ou forma, seja animada ou inanimada. E revela (mais uma vez, numa descrição imprecisa) que tudo no universo tem a tendência avassaladora de se degradar, deteriorar, definhar.

A partir dessa formulação prosaica, você pode ver de onde Russell partia ao dizer o que disse. O futuro aparentemente reserva uma deterioração contínua, uma conversão implacável de energia produtiva em calor inútil, uma exaustão constante, por assim dizer, das baterias que alimentam a realidade. Entretanto, uma compreensão mais precisa da ciência revela que esse resumo do destino para onde a realidade se dirige obscurece uma progressão pujante e repleta de nuances, que está em andamento desde o Big Bang e seguirá rumo ao futuro distante. É uma progressão que, além de ajudar a explicar nosso lugar na linha do tempo cósmica, esclarece de que modo é possível produzir beleza e ordem em um cenário de degradação e decadência, e também oferece maneiras possíveis, por mais exóticas que possam ser, de contornar o fim deprimente concebido por Russell. Essa mesma ciência, que envolve conceitos como entropia, informação e energia, é que nos guiará durante grande parte de nossa jornada. Então talvez valha a pena nos determos um pouquinho mais nela, para entender melhor como ela funciona.

MOTORES A VAPOR

Longe de mim sugerir que encontraremos o sentido da vida observando as profundezas suarentas de uma barulhenta máquina a vapor. Entretanto, compreender a capacidade do motor a vapor de absorver o calor do combustível e usá-lo para acionar o movimento recorrente nas rodas de uma locomotiva ou em uma bomba de mina de carvão é indispensável para entender como a energia — de qualquer tipo e em qualquer contexto — evolui com o tempo. E a forma como a energia evolui exerce profundo impacto no futuro da matéria, da mente e de toda a estrutura do universo. Então, vamos descer dos altaneiros reinos da vida e da morte, do propósito e do significado e nos defrontar com os estrépitos e estalidos incessantes de uma máquina a vapor do século XVIII.

A base científica do motor a vapor é simples, mas engenhosa: o vapor d'água se expande quando aquecido e, assim, acaba empurrando de dentro para fora. Um motor desse tipo tira proveito dessa ação aquecendo um cilindro cheio de vapor dentro do qual um êmbolo ou pistão perfeitamente ajustado e livre desliza para cima e para baixo ao longo da superfície interna do cilindro. Conforme se expande, o vapor aquecido empurra o pistão com vigor, e esse impulso de dentro para fora é capaz de fazer uma roda girar, um moinho moer e um tear tecer. Então, tendo gastado energia por meio do esforço de movimento para fora, o vapor resfria e o pistão volta à posição inicial, onde fica pronto para ser empurrado quando o vapor torna a ser aquecido — ciclo que se repetirá enquanto houver combustível para queimar e aquecer o vapor outra vez.[3]

Embora a história registre o papel imprescindível do motor a vapor na Revolução Industrial, as questões que ele suscita para a ciência foram tão importantes quanto. Somos capazes de entender o motor a vapor com precisão matemática? Existe um limite para o grau de eficácia da conversão do calor em atividade útil? Há aspectos dos processos básicos da máquina a vapor que são independentes dos detalhes do projeto mecânico ou dos materiais utilizados e que, portanto, atestam princípios físicos universais?

Quebrando a cabeça na tentativa de entender essas questões, o físico e engenheiro militar francês Sadi Carnot inaugurou o campo da termodinâmica — a ciência do calor, da energia e do trabalho. Se dependesse das vendas do tratado de Carnot publicado em 1824, *Reflections on the Motive Power of Fire* [Reflexões sobre a potência motriz do fogo],[4] você nunca ouviria falar dele. Mas, embora tenham demorado para se firmar, as ideias de Carnot acabariam inspirando os cientistas ao longo do século seguinte a desenvolver uma perspectiva radicalmente nova sobre a física.

UMA PERSPECTIVA ESTATÍSTICA

A perspectiva científica tradicional, enunciada em termos matemáticos por Isaac Newton, é que as leis físicas fornecem previsões inquebrantáveis sobre o modo como as coisas se movem. Tenha em mãos a localização e a velocidade de um objeto em determinado momento e as forças que estão atuando sobre ele, e as equações de Newton fazem o resto, prevendo a trajetória subsequente do objeto. Seja a Lua puxada pela gravidade da Terra ou uma bola de beisebol que você acabou de arremessar em direção à parte central do campo externo, é possível confirmar que essas previsões são exatas.

Mas o negócio é o seguinte: se você assistiu às aulas de física no ensino médio, talvez lembre que, quando analisamos as trajetórias de objetos macroscópicos, geralmente, mesmo que sem alarde, recorremos a uma série de simplificações. No caso da Lua e da bola de beisebol, ignoramos sua estrutura interna e imaginamos que cada uma é constituída apenas de uma única partícula maciça. Trata-se de uma aproximação grosseira. Até mesmo um grão de sal contém cerca de 1 bilhão de bilhões de moléculas. E olha que é só um grão de sal. No entanto, enquanto a Lua orbita, não levamos em consideração os empurrões e solavancos de uma ou outra molécula que habita o poeirento mar da Tranquilidade. Enquanto a bola de beisebol voa em disparada, não nos importamos com a vibração de uma ou outra molécula que reside em seu núcleo de cortiça. Tudo o que nos interessa é o movimento geral da Lua ou da bola de beisebol como um todo. E, para tanto, aplicar as leis de Newton a esses modelos simplificados dá conta do recado.[5]

Esses fatos salientam as dificuldades enfrentadas pelos físicos do século XIX que lidavam com os motores a vapor. O vapor quente que empurra o pistão do motor consiste em um número enorme de moléculas de água, talvez 1 trilhão de trilhão de partículas. Não podemos ignorar essa estrutura interna, como fazemos em nossa análise da Lua ou da bola de beisebol. É o movimento dessas mesmas partículas — empurrando com força o pistão, batendo na superfície, atingindo as paredes do cilindro, precipitando-se de novo para o pistão — que está no cerne do funcionamento do motor. O problema é que não é possível que uma pessoa, em qualquer lugar, por mais inteligente que seja e por mais formidáveis que sejam os computadores de que disponha, tenha a capacidade de calcular todas as trajetórias individuais percorridas por um conjunto enorme de moléculas de água.

Estamos empacados?

Você pode até pensar que sim. Mas no fim fica claro que somos salvos por uma mudança de perspectiva. Às vezes, conjuntos substanciais podem produzir simplificações poderosas. Sem dúvida é difícil — na verdade, impossível — prever com exatidão quando vamos dar um espirro. Contudo, se ampliarmos nossa visão para um conjunto maior de todos os seres humanos na Terra, *será possível* prever que no segundo seguinte haverá cerca de 80 mil espirros em todo o mundo.[6] A questão é que, mudando para uma perspectiva estatística, a numerosa população da Terra se torna a chave — não o obstáculo — para o poder de previsão. Grupos substanciais geralmente exibem regularidades estatísticas ausentes em uma análise individual.

Um enfoque análogo pioneiro para grandes grupos de átomos e moléculas foi proposto por James Clerk Maxwell, Rudolf Clausius, Ludwig Boltzmann e muitos de seus colegas. Eles defenderam o descarte da análise detalhada das trajetórias individuais em favor de afirmações estatísticas que descrevessem o comportamento médio de conjuntos abundantes de partículas. Eles mostraram que essa abordagem torna os cálculos manejáveis em termos matemáticos, e que as propriedades físicas que ela é capaz de quantificar são justo as mais importantes. A pressão que empurra o pistão de um motor a vapor, por exemplo, praticamente não é afetada pela trajetória exata percorrida por esta ou aquela molécula individual de água. Em vez disso, a pressão surge do movimento médio dos trilhões e trilhões de moléculas que colidem com violência contra sua superfície a cada segundo. *Isso* é o que importa. E foi *isso* que a abordagem estatística permitiu aos cientistas calcular.

Nestes tempos de pesquisas políticas, genética populacional e *big data* em geral, a mudança para um arcabouço estatístico pode não parecer drástica. Nós nos acostumamos ao poder dos achados estatísticos extraídos do estudo de grandes grupos. Porém, no século XIX e no início do século XX, o raciocínio estatístico representou um afastamento da precisão rígida que havia definido a física. Também tenha em mente que nos primeiros anos do século XX ainda havia cientistas respeitados que contestavam a existência de átomos e moléculas — a própria base de uma abordagem estatística.

Apesar do pessimismo dos opositores, não demorou muito para o raciocínio estatístico provar seu valor. Em 1905, Einstein explicou em termos quantitativos o movimento irrequieto dos grãos de pólen suspensos em um copo de água evocando o bombardeio contínuo por moléculas de H_2O. Diante desse episódio, era preciso ser alguém muito do contra para duvidar da existência de moléculas. Além disso, um acervo crescente de artigos teóricos e experimentais revelou que as conclusões baseadas em análises estatísticas de conjuntos volumosos de partículas — com a descrição de como elas saltam e ricocheteiam de um lado para o outro nos recipientes e, portanto, exercem pressão sobre essa ou aquela superfície, ou adquirem aquela densidade ou relaxam até determinada temperatura — correspondiam com tal exatidão aos dados que não havia espaço para questionar o poder explicativo da abordagem. Assim nasceu a base estatística para os processos térmicos.

Tudo isso foi um enorme triunfo e permitiu aos físicos entender não apenas os motores a vapor, mas também uma ampla gama de sistemas térmicos — da atmosfera da Terra à coroa solar ao vasto conjunto de partículas que pululam dentro de uma estrela de nêutrons. Mas como isso se relaciona com a visão de futuro de Russell, seu prognóstico de um universo que se arrasta rumo à morte? Boa pergunta. Aguente firme, leitor. Estamos chegando lá. Mas ainda temos alguns passos a dar. O próximo é usar esses avanços para elucidar a qualidade essencial do futuro: ele difere, e muito, do passado.

DISTO PARA AQUILO

A distinção entre passado e futuro é a um só tempo básica e fundamental para a experiência humana. Nascemos no passado. Morreremos no futuro. No meio, testemunhamos inúmeros acontecimentos que se desenrolam em uma sequência de eventos que, se considerados em ordem inversa, pareceriam absurdos. Van Gogh pintou *A noite estrelada*, mas não seria capaz de apagar as espirais de cores por meio de pinceladas reversas, restaurando uma tela em branco. O *Titanic* raspou a lateral em um iceberg que abriu fendas em seu casco, mas não conseguiria reverter os motores, refazer seu caminho e impedir o estrago. Toda pessoa cresce e envelhece, mas ninguém pode fazer os ponteiros do relógio andarem em sentido contrário de modo a recuperar a juventude.

Sendo a irreversibilidade tão crucial na maneira como as coisas evoluem, seria de se esperar que fosse fácil identificar sua origem matemática no âmbito das leis da física. Deveríamos, assim, ser capazes de apontar algo específico nas equações que asseguram que, embora as coisas possam se transformar *disto* em *aquilo*, a matemática não permite que se transformem *daquilo* em *isto*. No entanto, durante centenas de anos, as equações que formulamos se mostraram insuficientes para nos oferecer algo do tipo. Em vez disso, à medida que as leis da física vão se tornando mais e mais refinadas, passando pelas mãos de Newton (mecânica clássica), Maxwell (eletromagnetismo), Einstein (física relativística) e das de dezenas de cientistas responsáveis pela física quântica, uma característica permaneceu estável: as leis se aferraram de modo firme a uma completa insensibilidade a respeito do que nós, humanos, chamamos de futuro e de passado. Dado o estado do mundo hoje, as equações matemáticas tratam o desenrolar das coisas em direção ao futuro ou ao passado exatamente da mesma forma. Apesar de essa distinção ser importante, muitíssimo importante, para nós, as leis não dão a mínima para a diferença, avaliando-a como algo cuja relevância não é maior do que o relógio no placar eletrônico do estádio marcando o tempo decorrido da partida ou o tempo que falta para o apito final. O que significa que, se as leis permitem que uma sequência específica de eventos ocorra, então as leis necessariamente possibilitam a sequência inversa também.[7]

Nos meus tempos de estudante, quando aprendi isso, tive a impressão de que beirava o ridículo. No mundo real, não vemos mergulhadores olímpicos brotando de dentro da piscina e subindo, de pés para cima e cabeça para baixo, até aterrissar suavemente nos trampolins. Não vemos cacos de vidro colorido saltando do chão e se reunindo até formar um abajur Tiffany. Trechos de filmes reproduzidos de trás para a frente são divertidos porque aquilo que vemos projetado é muitíssimo diferente de tudo o que conhecemos. No entanto, de acordo com a matemática, os eventos representados em imagens exibidas na função "rebobinar" estão em total conformidade com as leis da física.

Por que, então, nossa experiência é tão assimétrica? Por que vemos os eventos se desenrolarem apenas em uma orientação temporal e nunca na direção contrária? Uma parte fundamental da resposta é revelada pela noção de *entropia*, conceito que será essencial para a nossa compreensão dos desdobramentos cósmicos.

ENTROPIA: UMA PRIMEIRA PASSAGEM

A entropia está entre os conceitos mais confusos da física fundamental, o que não diminuiu o apetite cultural por invocá-la a esmo para descrever situações cotidianas que evoluíram da ordem para o caos ou, em termos mais simples, de boas para ruins. No uso coloquial, tudo bem; algumas vezes, também a invoquei dessa maneira. Mas, como sua concepção científica guiará nossa jornada — e igualmente estará no cerne da sombria visão de Russell a respeito do futuro —, vamos destrinchar o significado mais preciso do termo.

Comecemos com uma analogia. Imagine que você sacode com vigor um saco contendo cem moedas de um centavo e depois as despeja sobre a mesa da sala de jantar. Se constatasse que todas as centenas de moedas de um centavo deram cara, ou seja, caíram com o anverso voltado para cima, você decerto ficaria surpreso. Por quê? Parece óbvio, mas vale a pena examinar a questão mais a fundo. A ausência de uma única coroa (o reverso da moeda voltado para cima) significa que cada uma das cem moedas, em meio a colisões, cambalhotas, guinadas e sacolejos aleatórios, deve ter atingido a mesa e caído com a parte frontal virada para cima. *Todas elas*. Isso é difícil. Obter esse resultado singular é uma empreitada e tanto. Em comparação, se considerarmos um resultado ligeiramente diferente, digamos, em que tenhamos uma única coroa (e 99 caras, ou seja, todas as demais moedas continuam caindo com o anverso para cima), há uma centena de diferentes maneiras possíveis de isso acontecer: a solitária coroa pode ser a primeira moeda, ou pode ser a segunda moeda, ou a terceira, e assim por diante, até a centésima moeda. Obter 99 caras é, portanto, cem vezes mais fácil — cem vezes mais provável — do que obter 100% de caras.

Vamos em frente. Um pouco de raciocínio revela que existem 4950 maneiras diferentes de obter duas coroas (a primeira e a segunda moedas dão coroa; a primeira e a terceira moedas dão coroa; a segunda e a terceira moedas dão coroa; a primeira e a quarta moedas dão coroa; e assim por diante). Um pouco mais de cálculo e descobrimos que existem 161 700 maneiras diferentes de saírem três coroas, quase 4 milhões de maneiras de obter quatro coroas; e cerca de 75 milhões de maneiras de caírem cinco moedas com o reverso voltado para cima. Os detalhes dos números pouco importam; o que interessa é a tendência geral. Cada coroa adicional permite um conjunto maior de resultados que atendem à necessidade. Fenomenalmente maior. Os números atingem o pico de cinquenta coroas (e cinquenta caras), para o qual existem cerca de 100 bilhões de bilhões de bilhões de combinações possíveis (bem, 100 891 344 545 564 193 334 812 497 256 de combinações).[8] Portanto, obter cinquenta caras e cinquenta coroas é cerca de 100 bilhões de bilhões de bilhões de vezes mais provável do que todas as cem moedas caírem com o anverso voltado para cima.

É *por isso* que seria impressionante se todas as moedas dessem cara.

Minha explicação se baseia no fato de a maioria de nós analisar de modo intuitivo o conjunto de moedas de um centavo da mesma maneira que Maxwell e Boltzmann preconizaram a análise de um cilindro de vapor. Assim como os cientistas menosprezaram uma análise do vapor molécula por molécula, em geral não avaliamos um conjunto aleatório de centavos moeda por moeda. Para falar a verdade, é difícil notarmos se a 29ª moeda deu cara ou se a 71ª deu coroa, e não nos importamos com isso. Pelo contrário, olhamos para o conjunto como um todo. E a particularidade característica que chama nossa atenção é o número de caras em comparação com o número de coroas: há mais caras do que coroas ou mais coroas do que caras? O dobro? Três vezes mais? Quantidades quase iguais? Podemos detectar mudanças significativas na proporção de caras e coroas, mas rearranjos aleatórios que preservem a proporção — por exemplo, virar a 23ª, a 46ª e a 92ª moedas de coroas para caras ao mesmo tempo que também viramos a 17ª, a 52ª e a 81ª de caras para coroas — são praticamente indistinguíveis. Como consequência, dividi os resultados possíveis em grupos, cada um contendo essas configurações de moedas que parecem ser mais ou menos idênticas, e contei o número de membros de cada grupo: enumerei os resultados sem coroas, o número de resultados com uma coroa, o número de resultados com duas coroas, e assim por diante, até o número de resultados com cinquenta coroas.

A constatação fundamental é que esses grupos não têm o mesmo número de membros. Nem de longe. Isso torna óbvio o motivo pelo qual você ficaria perplexo se uma sacudida aleatória num saco de moedas produzisse como resultado um arranjo em que nenhuma delas dá coroa (um grupo com exatamente um membro), um pouco menos espantado diante de uma sacudida aleatória produzindo uma coroa (um grupo com cem membros), ainda um pouco menos chocado se encontrasse duas coroas (um grupo com 4950 membros), mas bocejaria de tédio se a chacoalhada do saco resultasse em uma configuração em que metade das moedas dá cara e metade dá coroa (um grupo com cerca de 100 bilhões de bilhões de bilhões de membros). Quanto maior o número de membros em um grupo, maior a probabilidade de um resultado aleatório pertencer a esse grupo. O tamanho do grupo é importante.

Se esse material é novo para você, talvez você não perceba que acabamos de ilustrar o conceito essencial de entropia. A entropia de uma configuração das moedas de um centavo é o tamanho de seu próprio grupo — o número de configurações semelhantes que parecem mais ou menos idênticas à configuração dada.[9] Se houver muitas dessas semelhanças, a configuração apresentada terá alta entropia. Se as similaridades forem poucas, a configuração fornecida terá baixa entropia. Tudo o mais sendo igual, é mais provável que uma sacudida aleatória pertença a um grupo com maior entropia, já que esses grupos contam com mais membros.

Essa formulação também se liga aos usos coloquiais da entropia a que me referi no início desta seção. Intuitivamente, as configurações bagunçadas (pense em uma escrivaninha caótica, abarrotada de pilhas de documentos, canetas e clipes de papel espalhados) apresentam alta entropia, porque muitos rearranjos dos elementos constituintes têm aparência mais ou menos igual; reorganize de forma aleatória uma configuração desordenada, e ainda assim ela parecerá bagunçada. As configurações ordenadas (pense em uma mesa de trabalho imaculada, com todos os documentos, canetas e clipes de papel guardados com cuidado em posições definidas de antemão) têm baixa entropia, porque pouquíssimos rearranjos dos componentes parecem iguais. Tal como acontece com as moedas de um centavo, a alta entropia seduz porque os arranjos caóticos superam em muito os ordenados.

ENTROPIA: INCOMPARÁVEL, POR ISSO EXCELENTE

As moedas de um centavo são especialmente úteis porque ilustram o enfoque que os cientistas desenvolveram para lidar com o volumoso conjunto de partículas que constituem sistemas físicos, sejam moléculas de água esvoaçando rápido para cá e para lá em um motor a vapor quente, sejam moléculas de ar flutuando pelo cômodo em que você está respirando agora. Assim como acontece com os centavos, ignoramos os detalhes de partículas individuais — se alguma molécula específica de água ou de ar está aqui ou ali tem pouca relevância — e, em vez disso, agrupamos as configurações das partículas que parecem mais ou menos idênticas. No caso das moedas de um centavo, o critério para semelhanças invocou a proporção de caras e coroas porque em geral somos indiferentes à disposição de qualquer moeda em particular e observamos apenas a aparência geral da configuração. Mas o que "ser mais ou menos idênticas" significa para um grande conjunto de moléculas de gás?

Pense no ar que está enchendo seu cômodo neste momento. Se você for como eu e o restante das pessoas, não está nem aí se essa molécula de oxigênio está esvoaçando junto à janela ou se aquela molécula de nitrogênio está quicando no chão. Você se importa apenas com a certeza de que, toda vez que inspirar o ar para dentro dos pulmões, haja um volume adequado de oxigênio para atender às suas necessidades. Bem, há outros dois aspectos com os quais você também devia se importar. Se a temperatura do ar estivesse tão quente a ponto de chamuscar seus pulmões, você ficaria infeliz. Ou se a pressão do ar estivesse tão elevada (sem que você a equalizasse com o ar já existente em suas trompas de Eustáquio ou tubas auditivas) a ponto de estourar seus tímpanos, do mesmo modo, você ficaria infeliz. Sua preocupação, então, é com o volume, a temperatura e a pressão do ar. De fato, são as mesmas qualidades macroscópicas com as quais os físicos, desde Maxwell e Boltzmann até os dias de hoje, se preocupam.

Assim, para um grande conjunto de moléculas em um recipiente, dizemos que configurações diferentes "são mais ou menos idênticas" se preencherem o mesmo volume, tiverem a mesma temperatura e exercerem a mesma pressão. Assim como no caso das moedas de um centavo, agrupamos todas as configurações parecidas das moléculas e dizemos que cada membro do grupo dá origem ao mesmo *macroestado*. A entropia do macroestado é o número correspondente a essas semelhanças. Supondo que, neste exato momento, você não esteja ligando um aquecedor portátil (influenciando a temperatura), nem instalando uma divisória de ambiente impermeável (influenciando o volume) nem bombeando oxigênio adicional (influenciando a pressão), a configuração em constante evolução das moléculas de ar que esvoaçam rapidamente de um lado para o outro no recinto onde você se encontra pertence ao mesmo grupo — todas as configurações têm mais ou menos a mesma aparência, uma vez que todas produzem os mesmos aspectos macroscópicos que você está sentindo na pele.

A organização de partículas em grupos de configurações semelhantes fornece um esquema muitíssimo poderoso. Assim como é maior a probabilidade de moedas de um centavo lançadas ao acaso pertencerem a um grupo com mais membros (com maior entropia), o mesmo acontece com as partículas que saltam e quicam de maneira aleatória. A constatação é tão direta quanto suas implicações são abrangentes: estejam as partículas saltitantes em uma máquina a vapor, no seu quarto ou em qualquer outro lugar, ao entender os aspectos característicos das configurações mais triviais (as que pertencem aos agrupamentos com o maior número de membros), podemos fazer previsões sobre as qualidades macroscópicas do sistema — as mesmas qualidades com as quais nos importamos. Como vimos, essas previsões são estatísticas, mas com uma probabilidade muitíssimo alta de serem exatas. E conseguimos tudo isso evitando a complexidade intransponível de analisar as trajetórias de um número imenso de partículas.

Para implementar o programa, precisamos, portanto, aprimorar nossa capacidade de identificar configurações de partículas comuns (alta entropia) em oposição às configurações raras (baixa entropia). Ou seja, dado o estado de um sistema físico, é preciso determinar se há muitos ou poucos rearranjos dos elementos constituintes que deixariam o sistema mais ou menos com a mesma aparência. Como estudo de caso, façamos uma visita a seu banheiro enevoado de vapor logo depois de você sair de um banho quente e demorado. Para determinar a entropia do vapor, é necessário contar o número de configurações das moléculas — suas posições e velocidades possíveis — que têm, todas, as mesmas propriedades macroscópicas, ou seja, o mesmo volume, a mesma temperatura e a mesma pressão.[10] Realizar a contagem matemática de um conjunto de moléculas de H_2O é mais complicado do que fazer a contagem análoga de um conjunto de moedas de um centavo, mas é algo que a maioria dos estudantes do curso de física aprende no segundo ano de faculdade. Mais direto, e também mais esclarecedor, é descobrir como o volume, a temperatura e a pressão afetam a entropia em termos qualitativos.

Primeiro, o volume. Imagine que as moléculas de H_2O, movimentando-se bruscamente de um lado para o outro, estejam amontoadas em um canto minúsculo do seu banheiro, criando um nó denso de vapor. Nessa configuração, os rearranjos possíveis das posições das moléculas serão bastante reduzidos; à medida que você move as moléculas de H_2O, é necessário mantê-las dentro desse nó; caso contrário, a configuração modificada *parecerá* diferente. Em comparação, quando o vapor se espalha de modo uniforme pelo banheiro, a dança das cadeiras moleculares fica muito menos restrita. Você pode trocar as posições das moléculas próximas ao armarinho do banheiro com as que estão flutuando ao lado da lâmpada; e pode trocar as posições das que se encontram perto da cortina do chuveiro com as das que pairam junto à janela. No entanto, no frigir dos ovos, o vapor terá a mesma aparência. Quanto maior seu banheiro, maior o número de locais de que você dispõe para espalhar as moléculas, o que também aumenta o número de rearranjos disponíveis. A conclusão, então, é que configurações de grupos menores com moléculas mais amontoadas apresentam menor entropia, ao passo que configurações maiores e distribuídas de modo uniforme têm maior entropia.

A seguir, a temperatura. No nível molecular, o que queremos dizer com temperatura? A resposta é bem conhecida. A temperatura é a velocidade média de um conjunto de moléculas.[11] Alguma coisa é fria quando a velocidade média de suas moléculas é baixa, e quente quando a velocidade média é alta. Portanto, determinar como a temperatura afeta a entropia equivale a determinar de que modo a média da velocidade molecular afeta a entropia. E, assim como se dá com as posições moleculares, a avaliação qualitativa está bem à mão. Se a temperatura do vapor for baixa, os rearranjos permitidos das velocidades moleculares serão comparativamente pouco numerosos: para manter a temperatura fixa — e, desse modo, garantir que as configurações apresentem todas mais ou menos a mesma aparência —, você deve compensar qualquer aumento nas velocidades de algumas moléculas com uma diminuição adequada nas velocidades de outras. Mas o fardo de ter baixa temperatura (baixa velocidade molecular média) é que você não dispõe de muito espaço para diminuir as velocidades antes de atingir o fundo do poço, zero. Dessa maneira, a gama disponível de velocidades moleculares é estreita, e, portanto, sua liberdade para reorganizar as velocidades é limitada. Em comparação, se a temperatura estiver alta, a dança das cadeiras acelera mais uma vez: com uma média mais alta, a gama de velocidades moleculares — algumas mais altas que a média, outras menores — é muito mais ampla, o que proporciona uma maior latitude para misturar as velocidades, ao mesmo tempo que se preserva a média. Um número maior de rearranjos das velocidades moleculares que parecem ter todos mais ou menos a mesma aparência significa que temperaturas mais altas, via de regra, implicam maior entropia.

Por fim, a pressão. A pressão do vapor na sua pele ou nas paredes do banheiro se deve ao impacto do fluxo de moléculas de H_2O que colidem violentamente contra essas superfícies: cada impacto molecular aplica um pequeno empurrão e, quanto maior o número de moléculas, maior a pressão. Para dada temperatura e volume, a pressão é determinada pelo número total de moléculas de vapor no seu banheiro, uma quantidade cujas consequências para a entropia podem ser calculadas mais facilmente. Com um número menor de moléculas de H_2O em seu banheiro (você tomou um banho mais curto), menos rearranjos são possíveis e, portanto, a entropia é menor; com mais moléculas de H_2O (seu banho foi mais demorado), a possibilidade de arranjos é maior, logo a entropia também é maior.

Resumindo: ter menos moléculas, ou ter temperaturas mais baixas, ou preencher volumes menores resulta em menor entropia. Mais moléculas, ou temperaturas mais altas ou o preenchimento de volumes maiores acarretam maior entropia.

Depois desse breve levantamento, permita-me destacar uma maneira de pensar sobre entropia que é desprovida de precisão, mas que fornece uma regra prática. É de se esperar que você encontre estados de alta entropia. Como esses estados podem ser demonstrados por numerosos arranjos diferentes das partículas constituintes, eles são típicos, triviais, facilmente configuráveis, aparecem em abundância. Por outro lado, se você encontrar um estado de baixa entropia, vale prestar atenção. Baixa entropia significa que existem menos maneiras de detectar determinado macroestado por seus ingredientes microscópicos, razão pela qual tais configurações são difíceis de encontrar: elas são incomuns, são organizadas com esmero, são raras. Saia de um longo banho quente de chuveiro e encontre o vapor espalhado de modo uniforme por todo o banheiro: alta entropia e totalmente previsível. Saia de um banho quente demorado de chuveiro e encontre o vapor todo agrupado em um cubo pequeno e perfeito pairando na frente do espelho: baixa entropia e extraordinariamente insólito. Tão incomum, na verdade, que, caso você se veja diante de uma configuração como essas, deve encarar com extremo ceticismo a explicação de que se deparou com uma daquelas coisas improváveis que vez por outra ocorrem. Essa *talvez possa ser* a explicação. Mas eu apostaria alto que não é. Assim como você suspeitaria que há uma razão plausível, além do mero acaso, para explicar o fato de que *todas* as cem moedas de um centavo jogadas em cima da mesa da sala de jantar deram cara (por exemplo, pode ser que alguém tenha criteriosamente virado ao contrário cada uma das moedas que deram coroa), é melhor você procurar outra explicação além da mera casualidade para todas as configurações de baixa entropia que vier a encontrar.

Esse raciocínio se aplica até mesmo ao que parece banal, como se deparar com um ovo, um formigueiro ou uma caneca. A natureza ordenada, cuidadosamente elaborada e de baixa entropia dessas configurações exige uma explicação. Que o movimento aleatório das partículas certas possa aglutinar-se para formar um ovo ou um formigueiro ou uma caneca é concebível, mas improvável. Em vez disso, somos motivados a encontrar explicações mais convincentes, e é claro que não temos de procurar muito longe: o ovo, o formigueiro e a caneca derivam de formas específicas de vida organizando a configuração de outra forma aleatória de partículas no meio ambiente a fim de produzir estruturas ordenadas. O modo como a vida é capaz de produzir uma ordem tão requintada é um tema que abordarei em capítulos posteriores. Por ora, a lição é a seguinte: configurações de baixa entropia devem ser vistas como um diagnóstico, uma pista de que influências organizacionais poderosas podem ser responsáveis pela ordem que encontramos.

No final do século XIX, munido dessas ideias, muitas elaboradas por ele próprio, o físico austríaco Ludwig Boltzmann julgou ser capaz de resolver a questão que abriu esta parte da nossa discussão: o que distingue o futuro do passado? A resposta de Boltzmann se baseou em uma qualidade de entropia articulada pela segunda lei da termodinâmica.

LEIS DA TERMODINÂMICA

Embora a entropia e a segunda lei desfrutem de uma boa dose de referências culturais, os acenos de reconhecimento público à primeira lei da termodinâmica são menos comuns. No entanto, para entender bem a segunda lei, temos de compreender antes a primeira. Acontece que essa lei também é bastante conhecida, mas sob um pseudônimo. É a lei da conservação da energia. A energia presente no início de um processo, qualquer que seja a quantidade em que se apresente, é a mesma no final do processo. É preciso ser meticuloso em sua contabilidade de energia, incluindo todas as formas nas quais o estoque inicial de energia pode ter se transformado, a exemplo da energia cinética (relativa ao movimento) ou potencial (energia armazenada, como em uma mola esticada), ou radiação (energia transportada por campos, como em campos eletromagnéticos ou gravitacionais), ou calor (o movimento aleatório e irrequieto de moléculas e átomos em colisão). Contudo, se você acompanhar com atenção, é a primeira lei da termodinâmica que assegura a manutenção do equilíbrio energético.[12]

A segunda lei da termodinâmica gira em torno da entropia. Ao contrário da primeira lei, ela não é uma lei de conservação. É uma lei de crescimento. De acordo com seu enunciado, há, com o tempo, uma tendência avassaladora de a entropia aumentar. Em termos mais simples, configurações especiais tendem a evoluir na direção das comuns (aquela sua camisa passada a ferro com todo cuidado fica amarrotada e amarfanhada) ou a ordem tende a descambar para a desordem (sua garagem meticulosamente organizada degenera em uma mixórdia caótica de ferramentas, caixas e equipamentos esportivos). Embora essa representação forneça belas imagens intuitivas, a formulação estatística da entropia de Boltzmann nos permite descrever com exatidão a segunda lei e, o que é igualmente importante, obter uma compreensão clara de por que ela é verdadeira.

Tudo se resume a um jogo de números. Pense de novo nas moedas de um centavo. Se você organizá-las com cuidado, de modo que todas deem cara, ou seja, uma configuração de baixa entropia, e, em seguida, submetê-las a algumas sacudidas e chacoalhadas, vai esperar que haja ao menos algumas coroas, ou seja, uma configuração de entropia mais alta. Se você chacoalhá-las ainda mais, é concebível que volte a obter apenas caras, mas isso exigiria que a sacudida fosse na medida exata, em uma sintonia tão perfeita a ponto de virar para o outro lado apenas aquelas que tivessem dado coroa. Isso é extraordinariamente improvável. É bem mais provável que, em vez disso, a chacoalhada acabe virando para o outro lado um conjunto aleatório de moedas. Algumas das poucas que tinham dado coroa talvez voltem a dar cara, porém, das moedas que deram cara, muitas outras se tornarão coroas. Uma lógica tão direta — sem matemática sofisticada, e nada de ideias abstratas — revela que, se você começar com todas as moedas como caras, a chacoalhada aleatória levará a um aumento no número de coroas. Ou seja, um aumento da entropia.

A progressão em direção a um número maior de coroas continuará até chegarmos a uma divisão aproximada de 50% de caras e 50% de coroas. Nesse ponto, a sacudida tenderá a virar mais ou menos o mesmo número de caras para coroas e de coroas para caras, e assim as moedas de um centavo passarão a maior parte do tempo migrando entre os membros dos grupos mais populosos e de maior entropia.

O que é verdadeiro para as moedas de um centavo também o é de maneira mais geral. Asse pão, e você pode ter certeza de que o aroma logo preencherá os cômodos da casa distantes da cozinha. A princípio, as moléculas liberadas enquanto o pão assa ficam aglomeradas perto do forno. Mas aos poucos elas acabam se dispersando. O motivo, parecido com a nossa explicação sobre as moedas, é que existem muitas outras maneiras pelas quais as moléculas do aroma se espalham, em comparação com as maneiras mediante as quais elas se amontoam. Logo, é esmagadoramente mais provável que, por meio de colisões e trombadas aleatórias, as moléculas flutuem para fora em vez de se aglomerarem cada vez mais para dentro. A configuração de baixa entropia das moléculas apinhadas perto do forno evolui com naturalidade para o estado de entropia mais alta em que acabam se espalhando por toda a casa.[13]

Para dizer isso em termos mais gerais: se um sistema físico ainda não estiver no mais alto estado de entropia disponível, então é extremamente provável que evolua em direção a ele. A explicação, muito bem ilustrada pelo aroma do pão, baseia-se em um raciocínio dos mais básicos: uma vez que o número de configurações com mais entropia é bem maior do que o daquelas com menos entropia (pela própria definição do termo), são muitíssimo maiores as chances de que o empurrão aleatório — as colisões e vibrações incessantes de átomos e moléculas — encaminhe o sistema rumo a uma entropia mais alta, e não mais baixa. A progressão continuará até alcançarmos uma configuração com a mais alta entropia disponível. Desse momento em diante, a chacoalhada tenderá a levar os elementos constituintes a migrar entre o número (em geral) gigantesco de configurações dos estados de maior entropia possível.[14]

Essa é a segunda lei da termodinâmica. E a razão pela qual ela é verdadeira.

ENERGIA E ENTROPIA

A discussão poderia levar você a pensar que a primeira e a segunda leis são completamente distintas. Afinal, uma se concentra na energia e em sua conservação, a outra gira em torno da entropia e de seu crescimento. Mas há entre elas uma conexão profunda, com destaque para um fato implícito na segunda lei ao qual retornaremos várias vezes: nem toda energia é criada da mesma forma.

Pense, por exemplo, em uma banana de dinamite. Como toda a energia armazenada na dinamite está contida em um pacote químico rígido, compacto e ordenado, é fácil controlar a energia e tirar proveito dela. Coloque a dinamite onde você deseja que a energia seja depositada e acenda o fusível. É isso. Depois da explosão, a energia da dinamite continua existindo. Essa é a primeira lei em ação. Porém, como a energia da dinamite foi transformada no movimento veloz e caótico de partículas amplamente dispersas, torna-se muito difícil domar essa energia e colocá-la para trabalhar. Portanto, embora a quantidade total de energia não sofra nenhuma alteração, seu caráter muda.

Antes da explosão, dizemos que a energia da dinamite apresenta alta qualidade: é concentrada e de fácil acesso. Depois da explosão, dizemos que a energia tem baixa qualidade: ela se dispersa e é difícil de utilizar. E já que a dinamite explosiva responde e se sujeita totalmente à segunda lei, indo da ordem à desordem — da baixa entropia à alta —, associamos baixa entropia à energia de alta qualidade e alta entropia àquela de baixa qualidade. Sim, eu sei. Temos aí muitos altos e baixos para acompanhar. Mas a conclusão é incisiva: enquanto a primeira lei da termodinâmica declara que a quantidade de energia é conservada ao longo do tempo, a segunda assevera que a qualidade dessa energia se deteriora no decorrer do tempo.

Por que, então, o futuro é diferente do passado? A resposta, evidente pelo que explanamos agora, é que a energia que move o futuro é de qualidade inferior à que alimenta o passado. O futuro tem maior entropia que o passado.

Ou pelo menos foi o que Boltzmann propôs.

BOLTZMANN E O BIG BANG

A investigação de Boltzmann certamente prometia levar a um resultado interessante e inovador. Mas há um esclarecimento sutil da segunda lei cujas implicações, verdade seja dita, o próprio físico levou algum tempo para avaliar com precisão.

A segunda lei não é uma lei no sentido tradicional. A segunda lei *não* impede, de forma alguma, que a entropia diminua. Ela apenas declara que tal redução é improvável. No caso das moedas de um centavo, nós quantificamos isso. Em comparação com a configuração insólita na qual todas as moedas dão cara, é 100 bilhões de bilhões de bilhões de vezes mais provável que a sacudida aleatória produza uma configuração com cinquenta caras e cinquenta coroas. Sacuda mais uma vez essa configuração de alta entropia, e é possível obter uma configuração de baixa entropia — por exemplo, uma em que todas as moedas dão cara; no entanto, em face das probabilidades extremamente enviesadas, na prática isso não acontece.

Para um sistema físico cotidiano composto de muito mais de cem elementos, as chances de a entropia diminuir tornam-se muitíssimo menores. Enquanto assa, o pão libera bilhões e bilhões de moléculas. As configurações nas quais essas moléculas se espalham por toda a casa são espetacularmente mais numerosas do que aquelas nas quais elas fluem de forma coletiva de volta para o interior do forno. Por meio de suas colisões e solavancos aleatórios, as moléculas *poderiam* refazer seus passos, encontrar o caminho de volta até o pão, desfazer todo o processo de assamento e deixar você diante de uma massa crua e fria. Mas as probabilidades de isso acontecer são mais próximas de zero do que as chances de você respingar tinta em uma tela e os salpicos reproduzirem a *Mona Lisa*. Mesmo assim, a questão é que, se esse processo de reversão de entropia acontecesse, não transgrediria as leis da física. Embora isso seja improvável no mais alto grau, as leis da física *permitem, sim*, que a entropia diminua.

Não me interpretem mal. Não estou trazendo isso à tona a fim de sugerir que um dia seremos capazes de "desassar" pão ou testemunhar uma "descolisão" de automóveis ou ver um documento "desqueimar". Em vez disso, pretendo enfatizar uma importante questão de princípio. Já expliquei que as leis da física colocam o futuro e o passado em pé de igualdade. As leis asseguram, assim, que os processos físicos que se desenrolam em uma sequência temporal podem fazê-lo ao contrário. E, uma vez que essas mesmas leis regem tudo, incluindo os processos físicos responsáveis pela maneira como a entropia muda ao longo do tempo, seria de fato curioso — um erro, na verdade — constatar que tais leis permitem apenas que a entropia aumente. Elas não fazem isso. Todos os processos entropicamente crescentes que você vivenciou dia após dia durante toda a sua vida — da trivialidade de um copo se quebrando ao caráter profundo do envelhecimento do corpo — podem acontecer ao contrário. A entropia pode diminuir. Só que é algo de todo improvável.

Então, como fica nossa busca por uma explicação sobre por que o futuro é diferente do passado? Bem, dada a atual configuração de entropia menor que a máxima possível, a segunda lei mostra que o futuro tende a ser esmagadoramente diferente porque a tendência que a entropia tem de aumentar é avassaladora. Configurações de matéria que apresentam menos do que a máxima entropia possível ficam ansiosas, mal conseguem esperar para avançar rumo à entropia mais alta. E, com essa observação, alguns dos que investigam a diferença entre passado e futuro ficam tranquilos, por considerarem que seu trabalho está feito.

Mas isso não é verdade. Tão importante quanto é assinalar que precisamos explicar de que modo nos encontramos hoje em um estado especial, improvável e surpreendente de entropia abaixo da máxima — um universo repleto de estruturas ordenadas, de planetas e estrelas a pavões e pessoas. Se esse não fosse o caso, se a configuração atual fosse o estado esperado, comum e previsível de máxima entropia, então seria muito provável que o universo continuasse a habitar o mesmo estado, produzindo um futuro em nada diferente do passado. Como um saco de cem moedas de um centavo se entrechocando em meio ao enorme número de configurações com cerca de cinquenta caras e cinquenta coroas, o universo seguiria incansável em seu processo de serpentear por entre a imensa paisagem de suas configurações de entropia mais alta — no caso, partículas amplamente dispersas que fluem nesta ou naquela direção através do espaço, uma versão cósmica do seu banheiro enevoado de vapor distribuído de maneira uniforme.[15] O atual estado de entropia menor que a máxima é, felizmente para nós, muito mais interessante. Ele propicia a oportunidade de as partículas se unirem para formar estruturas, além de fornecer as condições para a ocorrência de alterações macroscópicas. Então, somos levados à pergunta: como surgiu o estado atual de entropia abaixo do máximo?

Seguindo de modo obediente a segunda lei, concluímos que o estado de hoje deriva do estado de entropia ainda mais baixa de ontem. Por sua vez, esse estado, imaginamos, deriva do estado de entropia ainda mais baixa de anteontem, e assim por diante, produzindo uma trilha de entropias cada vez menores, o que nos leva a recuar ainda mais no tempo até, por fim, chegarmos ao Big Bang. Um ponto de partida de entropia altamente baixa e ordenada no Big Bang é o motivo pelo qual o universo de hoje não é entropicamente maximizado, permitindo um futuro agitado e cheio de acontecimentos que difere do passado.

Seria possível ir mais longe e explicar por que o início do universo foi tão ordenado? Voltaremos a essa pergunta no próximo capítulo, no qual examinaremos a teorização cosmológica de forma mais detalhada. Por ora, apontamos que nossa sobrevivência requer ordem, desde a nossa organização molecular interna, que dá sustentação a uma profusão de funções que nutrem a vida, às fontes de alimentos que nos abastecem com energia de alta qualidade, às ferramentas e hábitats que são essenciais para nossa existência prolongada. Sem um meio ambiente abarrotado de estruturas ordenadas de baixa entropia, nós, humanos, não estaríamos aqui para perceber nada disso.

CALOR E ENTROPIA

Comecei este capítulo com Bertrand Russell lamentando o universo sujeito a um declínio implacável. Com a declaração da segunda lei de entropia crescente, tivemos um vislumbre do que inspirou a profecia sombria de Russell. Pense no aumento da entropia como uma desordem cada vez maior e você entenderá o ponto fulcral da questão. No entanto, para tomar consciência plena dos obstáculos desafiadores que serão enfrentados pela vida, pela mente e pela matéria — tema que investigaremos em capítulos posteriores —, precisamos estabelecer um vínculo entre a descrição moderna da segunda lei da termodinâmica, conforme eu a apresentei, e a formulação original desenvolvida em meados do século XIX.

Na versão anterior, a segunda lei codificava o que era óbvio para qualquer pessoa que trabalha com motores a vapor: o processo de queima de combustível para acionar uma máquina sempre produz calor e resíduos — degradação. Contudo, como a versão anterior não mencionava a contagem de configurações de partículas e tampouco utilizava raciocínio probabilístico, ela poderia parecer bem diferente da declaração estatística de crescimento entrópico que estamos elaborando. Mas há uma conexão profunda e direta entre as duas formulações, que revela por que a conversão que o motor a vapor faz de energia de alta qualidade em calor de baixa qualidade é ilustrativa de uma degradação onipresente, que ocorre de uma ponta à outra do cosmo.

Explicarei esse vínculo em duas etapas. Primeiro, veremos a relação entre entropia e calor. Depois, na seção seguinte, estabeleceremos a ligação entre o calor e a declaração estatística da segunda lei.

Se você segurar o cabo quente de uma frigideira, terá a sensação de que o calor está fluindo para a sua mão. Mas será que existe de fato alguma coisa fluindo? Muito tempo atrás, os cientistas achavam que a resposta era positiva. Eles imaginaram uma substância, semelhante a um fluido, chamada "calórica", que se deslocaria dos locais mais quentes para os mais frios, de modo similar a um rio que corre de montante a jusante. Com o tempo, a compreensão mais refinada dos ingredientes da matéria propôs outra formulação. Quando você segura o cabo de uma panela, as moléculas de movimento mais rápido do utensílio colidem com as moléculas de movimento mais lento da sua mão, fazendo, em média, a velocidade das moléculas da mão aumentar e a das moléculas no cabo diminuir. Você percebe, ou sente, a velocidade aumentada das moléculas em sua mão na forma de calor; a temperatura da sua mão aumentou. Na mesma medida, a velocidade mais lenta das moléculas do cabo significa que a temperatura dele diminuiu. O que flui, então, não é uma substância. As moléculas do cabo da panela continuam no cabo, e as moléculas da sua mão ali permanecem. Em vez disso, do mesmo jeito que a informação flui de uma pessoa para outra em uma brincadeira de telefone sem fio, quando você agarra o cabo da panela, a agitação molecular flui das moléculas que estão no cabo para as que se encontram na sua mão. E, assim, considerando que a matéria em si não flui do cabo para a mão, o que flui é uma qualidade da matéria — a velocidade molecular média. É isso que queremos dizer com o termo *fluxo de calor*.

A mesma descrição se aplica à entropia. À medida que a temperatura da sua mão aumenta, suas moléculas se agitam mais rapidamente, o alcance de suas possíveis velocidades se alarga — aumentando o número de configurações atingíveis que têm mais ou menos a mesma aparência — e, portanto, a entropia da sua mão também aumenta. Da mesma forma, conforme a temperatura do cabo da panela diminui, as moléculas do cabo se movem mais devagar, o alcance de suas possíveis velocidades se estreita — diminuindo o número de configurações atingíveis que têm mais ou menos a mesma aparência —, de modo que a entropia do cabo também diminui.

Opa. A entropia *diminui*?

Sim. Mas isso nada tem a ver com os raros acasos estatísticos, como despejar um saco de moedas de um centavo sobre a mesa e constatar que todas deram cara, como descrito na seção anterior. A entropia do cabo quente da panela diminuirá toda vez que você o segurar. A lógica simples, mas fundamental, ilustrada pela frigideira é que o ditame do aumento da entropia da segunda lei se refere à entropia *total* de um sistema físico completo, que necessariamente inclui tudo aquilo com que o sistema interage. Uma vez que sua mão interage com o cabo da panela, você não pode aplicar a segunda lei apenas ao cabo em si. É preciso incluir sua mão (para ser mais exato, a panela inteira, o fogão, o ar circundante, e assim por diante). Uma contabilidade cuidadosa mostra que o aumento na entropia da sua mão supera a diminuição na entropia do cabo, garantindo que a entropia total de fatos se eleve.

Portanto, assim como acontece com o calor, existe um sentido no qual a entropia pode fluir. Para a panela, é do cabo para a sua mão. O cabo se torna um pouco mais ordenado e sua mão, um pouco menos. Mais uma vez, o fluxo de entropia não está na forma de uma substância tangível que se encontrava no cabo e se deslocou para a sua mão. Em vez disso, ele denota uma interação entre as moléculas do cabo e as da mão, afetando as propriedades de cada uma. Nesse caso, ele altera suas velocidades médias — as respectivas temperaturas —, e isso, por sua vez, afeta a entropia que cada uma contém.

Como a descrição deixa patente, o fluxo de calor e o fluxo de entropia estão intimamente conectados. Absorver calor é absorver a energia que é transportada pelo movimento molecular aleatório. Essa energia, por sua vez, faz com que as moléculas receptoras se movimentem mais rápido ou se espalhem de forma mais ampla, contribuindo para aumentar a entropia. A conclusão, então, é que, para que se efetive o deslocamento da entropia daqui para lá, o calor precisa fluir daqui para lá. E, quando isso acontece, a entropia também muda daqui para lá. Em resumo, a entropia surfa na onda do fluxo de calor.

Com esse entendimento da inter-relação entre calor e entropia, vamos então revisitar a segunda lei.

CALOR E A SEGUNDA LEI DA TERMODINÂMICA

Explicar por que vivenciamos eventos que se desenrolam em uma direção, mas não podem acontecer da maneira inversa, nos levou a Boltzmann e à sua versão estatística da segunda lei: é muitas vezes maior a probabilidade de a entropia aumentar em direção ao futuro, tornando absurdamente improvável fabricar sequências de execução inversa (nas quais a entropia diminuiria). De que modo isso se relaciona com a formulação anterior da segunda lei, inspirada no motor a vapor, que foi enunciada em termos da incessante produção de calor desperdiçado pelos sistemas físicos?

A conexão está no fato de os dois pontos de partida — reversibilidade e máquinas a vapor — estarem intimamente ligados. O motivo é que o motor a vapor depende de um processo cíclico: um pistão é empurrado para a frente pelo vapor que se expande, e depois retorna à posição original, onde aguarda o empuxo seguinte. O vapor também reverte ao volume, temperatura e pressão originais, assim como todas as partes essenciais do motor, preparando-o para voltar a se aquecer e empurrar o pistão mais uma vez. Embora nada disso exija o desdobramento, absurdo de tão improvável, em que todas as moléculas encontrem seu caminho de volta para o local anterior ou adquiram a mesma velocidade apresentada no início do ciclo anterior, o processo exige que o arranjo geral — o macroestado do mecanismo — retorne à mesma forma para iniciar cada ciclo subsequente.

O que isso acarreta para a entropia? Bem, uma vez que a entropia consiste em uma contagem das configurações microscópicas que se apresentam com o mesmo macroestado, se o macroestado da máquina a vapor for redefinido no início de cada novo ciclo, sua entropia também deverá ser reconfigurada. Isso significa que a entropia adquirida pelo motor a vapor durante um ciclo determinado (à medida que absorve calor da queima do combustível, ele gera calor como resultado do atrito de suas partes móveis, e assim por diante) deve ser toda expelida para o meio ambiente no momento em que o ciclo termina. Como um motor a vapor consegue isso? Bem, vimos que, para transferir entropia, é necessário transferir calor. Assim, para que o motor a vapor volte a seu estado original no ciclo seguinte, *ele deve liberar calor no meio ambiente.* Essa é a afirmação histórica da segunda lei da termodinâmica, a inevitável eliminação de calor residual no meio ambiente — a degradação que tanto pesava sobre os ombros de Bertrand Russell —, agora derivada da versão estatística da segunda lei.[16]

É nessa direção que eu estava seguindo; assim, sinta-se à vontade se quiser pular para a próxima seção. Mas, se você tiver paciência, existe um detalhe que seria negligente da minha parte não mencionar. Talvez você se pergunte: se o motor a vapor consome o calor da queima do combustível (absorvendo a entropia) apenas para liberar calor para o meio ambiente (liberando a entropia), como ele tem energia restante para realizar tarefas úteis, como propulsionar uma locomotiva? A resposta é que o motor a vapor libera menos calor do que absorve, e ainda assim é capaz de expurgar por completo a entropia por ele criada. A coisa funciona como explicarei a seguir.

O motor a vapor absorve o calor e a entropia da queima de combustível e os libera para o ambiente mais frio. A diferença de temperatura entre o combustível e o meio ambiente é crucial. Para entender por quê, imagine que você ligou dois aquecedores portáteis idênticos, um em uma sala gelada e o outro em uma sala quente. Na sala gelada, as moléculas frias do ar são sacudidas pelo aquecedor, o que faz com que se movam com mais rapidez e se dispersem mais de modo mais amplo; assim, sua entropia tem um aumento significativo. Na sala quente, as moléculas de ar já estão se movendo a grande velocidade e se agitam de um lado para o outro; assim, o aquecedor portátil aumenta apenas ligeiramente sua entropia. (É mais ou menos como acelerar a batida da música em uma festa agitada de Ano-Novo e mal perceber que os convidados começaram a dançar um pouco mais rápido; mas, se você acelerasse a batida no Monastério de Thiksey, instigando os monges indianos a abandonar a prática meditativa para começar a executar passos de dança de rua, veria a mudança com facilidade.) Portanto, embora os dois aquecedores portáteis sejam idênticos, a entropia que eles transferem para o meio ambiente é diferente: apesar de gerarem a mesma quantidade de calor, o aquecedor no ambiente mais frio transfere mais entropia. Um ambiente mais frio, portanto, faz com que determinada quantidade de calor recebida resulte em um aumento entrópico maior. Com essa percepção, vemos que o motor a vapor é capaz de descarregar toda a entropia que adquire do combustível mais quente expelindo apenas parte desse calor para o ambiente mais frio. O calor remanescente está, então, disponível para impulsionar a expansão do vapor, empurrando o pistão e realizando trabalho útil.

Essa é a explicação, mas não deixe os detalhes obscurecerem a conclusão mais ampla: com o tempo, existe a fantástica probabilidade de os sistemas físicos evoluírem de configurações de entropia mais baixa para configurações de entropia mais alta. Se um sistema, a exemplo de um motor a vapor, busca manter sua integridade estrutural, deve afugentar o impulso natural no sentido da entropia aumentada, transferindo para o meio ambiente a entropia que ela acumula. Para fazer isso, o motor deve liberar calor residual no meio ambiente.

A DANÇA A DOIS ENTRÓPICA

Se você refletir cuidadosamente sobre os passos que demos até aqui, concluirá que, a despeito de o motor a vapor ter se espalhado por toda parte, nossas conclusões transcendem esse ponto de partida do século XVIII. A essência de nossa análise é uma contabilidade rigorosa da entropia, e esse procedimento pode ser efetuado em qualquer contexto. Trata-se de uma constatação fundamental, porque a mudança de entropia do motor a vapor para o meio ambiente ao seu redor, por meio da liberação de calor, é somente uma versão de um processo onipresente que encontraremos à medida que acompanharmos os desdobramentos do cosmo. Chamo isso de *dança a dois entrópica*, expressão com a qual descrevo qualquer processo em que a entropia de um sistema diminui por meio de um intercâmbio que resulta no aumento mais do que compensatório de entropia no meio ambiente. Essa dança garante que, ainda que a entropia possa diminuir aqui, ela aumentará acolá, assegurando o aumento entrópico líquido e total que esperamos com base na segunda lei.

A dança a dois entrópica está no cerne da questão de como um universo que ruma para uma desordem cada vez maior é capaz tanto de produzir como de manter estruturas ordenadas como estrelas, planetas e pessoas. Eis um tema que encontraremos repetidas vezes: quando a energia flui através de um sistema — por exemplo, a energia da queima de carvão fluindo através do vapor, impulsionando o trabalho e, em seguida, saindo para o meio ambiente ao redor —, ela carrega a entropia e pode, dessa maneira, sustentar ou até mesmo produzir ordem em seu rastro.

É essa dança a dois entrópica que coreografará o surgimento da vida e da mente, bem como quase tudo o que as mentes consideram importante.

VOCÊ É UM MOTOR A VAPOR

Dada a importância de redefinir a entropia cada vez que uma máquina a vapor chega ao fim de um ciclo, você pode se perguntar o que aconteceria se a redefinição da entropia falhasse. Isso equivale ao motor a vapor deixar de expelir o calor residual adequado, e, assim, a cada ciclo, o motor fica mais quente até superaquecer e quebrar. Que isso ocorresse a um motor a vapor talvez fosse inconveniente, mas, supondo que não houvesse feridos, o mais provável é que não causasse uma crise existencial em ninguém. No entanto, a mesma física é fundamental para que a vida e a mente possam perdurar para sempre no futuro. A razão é que o que vale para a máquina a vapor vale para você também.

É provável que você não se considere uma máquina a vapor, nem mesmo uma engenhoca física. Muito raramente uso esses termos para descrever a mim mesmo. Mas pense bem: sua vida envolve processos não menos cíclicos que os do motor a vapor. Dia após dia, seu corpo queima os alimentos que você consome e o ar que você respira para fornecer a energia graças à qual suas engrenagens internas e atividades externas funcionam. Até o próprio ato de pensar — o movimento molecular que ocorre no seu cérebro — é acionado por processos de conversão de energia. E assim, tal qual o motor a vapor, você não conseguiria sobreviver se não recompusesse sua entropia eliminando no meio ambiente o excesso de calor residual. De fato, é isso que você faz. É isso que todos nós fazemos. O tempo todo. É a razão pela qual, por exemplo, os óculos infravermelhos usados pelas Forças Armadas, projetados para "ver" o calor que expelimos sem cessar, fazem um bom trabalho ao ajudar os soldados a localizar combatentes inimigos à noite.

Agora podemos avaliar mais plenamente a mentalidade de Russell ao imaginar o futuro distante. Todos nós estamos travando uma batalha implacável para resistir ao acúmulo persistente de resíduos, ao surgimento inescapável da entropia. Para que possamos sobreviver, o meio ambiente deve absorver e levar embora todo o lixo, toda a entropia que geramos. O que suscita a questão: o meio ambiente — termo pelo qual entendemos o universo observável — fornece um poço sem fundo para absorver esses resíduos? A vida é capaz de executar os passos da dança a dois entrópica indefinidamente? Ou talvez chegue um momento em que o universo estará, de fato, abarrotado e se mostrará incapaz de absorver o calor residual gerado pelas próprias atividades que nos definem, colocando um ponto-final à vida e à mente? Na lacrimosa expressão de Russell, será verdade que "todos os trabalhos das eras, toda a devoção, toda a inspiração, todo o brilho do apogeu do gênio humano estão destinados à extinção na própria morte do sistema solar, e que todo o templo das realizações humanas deverá inevitavelmente ser soterrado sob os escombros de um universo em ruínas"?[17]

Essas são algumas das questões centrais que investigaremos nos próximos capítulos. A verdade é que nós nos precipitamos um pouco e colocamos o carro na frente dos bois. Antes de discutirmos vida e mente, vamos entender que papel a entropia e a segunda lei desempenham na formação de ambientes necessários para que a vida e a mente venham a existir e se desenvolver.

Para isso, voltamos ao Big Bang.

3. Origens e entropia
Da criação à estrutura

Quando a matemática permite aos cientistas perscrutar o passado para tentar penetrar no segredo da fração de segundo que pode muito bem ter sido o início do universo, a proximidade com o terreno tradicionalmente religioso sugere a alguns que existe uma aliança profunda, uma conexão intensa ou um grande conflito na iminência de ser revelado. É por isso que me pedem minha opinião a respeito de um criador quase que com a mesma frequência com que ouço perguntas sobre ciência. A bem da verdade, muitas vezes as perguntas se equilibram entre uma coisa e outra. Teremos bastante tempo para ponderar sobre esses temas em capítulos posteriores, mas aqui investigaremos um ponto de contato, mencionado no fim do capítulo anterior, essencial para nossa história mais ampla: se a segunda lei da termodinâmica sobrecarrega o universo com um aumento implacável de desordem, de que modo a natureza pode produzir tão prontamente estruturas de configuração primorosa e alto nível de ordenamento, de átomos e moléculas a estrelas e galáxias e à vida e à mente? Se o universo começou com uma explosão estrondosa, como esse tórrido evento poderia ter dado origem a todas as formas de organização — dos braços rodopiantes da Via Láctea às paisagens deslumbrantes da Terra, das conexões intrincadas e dobras encrespadas do cérebro humano à arte, à música, à poesia, à literatura e à ciência que esses cérebros produzem?

Uma resposta, sempre utilizada ao longo dos tempos para lidar com versões embrionárias dessas questões, é que uma inteligência suprema esculpe a ordem em meio ao caos. A experiência humana se alinha a essa guinada de inspiração antropomórfica. Afinal, grande parte da ordem que encontramos no dia a dia da civilização moderna *é* fruto do trabalho braçal da inteligência. Porém, uma exegese adequada da segunda lei torna desnecessária a existência de um projetista ou designer inteligente. Fato tão surpreendente quanto extraordinário, as regiões que contêm energia concentrada e ordem (as estrelas são o exemplo arquetípico disso) são uma consequência natural do universo diligentemente se ajustando à linha da segunda lei e se tornando cada vez mais *desordenado*. É verdade, esses bolsões de ordem são catalisadores que, no longo prazo, tornam mais fácil para o universo atingir seu potencial entrópico. Ao longo do caminho, e como parte dessa progressão entrópica, eles facilitam também o surgimento da vida.

Para examinar o papel da dança que se desenrola entre ordem e desordem de uma ponta à outra da história cosmológica, comecemos do começo.

ESBOÇANDO O BIG BANG

Em meados da década de 1920, o padre jesuíta Georges Lemaître usou a recém-formulada descrição que Einstein havia feito da gravidade — a teoria da relatividade geral — para desenvolver a ideia radical de um cosmo que começou com uma explosão e desde então vem se expandindo. Lemaître era muito mais do que um mero físico teórico. Fez doutorado no Instituto de Tecnologia de Massachusetts (MIT) e foi um dos primeiros cientistas a aplicar as equações da relatividade geral ao cosmo como um todo. A intuição de Einstein, que, de maneira muito bem-sucedida, o guiou em meio a uma década extraordinária de descobertas acerca da natureza do espaço, do tempo e da matéria, era a seguinte: os objetos *no* universo têm começo, meio e fim, mas o universo em si sempre existira e sempre existiria. Quando a análise que Lemaître fez das equações de Einstein sugeriu conclusões diferentes, Einstein rejeitou de imediato suas ideias, dizendo ao jovem pesquisador: "Seus cálculos estão corretos, mas sua física é abominável".[1] Einstein estava enfatizando que uma pessoa pode ser especialista em manipular equações e ainda assim carecer do bom gosto científico para decidir quais dessas manipulações matemáticas refletem a realidade.

Alguns anos mais tarde, Einstein levou a cabo uma das mais famosas revoluções científicas. Observações detalhadas do astrônomo Edwin Hubble, que trabalhava no Observatório Monte Wilson, revelaram que galáxias distantes estão em movimento. Estão todas em disparada. E o padrão de seu êxodo — quanto mais longínqua a galáxia, maior a velocidade — é consistente com o resultado matemático das equações da relatividade geral. Uma vez que os dados corroboravam a física abominável de Lemaître, Einstein encampou com toda a sinceridade a concepção de um universo que teve um começo.[2]

No século subsequente aos cálculos inovadores de Lemaître, a teorização cosmológica a que ele deu início, em conjunção com o trabalho independente do físico russo Alexander Friedmann, passou por um desenvolvimento substancial e acumulou um corpus considerável de evidências observacionais de telescópios terrestres e espaciais. Eis o relato cosmológico moderno que veio à tona: cerca de 14 bilhões de anos atrás, todo o universo observável — tudo o que somos capazes de enxergar usando os telescópios mais poderosos que se possa imaginar — foi comprimido em uma pepita estupendamente quente e densa, que em seguida se expandiu com enorme rapidez. Arrefecendo à medida que a pepita se avolumava, partículas pouco a pouco desaceleraram seu movimento frenético e se agregaram em fragmentos amontoados que, ao longo do tempo, formaram estrelas, planetas, todo tipo de detritos gasosos e rochosos espalhados espaço afora — e nós, seres humanos.

Em duas frases, é essa a história. Agora, vamos refiná-la. Vamos examinar de que modo, sem intenção ou propósito, sem premeditação ou julgamento, sem planejamento ou deliberação, o cosmo produz configurações de partículas meticulosamente ordenadas, sejam átomos, estrelas, a vida. Vamos entender como o surgimento de tais estruturas ordenadas está em conformidade com o enunciado da segunda lei sobre o aumento inexorável da desordem. Vamos testemunhar os passos da dança a dois entrópica, executados neste exato momento no palco cosmológico.

Portanto, temos de compreender com mais detalhes vários aspectos cosmológicos. Para iniciar a conversa, o que levou a pepita primordial a começar a se expandir? Ou, em linguagem mais acessível, o que deflagrou o Big Bang?

GRAVIDADE REPULSIVA

Os antônimos são abundantes porque a experiência é repleta de opostos. A física também tem seu quinhão: ordem e desordem, matéria e antimatéria, positivo e negativo. No entanto, desde a época de Newton, a força da gravidade parecia estar à parte desse padrão comum. Ao contrário da força eletromagnética, que pode empurrar ou puxar, a gravidade parecia ser apenas uma força de atração. Segundo Newton, a gravidade exerce um puxão mútuo entre objetos, sejam partículas ou planetas, que os aproxima, mas nunca o contrário. Sem um princípio que exigisse simetria em todos os mecanismos da natureza, a maioria dos que se debruçaram sobre esse assunto entendeu o seu caráter de mão única como uma qualidade intrínseca que tinha que ser aceita, e pronto. Einstein mudou isso. De acordo com a teoria da relatividade geral, a força gravitacional *pode* ser repulsiva. Newton não previu a gravidade repulsiva, e nem você nem eu jamais a sentimos. Contudo, a gravidade repulsiva faz bem o que o nome sugere. Em vez de puxar para dentro, ela empurra para fora e faz corpos ou partículas se repelirem mutuamente. Conforme as equações de Einstein, coisas grandes e desajeitadas como estrelas e planetas exercem a usual versão atrativa da gravidade, porém existem situações exóticas nas quais a força gravitacional pode afastar as coisas.

Ainda que a capacidade da força gravitacional de ser repulsiva fosse conhecida por Einstein, e por vários cientistas posteriores que trabalharam na teoria da relatividade geral, levou mais de meio século para sua aplicação mais profunda ser descoberta. Examinando o Big Bang, o então jovem pós-doutorando Alan Guth percebeu que a gravidade repulsiva poderia resolver um problema cósmico intrigante. Observações revelam que o espaço está se expandindo. As equações de Einstein concordam. Mas as equações não informam qual força, bilhões de anos atrás, desencadeara a expansão. As análises matemáticas detalhadas de Guth, culminando com um frenesi de cálculos que avançou madrugada adentro em dezembro de 1979, persuadiram as equações a falar.

Guth atinou para o fato de que, se uma região do espaço fosse preenchida com um tipo específico de substância, que gosto de chamar de "combustível cósmico", e se a energia contida nela fosse distribuída de maneira uniforme por toda a região — não acumulada em agregados como uma estrela ou planeta —, então a força gravitacional resultante seria de fato repulsiva. Para ser mais preciso, os cálculos de Guth revelaram que, se uma região minúscula, talvez com 1 bilionésimo de bilionésimo de bilionésimo de metro de diâmetro, fosse impregnada de um certo tipo de campo de energia (chamado de *campo do ínflaton*), e se a energia fosse distribuída de modo uniforme, tal qual o vapor, cuja densidade é a mesma de um canto ao outro de uma sauna, o empurrão gravitacional repulsivo seria tão vigoroso que o grão de espaço inflaria explosivamente, de forma quase instantânea, estendendo-se até o tamanho do universo observável, se não muito maior. Assim, a gravidade repulsiva provocaria uma explosão. E das grandes.[3]

No início dos anos 1980, o físico soviético Andrei Linde e a dupla norte-americana Paul Steinhardt e Andreas Albrecht pegaram o bastão de Guth e levaram o conceito adiante, desenvolvendo as primeiras versões totalmente viáveis da *cosmologia inflacionária*. Nas décadas seguintes, esses primeiros trabalhos inspiraram milhares de páginas de cálculos matemáticos intrincados e diversas simulações computacionais minuciosas, preenchendo periódicos em todo o mundo com explicações e previsões baseadas na suposição de um passado inflacionário. Várias dessas previsões já foram confirmadas por medições astronômicas de muita precisão. Embora eu não vá pegar o leitor pela mão e guiá-lo em um passeio completo pelo argumento observacional da cosmologia inflacionária, já amplamente dissecado em inúmeros artigos e livros, descreverei um evento que muitos físicos consideram o mais convincente de todos. É também o aspecto de que precisaremos para o passo seguinte no desdobramento cósmico: a formação de estrelas e galáxias.

EMISSÃO REMANESCENTE

À medida que o universo em seus primeiríssimos instantes se estendia com grande velocidade, seu calor abrasador se espalhou ao longo de uma vastidão cada vez mais dilatada, diminuindo em intensidade e resfriando em ritmo constante.[4] Já na década de 1940, muito antes de a teoria inflacionária ser desenvolvida, físicos perceberam que o calor primordial, reduzido pela expansão espacial a uma luminosidade suave, ainda devia permear o universo. Apelidado de "emissão remanescente da criação" (ou, em jargão técnico, a "radiação cósmica de fundo em micro-ondas"), esse notável resquício cosmológico foi detectado pela primeira vez na década de 1960 por Arno Penzias e Robert Wilson, pesquisadores dos Laboratórios Bell, cuja avançada antena de telecomunicações por rádio captou involuntariamente uma radiação difusa permeando o espaço, apenas 2,7 graus acima do zero absoluto. Se você vivesse em meados dos anos 1960, talvez também tivesse captado a radiação. Parte da estática de um televisor antigo sintonizado em um canal que encerrara suas transmissões no final da noite estaria sujeito a esse vestígio do Big Bang.

A cosmologia inflacionária refina a previsão de uma emissão remanescente levando em conta a mecânica quântica, as leis desenvolvidas nas primeiras décadas do século XX para descrever os processos físicos em andamento no micromundo. Uma vez que estamos concentrados no universo inteiro, e ele é bem grande, você poderia pensar que a preocupação da física quântica com todas as coisas pequenas a tornaria irrelevante. Se não fosse pela cosmologia inflacionária, sua intuição acertaria em cheio. Mas, assim como esticar um pedaço de elastano revela o padrão intrincado de suas costuras, esticar o espaço por meio de um surto de expansão inflacionária revela características quânticas geralmente isoladas no micromundo. Em essência, a expansão inflacionária alcança o micromundo e estende aspectos quânticos claramente através do céu.

O efeito quântico de maior relevância é o mesmo que estabeleceu uma ruptura irrefutável da tradição clássica: o *princípio da incerteza da mecânica quântica*. Descoberto em 1927 pelo físico alemão Werner Heisenberg, o princípio da incerteza demonstrou a existência de aspectos do mundo — por exemplo, a posição e a velocidade de uma partícula — que um físico clássico nos moldes de Isaac Newton alegaria, com total convicção, que poderiam ser especificados com precisão absoluta, mas que um físico quântico percebe como sendo sobrecarregados por uma imprecisão quântica que os torna inexatos. É como se a tradição clássica enxergasse o mundo através de óculos com lentes imaculadas e polidas, capazes de enfocar todas as características físicas com nitidez perfeita, ao passo que os óculos usados pela perspectiva quântica são inerentemente embaçados. No grande mundo cotidiano da experiência comum, o nevoeiro quântico é tênue demais para impactar nossa visão, então as perspectivas clássica e quântica são quase imperceptíveis. Porém, quanto menores as escalas da investigação, mais nebulosas as lentes quânticas se tornam, e mais vaga e confusa é a visão.

A metáfora poderia sugerir que tudo o que precisamos fazer é limpar as lentes quânticas. Mas o princípio da incerteza estabeleceu que, por mais meticulosos que sejamos e independente dos avançados equipamentos que usemos, sempre haverá uma quantidade mínima de obscuridade que não pode ser eliminada. Na verdade, minhas palavras revelam como a experiência humana é enviesada. É somente em comparação à perspectiva clássica, comprovadamente incorreta — e que nós, humanos, descobrimos primeiro porque ela é, ao mesmo tempo, mais simples e extraordinariamente precisa nas escalas acessíveis aos sentidos humanos —, que a realidade quântica *parece* nebulosa. Na verdade, é a perspectiva clássica que fornece uma visão aproximada, e, portanto, imprecisa, da verdadeira realidade quântica.

Não sei por que a realidade é regida por leis quânticas. Ninguém sabe. Um século de experimentos confirmou numerosas previsões da mecânica quântica, e isso explica por que os cientistas adotam a teoria. Mesmo assim, para a maioria de nós, a mecânica quântica permanece estranha e exótica, porque suas características mais marcantes vêm à tona a distâncias tão diminutas que acabamos por não travar contato com elas na vida cotidiana. Se o fizéssemos, a intuição comum seria moldada diretamente por processos quânticos, e a física quântica seria uma segunda natureza. Por mais que as implicações da física newtoniana estejam hoje arraigadas em nós até os ossos — você pode rapidamente pegar um copo que está em queda, intuindo num átimo a trajetória newtoniana do objeto —, se fosse assim, a física quântica também estaria arraigada em você. Entretanto, na falta dessa intuição quântica, confiamos na experimentação e na matemática para moldar nossa compreensão, retratando aspectos da realidade que não conseguimos conhecer ou vivenciar em primeira mão.

O exemplo mais amplamente discutido, e já mencionado aqui, diz respeito ao comportamento das partículas: assim, aprendemos a modificar as trajetórias acentuadas inerentes à física clássica sobrepondo os movimentos irrequietos e incessantes da incerteza quântica. À medida que uma partícula transita daqui para lá, um físico clássico poderia traçar sua trajetória com uma pena pontiaguda, enquanto um físico quântico passaria o dedo pela tinta molhada, desenhando o caminho com um borrão.[5] Mas a relevância da mecânica quântica vai muito além do movimento de partículas individuais, e, para a cosmologia, o princípio da incerteza quântica exerce influência decisiva no campo do ínflaton que alimenta a rápida expansão do espaço. Embora eu tenha descrito o valor do ínflaton como uniforme, assumindo o mesmo valor em todos os locais dentro dos limites do trecho inflável de espaço, a incerteza quântica desorganiza e obscurece isso. A incerteza sobrepõe à uniformidade clássica o irrequieto tremor quântico, e, como resultado, o valor do campo — sua energia, portanto — é um pouquinho mais alto aqui e um pouquinho mais baixo lá.

Quando a expansão inflacionária alarga rapidamente as variações mínimas de energia quântica, estas se espalham espaço afora, aumentando a temperatura aqui e diminuindo-a acolá. Mas não muito. Análises matemáticas realizadas por físicos na década de 1980 mostraram que a temperatura de locais quentes e frios diferiam pouco, na ordem de uma parte em 100 mil. Entretanto, as análises matemáticas também sugeriram que as ínfimas variações de temperatura seriam visíveis se soubéssemos como procurá-las. Os cálculos revelaram que os agitados tremores quânticos estendidos resultam em um padrão distinto de variações de temperatura no espaço, uma impressão digital cosmológica disponível para análises forenses astronômicas. De fato, a partir do início dos anos 1990, uma sequência de telescópios posicionados acima das distorções causadas pela atmosfera terrestre confirmou, com precisão cada vez maior, o padrão de variações de temperatura previsto.

Reserve um momento para assimilar essas informações. Os físicos descrevem os primeiros momentos do universo usando as equações de Einstein, atualizadas para incluir o hipotético espaço de preenchimento do campo de energia de Guth, sujeito à incerteza quântica que aprendemos com Heisenberg. Análises matemáticas da explosão inflacionária revelam que ela deveria ter deixado uma marca indelével, um fóssil de criação na forma de um padrão específico de variações mínimas de temperatura de uma ponta à outra do céu noturno. Termômetros espaciais sofisticados, construídos quase 14 bilhões de anos mais tarde por uma espécie recém-chegada à era científica aqui na Via Láctea, detectaram com exatidão esse padrão.

É um acontecimento espetacular, que demonstra mais uma vez a extraordinária capacidade da matemática de condensar os padrões da natureza. No entanto, seria demais concluir que as observações provam que houve um surto de expansão inflacionária. Ao enfocar eventos cosmológicos ocorridos bilhões de anos atrás, e em uma escala de energia provavelmente milhões de bilhões de vezes maior do que somos capazes de analisar em laboratório, o melhor que podemos fazer é juntar observações e cálculos para incutir confiança em nossas explicações. Se uma explosão inflacionária fosse a única maneira de entender os dados cosmológicos, então nossa confiança estaria mais próxima da certeza; contudo, ao longo dos anos, cientistas de imaginação fértil desenvolveram abordagens alternativas (incluiremos uma delas no capítulo 10). Considerando todos os fatos, meu ponto de vista, compartilhado por muitos pesquisadores, é de que, ainda que precisemos estar abertos a novas ideias que contestam perspectivas dominantes, o argumento da cosmologia inflacionária desenvolvida nos últimos quarenta anos é formidável.[6] E assim, à medida que nossa jornada avança, percorreremos, em grande medida, a trilha inflacionária.

Com essa avaliação, vamos refletir na sequência sobre como um começo inflacionário se relaciona com o impulso da segunda lei no sentido de uma desordem maior.

O BIG BANG E A SEGUNDA LEI

Apesar de séculos de progresso científico, não estamos mais próximos hoje de responder à famosa indagação de Gottfried Leibniz — "Por que existe algo em vez de nada?" — do que estávamos quando o filósofo alemão proferiu pela primeira vez essa enxuta depuração do mistério da existência. Não que haja escassez de sugestões de ideias criativas e teorias provocativas. No entanto, ao fazer uma pergunta sobre a origem definitiva, estamos buscando uma resposta que não exija antecedentes, uma resposta que não faça a pergunta recuar ainda mais um passo: "Por que as coisas eram *assim* e não *assado*?" ou "Por que *estas* leis em vez *daquelas*?". Até hoje, nenhuma explicação proposta conseguiu isso, nem sequer chegou perto.

O modelo inflacionário certamente não chegou. A inflação requer uma lista de ingredientes que incluem espaço, tempo, a expansão do combustível cósmico (o campo do ínflaton), bem como todo o aparato técnico da mecânica quântica e da relatividade geral, que, por sua vez, baseia-se na matemática, desde o cálculo multivariável, passando pela álgebra linear e chegando à geometria diferencial. Não existe um princípio conhecido que selecione leis físicas específicas, articulado por meio do uso dessas construções matemáticas específicas, como o ponto de partida inevitável para explicar o universo. Em vez disso, nós, físicos, contamos com a observação e o experimento, acompanhados de uma sensibilidade matemática intuitiva e difícil de descrever, para nos guiar em direção a leis físicas específicas. Em seguida, analisamos matematicamente as leis para determinar quais condições ambientais nos primeiros instantes do universo, se é que havia alguma, teriam desencadeado a rápida expansão do espaço. Ao constatar, felizmente, que tais condições existiam, *postulamos* que elas se mantinham próximas ao Big Bang e empregamos as equações para determinar o que teria acontecido em seguida.

É o melhor que podemos fazer hoje. E isso não é nada desprezível. O fato de podermos usar a matemática para descrever o que achamos que ocorreu há quase 14 bilhões de anos e, baseados nisso, prever com eficácia o que os telescópios de última geração deveriam ver agora é de tirar o fôlego. Sem dúvida, há inúmeras questões importantes por responder, como o que ou quem criou o espaço e o tempo, o que ou quem impôs a mão firme da matemática para nos guiar, e o que ou quem é responsável pela existência do que quer que seja, mas, a despeito de todas as indagações que ficaram sem resposta, adquirimos um discernimento fundamental a respeito dos desdobramentos cósmicos.

Minha intenção aqui é usar essa perspectiva para entender como um universo com entropia em ritmo cada vez mais acelerado de expansão, destinado a uma desordem cada vez maior, cria tanta ordem ao longo do caminho. Tendo essa meta em vista, começaremos com a observação mais básica, mencionada no capítulo anterior. Se a entropia vem aumentando de forma constante desde o Big Bang, então, por ocasião da explosão primordial, ela deve ter sido muito menor do que é hoje.[7]

Como devemos entender isso?

Bem, a essa altura você já se acostumou a encolher os ombros ao se deparar com uma configuração de alta entropia — sejam moedas dispostas em uma mescla aleatória de caras e coroas, seja o vapor que se espalha de modo uniforme no banheiro, sejam os aromas que se alastram pela casa. Configurações de alta entropia são comuns, esperadas, banais. Contudo, ao encontrar uma configuração de baixa entropia, você percebe que sua reação deve ser diferente. Ela é especial. É incomum. Clama por uma explicação de como surgiu esse estado de coisas tão ordenado.

Quando aplicado ao universo primitivo, esse raciocínio gerou sua cota de extensos debates científicos e discussões filosóficas. Por meio da ação de qual força ou processo o universo primitivo adquiriu baixa entropia? Cem moedas de um centavo que caem todas com o anverso virado para cima têm baixa entropia e, ainda assim, admitem uma explicação imediata — em vez de darem cara porque foram despejadas aleatoriamente sobre a mesa, alguém as arrumou de forma meticulosa. Mas o que ou quem organizou a configuração especial de baixa entropia do universo primitivo? Sem uma teoria completa das origens cósmicas, a ciência não é capaz de fornecer uma resposta. Na verdade, embora seja uma pergunta que já me manteve acordado por muitas noites (literalmente), a ciência ainda não consegue determinar se essa é de fato uma questão digna de qualquer angústia. A falta de compreensão de por que existe algo em vez de nada equivale a não dispor dos meios para julgar o quanto uma coisa é de fato exótica ou comum. Avaliar se as condições detalhadas do universo primitivo pedem um dar de ombros desdenhoso ou um olhar arregalado de surpresa requer que delineemos o processo por meio do qual essas condições foram definidas.

Um cenário cuja possibilidade os cosmólogos levaram em consideração imagina que o universo primitivo era um meio ambiente frenético e caótico, e, como resultado, o valor do campo do ínflaton através do espaço teria flutuado de maneira desenfreada, mais ou menos como a superfície da água fervente. Para gerar gravidade repulsiva e deflagrar a explosão, precisamos de uma pequena região do espaço na qual o valor do ínflaton fosse uniforme (ou muito perto disso, levando em conta as agitações quânticas). Porém, encontrar uma região com essa uniformidade em meio às ondulações caóticas seria como ferver um tanque de água e encontrar uma região na superfície agitada que de súbito se acalmasse e se nivelasse. Você nunca viu isso acontecer. Não porque seja impossível, mas porque é extraordinariamente improvável. Seria necessária uma coincidência espantosa para que uma região da água do tanque, borbulhando de modo aleatório, adquirisse a mesma altura, no mesmo instante, produzindo uma configuração nivelada, ordenada, uniforme e de baixa entropia. Da mesma forma, a possibilidade de um campo do ínflaton, com ondulação fora de controle, adquirir um valor uniforme dentro de uma pequena região de espaço, assim deflagrando a expansão inflacionária, também exigiria uma coincidência assombrosa. E, sem uma explicação de como essa configuração especial, regular, uniforme e de baixa entropia veio a existir, os físicos sentem uma profunda inquietação.[8]

Buscando alívio para o desassossego, alguns pesquisadores fiam-se em uma observação simples: se você esperar por um período de tempo longo o suficiente, até mesmo a coisa mais improvável vai acontecer. Agite um saco com cem moedas de um centavo pelo número suficiente de vezes antes de despejá-las sobre a mesa e, mais dia, menos dia, todas darão cara. Seria uma atitude sábia da sua parte esperar sentado por esse resultado, mas ele vai acontecer. De maneira análoga, pode-se argumentar que, em um meio ambiente caótico, no qual o valor do ínflaton flutua de modo frenético, mais cedo ou mais tarde — por puro acaso — haverá uma região minúscula em que as variações aleatórias que levam o valor a subir aqui ou a descer acolá se alinharão, e, como consequência, o campo terá o mesmo valor por toda parte. Isso requer um acaso estatístico, resultando em maior ordem e, portanto, em menor entropia, mas de tempos em tempos *vai* acontecer. Não com frequência. No entanto, de acordo com essa perspectiva, não se preocupe. Uma vez que todas essas maquinações teriam ocorrido durante um período da pré-história, antes da rápida expansão do espaço a que chamamos Big Bang, não havia ninguém por perto, de braços cruzados e batendo os pés à espera da detonação da expansão inflacionária. Portanto, deixe o pré-show inflacionário rolar pelo tempo que for necessário. Só quando fortuitamente acontece o acaso estatístico de um trecho de ínflaton uniforme é que as coisas mudam: o Big Bang é deflagrado, o espaço infla e o espetáculo cosmológico começa.

Embora nada disso resolva as questões mais fundamentais envolvendo a origem (do espaço, ou do tempo, ou dos campos, ou da matemática, e assim por diante), ao menos nos mostra como um meio ambiente caótico pode produzir as condições especiais e ordenadas de baixa entropia que a inflação requer. Quando um minúsculo fragmento de espaço por fim dá o salto estatisticamente improvável para a baixa entropia, a gravidade repulsiva entra em ação e o impulsiona para um universo em rápida expansão — o Big Bang.

Essa não é a única hipótese proposta para explicar como a expansão inflacionária pode ter decolado. Andrei Linde, um dos pioneiros da cosmologia inflacionária, fez piada dizendo que, a cada três pesquisadores, há pelo menos nove opiniões sobre o assunto.[9] Portanto, devemos deixar a cargo de futuras pesquisas, teóricas e observacionais, uma resposta mais definitiva sobre como uma pequena região do espaço se tornou uniformemente preenchida com um campo do ínflaton, desencadeando um surto de expansão espacial. Por ora, vamos apenas presumir que, de uma maneira ou de outra, o universo inicial fez a transição para essa configuração de baixa entropia extremamente ordenada, deflagrando a explosão e permitindo-nos declarar que o resto é história.

Partindo desse início de trilha, agora rumamos de vez para a nossa jornada, investigando como estruturas ordenadas, a exemplo de estrelas e galáxias, acabam se formando dentro de um universo que foi arremessado em direção a um futuro cada vez mais desordenado.

A ORIGEM DA MATÉRIA E O NASCIMENTO DAS ESTRELAS

Um bilionésimo de bilionésimo de bilionésimo de segundo após o Big Bang, a gravidade repulsiva alargou enormemente uma pequenina região do espaço, estendendo-a talvez até muito mais longe do que os mais distantes rincões acessíveis ao alcance dos telescópios mais avançados.[10] O espaço permaneceu preenchido com o campo do ínflaton, mas isso também mudou no intervalo de outra minúscula fração de segundo. Tal qual a energia na superfície de uma bolha de sabão se expandindo, a energia em uma região do espaço em expansão e repleta de ínflaton é precária. E instável. Assim como a bolha de sabão mais cedo ou mais tarde estoura, transformando sua energia em uma névoa de gotículas de água ensaboada, por fim o campo do ínflaton também "estourou" — desintegrou-se, transformando sua energia em uma névoa de partículas.

Não sabemos qual é a identidade exata dessas partículas, mas podemos dizer com convicção que não se tratava dos constituintes tradicionais da matéria sobre os quais aprendemos nos primeiros anos do ensino médio. Entretanto, com a passagem de apenas mais alguns minutos, uma cascata de rápidas reações de partículas ocorreu em todo o espaço — partículas pesadas se desintegraram, tornando-se borrifos de outras, mais leves; partículas com fortes afinidades se aglutinaram em conglomerados compactos — transformando o banho de partículas primordial em uma população de prótons, nêutrons e elétrons, a essência da matéria conhecida (e, provavelmente, um suprimento de outras partículas, mais exóticas, como a matéria escura, comprovada por um longo histórico de observações astronômicas).[11] Pouco tempo depois da grande explosão, o universo estava, portanto, repleto de uma névoa quente e quase uniforme de partículas, algumas mais conhecidas, outras menos, flutuando em rajadas em meio a uma expansão espacial que se dilatava.

Defini essa névoa de partículas como "quase" uniforme porque agitações quânticas do campo do ínflaton não apenas produzem variações de temperatura na emissão remanescente do Big Bang como também garantem que, quando o ínflaton se desintegrar, a densidade das partículas resultantes variará ligeiramente ao longo do espaço — um pouco mais alta aqui, um tanto mais baixa ali, e assim por diante. Essas variações são cruciais para o que acontece a seguir: o impulso importantíssimo em direção a coisas grandes e desajeitadas, como estrelas e galáxias. Uma região um pouco mais densa do que seus vizinhos exerce uma atração gravitacional levemente maior e, portanto, suga um contingente um pouco maior das partículas circundantes. A região se torna, assim, mais densa, e dessa maneira exerce uma força gravitacional ainda maior, sorvendo ainda mais material. É um efeito de bola de neve impulsionado pela gravitação e que gera agregados cada vez maiores de matéria. Espere por tempo suficiente, talvez algumas centenas de milhões de anos, e bolas de neve gravitacionalmente impulsionadas produzirão aglomerações de partículas tão maciças, tão comprimidas e tão quentes que farão irromper processos nucleares, dando à luz estrelas. A incerteza quântica, amplificada por alongamentos inflacionários e concentrada pelo efeito de "avalanche" gravitacional, resulta em pontos de luz que salpicam o céu noturno.

A questão, então, é a seguinte: como o processo de formação de estrelas, em que a gravidade persuade um banho desordenado e quase uniforme de partículas a formar estruturas astrofísicas ordenadas, está em consonância com o decreto da segunda lei de aumento da desordem? A resposta requer que examinemos, com um pouco mais de cuidado, os caminhos que levam à entropia mais alta.

OBSTÁCULOS NO CAMINHO EM DIREÇÃO À DESORDEM

À medida que o pão assa no seu forno, as partículas liberadas se espalham para o exterior, ocupando um volume cada vez maior, de modo que a entropia delas aumenta. Mas, se você estiver em um cômodo distante, não desfrutará de imediato do aroma do pão recém-assado. Leva tempo até ele se espalhar pela casa toda. Você tem que esperar que as moléculas de aroma migrem para fora e ocupem os arranjos de entropia mais alta que estão disponíveis. Isso é normal. Sistemas físicos em geral não conseguem saltar logo para a configuração de entropia máxima. Em vez disso, enquanto as partículas do sistema serpenteiam aleatoriamente, a entropia aumenta de modo gradual em direção ao máximo possível.

Ao longo do caminho em direção à entropia mais alta também pode haver obstáculos que impeçam o avanço. Vede o forno ou feche a porta da cozinha e você estará dificultando a propagação do aroma, diminuindo a velocidade do aumento da entropia. Tais obstáculos se devem à intervenção humana, porém há outras situações em que obstáculos entrópicos surgem das leis que regem as próprias interações físicas. Um exemplo com o qual estou intimamente familiarizado vem de um incidente da minha infância que também envolve um forno.

Certo dia, quando estava no quarto ano do ensino fundamental, voltei da escola para casa e decidi aquecer algumas sobras de pizza que encontrei na geladeira. Ajustei o botão do forno a quatrocentos graus, coloquei a pizza na grade do meio e esperei. Depois de cerca de dez minutos, fui verificar o andamento e fiquei surpreso ao ver que as fatias de pizza estavam tão frias quanto no momento em que as desembrulhei. Então me dei conta de que eu tinha ligado o gás, mas me esquecido de acender o forno (nosso modesto forno, como era comum naquela época, não tinha uma chama-piloto embutida e automática, então toda vez que o usávamos era preciso acendê-lo, aproximando algum fogo da saída do gás). Seguindo um procedimento que eu havia testemunhado meus pais fazerem centenas de vezes, eu me inclinei sobre a porta do forno e risquei um fósforo, com a intenção de enfiá-lo no pequeno orifício do piloto. Àquela altura, uma quantidade substancial de gás havia se acumulado no interior do forno, e, quando acendi o fósforo, houve uma explosão. Uma parede de chamas se precipitou na minha direção. Apertei com força meus olhos quando a rajada de fogo passou roçando por mim, chamuscando minhas sobrancelhas e cílios e deixando meu rosto e orelhas com queimaduras de segundo e terceiro graus. A lição de vida imediata, enfatizada por meu pai e minha mãe e reforçada por meses de um processo doloroso de cura, girou em torno do uso adequado dos utensílios de cozinha (acabei retomando minha prática e hoje me encarrego de cozinhar a maior parte do que como). Sinto uma inquietação momentânea quando meus filhos acendem o forno ao prepararem suas refeições. Mas a questão científica mais ampla é que, ao longo da jornada rumo à entropia mais alta, talvez surjam barreiras que só podem ser superadas com a ajuda de um catalisador. Eis o que quero dizer.

O gás natural (que é sobretudo metano, uma união de carbono e hidrogênio) pode coexistir em paz com o oxigênio no ar; as moléculas de cada gás se amalgamam de forma tranquila e sem qualquer atropelo. No entanto, à medida que as moléculas se espalham e se intercalam, uma configuração de entropia distinta e muito mais alta acena de modo convidativo. Mas essa configuração não pode ser alcançada simplesmente permitindo que as moléculas continuem a se espalhar para fora. A configuração de entropia mais alta requer uma reação química. Não se preocupe com os detalhes, mas me permita explicar de forma sucinta. Uma molécula de gás natural pode se combinar com duas moléculas de oxigênio, gerando uma molécula de dióxido de carbono, duas de água e, o que é de suma importância, uma explosão de energia. No nível molecular, é disso que se trata quando se fala em queima do gás natural. A reação química libera energia contida nas fortes ligações que mantêm unidas as moléculas de gás, mais ou menos como o que acontece quando vários elásticos de escritório tensionados se soltam e ricocheteiam feito um estilingue. No caso da minha aventura com o forno, essa explosão energética causticante — moléculas agitadíssimas e velozes — chamuscou meu rosto. Tudo isso nos diz que, ao liberar energia armazenada em ligações químicas ordenadas e transformá-la em um movimento caótico de moléculas que se agitam em alta velocidade, essas reações químicas produzem um aumento acentuado da entropia.

Embora os detalhes sejam específicos do infortúnio lamentável de uma criança, o episódio demonstra um princípio físico amplamente aplicável. Na entrada entrópica pode haver lombadas e solavancos: deixados à própria sorte, gás natural e oxigênio não vão se combinar, não queimarão e não alcançarão a configuração de entropia mais alta disponível. Esses constituintes químicos só conseguem transpor o obstáculo entrópico com a ajuda de um catalisador capaz de alavancar e ativar a reação. Para mim, o catalisador foi o palito de fósforo que eu risquei. A pequena chama, acesa pela versão de mim mesmo no quarto ano do ensino fundamental, desencadeou um efeito dominó. A energia da chama rompeu as ligações que mantinham juntas algumas das moléculas de gás natural, e isso permitiu aos átomos de carbono e hidrogênio recém-liberados se combinarem com átomos de oxigênio do meio ambiente, liberando uma energia adicional que quebrou mais ligações de gás natural, impulsionando o processo adiante. E adiante. A explosão foi a cascata de energia gerada pela rápida reorganização de ligações químicas.

Note que as ligações químicas dependem da força eletromagnética. Prótons, partículas com carga positiva, atraem elétrons, partículas com carga negativa ("cargas elétricas opostas se atraem"), prendendo os constituintes atômicos em uniões moleculares. Isso significa que o salto entrópico desde a calma mistura de moléculas de gás até a queima explosiva gerada pela ruptura e pelo forjamento de ligações químicas é impulsionado pela força eletromagnética. É o caso de muitos dos processos de aumento de entropia que vivenciamos na vida cotidiana.

Embora menos conhecida aqui na Terra, em episódios que se desenrolam sem parar no cosmo, a evolução em direção à entropia mais alta volta e meia é impelida pelas outras forças da natureza: a força gravitacional e as forças nucleares (a força nuclear forte mantém a coesão dos núcleos atômicos, enquanto a fraca gera a desintegração radioativa). E, assim como acabamos de ver no caso da força eletromagnética, o caminho em direção à entropia mais alta, pavimentado pela gravidade e pelas forças nucleares, tampouco é tranquilo. Pode haver obstáculos, e quase sempre há. A maneira como o universo transpõe essas barreiras — o análogo cósmico de eu acender um fósforo — é uma questão sutil, mas com a qual todos devemos nos preocupar. Entre as estruturas transitórias que se formam à medida que a gravidade e as forças nucleares orientam o universo em direção à entropia mais alta estão as estrelas e os planetas, e, aqui na Terra, a vida. A despeito de serem majestosos, esses arranjos ordenados são os burros de carga da natureza, tirando proveito da gravidade e das forças nucleares para impulsionar o cosmo a efetivar seu potencial de entropia.

Vamos nos concentrar primeiro na gravidade.

GRAVIDADE, ORDEM E A SEGUNDA LEI

A gravidade é a mais fraca das forças da natureza, fato evidenciado pela mais simples das demonstrações. Pegue uma moeda. Os músculos do seu braço dão uma surra na força gravitacional de toda a Terra. Tanto faz se você se acha um fracote ou um fortão, a vitória sobre a atração gravitacional de um planeta realça a fraqueza intrínseca da gravidade. A única razão pela qual temos consciência da existência da gravidade é que ela é uma força cumulativa: cada pedacinho do planeta puxa cada pedacinho de uma moeda e cada pedacinho deste livro, e cada parte de você, e, uma vez que a Terra é grande, esses puxões se somam para criar forças descendentes que podemos sentir. Mas a atração gravitacional entre duas coisas menores — por exemplo, dois elétrons — é 1 milhão de bilhões de bilhões de bilhões de bilhões de vezes mais fraco do que sua repulsão eletromagnética.

A fraqueza intrínseca da gravidade é o motivo pelo qual nós nem sequer a mencionamos durante nossa investigação anterior da entropia. Se incluíssemos os efeitos da gravidade em situações cotidianas, como a propagação do vapor no seu banheiro ou o deslocamento de aromas flutuando em sua casa, nossa discussão sobre entropia quase não sofreria alteração. Claro, a gravidade puxa as moléculas para baixo de forma suave, fazendo com que a densidade do vapor seja um pouco maior na área mais próxima do piso do banheiro, mas o efeito é tão pequeno que, para uma compreensão qualitativa, simplesmente não importa. No entanto, se desviarmos nossa atenção do cotidiano e considerarmos processos astronômicos que envolvem muito mais matéria, encontraremos uma interação importantíssima entre entropia e força gravitacional.

Reconheço que as ideias que vou explicar agora são um tanto complexas, por isso, se a qualquer momento a discussão ficar enfadonha demais para o seu gosto, sinta-se à vontade para pular para a seção seguinte e ler um resumo. Mas a recompensa por ficar comigo vale a pena: uma compreensão de como a gravidade esculpe espontaneamente a ordem a partir de um cosmo cada vez mais desordenado.

Imagine uma versão cósmica daquela situação do pão assando. Em vez da sua casa, há uma caixa enorme, muito maior que o Sol, flutuando à deriva no espaço, que de resto está vazio. E, em vez de lufadas de aromas escoando de seu forno, imagine que no meio da caixa existe uma bola de gás (para sermos precisos, digamos que se trata de hidrogênio, o elemento mais simples da tabela periódica), cujas moléculas se propagam de dentro para fora. A partir da nossa experiência com o aroma do pão flutuando por todos os cômodos da sua casa, nossa expectativa é de que o gás evolua para a maior entropia através das moléculas que se dispersam até preencherem a caixa de modo uniforme. Mas vamos mudar um pouco as coisas. Ao contrário do cenário em que assamos pão, vamos adicionar moléculas à bola de gás, em um número suficiente a ponto de a gravidade *ter importância*: o puxão gravitacional sentido por qualquer molécula, em função da força gravitacional combinada que cada uma das outras moléculas de gás exerce, existentes em quantidades gigantescas, afeta de maneira significativa o movimento da molécula. Como isso impacta nossa conclusão?

Bem, coloque-se no lugar de uma molécula de gás encabeçando a migração para fora. À medida que você flui para longe do agregado central, sente um puxão gravitacional exercido por todas as demais moléculas, que tentam arrastá-lo de volta para dentro. Essa força vai tentar refreá-lo. Velocidade mais lenta significa temperatura mais baixa. E assim, conforme a nuvem de gás aumenta seu volume geral, expandindo-se para o exterior, a temperatura na direção da fronteira vai diminuindo. Tenha isso em mente e embarque comigo: vamos assumir a perspectiva de uma molécula localizada mais perto do miolo da nuvem. Por estar mais perto, você sente uma força gravitacional muito mais forte em comparação com a sua experiência anterior em uma fronteira distante. De fato, com um número suficiente de moléculas, a atração gravitacional combinada será forte o suficiente para impedir que você migre para fora. Em vez disso, você será puxado para dentro. Assim, cairá na direção do centro do agregado de gás, ganhando velocidade à medida que avança. Maior velocidade significa temperatura mais alta, e, assim, conforme a gravidade faz com que o núcleo da nuvem de gás encolha, diminuindo de volume, a temperatura do gás sobe.

Em comparação com a nossa expectativa ao assar pão — a de que o gás, ao longo do tempo, se distribuiria de modo uniforme por toda a caixa e atingiria uma temperatura uniforme —, constatamos que, quando a gravidade é relevante, os desdobramentos são completamente diferentes. A gravidade resulta em algumas moléculas sendo puxadas para dentro de um núcleo mais quente e mais denso, ao passo que outras, à deriva, deslizam para fora, migrando para o invólucro mais frio e difuso que o rodeia.

Por mais modestas que essas observações possam parecer, acabamos de revelar uma das mais influentes mãos norteadoras da ordem no universo. Permita-me explicar em mais detalhes.

Você nunca pegou sua xícara de café matinal depois de um tempo e pensou que o líquido estava mais quente do que no momento em que o servira. Isso porque o calor flui apenas da temperatura mais alta para a mais baixa, e assim o café quente transfere parte do próprio calor para o ambiente mais frio, o que faz a temperatura da bebida diminuir.[12] No caso da nossa grande nuvem de gás, o calor também flui do núcleo central quente para o invólucro circundante mais frio. Ora, não é culpa sua se você pensar que esse fluxo de calor esfriará o núcleo e aquecerá o invólucro, aproximando o valor das temperaturas de ambos, por mais que o calor transferido do seu café para o ar traga a xícara quente para mais perto da temperatura ambiente. Contudo — e isto é extraordinário e muitíssimo importante —, quando a gravidade está comandando o show, a conclusão se inverte. *À medida que o calor flui para fora do núcleo, o núcleo esquenta e o invólucro esfria.*

Sem dúvida é algo contraintuitivo, mas, para entender isso, basta ligar os pontos que já assinalamos. Conforme o invólucro circundante absorve o calor do núcleo, a energia adicional faz com que a nuvem se avolume ainda mais. De novo, as moléculas que se deslocam para o exterior fazem força contra o puxão gravitacional para dentro e, portanto, são ainda mais refreadas.[13] O efeito final é que a temperatura do invólucro em expansão, em vez de aumentar, diminui. De forma inversa, como o núcleo perde calor, a diminuição da energia faz com que ele se contraia ainda mais. As moléculas que se deslocam para o interior, fluindo na mesma direção da atração gravitacional para dentro, ganham velocidade à medida que caem, de modo que a temperatura do núcleo em contração sobe, em vez de descer.

Se o seu café se comportasse dessa maneira, seria bastante recomendável bebê-lo rapidamente. Quanto mais tempo você esperasse, mais calor ele cederia ao ar circundante e mais quente se tornaria. No caso do café, isso é absurdo. Mas, tratando-se de uma nuvem de gás grande o suficiente para que a gravidade desempenhe um papel dominante, é o que acontece.

Pare um momento para refletir sobre essa conclusão e você perceberá que encontramos um processo de autoamplificação muito parecido com o que acontece com a dívida do cartão de crédito — quanto mais você deve, mais altos são os juros e encargos que você tem de pagar, e maior sua dívida, o que impulsiona o ciclo para uma escalada em espiral. No caso de uma nuvem de gás, à medida que o núcleo encolhe e sua temperatura aumenta, ele cederá ainda mais calor para o ambiente mais frio, fazendo com que o núcleo encolha ainda mais e sua temperatura aumente. Ao mesmo tempo, o calor absorvido pelo invólucro faz com que ele se expanda ainda mais e sua temperatura continue baixando. Com a diferença cada vez mais acentuada de temperatura entre o núcleo e o invólucro, o calor flui com maior vigor e impulsiona o ciclo adiante num vertiginoso aumento em espiral.

Com exceção de uma intervenção ou de uma alteração das circunstâncias, esses ciclos autoamplificados seguem em frente, inabaláveis. Quando se vê diante de uma galopante dívida de cartão de crédito, você intervém, efetuando um pagamento ou declarando falência. Para o núcleo comprimido que fica cada vez mais quente, a natureza intervém com um novo processo físico: a *fusão nuclear*. Quando um conjunto de átomos fica quente e denso o bastante, eles colidem uns contra os outros com tanta força que podem se fundir mais profundamente do que o fariam durante um processo químico como a queima de gás natural. Enquanto a queima química envolve os elétrons que circundam os átomos, a fusão nuclear é a reação que une os núcleos no centro dos átomos. Por meio dessa profunda junção, a fusão nuclear gera quantidades gigantescas de energia, o que se manifesta na forma de partículas que se movem rapidamente. E é esse rápido movimento térmico que gera uma pressão para fora capaz de equilibrar a força da gravidade, que atrai para dentro. Assim, a fusão nuclear no núcleo interrompe a contração. O resultado é uma fonte de luz e calor concentrada, estável e contínua.

Nasce uma estrela.

Para avaliar como o processo de formação é registrado no placar da entropia, vamos somar as contribuições. Tanto o núcleo da nuvem de gás que se torna a estrela como o invólucro do gás que o circunda estão sujeitos a dois efeitos entrópicos concorrentes. No caso do núcleo, a temperatura sobe, agindo para aumentar a entropia, e o volume cai, agindo para reduzi-la. Apenas cálculos detalhados[14] podem determinar o vencedor, o resultado sendo que o decréscimo excede o aumento, de modo que a entropia líquida do núcleo diminui. A formação de agregados gravitacionais graúdos, a exemplo das estrelas, é realmente um passo em direção a uma ordem maior. Para o invólucro circundante, o volume aumenta, agindo para elevar a entropia, e a temperatura diminui, agindo para reduzi-la. De novo, é necessário um cálculo detalhado para determinar o vencedor; nesse caso, o aumento excede o decréscimo, de modo que a entropia líquida do invólucro aumenta. Igualmente importante é que os cálculos estabelecem que o aumento da entropia do invólucro excede a diminuição da entropia do núcleo, assegurando que todo o processo resulte em um crescimento geral da entropia, e isso rende um merecido aceno de aprovação por parte da segunda lei.

Essa cadeia de eventos, ainda que muito idealizada e simplificada, mostra como uma estrela — um bolsão de baixa entropia e ordem — pode ser produzida de maneira espontânea, mesmo que nenhum engenheiro conduza a ação e ainda que a segunda lei da termodinâmica, com seu ditame de que a entropia total aumenta, permaneça em vigor com força total. Comparada a um motor a vapor, a configuração cósmica é mais exótica; contudo, o que descobrimos é outra instância da dança a dois entrópica. Assim como uma máquina a vapor e seu ambiente circundante engatam uma dança termodinâmica — o motor a vapor libera calor residual, fazendo com que sua entropia diminua, enquanto o meio ambiente absorve o calor, fazendo com que sua entropia aumente —, uma nuvem de gás grande o suficiente para que a gravidade tenha importância executa um *pas de deux* análogo. À medida que o núcleo dessa nuvem de gás se contrai sob a força da gravidade, sua entropia diminui, mas, ao longo do processo, ela libera calor, o que provoca o aumento da entropia do meio ambiente. Uma região local de ordem é criada dentro de um meio ambiente que passa por um aumento repentino e mais do que compensatório de desordem.

O novo atributo da versão gravitacional da dança a dois entrópica é que ela é autossustentável. Conforme a nuvem de gás se contrai e emite calor, sua temperatura se eleva, fazendo com que mais calor flua para fora, impelindo os passos da dança a continuarem. Por outro lado, quando o motor a vapor realiza seu trabalho e emite calor, sua temperatura cai. Sem queimar mais combustível para aquecer novamente o vapor, o motor se exaure. É por isso que a máquina a vapor requer uma inteligência para projetá-la, construí-la e alimentá-la, ao passo que a região de ordem criada por uma nuvem de gás em contração — uma estrela — é esculpida e alimentada pela força irracional da gravidade.

Vamos fazer um balanço.

Quando a influência da gravidade é mínima, a segunda lei impulsiona um sistema em direção à homogeneidade. As coisas se espalham, a energia se difunde, a entropia aumenta. E, se fosse só isso, a história do universo, do começo ao fim, seria insossa. No entanto, quando há matéria suficiente para que a influência da gravidade seja significativa, a segunda lei dá uma guinada rápida e leva o sistema para longe da homogeneidade. A matéria se aglomera aqui e se espalha ali. A energia se concentra aqui e se propaga lá. A entropia diminui aqui e aumenta acolá. O modo como é realizada a diretiva da segunda lei depende sensivelmente, portanto, da força da gravidade. Quando há gravidade suficiente — matéria em quantidade suficiente e concentrada o bastante —, estruturas ordenadas podem se formar. Com isso, a história do desenrolar do universo se torna muito mais saborosa.

Conforme descrevemos, o papel de protagonista nesse processo é desempenhado pela força da gravidade. Em comparação, a força nuclear, responsável pela fusão, parece coadjuvante. À primeira vista, seu trabalho se limita a uma intervenção secundária: a fusão resulta na pressão para fora que interrompe o colapso interno impulsionado pela gravidade. De fato, uma síntese improvisada que os cientistas em geral ensaiam é dizer que a gravidade é a fonte primordial de toda a estrutura do cosmo, sem oferecer nem sequer um mero aceno de reconhecimento ao papel da força nuclear. Porém, uma avaliação mais generosa é a de que há uma parceria equânime entre a gravidade e a força nuclear, uma vez que ambas trabalham em conjunto para levar adiante a narrativa da segunda lei.

A questão é que a força nuclear também executa os passos da dança a dois entrópica. Quando os núcleos atômicos se fundem — por exemplo, no Sol, onde os núcleos de hidrogênio se fundem e se tornam hélio, bilhões e bilhões de vezes por segundo —, o resultado é um aglomerado atômico mais complexo, de organização mais intrincada e de baixa entropia. No processo, parte da massa dos núcleos originais é convertida em energia (como prescrito por $E = mc^2$), principalmente na forma de uma explosão de fótons que aquece o interior da estrela e propulsiona a liberação de luz de sua superfície. E é através de uma luz estelar tão abrasadora, por si só uma torrente de fótons jorrando sem parar para o exterior, que a estrela transfere fartas quantidades de entropia para o meio ambiente. De fato, assim como vimos ser o caso do motor a vapor e da nuvem de gás em contração, o aumento da entropia ambiental mais do que compensa a diminuição na entropia proveniente dos núcleos em fusão, garantindo que a entropia líquida aumente e que a segunda lei seja, mais uma vez, mantida.

Da mesma forma como o gás natural e o oxigênio precisam de um catalisador (eu acendendo o fósforo, por exemplo) para iniciar a queima química, os núcleos atômicos requerem um catalisador para desencadear a fusão nuclear. No caso das estrelas, esse catalisador não é outro senão a força da gravidade, esmagando a matéria no núcleo até que ela se torne quente e densa o suficiente para deflagrar a fusão. Tão logo seja iniciada, a fusão é capaz de alimentar uma estrela por bilhões de anos, sintetizando incansavelmente núcleos atômicos complexos enquanto extrai uma valiosíssima (e, de outro modo, inacessível) entropia, que se espalha para fora por meio de calor e luz. E, como discutiremos no próximo capítulo, esses produtos — átomos complexos e um constante banho de luz em jorro — são essenciais para a formação de estruturas ainda mais magníficas e complexas, incluindo você e eu. Assim, embora a gravidade seja a força vital na formação de uma estrela e na manutenção de um ambiente estelar estável, há bilhões de anos é a força nuclear que está na linha de frente, liderando a impetuosa investida entrópica. Nessa perspectiva, o papel da gravidade muda de protagonista para parceiro indispensável em um longo dueto.

O resultado final, antropomorfizado, é que o universo habilmente tira proveito das forças gravitacionais e nucleares para arrancar à força um estoque de entropia inutilizada que está trancada dentro de seus constituintes materiais. Sem a gravidade, partículas dispersas de maneira uniforme, a exemplo do aroma que enche sua casa, alcançam a maior entropia disponível. Todavia, com a gravidade, partículas que são espremidas na forma de bolas maciças e densas mantidas pela fusão nuclear jogam a pontuação da entropia ainda mais para cima no placar.

Catalisada pela gravidade e executada pela força nuclear, essa versão da dança a dois entrópica é executada pela matéria de uma ponta à outra do universo. É um processo que dominou a coreografia cósmica desde pouco depois de ocorrer o Big Bang, resultando em um vasto número de estrelas — estruturas astronômicas ordenadas cujo calor e luz, em pelo menos uma instância, possibilitaram o surgimento da vida. Esse desdobramento, como examinaremos a fundo no próximo capítulo, envolve uma contraparte da entropia — a evolução —, que é capaz de moldar as estruturas mais complexas e primorosas do universo.

4. Informação e vitalidade
Da estrutura à vida

"Caro professor Schrödinger", começava a despretensiosa carta enviada em 1953 pelo biólogo Francis Crick a Erwin Schrödinger, um dos pais fundadores da mecânica quântica e ganhador do prêmio Nobel de Física de 1933. "Certa vez, Watson e eu estávamos discutindo como fomos parar no campo da biologia molecular, e descobrimos que ambos fomos influenciados por seu livrinho *O que é vida?*." A menção de Crick ao livro de Schrödinger vinha acompanhada de uma alegria que ele mal era capaz de conter: "Achamos que o senhor talvez possa se interessar pelas separatas que seguem em anexo — o senhor verá que, aparentemente, seu termo 'cristal aperiódico' vai ser muito apropriado".[1]

O Watson a quem Crick se refere é, claro, James Watson, coautor com Crick das "separatas", que, recém-saídas do prelo, incluíam um artigo científico destinado a ser um dos mais célebres do século XX. Na forma impressa, o manuscrito ocuparia menos de uma única página de periódico, mas isso se mostrou adequado para delinear a geometria de dupla-hélice do DNA que renderia a Crick e Watson, ao lado de Maurice Wilkins, do King's College, o prêmio Nobel de 1962.[2] É digno de nota que o próprio Wilkins também tenha creditado a Schrödinger e a seu livro o despertar de sua paixão para determinar a base molecular da hereditariedade; nas palavras de Wilkins, "[*O que é vida?*] me colocou em movimento".[3]

Schrödinger escreveu *O que é vida?* em 1944, com base em uma série de palestras públicas que ministrara no ano anterior no Instituto de Estudos Avançados de Dublin. Ao anunciar as conferências, Schrödinger observou que seu tema era complexo e que "as palestras não poderiam ser chamadas de 'populares'", um comprometimento louvável com uma investigação meticulosa do tópico, mesmo que à custa potencial de um público reduzido.[4] A despeito disso, ao longo de três sextas-feiras consecutivas em fevereiro de 1943, enquanto a Segunda Guerra Mundial devastava o continente, uma plateia de mais de quatrocentas pessoas — incluindo o primeiro-ministro irlandês, vários dignitários e socialites — amontoou-se em um auditório empoleirado no último andar do Edifício Fitzgerald, um prédio de pedra cinza no campus do Trinity College, para ouvir o físico nascido em Viena discorrer sobre a ciência da vida.[5]

A incumbência, descrita e explicada pelo próprio Schrödinger, era a de avançar em uma questão primordial: "Como eventos *no espaço e no tempo*, que ocorrem dentro dos limites espaciais de um organismo vivo, podem ser abordados pela física e pela química?". Ou, parafraseando sem nenhuma precisão: rochas e coelhos são diferentes. Mas como? E por quê? Cada um é um enorme conjunto de prótons, nêutrons e elétrons, e todas essas partículas — confinadas a uma rocha ou a um animal — são regidas pelas mesmas leis da física. Então, o que acontece no corpo de um coelho que torna seu conjunto de partículas tão profundamente diferente do conjunto de partículas que constitui uma rocha?

É o tipo de pergunta que um físico faria. Quase sempre, físicos são reducionistas e, portanto, tendem a olhar além da superfície, enfocando com maior profundidade fenômenos complexos em busca de explicações que se fiam em propriedades e na interação de constituintes mais simples. Enquanto os biólogos geralmente definem a vida por suas atividades principais — a vida absorve matérias-primas que fornecem energia para funções autossustentáveis, elimina os dejetos gerados pelo processo e, nos casos mais bem-sucedidos, se reproduz —, Schrödinger buscou uma resposta para a pergunta "o que é vida?" calcada nos fundamentos físicos básicos da vida.

A atração do reducionismo é poderosa. Se pudéssemos identificar o que aciona um conjunto de partículas, que mágica molecular desencadeia o fogo da vida, daríamos um passo significativo rumo à compreensão da origem da vida e da onipresença, ou não, da vida no cosmo. Mais de meio século depois, apesar dos avanços na física, que foram monumentais e galopantes, e, principalmente, na biologia molecular, ainda estamos no encalço de variações da pergunta de Schrödinger. Embora tenha havido progressos impressionantes em termos de decompor a vida (e a matéria em termos mais gerais) em suas partes constituintes, os pesquisadores ainda enfrentam a tarefa colossal de detalhar de que modo a vida surge quando conjuntos desses constituintes são dispostos em configurações específicas. Essa síntese é um componente essencial do programa reducionista. Afinal, quanto maior o grau de precisão e refinamento com que se examina alguma coisa viva, mais complicado se torna ver que ela está vivendo. Concentre-se em uma única molécula de água, em um único átomo de hidrogênio ou em um elétron individual, e você descobrirá que não há, da parte de nenhum deles, qualquer indício de diferenciação: nada que indique se fazem parte de alguma coisa viva ou morta, animada ou inanimada. A vida é reconhecível utilizando como base o comportamento coletivo, a organização em larga escala, a coordenação abrangente de um número enorme de constituintes particulados — até mesmo uma única célula contém mais de 1 trilhão de átomos. Buscar discernimento sobre a vida concentrando-se nas partículas fundamentais é como apreciar uma sinfonia de Beethoven ouvindo instrumento por instrumento, nota por nota, individualmente.

O próprio Schrödinger enfatizou uma versão desse aspecto em sua primeira palestra. Se um corpo ou cérebro pudesse ser danificado pelo movimento incorreto de um único átomo, ou por alguns deles, as perspectivas de sobrevivência seriam ínfimas. Para evitar esse tipo de sensibilidade, Schrödinger apontou, corpos e cérebros são constituídos por grandes agrupamentos de átomos capazes de manter seu funcionamento geral com alto nível de coordenação, mesmo quando os átomos individuais se agitam aleatoriamente. Portanto, o objetivo de Schrödinger não era revelar a vida pairando dentro de um único átomo, mas sim, com base na compreensão dessas unidades, construir a explicação de um físico a respeito de como um conjunto numeroso poderia se agregar para dar forma a alguma coisa com vida. Na visão de Schrödinger, tinha-se aí uma busca abrangente, que provavelmente exigiria que a ciência ampliasse sua base de estruturas conceituais. De fato, em um epílogo de *O que é vida?*, ao tratar da consciência, Schrödinger fez algumas sobrancelhas se arquearem de surpresa e desaprovação (e perdeu seu primeiro editor) quando invocou os Upanixades hindus para sugerir que todos somos parte de um "eu eterno, onipresente e onisciente" e que o livre-arbítrio que cada um de nós exerce é reflexo de nossos poderes divinos.[6]

Embora minha opinião sobre o livre-arbítrio seja diferente da de Schrödinger (como veremos no capítulo 5), compartilho sua afinidade por um panorama explicativo. Mistérios profundos exigem clareza, que é expressa por meio de um conjunto de histórias inseridas dentro de outras histórias. Seja reducionista ou emergente, matemática ou figurativa, científica ou poética, construímos peça por peça uma compreensão mais plena abordando questões fundamentadas em uma gama de diferentes perspectivas.

HISTÓRIAS DENTRO DE OUTRAS HISTÓRIAS

Nos últimos séculos, a física refinou sua própria coleção de histórias dentro de outras histórias, organizadas pela distância ao longo das quais cada história é relevante. Isso é fundamental para o enfoque que nós, físicos, incansáveis que somos, incutimos em nossos alunos. Para entender como uma bola de beisebol momentaneamente deformada pelo golpe incandescente desferido pelo taco do rebatedor Mike Trout retorna feito um elástico a sua forma esférica, você precisa analisar a estrutura molecular da bola. É lá que inúmeras forças microfísicas resistem à deformação e lançam a bola em seu caminho. Mas essa perspectiva molecular é inútil para entender a trajetória da bola. Seria incompreensível a quantidade volumosa de dados necessária para rastrear trilhões de trilhões de moléculas em movimento à medida que a bola rodopia e voa por cima dos limites do campo na direção das arquibancadas em mais um *home run*. Quando se trata da trajetória, é preciso afastar o foco das ervas daninhas moleculares e examinar o movimento da bola como um todo. É preciso contar uma história de alto nível, correlata, mas distinta.

O exemplo ilustra uma compreensão simples, mas de grande relevância: as perguntas que fazemos determinam as histórias que fornecem as respostas mais úteis. É uma estrutura narrativa que tira proveito de uma das qualidades mais fortuitas da natureza. Em cada escala, o universo é coerente. Newton não tinha conhecimento dos quarks e elétrons, mas, se você lhe informasse a velocidade e a direção de uma bola de beisebol ao sair do taco de Mike Trout, ele calcularia a trajetória de olhos fechados. A física evoluiu desde a época de Newton, e nós nos tornamos capazes de investigar camadas mais finas da estrutura, o que colaborou para tornar nosso conhecimento mais significativo. Contudo, a descrição em cada etapa faz sentido. Não fosse assim — se, por exemplo, entender o movimento de uma bola de beisebol exigisse entender o comportamento quântico de suas partículas —, seria difícil constatar o progresso alcançado. Dividir para conquistar é, há muito tempo, o grito de guerra da física, uma estratégia que resultou em triunfos extraordinários.

Um encargo igualmente importante consiste em sintetizar histórias individuais em uma narrativa homogênea. Para a física de partículas e campos, essa síntese foi conduzida à sua forma mais refinada por Ken Wilson, laureado com o prêmio Nobel de 1982.[7] Wilson desenvolveu um procedimento matemático para analisar sistemas físicos em uma gama de distâncias — de escalas bem menores do que, digamos, as sondadas pelo Grande Colisor de Hádrons até as distâncias atômicas muito maiores que eram acessíveis havia mais de um século — e depois conectar sistematicamente as histórias, esclarecendo como cada uma delas passa adiante o fardo narrativo para a próxima à medida que a escala migra para além de seu domínio particular. O método, chamado de *grupo de renormalização*, está no cerne da física moderna. Ele mostra como a linguagem, o arcabouço conceitual e as equações por meio das quais se analisa a física em uma escala de distância precisam mudar conforme alteramos o foco para uma escala diferente. Usando esse método para desenvolver um conjunto de descrições distintas — e inseridas uma dentro da outra — e delineando de que modo cada uma dá consistência àquelas que lhes são adjacentes, os físicos extraíram previsões detalhadas, depois confirmadas por um grande número de experimentos e observações.

Ao mesmo tempo que a técnica de Wilson é adaptada sob medida para as ferramentas matemáticas do físico de partículas moderno (mecânica quântica e sua generalização, a teoria quântica de campo), a compreensão abrangente tem vasta aplicação. Existem muitas maneiras de entender o mundo. Na organização tradicional das ciências, a física lida com partículas elementares e suas várias uniões; a química, com átomos e moléculas, e a biologia, com a vida. Essa categorização, que, embora perdure, era muito mais proeminente no meu tempo de estudante, fornece uma demarcação razoável, ainda que grosseira, das ciências por escala. Em épocas mais recentes, no entanto, quanto mais fundo os pesquisadores investigavam, mais percebiam que é essencial compreender o cruzamento entre as disciplinas. As ciências não são separadas. E, quando o foco muda da vida para a vida inteligente, outras disciplinas sobrepostas — linguagem, literatura, filosofia, história, arte, mito, religião, psicologia, e assim por diante — tornam-se centrais para a narrativa detalhada. Até mesmo o mais convicto reducionista percebe que, por mais insensato que seja explicar a trajetória de uma bola de beisebol em termos de movimento molecular, tolice ainda maior seria invocar esse tipo de perspectiva microscópica para explicar o que o rebatedor estava sentindo enquanto o arremessador se punha em posição para lançar a bola, a multidão urrava e a bola se aproximava a toda velocidade. Em vez disso, histórias de alto nível contadas na linguagem da reflexão humana propiciam reflexões bem maiores. Entretanto — e isso é crucial —, essas histórias de nível humano mais condizentes têm que ser compatíveis com o enfoque reducionista. Somos criaturas físicas sujeitas à lei física. Assim, há pouco a ganhar quando os físicos clamam que seu modelo é o arcabouço explicativo mais fundamental, e pouco proveito a alcançar quando humanistas zombam da arrogância do reducionismo desenfreado. Só se garimpa pouco a pouco uma compreensão refinada ao se integrar as histórias de cada disciplina em uma única narrativa texturizada.[8]

Neste capítulo, adotamos uma postura reducionista, reconhecendo que os capítulos posteriores examinarão a vida e a mente a partir de uma sensibilidade humanista complementar. Aqui, discutiremos a origem dos ingredientes atômicos e moleculares necessários à vida, a origem de um meio ambiente particular — a Terra e o Sol — em que ingredientes se amalgamaram da maneira certa para que a vida surgisse e florescesse. Também exploraremos a unidade profunda da vida no planeta, examinando algumas das espantosas estruturas microfísicas e dos processos comuns a todos os seres vivos.[9] Não responderemos à questão da origem da vida (ainda um mistério), porém veremos que toda a vida na Terra pode ser atribuída a uma espécie unicelular ancestral comum, delineando nitidamente o que, em última instância, uma ciência da origem terá de explicar. Isso nos levará a examinar a vida sob a perspectiva termodinâmica largamente aplicável e desenvolvida nos capítulos anteriores, deixando claro que os seres vivos compartilham um parentesco profundo, não apenas uns com os outros, mas também com as estrelas e os motores a vapor: a vida é mais um meio que o universo emprega para liberar o potencial de entropia trancado no interior da matéria.

Meu objetivo não é ser enciclopédico, mas compartilhar apenas a quantidade suficiente de detalhes para que você sinta os ritmos da natureza, a atuação dos padrões ressoantes que se desenrolam desde o Big Bang até a atual vida na Terra.

A ORIGEM DOS ELEMENTOS

Triture qualquer coisa que antes estava viva, desmonte os componentes de seu complexo maquinário molecular, e você encontrará uma abundância dos mesmos seis tipos de átomos: carbono, hidrogênio, oxigênio, nitrogênio, fósforo e enxofre, um conjunto de elementos de que os estudantes às vezes se lembram recorrendo ao acrônimo mnemônico CHONPS. De onde vêm esses ingredientes atômicos de suporte à vida? A resposta que surgiu representa uma das grandes histórias de sucesso da cosmologia moderna.

A receita para construir qualquer átomo, por mais complexo que seja, é direta. Junte o número certo de prótons com o número certo de nêutrons, comprima-os em uma bola compacta (o núcleo), envolva-os com elétrons em número igual ao de prótons e ajuste o posicionamento dos elétrons em órbitas particulares ditadas pela física quântica. É isso. O desafio é que, diferente das peças de Lego, os constituintes atômicos não se encaixam. Eles se empurram e se puxam com força, dificultando a tarefa de montar os núcleos. Os prótons, em particular, têm todos a mesma carga elétrica positiva, por isso se faz necessária uma quantidade enorme de pressão e temperatura para que consigam romper na marra sua repulsão eletromagnética mútua e se aproximar o suficiente de modo que a força nuclear forte domine, prendendo-os em um poderoso abraço subatômico.

As condições agressivas imediatamente posteriores ao Big Bang eram mais extremas do que qualquer coisa jamais encontrada em qualquer lugar desde então, motivo pelo qual pareciam um meio ambiente propício para a superação da repulsão eletromagnética e o agrupamento de núcleos atômicos. Em meio a uma mistura fenomenalmente densa e energética de prótons e nêutrons colidindo uns contra os outros, poderíamos supor que aglomerados se formariam de maneira natural, sintetizando a tabela periódica uma espécie atômica após a outra. De fato, foi isso que George Gamow (físico soviético cuja primeira tentativa de desertar da União Soviética, em 1932, envolveu remar através do mar Negro em um caiaque abastecido sobretudo de café e chocolate) e seu aluno de pós-graduação Ralph Alpher sugeriram no final dos anos 1940.

Eles estavam certos, mas em parte. Um problema detectado por ambos foi que, nos primeiros momentos, a temperatura do universo era alta demais. O espaço estava inundado com fótons de tal forma energéticos que teriam aniquilado quaisquer uniões incipientes de prótons e nêutrons. Contudo, como os dois físicos também perceberam, apenas um minuto e meio depois — bastante tempo, se levarmos em consideração a alta velocidade de turbilhão em que o universo primitivo se desenvolvia —, a situação mudou. A essa altura, a temperatura caíra o suficiente para que as energias típicas dos fótons já não sobrecarregassem a força nuclear forte, permitindo, por fim, que as junções de prótons e nêutrons perdurassem.

A segunda cilada, que se tornou clara mais tarde, é que a construção de átomos complexos é um processo intrincado, que exige tempo. Requer uma série extremamente específica de etapas nas quais as consideráveis quantidades prescritas de prótons e nêutrons se fundem em vários aglomerados, os quais, em seguida, precisam encontrar por acaso nódulos complementares específicos, fundir-se a eles, e assim por diante. Tal qual uma receita gourmet, a ordem na qual os ingredientes são combinados é essencial. E o que torna o processo ainda mais complicado é que alguns aglomerados intermediários são instáveis; isso significa que, depois de formados, eles tendem a se desintegrar num átimo, desarticulando os preparativos culinários e retardando a síntese atômica. Esse entrave é muito importante porque a temperatura e a densidade em queda constante, à medida que o universo primitivo se expande em alta velocidade, implicam que a janela de oportunidade para a fusão se fecha muito rápido. Mais ou menos dez minutos depois da criação, a temperatura e a densidade desabam abaixo do limite exigido para processos nucleares.[10]

Quando essas considerações são feitas no domínio quantitativo, o que Alpher começou fazendo em sua tese de doutorado e mais tarde foi refinado por muitos pesquisadores, constatamos que, logo depois do Big Bang, apenas as poucas primeiras espécies atômicas teriam sido sintetizadas. A matemática nos permite calcular suas abundâncias relativas: cerca de 75% de hidrogênio (um próton), 25% de hélio (dois prótons, dois nêutrons) e traços residuais de deutério (uma forma pesada de hidrogênio, com um próton e um nêutron), hélio-3 (uma forma leve de hélio com dois prótons e um nêutron) e lítio (três prótons, quatro nêutrons).[11] Observações astronômicas de abundâncias atômicas mais detalhadas confirmaram que essas proporções estão totalmente corretas, um triunfo da matemática e da física para iluminar os processos pormenorizados que aconteceram poucos minutos depois do Big Bang.

E quanto aos átomos mais complexos, como aqueles essenciais para que haja vida? Sugestões para sua origem remontam à década de 1920. Sir Arthur Eddington, astrônomo britânico (que, quando indagado acerca de qual era a sensação de estar entre as únicas três pessoas do mundo que entendiam a relatividade geral de Einstein, deu uma resposta que ficou famosa: "Estou tentando pensar em quem é a terceira pessoa"), teve uma ideia certeira: o interior escaldante das estrelas poderia fornecer panelas de barro cósmicas para o cozimento lento das espécies atômicas mais complexas. A proposta passou pelas mãos de muitos físicos brilhantes, incluindo o ganhador do Nobel Hans Bethe (minha primeira sala como docente universitário ficava ao lado da dele, e eu podia ajustar meu relógio ouvindo seu espirro exuberante e infalível das quatro da tarde); talvez as mãos mais relevantes de todas tenham sido as do astrônomo inglês Fred Hoyle (que, em um programa da Rádio BBC em 1949, fez uma referência desdenhosa e sarcástica à ideia de que o universo havia sido criado em "uma grande explosão", involuntariamente cunhando um dos apelidos mais vigorosos da ciência, o "Big Bang");[12] esses homens transformaram a sugestão em um mecanismo físico maduro e preditivo.

Em comparação com o ritmo vertiginoso da mudança no imediato pós-Big Bang, as estrelas propiciam ambientes estáveis que podem perdurar por milhões, se não bilhões, de anos. A instabilidade de aglomerados intermediários específicos também retarda o processo de fusão em estrelas; mas, quando você tem tempo de sobra, ainda pode mostrar serviço e dar conta do recado. Então, diferente da situação do Big Bang, depois que o hidrogênio se funde com o hélio, a síntese nuclear nas estrelas está longe de terminar. Estrelas gigantescas o bastante continuarão a esmagar e a comprimir os núcleos, forçando-os a se fundir nos átomos mais complexos da tabela periódica, processo em que produzem quantidades substanciais de calor e luz. Por exemplo, uma estrela que tiver massa vinte vezes maior que a do Sol passará seus primeiros 8 milhões de anos fundindo hidrogênio em hélio, depois dedicará seus milhões de anos seguintes à fusão de hélio em carbono e oxigênio. A partir daí, com sua temperatura central aumentando cada vez mais, a velocidade da esteira acelera de modo contínuo: a estrela leva cerca de mil anos para queimar seu estoque de carbono, fundindo-o em sódio e neônio; no decorrer dos seis meses seguintes, novas fusões produzem magnésio; um mês mais tarde, mais enxofre e silício; e em seguida, em meros dez dias a fusão queima os átomos restantes, resultando na produção de ferro.[13]

Deixemos o ferro de lado por enquanto, por um bom motivo. De todas as espécies atômicas, os prótons e os nêutrons do ferro são os que se unem de modo mais firme. Isso é importante. Se você tentar construir espécies atômicas ainda mais pesadas, espremendo à força prótons e nêutrons adicionais, descobrirá que os núcleos de ferro têm pouco interesse em participar. O abraço de urso nuclear que mantém presos juntos os 26 prótons e trinta nêutrons do ferro já espremeu e liberou toda a energia fisicamente possível. Acrescentar prótons e nêutrons exigiria uma entrada — não uma saída — de energia. Como resultado, quando chegamos ao ferro, a produção ordenada da fusão estelar de átomos maiores e mais complexos, acompanhada da liberação de calor e luz, é interrompida por completo. Como as cinzas da lareira de sua casa, o ferro não pode mais ser queimado.

O que dizer então das espécies atômicas com núcleos ainda maiores, incluindo elementos utilitários como cobre, mercúrio e níquel; favoritos sentimentais como prata, ouro e platina; e exóticos pesos-pesados como rádio, urânio e plutônio?

Os cientistas identificaram duas fontes para esses elementos. Quando o núcleo de uma estrela é composto majoritariamente de ferro, as reações de fusão já não geram mais a energia e a pressão externas (de dentro para fora) necessárias para contrabalançar e neutralizar o puxão interno (de fora para dentro) da gravidade. A estrela entra em colapso. Se sua massa for grande o bastante, esse colapso se acelera e se transforma em uma implosão tão poderosa a ponto de a temperatura do núcleo disparar feito um foguete; o material que implode ricocheteia no núcleo e desencadeia uma onda de choque espetacular que irrompe de dentro para fora. E, enquanto vai ribombando do núcleo em direção à superfície da estrela, a onda de choque comprime os núcleos que encontra pelo caminho com tamanha fúria que se forma uma profusão de aglomerações nucleares maiores. No alvoroço desse movimento caótico de partículas, todos os elementos mais pesados da tabela periódica podem ser sintetizados, e, quando enfim atinge a superfície da estrela, a onda de choque lança esse copioso bufê livre atômico no espaço.

Uma segunda fonte de elementos pesados são as bruscas colisões entre estrelas de nêutrons, corpos celestes produzidos na agonia da morte de estrelas cuja massa é cerca de dez a trinta vezes superior à do Sol. O fato de as estrelas de nêutrons serem compostas em sua maioria de nêutrons — partículas camaleônicas capazes de se transformar em prótons — é um bom agouro para a construção de núcleos atômicos, pois temos uma profusão das matérias-primas certas. Um obstáculo, porém, é que, para formar núcleos atômicos, os nêutrons precisam se libertar das poderosas garras gravitacionais da estrela. É aí que uma colisão entre estrelas de nêutrons vem a calhar. O impacto pode emitir colunas de nêutrons que, sem carga elétrica, e, por isso, sem sofrer repulsão eletromagnética, podem se aglutinar em grupos com mais facilidade. Depois que alguns desses nêutrons acionam um certo interruptor camaleônico e se tornam prótons (liberando elétrons e antineutrinos no processo), adquirimos um suprimento de núcleos atômicos complexos. Em 2017, colisões de estrelas de nêutrons deixaram de ser um brinquedinho teórico e se tornaram um fato observacional quando cientistas detectaram as ondas gravitacionais geradas por essas colisões (logo depois das primeiríssimas ondas gravitacionais detectadas, produzidas pela colisão de dois buracos negros). Análises e mais análises determinaram que as colisões de estrelas de nêutrons produzem elementos mais pesados de maneira mais eficiente e abundante do que as explosões de supernovas; portanto, pode ser que a maior parte dos elementos pesados do universo tenha sido produzida por meio dessas trombadas astrofísicas violentas.

Fundidas em estrelas e expelidas em explosões de supernovas, ou arremessadas por colisões estelares e amalgamadas em colunas de partículas, diversas espécies atômicas flutuam através do espaço, onde se misturam e se fundem em grandes nuvens de gás; com o tempo, elas se aglomeram de novo para formar estrelas e planetas; por fim, acabam dando forma a nós, seres vivos. Essa é a origem dos ingredientes que constituem toda e qualquer coisa que você já encontrou na vida.

Com pouco mais de 4,5 bilhões de anos, o Sol é um recém-chegado cósmico. Não fez parte da primeira geração de estrelas do universo. Vimos no capítulo 3 que aqueles pioneiros estelares se originaram de variações quânticas na densidade da matéria e da energia que se estenderam espaço afora por ação da expansão inflacionária. Simulações em computador desses processos revelam que as primeiras estrelas se inflamaram cerca de 100 milhões de anos depois do Big Bang, com uma entrada em cena no palco cósmico que foi tudo menos delicada. As primeiras estrelas provavelmente eram mamutes, com massa centenas ou talvez milhares de vezes maior que a do Sol, queimando com tanta intensidade que logo se extinguiram. As mais pesadas alcançaram o fim da vida em uma implosão gravitacional tão impressionante que colapsaram até chegar à forma de buracos negros, configurações extremas de matéria que serão o foco principal mais adiante em nossa jornada. Estrelas primitivas menos gigantescas terminaram a vida com uma explosão causticante de supernova que, além de semear o espaço com átomos complexos, iniciou a rodada seguinte de formação estelar. Assim como uma onda de choque de supernova rasgando uma estrela funde à força seus constituintes atômicos, uma onda de choque trovejando através do espaço comprime as nuvens de ingredientes moleculares que encontra pelo caminho. E, uma vez que as regiões compactadas são mais densas, exercem uma maior força gravitacional em seu entorno, atraindo ainda mais constituintes particulados e desencadeando uma nova rodada de avalanches gravitacionais que se avolumam velozmente a caminho da geração seguinte de estrelas.

Com base na composição do Sol — as quantidades de vários elementos pesados que ele contém atualmente, determinadas por medições espectroscópicas —, os físicos solares acreditam que ele é o neto das primeiras estrelas do universo, um recém-chegado da terceira geração. Mas há muita incerteza a respeito de onde se deu sua formação original. Um candidato que foi investigado é uma região conhecida como Messier 67, a cerca de 3 mil anos-luz de distância, e que contém um aglomerado de estrelas cuja composição química parece semelhante à solar, sugerindo um parentesco próximo. O desafio, ainda por resolver, é explicar como o Sol e os planetas do seu sistema (ou o disco protoplanetário a partir do qual os planetas posteriormente se formariam) teriam sido expelidos daquele viveiro estelar longínquo e migrado para cá. Alguns estudos das trajetórias potenciais concluem que é praticamente nula a chance de Messier 67 ter sido o local de nascimento do Sol, ao passo que outras investigações, que recorrem a várias suposições modificadas, obtiveram resultados mais encorajadores.[14]

O que podemos afirmar com mais confiança é que, há 4,7 bilhões de anos, uma onda de choque de supernova provavelmente abriu caminho à força através de uma nuvem contendo hidrogênio, hélio e pequenas quantidades de átomos mais complexos, comprimindo parte dela, que, sendo então mais densa que seus arredores, exerceu uma atração gravitacional mais forte e, assim, começou a atrair material para dentro de si. Ao longo das centenas de milhares de anos seguintes, essa região de nuvem de gás continuou a se contrair, girando, de início a um ritmo lento e depois mais rápido, como uma patinadora graciosa que encolhe os braços sobre o peito enquanto rodopia. E, assim como a patinadora girando sobre o próprio eixo sente um puxão para fora (o que faz esvoaçar qualquer franja solta no traje dela), a nuvem giratória se alastrou e achatou suas regiões externas em um disco rotatório, que circundava uma região esférica menor no núcleo. Durante o período de 50 a 100 milhões de anos seguintes, a nuvem de gás executou uma performance lenta e constante da dança a dois entrópica gravitacional discutida no capítulo 3: a força gravitacional espremeu o núcleo esférico, que foi ficando cada vez mais quente e denso enquanto o material circundante resfriava e se rarefazia. A entropia do núcleo diminuiu; a entropia dos arredores contrabalançou isso com um aumento mais do que compensatório. Por fim, a temperatura e a densidade do núcleo ultrapassaram o limiar de ignição da fusão nuclear.

O Sol nasceu.

Durante os milhões de anos seguintes, os detritos remanescentes da formação do Sol, equivalentes a apenas alguns décimos de 1% do disco giratório original, aglutinaram-se, em meio a um sem-número de ocorrências de avalanches gravitacionais, e formaram os planetas do sistema solar. Substâncias mais leves e mais voláteis — como hidrogênio e hélio, além de metano, amônia e água —, que seriam convulsionadas pela intensa radiação do Sol, acumularam-se com mais abundância nas regiões externas e mais frias do sistema solar e participaram da formação dos gigantes gasosos Júpiter, Saturno, Urano e Netuno. Constituintes mais pesados e mais robustos, como ferro, níquel e alumínio, que resistiram melhor ao ambiente de maior temperatura mais perto do Sol, consolidaram-se, originando planetas rochosos (também chamados de telúricos ou terrestres) menores — Mercúrio, Vênus, Terra e Marte, conhecidos como "planetas internos" (por estarem localizados nas regiões mais internas do sistema solar). Tendo massa muito menor que a do Sol, os planetas são capazes de suportar seu modesto peso graças à resistência intrínseca de seus próprios átomos à compressão. As temperaturas e pressões do núcleo dos planetas aumentam, mas não chegam nem sequer perto dos níveis necessários para a ignição da fusão nuclear, resultando nos ambientes comparativamente temperados aos quais a vida — sem dúvida na nossa forma, e possivelmente toda a vida no universo — deve uma dose considerável de gratidão.

TERRA JOVEM

O primeiro meio bilhão de anos da Terra é chamado de período ou éon hadeano, numa referência ao deus grego do mundo subterrâneo, Hades, para sugerir uma era infernal de vulcões em fúria, dos quais jorravam rochas derretidas e vapores densos e tóxicos de enxofre e cianeto. No entanto, alguns cientistas suspeitam hoje que, para figurar no papel de porta-estandarte oficial da Terra jovem, Posídon, o rei dos mares, poderia muito bem ter sido a divindade escolhida. A ainda muito debatida mudança drástica, a formação dos oceanos, baseia-se em evidências que não são mais substanciais do que partículas de poeira. Embora não tenhamos amostras de rochas daquela época, os pesquisadores identificaram partículas translúcidas ancestrais — os *cristais de zircão* — que se formaram quando a lava derretida dos primórdios da Terra primitiva esfriou e se solidificou. Os cristais de zircão estão se provando essenciais para entender o desenvolvimento dos primeiros tempos da Terra, porque, além de serem praticamente indestrutíveis, tendo sobrevivido por bilhões de anos a surras geológicas, atuam como cápsulas do tempo em miniatura. Quando se formam, esses cristais capturam amostras moleculares do meio ambiente, cuja idade somos capazes de determinar com precisão por meio do processo de datação radioativa (ou radiométrica) padrão. Analisando de perto as impurezas que eles apresentam, extraímos uma amostra das condições da Terra arcaica.

Cientistas descobriram na Austrália Ocidental cristais de zircão datados de 4,4 bilhões de anos, apenas algumas centenas de milhões de anos depois da formação da Terra e do sistema solar. Ao examinar sua composição, os pesquisadores sugeriram que as condições ancestrais podem ter sido mais aprazíveis do que se pensava. A terra primitiva talvez tenha sido um mundo aquático relativamente plácido, com pequenas massas de terra pontilhando uma superfície coberta sobretudo por água na forma de oceanos.[15]

Isso não quer dizer que a história da Terra não tenha tido seus momentos de drama flamejante. Por volta de 50 a 100 milhões de anos depois de seu nascimento, é provável que a proto-Terra tenha colidido com um planeta do tamanho de Marte chamado Theia, cataclismo que teria vaporizado a crosta terrestre, destruído Theia e soprado nuvens de poeira e gás milhares de quilômetros espaço adentro. Com o tempo, essa nuvem de detritos teria se aglomerado gravitacionalmente para formar a Lua, um dos maiores satélites planetários do sistema solar e um lembrete noturno daquele violento impacto. Outro lembrete é fornecido pelas estações do ano. Vivenciamos verões quentes e sentimos na pele os rigores de invernos frios porque o eixo inclinado da Terra afeta o ângulo de incidência da luz solar, sendo o verão um período de raios diretos e o inverno um período de raios oblíquos. O choque com Theia é a provável causa da inclinação do eixo de rotação da Terra. E, embora menos sensacional do que uma grande colisão planetária, tanto a Terra como a Lua sofreram períodos de espancamentos significativos por meteoros menores. A Lua preservou as cicatrizes desses murros meteóricos, graças a sua crosta estática e ao fato de não sofrer a ação dos ventos — portanto, não há erosão —, mas as pancadas recebidas pela Terra, menos visíveis na atualidade, foram bastante severas. Pode ser que alguns impactos iniciais tenham evaporado parcial ou até mesmo totalmente a água na superfície do planeta. Apesar disso, os arquivos de zircão fornecem evidências de que, algumas centenas de milhões de anos depois de sua formação, a Terra entrou em um processo de resfriamento gradativo, suficiente para que o vapor atmosférico levasse ao surgimento de precipitações, o que ocasionou a formação dos oceanos primitivos e produziu um terreno não muito diferente da Terra que conhecemos hoje. Pelo menos, essa é uma conclusão a que se chega pela leitura dos cristais.

O período de tempo necessário para a Terra se aquietar e ostentar uma quantidade abundante de água — tenham sido centenas de milhões de anos ou muito mais — é matéria de um debate intenso, porque diz respeito diretamente ao surgimento das primeiras formas de vida em nossa história geológica. Embora seja categórico demais afirmar que onde há água líquida, há vida, podemos assinalar com certa convicção que, na ausência de água líquida, não há vida, pelo menos o tipo de vida com o qual estamos familiarizados.

Vamos ver o porquê.

VIDA, FÍSICA QUÂNTICA E ÁGUA

A água figura entre as substâncias mais conhecidas e mais importantes da natureza. Sua composição molecular, H_2O, tornou-se para a química o que o $E = mc^2$ de Einstein representa para a física, a fórmula mais famosa dessa disciplina científica. Ao dar dimensão a essa fórmula e acrescentar a ela mais detalhes, obtemos um entendimento mais aprofundado sobre as propriedades distintivas da água e desenvolvemos algumas das principais ideias no programa de Schrödinger para a compreensão da vida no nível da física e da química.

Em meados da década de 1920, muitos dos físicos mais importantes do mundo podiam sentir que a ordem aceita estava à beira de uma insurreição radical. As ideias newtonianas, cujas previsões para o movimento de planetas em órbita e rochas voadoras haviam estabelecido durante séculos o padrão-ouro de precisão, eram um fracasso retumbante quando aplicadas a partículas pequenas como elétrons. À medida que dados ingovernáveis irrompiam do micromundo, os mares serenos da compreensão newtoniana se tornavam turbulentos. Os físicos logo se viram em maus lençóis e se puseram a agitar braços e pernas num esforço para tentar ao menos se manter na superfície. O lamento de Werner Heisenberg, murmurado enquanto caminhava a esmo em um parque vazio em Copenhague depois de uma noite cansativa de cálculos intensos com Niels Bohr, resumiu bem a situação: "Pode a natureza ser tão absurda quanto nos pareceu nesses experimentos atômicos?".[16] A resposta, um estrondoso "sim", veio em 1926, e coube a um despretensioso físico alemão, Max Born, que acabou com o impasse conceitual ao introduzir um paradigma quântico radicalmente novo. Ele argumentou que um elétron (ou qualquer partícula) só pode ser descrito em termos da *probabilidade* de que será encontrado em qualquer dada localização. De uma tacada só, o conhecido mundo newtoniano, no qual os objetos têm sempre posições definidas, deu lugar a uma realidade quântica em que uma partícula pode estar aqui ou ali ou acolá ou em algum outro lugar inteiramente diferente. E, longe de ser uma falha, a incerteza inerente a um esquema probabilístico revelou uma característica intrínseca da realidade quântica havia muito negligenciada pelo sistema teórico newtoniano, que era bastante perspicaz, mas comprovadamente tosco. Newton baseou suas equações no mundo que ele era capaz de ver. Duzentos anos mais tarde, aprendemos que existe uma realidade inesperada além do alcance das frágeis percepções humanas.

A hipótese de Born veio acompanhada de precisão matemática.[17] Ele explicou que uma equação publicada por Schrödinger alguns meses antes poderia ser usada para prever as probabilidades quânticas. Isso era novidade tanto para Schrödinger como para todos os outros. No entanto, seguidas as instruções de Born, os cientistas constataram que a matemática funcionava. De modo espetacular. Dados que haviam sido agrupados sob regras gerais ad hoc ou que até então resistiam inteiramente a explicações puderam, por fim, ser compreendidos por meio de análises matemáticas sistemáticas.

Quando aplicada a átomos, a perspectiva quântica descarta o antigo "modelo de sistema solar", que representava os elétrons em órbita em torno do núcleo de forma muito parecida com a dos planetas orbitando o Sol. Em seu lugar, a mecânica quântica visualiza um elétron como uma nuvem difusa ao redor do núcleo — cuja densidade em qualquer local indica a probabilidade de que esse elétron será encontrado lá. É improvável encontrar um elétron onde sua nuvem de probabilidade é rala, e é provável encontrá-lo onde sua nuvem de probabilidade é espessa.

A equação de Schrödinger torna essa descrição matematicamente explícita, ao determinar o formato e o perfil de densidade de uma nuvem de probabilidade de elétron, bem como ao estipular com precisão — e, para a nossa discussão, isto é fundamental — quantos elétrons do átomo cada uma dessas nuvens pode conter.[18] Os detalhes não demoram a se tornar técnicos, mas, para entender as características essenciais, pense no núcleo de um átomo como um palco central e seus elétrons como uma plateia que assiste ao desenrolar da ação a partir dos assentos nas fileiras ou camadas circundantes, arranjados na disposição de um teatro de arena. Nesse "teatro quântico", a matemática de Schrödinger aplicada aos átomos determina de que modo a plateia de elétrons preenche as fileiras ou camadas de assentos.

Assim como é de esperar ao subir os degraus de um teatro de verdade, quanto mais alta a fileira ou camada de assentos, de mais energia um elétron precisa para alcançá-la. Então, quando um átomo está o mais calmo possível, em sua mais baixa configuração de energia, seus elétrons constituem a mais ordeira das plateias, ocupando uma camada mais alta de assentos somente se as fileiras mais baixas já estiverem ocupadas. Se o átomo possuir energia mínima, nenhum elétron subirá mais alto do que o absolutamente necessário. Quantos elétrons determinada camada pode conter? A matemática de Schrödinger proporciona a resposta, um código de normas universal contra incêndios que se aplica a todos os teatros quânticos: no máximo dois elétrons são permitidos na primeira camada, oito na segunda camada, dezoito na terceira, e assim por diante, conforme especificado pela equação. Se a energia de um átomo receber um acréscimo — por ter sido bombardeado com uma descarga poderosa de raio laser, digamos —, alguns de seus elétrons podem ficar em estado de extrema agitação, a ponto de saltar para uma camada mais alta, mas essa exuberância terá vida curta. Esses entusiasmados elétrons logo retornam a sua fileira original, emitindo energia (transportada por fótons) e restaurando o átomo a sua configuração mais calma.[19]

A matemática revela também outra peculiaridade, uma espécie de transtorno obsessivo-compulsivo atômico que é o principal fator impulsionador de reações químicas em todo o cosmo. Os átomos têm aversão a camadas preenchidas apenas parcialmente. Camadas vazias? Tudo bem? Mas ocupação parcial? Isso os leva à loucura. Alguns átomos têm sorte, são dotados do número exato de elétrons para alcançar a ocupação total por conta própria. O hélio contém dois elétrons, para equilibrar a carga elétrica de seus dois prótons, e eles preenchem, felizes da vida, sua primeira e única camada. O neônio tem dez elétrons, para equilibrar a carga elétrica de seus dez prótons, e eles também preenchem com alegria sua primeira camada, que acomoda dois elétrons, e sua segunda camada, que abriga os oito restantes. Entretanto, na maioria dos átomos, o número de elétrons necessários para equilibrar o número de prótons não preenche um conjunto completo de camadas.[20]

Então o que eles fazem?

Eles barganham com outras espécies atômicas. Se você é um átomo com uma camada superior que precisa de mais dois elétrons e eu sou um átomo com uma camada superior ocupada por dois elétrons, então eu lhe dou dois elétrons, e assim um satisfaz a necessidade ocupacional do outro: como resultado da minha doação, cada um de nós terá camadas completas. Observe também que, ao aceitar meus elétrons, você adquirirá uma carga líquida negativa, e eu, ao doá-los, adquirirei uma carga líquida positiva — e, visto que cargas opostas se atraem, você e eu nos abraçaremos para formar uma molécula eletricamente neutra. Como alternativa, se você e eu, por exemplo, precisarmos de mais um elétron para preencher nossas camadas superiores, há um tipo diferente de troca que podemos realizar: cada um de nós pode doar um elétron para um "fundo coletivo" comum que compartilhamos; mais uma vez, uma mão lava a outra e um quebra o galho ocupacional do outro, por meio da ligação de nossos elétrons compartilhados, de novo se combinando em uma molécula eletricamente neutra. Esses processos, que preenchem as camadas de elétrons por meio da união de átomos, são o que entendemos por reações químicas. Eles fornecem um modelo para essas reações aqui na Terra, no interior dos sistemas vivos e em todo o universo.

A água constitui um exemplo importante disso. Em sua distribuição eletrônica, o átomo de oxigênio contém oito elétrons nos orbitais, dois na primeira camada e seis na segunda. Assim, o oxigênio se esforça a fim de obter mais dois elétrons, buscando preencher sua segunda camada até a ocupação máxima de oito. Uma fonte prontamente disponível é o hidrogênio. Todo átomo de hidrogênio tem um único elétron que fica à toa, sozinho, esperando o tempo passar na primeira camada. Se um átomo de hidrogênio tiver a oportunidade de preencher essa camada com mais um elétron, fará isso feliz da vida. Portanto, hidrogênio e oxigênio concordam em compartilhar um par de elétrons em comum, satisfazendo plenamente o hidrogênio e deixando o oxigênio um elétron mais próximo da felicidade orbital. Inclua aí um segundo átomo de hidrogênio que também compartilhe um par de elétrons em comum com o oxigênio e será puro êxtase. O compartilhamento desses elétrons liga o átomo de oxigênio aos dois átomos de hidrogênio, dando origem a uma molécula de água, H_2O.

A geometria dessa união tem implicações de vasto alcance. Puxões e empurrões interatômicos formam todas as moléculas de água em um amplo v, com o oxigênio no vértice e cada um dos hidrogênios empoleirados numa das pontas superiores da letra. Embora a molécula de H_2O não tenha carga elétrica líquida, por causa da obsessão maníaca do oxigênio por preencher suas camadas orbitais, ela acumula os elétrons compartilhados, resultando numa distribuição desequilibrada de carga através da molécula. O vértice da molécula, onde se localiza o oxigênio, tem carga líquida negativa, enquanto as duas pontas superiores, onde residem os hidrogênios, apresentam carga líquida positiva.

A distribuição da carga elétrica de uma ponta à outra de uma molécula de água pode parecer um detalhe esotérico. Mas não é. Isso é essencial para o surgimento da vida. Por causa da distribuição assimétrica de carga da água, ela pode dissolver praticamente tudo. O vértice de oxigênio com carga negativa agarra qualquer coisa que tenha uma carga até mesmo levemente positiva; as pontas de hidrogênio com carga positiva agarram qualquer coisa com a mais ligeira carga negativa. Em íntima cooperação, as duas extremidades de uma molécula de água agem como garras carregadas que dissolvem e separam quase qualquer coisa que fique submersa por um período de tempo suficiente.

O sal de cozinha (cloreto de sódio) é o exemplo mais conhecido. Composta de um átomo de sódio ligado a um átomo de cloro, uma molécula de sal de cozinha possui uma leve carga positiva próxima ao sódio (que doa um elétron ao cloro) e uma leve carga negativa próxima ao cloro (que aceita o elétron doado pelo sódio). Jogue sal na água e o lado do oxigênio da H_2O (com carga negativa) agarra o sódio (com carga positiva), enquanto o lado do hidrogênio da H_2O (carregado positivamente) agarra o cloro (carregado negativamente), rasgando as moléculas de sal e dissolvendo-as em solução. E o que vale para o sal também é válido para muitas outras substâncias. Os detalhes variam, mas o arranjo de carga assimétrica da água a torna um solvente extraordinário. Lave suas mãos, mesmo sem sabão, e a polaridade elétrica da água trabalhará com afinco, dissolvendo a matéria estranha e levando-a embora.

Muito além de sua utilidade na higiene pessoal, a capacidade da água de agarrar e ingerir substâncias é indispensável à vida. Os interiores das células são laboratórios de química em miniatura, cujo funcionamento exige o movimento rápido de um conjunto grande de ingredientes: entrada de nutrientes, saída de resíduos, combinação de substâncias químicas a fim de sintetizar substâncias necessárias para a função celular, e assim por diante. A água torna isso possível. Constituindo cerca de 70% da massa da célula, é o fluido que transporta a vida. Albert Szent-Györgyi, ganhador do prêmio Nobel, resumiu a questão com eloquência: "A água é a matéria e a matriz da vida, mãe e meio. Não há vida sem água. A vida pôde deixar o oceano quando aprendeu a cultivar uma pele, uma bolsa dentro da qual levar água consigo. Nós ainda vivemos na água, agora ela está dentro de nós".[21] Como poesia, trata-se de uma ode graciosa à água e à vida. Como ciência, ainda não há nenhum argumento capaz de estabelecer a validade universal dessa afirmação, mas não conhecemos nenhuma forma de vida que lance dúvidas sobre a necessidade de água.

A UNIDADE DA VIDA

Tendo examinado a síntese de átomos simples e complexos, a origem do Sol e da Terra, a natureza das reações químicas e a necessidade de água, estamos agora equipados para voltar nossas atenções para a vida em si. Embora possa parecer natural começar com a gênese da vida, é melhor abordar esse tópico, ainda vago e incerto, depois de analisar com cuidado as qualidades moleculares essenciais da vida. E, para alguém como eu, que passei os últimos trinta anos no encalço de uma teoria unificada das forças fundamentais da natureza, essa investigação revela uma unidade biológica colossal. Não sabemos o número exato de espécies distintas que habitam a Terra, de micróbios a peixes-boi, mas estudos forneceram estimativas que variam de poucos milhões a algum número na casa dos trilhões. Qualquer que seja o número exato, sabe-se que é enorme. A abundância de diferentes espécies, no entanto, contradiz a natureza singular dos mecanismos internos de funcionamento da vida.

Se você examinar com a devida atenção o tecido vivo, encontrará os "quanta" da vida — as células —, as menores unidades de tecido identificadas como algo vivo. Não importa a origem, as células compartilham tantas características que o olho destreinado que examinasse amostras individuais teria dificuldades para distinguir um camundongo de um mastim, uma tartaruga de uma tarântula, uma mosca doméstica de um ser humano. Isso é extraordinário. Decerto nossas células deveriam exibir uma marca distintiva óbvia e significativa. Mas esse não é o caso. O motivo, comprovado ao longo das últimas décadas, é que toda a complexa vida multicelular descende de uma mesma espécie unicelular ancestral. As células são semelhantes porque suas linhagens irradiam do mesmo ponto de partida.[22]

Eis aí uma compreensão reveladora. Com suas materializações fartas, a vida pode ter tido muitas origens distintas. Rastrear a linhagem do molusco marinho até os primórdios talvez fosse um bom ponto de partida, mas fazer o mesmo com vombates ou orquídeas poderia revelar outros começos, distintos. Porém, evidências robustas sugerem que, na busca pela origem da vida, as linhagens convergem para um ancestral comum. Duas qualidades onipresentes da vida tornam o argumento ainda mais convincente. Cada uma ilustra os profundos pontos em comum compartilhados por tudo aquilo que vive. A primeira, e mais conhecida, diz respeito à *informação*, ao modo como as células codificam e utilizam as informações que direcionam as funções responsáveis pela manutenção da vida. A segunda, igualmente importante, mas celebrada com menos entusiasmo, tem a ver com a energia, com a maneira pela qual as células aproveitam, armazenam e implantam a energia necessária para realizar as funções que garantem a manutenção da vida. Em ambas, veremos que, de uma ponta à outra de toda a amplitude espetacular da vida na Terra, os detalhados processos são idênticos.

A INFORMAÇÃO DA UNIDADE DA VIDA

Uma maneira de reconhecermos que um coelho está vivo é vê-lo se mover. Uma pedra também pode se mover, é claro. Uma correnteza forte pode empurrá-la rio abaixo, ou uma erupção vulcânica pode lançá-la céu acima. A diferença é que o movimento da pedra pode ser totalmente compreendido, até mesmo previsto, com base em forças externas que atuam sobre ela. Dê-me informações suficientes sobre a correnteza ou a erupção e sou capaz de fazer um trabalho razoavelmente bom para determinar o que vai acontecer. Prever o movimento do coelho é mais difícil. A atividade no âmbito do que Schrödinger chamou de "limite espacial" do coelho — sua atividade interna — é um fator decisivo em sua locomoção. O animal contrai o focinho, vira a cabeça, remexe as patas, e tudo isso faz parecer que tem vontade própria. Se o coelho ou qualquer forma de vida (incluindo nós mesmos) tem realmente uma vontade autônoma é uma questão que vem sendo debatida há séculos, e, como nos ocuparemos dela no próximo capítulo, não vamos nos deter nela aqui. Por enquanto, todos podemos concordar com o seguinte: se a atividade dentro de uma rocha praticamente não tem relevância para o movimento que observamos, os movimentos coordenados, complexos e independentes do coelho nos dão indícios de que ele está vivo.

Não é um diagnóstico infalível. Sistemas automatizados podem executar movimentos de um tipo bastante semelhante, e, à medida que o progresso tecnológico continuar avançando, a capacidade de imitar a vida se tornará ainda mais nítida. Mas isso serve apenas para enfatizar a questão mais ampla: o movimento do tipo que estamos levando em consideração surge da interação entre informações e execução, entre o que poderíamos chamar de software e hardware. No caso de um sistema automatizado, a descrição é literal. Drones, veículos autônomos (carros sem motorista), robôs aspiradores de pó e afins são comandados por um software alimentado por dados ambientais e que, como resultado desses subsídios, determina uma resposta executada pelo hardware integrado, das asas e rotores às rodas. No caso de um coelho, a descrição é metafórica. No entanto, o paradigma software-hardware é uma maneira bastante útil de pensar também sobre a vida. O coelho acumula dados sensoriais do meio ambiente, executa-os por meio de um "computador neural" (seu cérebro), que envia sinais carregados de informações para as vias nervosas — comer folhas de trevo, saltar por cima de galhos caídos, e assim por diante —, gerando ações físicas. O movimento do coelho resulta do processamento e da transmissão internos de um conjunto complexo de instruções que flui através de sua estrutura física: o software biológico comanda o hardware biológico. Processos desse tipo estão ausentes em uma rocha.

Se mergulharmos nas profundezas de uma única célula do coelho, encontraremos um conjunto semelhante de ideias ocorrendo em menor escala. Em sua vasta maioria, as funções de uma célula são executadas por proteínas, moléculas grandes que catalisam e regulam reações químicas, transportam substâncias essenciais e controlam propriedades detalhadas, como o formato e o movimento. As proteínas são construídas a partir de combinações de vinte subunidades menores, os *aminoácidos*, de maneira semelhante ao que acontece com as palavras da língua inglesa e da portuguesa, que surgem de várias combinações de 26 letras. E, assim como palavras coerentes exigem que as letras sejam organizadas em ordens específicas, proteínas utilizáveis requerem que os aminoácidos se liguem em sequências específicas. Se essa montagem fosse deixada ao sabor do acaso, a probabilidade de os aminoácidos imprescindíveis se chocarem do jeito certo para construir uma proteína específica seria próxima de zero. O número total de maneiras com que vinte aminoácidos distintos podem se ligar em uma cadeia longa torna isso evidente: para uma cadeia com 150 aminoácidos (uma proteína pequena), existem por volta de 10^{195} arranjos diferentes, um número muito mais alto do que o de partículas no universo observável. Assim como no proverbial teorema do macaco infinito, em que a equipe de símios teclando letras aleatórias durante décadas a fio não será capaz de escrever mais do que "ser ou não ser", o acaso aleatório não conseguirá criar as proteínas específicas necessárias para a vida.

Em vez disso, a síntese de proteínas complexas requer um conjunto de instruções que descrevam o passo a passo de um processo, do tipo enganche este aminoácido àquele, depois atrele àquele outro, e em seguida àquele, e assim por diante. Ou seja, a síntese de proteínas precisa de um software celular. E dentro de cada célula existem tais instruções: elas são codificadas pelo DNA, a substância química de sustentação da vida cuja arquitetura geométrica foi descoberta por Watson e Crick.

Toda molécula de DNA é configurada na famosa espiral da dupla-hélice, uma longa escada retorcida ou helicoidal cujos degraus consistem em pares de corrimãos, moléculas mais curtas denominadas bases nitrogenadas, em geral designadas pelas letras A, T, G e C (os nomes técnicos não são importantes para nós, mas significam adenina, timina, guanina e citosina). Membros de uma determinada espécie compartilham basicamente a mesma sequência de letras. No caso dos humanos, a extensão da sequência de DNA chega a cerca de 3 bilhões de letras, e a sua sequência, leitor, só difere da de Albert Einstein, de Marie Curie, de William Shakespeare ou de qualquer outra pessoa em menos de um quarto de 1%, aproximadamente uma letra em cada cadeia de quinhentas.[23] Contudo, enquanto você se deleita com a euforia de saber que seu genoma é semelhante ao de qualquer um dos luminares mais reverenciados (ou dos vilões mais infames) da história da humanidade, atente para o fato de que sua sequência de DNA também tem uma sobreposição de 99% com a de qualquer chimpanzé.[24] Pequenas diferenças genéticas podem ter impacto considerável.

Na construção dos degraus da escada de DNA, as bases formam pares de acordo com uma regra rígida: um corrimão A em uma das laterais da escada se acopla a um corrimão T na outra lateral, um corrimão G em uma lateral se une a um corrimão C da outra. Assim, a sequência de bases de um lado da escada determina de maneira única e singular a sequência, na posição correspondente, da cadeia complementar. E é dentro da sequência de letras que encontramos, entre outras informações celulares, as instruções que determinam quais serão as ligações de aminoácidos, direcionando a síntese de um conjunto de proteínas — específico por espécies — essenciais para essa forma de vida.

Toda vida codifica as instruções para a construção de proteínas da mesma maneira.[25]

Em um parágrafo talvez detalhado demais, eis aqui o manual de como isso funciona, o código Morse molecular inserido inatamente em todas as formas de vida. Grupos de três letras consecutivas em determinado lado da fita de DNA indicam um aminoácido específico do conjunto de vinte.[26] Por exemplo, a sequência CTA designa o aminoácido leucina; a sequência GCT denota a alanina; a sequência GTT indica a valina; e assim por diante. Se você estivesse examinando os degraus ligados à lateral de um segmento de DNA e lesse a sequência de nove letras CTAGCTGTT, isso o instruiria a ligar a leucina (a primeira trinca de letras, CTA) à alanina (as três letras seguintes, GCT), que você em seguida anexaria à valina (as últimas três letras, GTT). Uma proteína construída a partir de, digamos, mil aminoácidos ligados seria codificada por uma sequência específica de 3 mil letras. (O local de início e o local de fim de qualquer sequência desse tipo também são codificados por uma sequência específica de três letras, assim como a inicial maiúscula e o ponto-final indicam o início e o fim desta frase.) Uma sequência desse tipo constitui um gene, o esquema instrucional para a montagem de uma proteína.[27]

Expus os pormenores por duas razões. Primeiro, ver o código torna explícito o conceito de software celular. Dado um segmento de DNA, podemos ler as instruções que direcionam os mecanismos de funcionamento interno da célula, uma coordenação sofisticada totalmente ausente na matéria inanimada. Em segundo lugar, ver o código demonstra o que os biólogos querem dizer quando o chamam de universal. Toda molécula de DNA, seja de uma alga marinha, seja de Sófocles, codifica as informações necessárias para construir proteínas da mesma maneira.

Essa é a unidade da informação da vida.

A UNIDADE DA ENERGIA DA VIDA

Assim como um motor a vapor precisa de um suprimento constante de energia para empurrar repetidamente seu pistão, a vida requer um suprimento constante de energia para desempenhar funções essenciais, desde o crescimento e a recuperação das forças e da saúde até o movimento e a reprodução. No caso do motor a vapor, extraímos energia do meio ambiente. Queimamos carvão, madeira ou algum outro combustível, e o calor gerado é consumido pelo mecanismo interno do motor, levando o vapor a se expandir. Os seres vivos também extraem energia do meio ambiente. Os animais a extraem dos alimentos; as plantas, da luz solar. Todavia, ao contrário do motor a vapor, a vida costuma usar essa energia na mesma hora. Os processos da vida, por serem mais complexos que a expansão ou a contração do vapor, demandam um sistema mais refinado para a entrega e a distribuição de energia. A vida exige que a energia do combustível que ela queima seja armazenada e repartida em quinhões de forma regular e confiável, conforme as exigências dos constituintes celulares.

Toda vida enfrenta o desafio da extração e da distribuição de energia da mesma maneira.[28]

A solução universal que a vida inventou, uma sequência complexa de processos que estão ocorrendo neste exato momento dentro de você e de mim e, até onde sabemos, dentro de todas as coisas vivas, figura entre as realizações mais surpreendentes da natureza. A vida extrai energia do meio ambiente por meio de um tipo de queima química lenta e a armazena carregando baterias biológicas incorporadas em todas as células. Essas baterias celulares fornecem, então, uma fonte constante de eletricidade que as células utilizam a fim de sintetizar moléculas feitas sob medida para o transporte e o abastecimento de energia para todos os componentes celulares.

Isso pode parecer um trabalho pesado. E é: pesado e vital. Então, vamos explorar a questão de maneira sucinta. Se você não entender todos os detalhes, não se preocupe. Até mesmo um passeio superficial revela as maravilhas de como a vida alimenta seus mecanismos de funcionamento interno.

A queima química fundamental para o processamento de energia da vida é chamada de reação de redução-oxidação ou oxirredução, também conhecida como *reação redox*. Não é o mais convidativo dos nomes, mas o exemplo arquetípico — um tronco queimando — esclarece a nomenclatura. À medida que a tora queima, o carbono e o hidrogênio na madeira cedem elétrons ao oxigênio no ar (lembre-se, o oxigênio anseia por elétrons), ligando-os às moléculas de água e dióxido de carbono e, no processo, liberando energia (essa é a razão pela qual o fogo é quente). Quando o oxigênio agarra elétrons, dizemos que ele foi *reduzido* (você pode pensar nisso como uma redução no desejo ardente do oxigênio por elétrons). Quando o carbono ou o hidrogênio cede elétrons ao oxigênio, dizemos que foi *oxidado*. Os dois processos, juntos, provocam uma reação de redução-oxidação, ou redox, para abreviar.

Os cientistas agora usam o termo "redox" de maneira mais ampla, em referência a um conjunto de reações nas quais elétrons são passados entre constituintes químicos, independente do envolvimento ou não de oxigênio. Ainda assim, um tronco em chamas oferece um modelo bastante relevante para a descrição da queima química. Átomos vorazes, sobrecarregados por camadas parcialmente preenchidas, agarram elétrons de doadores atômicos com tamanha força que, no processo, uma quantidade significativa de energia represada é liberada.

Nas células vivas — em nome da exatidão, vamos focar os animais —, ocorrem reações redox semelhantes, porém, é importante destacar, os elétrons retirados dos átomos que você ingeriu no café da manhã não são transferidos diretamente para o oxigênio. Se fossem, a energia liberada criaria algo parecido com um incêndio celular, resultado que a vida aprendeu ser melhor evitar. Em vez disso, os elétrons doados por um alimento passam por uma série de reações redox intermediárias, pontos de parada de descanso em uma jornada que termina com oxigênio, mas que permite a liberação de quantidades menores de energia a cada etapa. Feito uma bola que, do alto das arquibancadas de um estádio, vai descendo em cascata pelos degraus, os elétrons saltam de um receptor molecular para outro, cada receptor sendo mais que fissurado por elétrons que o anterior, e isso garante que cada salto resulte na liberação de energia. O oxigênio, o receptor mais fissurado por elétrons que existe, espera o elétron no pé da escada e, quando ele finalmente chega, o oxigênio o abraça com força, arrancando a energia minguada que ele ainda é capaz de fornecer; e, desse modo, conclui-se o processo de extração de energia.

O processo para as plantas é, em linhas gerais, o mesmo. A principal diferença está na fonte dos elétrons. Para os animais, eles vêm da comida. No caso das plantas, eles vêm da água. Ao bombardear clorofila nas folhas verdes das plantas, a luz solar retira elétrons das moléculas de água, incrementa a energia deles e faz com que saiam em disparada numa cascata redox de extração de energia similar. E, assim, se rastrearmos a origem da energia que dá esteio a todas as ações de todos os seres vivos, ela pode ser atribuída a um único e mesmo processo — a execução, por elétrons saltitantes, de uma série de reações celulares redox. É por isso que Albert Szent-Györgyi, dando continuidade a suas reflexões poéticas, assinalou: "A vida nada mais é do que um elétron à procura de um lugar para descansar".

Do ponto de vista da física, vale enfatizar o quanto isso tudo é surpreendente. A energia é o dinheiro em espécie que paga todas as idas e vindas de uma ponta à outra do cosmo, um dinheiro fabricado em uma ampla gama de diferentes moedas e que se ganha por meio de uma gama ainda maior de profissões e vocações. Uma dessas moedas é a energia nuclear, gerada pela fissão e pela fusão entre uma profusão de espécies atômicas; outra é a energia eletromagnética, gerada por empurrões e puxões entre uma grande quantidade de partículas dotadas de carga; outra ainda é a energia gravitacional, que decorre das interações entre uma fartura de corpos de proporções significativas. No entanto, de todos os inúmeros processos, a vida no planeta Terra tira proveito apenas de um único mecanismo de energia: uma sequência específica de reações químicas eletromagnéticas nas quais os elétrons se envolvem em uma sequência de saltos com direção descendente, começando com comida ou água e terminando com o abraço apertado do oxigênio.

Como e por que esse processo de extração de energia se tornou o mecanismo indispensável para a vida? Ninguém sabe. Mas a universalidade, tal qual a do código genético, evidencia mais uma vez, e de modo enfático, a unidade da vida. Por que todos os seres vivos se alimentam da mesma maneira? A resposta imediata é: porque toda vida deve descender de um ancestral comum, uma espécie unicelular que os pesquisadores acreditam ter existido há cerca de 4 bilhões de anos.

BIOLOGIA E BATERIAS

As evidências a respeito da unidade da vida se tornam ainda mais convincentes à medida que acompanhamos a jornada subsequente da energia liberada pelos elétrons que saltam de uma reação redox para outra. Essa energia é usada para carregar baterias biológicas que são incutidas em toda e qualquer célula. Por sua vez, as baterias biológicas acionam a síntese de moléculas especialmente hábeis no competente transporte e fornecimento de energia onde e quando ela for necessária, de uma ponta à outra da célula. É um processo minucioso. E, ao longo da vida, esse processo não se altera.

Em linhas gerais, as coisas funcionam assim: à medida que um elétron salta para os braços moleculares escancarados de um determinado receptor redox, a molécula receptora se contrai, fazendo com que mude sua orientação em relação a outras moléculas apinhadas bem próximas a ele, mais ou menos como uma engrenagem alavancando o movimento um passo à frente. Quando, mais tarde, o elétron instável salta para o receptor redox seguinte, a primeira molécula retorna à orientação original, ao passo que o novo receptor molecular sofre um espasmo. À medida que o elétron executa mais saltos, o padrão persiste. As moléculas que recebem um elétron estremecem, forçando pouco a pouco suas orientações para a frente, enquanto aquelas que perdem um elétron também se contraem, retornando à orientação original.

A sequência de saltos de elétrons e contrações moleculares resultantes realiza com êxito uma tarefa sutil, mas significativa. Conforme vão se agitando para a frente e para trás, as moléculas empurram um grupo de prótons, forçando-os a passar através de uma membrana circundante, onde se acumulam em um compartimento delgado, equivalente a uma célula de detenção superlotada. Ou, em linguagem mais prosaica, uma bateria de prótons.

Em uma pilha ou bateria comum, as reações químicas levam os elétrons a se acumular em um lado da bateria (o ânodo), onde a repulsão mútua dessas partículas de carga semelhante indica que estão preparadas para fugir na primeira oportunidade. Quando você completa um circuito elétrico pressionando um botão de "ligar" ou acionando um interruptor, libera os elétrons contidos, permitindo que fluam para fora do ânodo, passem através de um dispositivo — lâmpada, notebook, telefone — e retornem, por fim, ao outro lado da bateria (o cátodo). Por mais triviais que pareçam, baterias e pilhas são muito engenhosas. Armazenam energia em um conjunto abarrotado de elétrons de prontidão para, a qualquer momento, abrir mão dessa energia e alimentar os dispositivos de nossa escolha.

Em uma célula viva, encontramos uma situação análoga, mas, no lugar dos elétrons confinados, há prótons confinados. Essa, porém, é uma distinção que faz pouca diferença. Os prótons, assim como os elétrons, têm todos a mesma carga elétrica e, portanto, também se repelem. Quando as reações redox celulares amontoam os prótons muito perto uns dos outros, eles ficam de prontidão, à espera da oportunidade de fugir desses companheiros que lhes são impostos à força. As reações redox celulares carregam baterias biológicas à base de prótons. Com efeito, como os prótons estão todos aglomerados em um lado de uma membrana extremamente fina (cuja largura é de apenas algumas dezenas de átomos), o campo elétrico (a voltagem da membrana dividida por sua espessura) pode ser enorme, acima de dezenas de milhões de volts por metro. Uma biobateria celular não deixa nada a desejar no quesito eficiência.

O que, então, as células fazem com essas centrais elétricas em miniatura? É aqui que as coisas ficam ainda mais impressionantes. Agarradas à membrana, há uma série de diminutas turbinas em nanoescala. Quando os prótons apinhados são autorizados a fluir de volta de uma ponta à outra de seções específicas da membrana, eles fazem com que pequenas turbinas girem, assim como o fluxo de lufadas de ar impele a engrenagem e as pás dos moinhos de vento. Em séculos passados, esse movimento de rotação eólico era usado para moer trigo ou outros grãos e transformá-los em farinha. Os moinhos de vento celulares realizam um projeto análogo, mas, em vez de pulverizar uma estrutura, o processo a constrói. Ao girar, as turbinas moleculares repetidamente comprimem duas moléculas de entrada específicas (adenosina difosfato ou difosfato de adenosina, ADP, mais um grupo fosfato), sintetizando uma molécula de saída específica (trifosfato de adenosina, adenosina trifosfato ou simplesmente ATP). Esmagados juntos pela turbina, os constituintes de cada molécula de ATP resultante se mantêm em um arranjo tenso: constituintes dotados de carga que se repelem mutuamente são atrelados por ligações químicas e, feito uma mola comprimida, fazem força para ser liberados. Isso é de grande utilidade. Moléculas de ATP podem viajar por toda a célula, liberando a energia armazenada quando necessário mediante a ruptura das ligações químicas; dessa maneira, as partículas constituintes relaxam em um estado de energia mais baixa e mais confortável. É essa mesma energia liberada pela dissociação de moléculas de ATP que alimenta as funções celulares.

A atividade incansável dessas centrais de energia celular fica evidente se levarmos em consideração alguns números. As funções que mantêm uma típica célula viva por apenas um segundo requerem a energia armazenada em cerca de *10 milhões* de moléculas de ATP. Nosso corpo contém dezenas de trilhões de células, o que significa que a cada segundo consumimos algo na ordem de 100 milhões de trilhões (10^{20}) de moléculas de ATP. Cada vez que um nucleotídeo ATP é usado, ele se divide nas matérias-primas (ADP e fosfato), que as turbinas movidas a bateria de prótons esmagam de novo para formar moléculas de ATP recém-fabricadas e totalmente rejuvenescidas. Essas moléculas de ATP pegam a estrada de novo, distribuindo energia por toda a célula. Dessa maneira, para atender às demandas de energia do nosso corpo, nossas turbinas celulares são surpreendentemente produtivas. Mesmo que você seja um leitor dos mais velozes, no instante em que você passa os olhos por esta frase seu corpo está sintetizando cerca de 500 milhões de trilhões de milhões de moléculas de ATP. E, neste exato momento, mais outros 300 milhões de trilhões.

RESUMO

Deixando de lado os detalhes, concluímos que, à medida que os elétrons energéticos extraídos dos alimentos (ou elétrons energizados pela luz solar, no caso das plantas) vão descendo as escadas químicas, a energia liberada a cada passo carrega as baterias biológicas que residem em todas as células. A energia armazenada nas baterias é, então, usada para sintetizar moléculas que fazem por ela o que os caminhões das empresas de logística fazem com as encomendas: as moléculas entregam de forma confiável pacotes de energia onde quer que sejam necessários na célula. Esse é o mecanismo universal que alimenta toda a vida. É o caminho energético subjacente a *todas* as ações que realizamos e a *todos* os pensamentos que temos.

Tal qual em nossa breve incursão ao DNA, a questão principal recai sobre os pormenores: o conjunto de processos intrincado e aparentemente barroco que alimenta as células é universal para todas as formas de vida. Essa unidade, junto com a unidade da codificação de instruções celulares do DNA, fornece evidências acachapantes de que a vida, em todas as suas formas, teve origem num ancestral em comum.

Por mais que Einstein procurasse uma teoria unificada das forças da natureza, e por mais que os físicos de hoje sonhem com uma síntese ainda mais abrangente, capaz de abarcar toda a matéria, e talvez também o espaço e o tempo, há algo de sedutor na identificação de um núcleo comum dentro de uma vasta gama de fenômenos aparentemente distintos. O fato de que os mecanismos profundos de funcionamento interno de todas as formas de vida — dos meus dois cachorros dormindo em silêncio no tapete ao redemoinho caótico de insetos atraídos pela lâmpada junto à minha janela; do coro de sapos que se ergue do lago nos arredores aos coiotes que agora ouço uivando ao longe — dependem dos mesmos processos moleculares é, digamos, espetacular. Então, deixe de lado os detalhes, faça uma pausa antes de concluir o capítulo e se permita assimilar por completo esse maravilhoso entendimento.

EVOLUÇÃO ANTES DA EVOLUÇÃO

Esse tipo de compreensão imprescindível não apenas propicia uma clareza imprevista como também nos energiza para ir mais a fundo. Como surgiu o ancestral comum de toda vida complexa? E, indo mais além, como a vida começou? Os cientistas ainda precisam determinar a origem da vida, mas nossa discussão evidenciou que a pergunta tem três partes. De que modo surgiu o componente genético da vida — a capacidade de armazenar, utilizar e replicar informações? Como se originou o componente metabólico da vida — a capacidade de extrair, armazenar e utilizar energia química? E de que maneira o maquinário genético e metabólico molecular foi empacotado em sacos autônomos — as células? A história da origem da vida requer respostas definitivas a essas perguntas. No entanto, mesmo sem uma compreensão completa, podemos recorrer a um modelo explicativo — a evolução darwiniana — que quase certamente será uma parte integrante dessa narrativa futura.

Quando tive o primeiro contato com a evolução darwiniana, meu professor de biologia apresentou a teoria como se fosse uma solução inteligente para um quebra-cabeça que, uma vez entendido, deveria provocar um tapa suave na testa e a pergunta exclamativa "Por que não pensei nisso antes?!". O quebra-cabeça consiste em explicar a origem da variedade pujante e abundante de espécies que habitam o planeta Terra. A solução de Darwin se resume a duas ideias interconectadas: em primeiro lugar, quando o organismo se reproduz, a progênie em geral é semelhante, mas não idêntica aos pais. Ou, de acordo com

Darwin, a reprodução gera descendência com modificações. Em segundo lugar, num mundo de recursos finitos, há competição pela sobrevivência. As modificações biológicas que acentuam o sucesso na concorrência aumentam a probabilidade de o portador sobreviver por tempo suficiente para se reproduzir e, assim, transmitir às gerações futuras aqueles traços que intensificam as chances de sobrevivência. Ao longo do tempo, diferentes combinações de modificações bem-sucedidas vão se acumulando aos poucos, levando uma população inicial a se ramificar em grupos que formam espécies distintas.[29]

Simples e intuitiva, a teoria de Darwin parece quase autoevidente. Todavia, por mais convincente que fosse o arcabouço explicativo da evolução darwiniana, se não tivesse sido corroborada por dados, ela não teria sido capaz de alcançar o consenso científico. A lógica em si não basta. A confiança na evolução darwiniana se baseia no endosso colossal que recebeu de cientistas que rastrearam mudanças graduais na estrutura de organismos e delinearam as vantagens adaptativas conferidas por muitas dessas mudanças. Estivessem ausentes essas transformações, ou se ocorressem sem nenhum padrão evidente, ou, ainda, se não mostrassem relação alguma com a capacidade do portador de sobreviver ou se reproduzir, a evolução darwiniana não seria ensinada a crianças do ensino fundamental.

Darwin não especificou a base biológica da descendência com modificações. Como os seres vivos legam traços a sua prole? E como alguns desses traços são transmitidos aos descendentes de forma modificada? Na época de Darwin, as respostas não eram conhecidas. Decerto, todo mundo percebia que a pequena Mary era parecida com a mamãe e o papai, mas um entendimento do mecanismo molecular para a transmissão de traços estava ainda a muitas descobertas de distância. Que Darwin tenha sido capaz de desenvolver a teoria da evolução na ausência de tais detalhes indica a generalidade e o poder de tais ideias. Elas transcendem os detalhes relativos ao âmago da questão. Somente quase um século depois, em 1953, a iluminação da estrutura do DNA tornou visível o caminho rumo a uma base molecular da hereditariedade. Com elegante comedimento, Watson e Crick concluíram seu artigo com um eufemismo que figura entre os mais famosos do mundo: "Não nos passou despercebido que o pareamento específico que postulamos sugere imediatamente um mecanismo possível de cópia para o material genético".

Watson e Crick revelaram o processo por meio do qual a vida duplica as próprias moléculas que armazenam as instruções internas da célula, permitindo que cópias das instruções sejam passadas adiante à progênie. Como vimos, a informação que direciona a função celular é codificada na sequência de bases estendidas ao longo das fitas da escada retorcida do DNA. Quando uma célula se prepara para se reproduzir, ou seja, cindir-se em duas, a escada do DNA se divide no meio, produzindo duas fitas, cada uma constituída por uma sequência de bases. Uma vez que as sequências são complementares, respeitando a especificidade de emparelhamento (um A em um dos lados da escada se encaixa a um T na posição correspondente no segundo lado; um C em uma fita se liga a um G na posição correspondente na segunda fita). Uma vez assim ordenadas, cada cadeia serve de modelo para a construção de uma cópia da outra. Por meio do acoplamento das bases parceiras àquelas que estão em cada uma das fitas separadas, a célula cria duas cópias completas e idênticas da fita de DNA original. Quando subsequentemente a célula se divide, cada célula-filha recebe uma das cópias duplicadas, transmitindo informações genéticas de uma geração para a seguinte — o mecanismo de cópia que não passou despercebido a Watson e Crick.

Conforme essa descrição, o processo de cópia produziria filamentos idênticos de DNA. Então, como é que poderiam surgir traços novos ou modificados nas células-filhas? Erros. Nenhum processo é 100% perfeito. Embora raros, erros ocorrem, às vezes por acaso, outras vezes infligidos por influências ambientais, a exemplo de fótons energéticos — radiação ultravioleta ou raios X —, e eles podem corromper o processo de cópia. A sequência de DNA que uma célula-filha herda pode, portanto, diferir daquela que foi doada pelos pais. Não raro, essas modificações têm pouca importância, a exemplo de um único erro tipográfico na página 413 do romance *Guerra e paz*. Entretanto, algumas modificações podem afetar o funcionamento de uma célula, para o bem e para o mal. No primeiro caso, ao incrementar o valor adaptativo, elas têm mais chance de serem passadas para as gerações seguintes e se espalharem pela população.

A reprodução sexual aumenta a complexidade disso, porque o material genético não é simplesmente duplicado, e sim formado pela combinação de contribuições do pai e da mãe. No entanto, embora essa reprodução tenha representado um passo importantíssimo na história da vida no planeta — cuja origem ainda é tema de debates —, os princípios darwinianos permanecem aplicáveis. A mistura e a cópia de material genético produzem variações de características herdadas, e os traços mais propensos a persistir através das gerações são aqueles que elevam as perspectivas de sobrevivência e de reprodução do portador.

Essencial para a evolução é que, na descendência, as modificações no DNA transmitido para a prole sejam, por via de regra, pouco numerosas. Essa estabilidade protege os aperfeiçoamentos genéticos construídos nas gerações anteriores, assegurando que não sejam degradados ou extirpados. Para ter uma ideia de como são raras essas alterações, os erros na cópia se insinuam, sorrateiros, aproximadamente na ordem de um a cada 100 milhões de pares de bases de DNA. É como se um escriba medieval errasse a grafia de uma única letra a cada trinta cópias manuscritas do texto integral da Bíblia. E mesmo essa pequena taxa é uma superestimação, porque 99% dos erros de impressão são reparados por mecanismos de revisão química operantes dentro de cada célula, o que acaba por reduzir a taxa de erro líquida para cerca de um em cada 10 bilhões de pares de bases.

Mesmo essa modificação genética mínima, quando acumulada ao longo de muitas gerações, pode dar origem a um desenvolvimento físico e fisiológico gigantesco. Isso não é óbvio. Muitos concluirão, ao se deparar com a maravilha que é o olho, ou as capacidades do cérebro, ou a complexidade dos mecanismos de energia celular, que esses sistemas não poderiam ter evoluído sem uma inteligência que os guiasse. E essa conclusão seria justificada se o desenvolvimento evolutivo tivesse ocorrido no decorrer de escalas temporais conhecidas. Não ocorreu. A vida evoluiu ao longo de *bilhões* de anos. São *milhares de milhões* de anos. Se cada ano fosse representado por uma folha de papel sulfite, então 1 bilhão de anos corresponderia a uma pilha de quase cem quilômetros de altura. Pense que essas páginas constituem um *flipbook* ou folioscópio (um livrinho de folhear ilustrado por imagens sequenciais que variam gradualmente de página para página e dão a ilusão de movimento) cuja espessura é mais de dez vezes a altura do monte Everest. Mesmo se o desenho em cada página diferir apenas ligeiramente do da anterior, as ilustrações no começo e no fim da pilha podem ser tão diferentes quanto um chimpanzé de uma ameba.

Não se trata de sugerir que a mudança evolutiva segue um plano minuciosamente elaborado que avança de forma progressiva e eficiente, página por página, de organismos simples aos complexos. Em vez disso, a melhor maneira de descrever a evolução via seleção natural é como uma inovação por tentativa e erro. As inovações surgem de combinações e mutações aleatórias de material genético. Os experimentos posicionam uma inovação contra a outra em um combate corpo a corpo na arena da sobrevivência. Os erros, por definição, são as inovações que saem derrotadas. Eis uma maneira de abordar a inovação que levaria à falência a maioria das empresas. Testar uma oportunidade aleatória atrás da outra, torcendo para que, mais cedo ou mais tarde, uma delas ilumine o mercado — bem, tente apresentar essa estratégia ao conselho administrativo da sua empresa. Mas a natureza tem um excedente de um recurso que, para os negócios, é escasso: tempo. A natureza não tem pressa e não precisa atingir a meta de lucro do mês. O custo de inovar por meio de pequenas mudanças aleatórias é um com o qual a natureza pode arcar.[30]

Outro fator essencial é que não houve um único *flipbook* evolutivo isolado. Todas as divisões celulares em todos os organismos ocupando todos os cantos e recantos do planeta contribuíram para a narrativa darwiniana. Alguns dos enredos dessas histórias fracassaram (modificações genéticas que foram prejudiciais). A maioria não acrescentou nada de novo à trama em andamento (o material genético foi transmitido sem alterações). Mas outros proporcionaram reviravoltas inesperadas (modificações genéticas que se mostraram úteis em termos adaptativos), que se desenvolveriam em seus próprios *flipbooks* evolutivos. Muitos deles, de fato, corroborariam tramas e subtramas interdependentes, de modo que a narrativa evolutiva de um *flipbook* seria influenciada pelas de outros. A abundância da vida na Terra reflete, assim, a enorme duração das narrações cronológicas evolutivas, mas também o enorme número de narrativas cronológicas que a natureza escreveu.

Como qualquer campo de pesquisa saudável, a evolução darwiniana foi debatida e refinada ao longo das décadas. A que velocidade as espécies evoluem? Essa cadência varia muito ao longo do tempo? Há longos períodos de estase seguidos por períodos curtos de mudança mais rápida? Ou a mudança é sempre gradual? Como devemos pensar a respeito dos traços e características que podem reduzir as perspectivas de sobrevivência de um organismo e aumentar sua probabilidade de reprodução? Qual é a lista completa de mecanismos por meio dos quais os genes podem mudar de geração para geração? Como devemos responder às lacunas no registro evolutivo? Algumas dessas questões descambaram em arranca-rabos científicos inflamados, mas — e esta é a chave — bate-boca nenhum lançou dúvida a respeito da evolução em si. Detalhes de qualquer arcabouço explicativo podem e devem ser refinados no decorrer do tempo, mas o fundamento da teoria darwiniana é sólido feito rocha.

O que suscita a pergunta: o modelo darwiniano pode ter relevância para uma arena mais ampla que a vida? Afinal, os ingredientes essenciais — replicação, variação e competição — não se limitam aos seres vivos. Impressoras replicam páginas. Distorções ópticas produzem variações nas cópias. A própria impressora sem fio compete pelo wi-fi limitado. Vamos imaginar, então, um contexto mais próximo da vida do que impressoras de escritório, ainda que decididamente inanimado: moléculas que adquiriram a capacidade de se replicar. O DNA é um ótimo exemplo, então tenha isso em mente. Mas a replicação do DNA — a divisão de sua escada em espiral e a reconstrução subsequente de cada fita componente em duas moléculas-filhas completas e plenamente desenvolvidas de DNA — depende de um exército de proteínas celulares e, portanto, exige que os processos da vida já estejam prontos e no devido lugar.

Imagine, em vez disso, uma molécula capaz de se replicar por si própria, muito antes de ter surgido qualquer vida em qualquer lugar. Não precisamos nos comprometer com um mecanismo de replicação definido, mas, apenas para que você tenha uma imagem mental concreta: talvez, ao boiar em um suculento ensopado químico, esse tipo de molécula atue como um ímã molecular, atraindo fortemente os mesmos constituintes que a compõem e fornecendo um modelo para agregá-los em um imitador molecular. Imagine, também, que o processo de replicação, assim como todos os processos no mundo real, é imperfeito. Em geral, uma molécula recém-sintetizada é idêntica à original, mas às vezes não é. Ao longo de muitas gerações moleculares, construímos assim um ecossistema habitado por um espectro de moléculas que são variações da original.

Em qualquer meio ambiente, sempre há matérias-primas limitadas, recursos limitados. Então, à medida que nosso ecossistema de moléculas continua se replicando, as que se replicam com mais eficiência e exatidão — de forma rápida, barata, mas fora de controle — prevalecerão. Essas moléculas conquistam o título de "mais aptas" e, com o tempo, dominam a população molecular. Cada mutação subsequente, resultante da replicação imperfeita, oferece ainda mais modificações à aptidão molecular. E o que ocorre com todas as coisas vivas vale também para todas as coisas que não estão vivas: as modificações que aprimoram a aptidão molecular triunfam sobre aquelas que não o fazem. A maior fecundidade das moléculas mais aptas faz a balança dos dados demográficos pender para essas mesmas moléculas.

O que descrevi é uma versão molecular da evolução — o *darwinismo molecular*. Ela mostra como grupos de partículas que se empurram aos solavancos, guiadas apenas pelas leis da física, podem se tornar cada vez mais competentes na reprodução, algo que, por via de regra, associamos à vida. Quando buscamos a origem da vida, nos deparamos com a sugestão de que o darwinismo molecular talvez tenha sido um mecanismo essencial durante a era que antecedeu o surgimento da primeira forma de vida. Uma versão dessa sugestão, longe de ser consensual, mas que arrebanhou um número significativo de adeptos, baseia-se em uma molécula especial e multitalentosa: o RNA.

RUMO ÀS ORIGENS DA VIDA

Na década de 1960, vários pesquisadores importantes, incluindo Francis Crick, o químico Leslie Orgel e o biólogo Carl Woese chamaram atenção para um primo próximo do DNA chamado RNA (ácido ribonucleico), que, cerca de 4 bilhões de anos atrás, talvez tenha alavancado uma fase do darwinismo molecular que foi a precursora da vida.

Molécula extraordinariamente versátil, o RNA é um componente essencial de todos os sistemas vivos. Você pode pensar nele como uma versão mais curta e simples do DNA, consistindo em uma única fita ou cadeia ao longo da qual se atrela uma sequência de bases. Entre seus vários papéis celulares, o RNA é um mediador químico que faz cópias de várias seções pequenas de uma fita de DNA "descompactada" — semelhante à maneira como um dentista pode tirar um molde dos dentes do paciente separando os maxilares inferior e superior — e transporta a informação para outras partes da célula, onde gerencia a síntese de proteínas específicas. Como acontece com o DNA, moléculas de RNA incorporam informações celulares e, assim, são componentes do software de uma célula. Mas há uma importante diferença, importantíssima, na verdade, entre RNA e DNA: enquanto o DNA se contenta em ser o oráculo de uma célula, uma fonte de sabedoria administrando a atividade celular, o RNA está disposto a sujar as mãos com o trabalho braçal dos processos químicos. De fato, os ribossomos da célula — fábricas em miniatura que juntam e encaixam aminoácidos para produzir proteínas — têm uma variedade particular de RNA (RNA ribossômico) em seu núcleo.

O RNA é, portanto, tanto software quanto hardware. É capaz de comandar e de catalisar reações químicas. E entre essas reações estão algumas que promovem a replicação do próprio RNA. Enquanto o maquinário molecular que faz cópias do DNA usa um primoroso conjunto de engrenagens e rodas químicas, o próprio RNA pode fomentar a síntese dos pares de bases necessários para sua replicação. Pense nas implicações. Moléculas de RNA, mesclando software e hardware, têm o potencial de contornar o dilema "quem veio primeiro, o ovo ou a galinha?": como é possível montar o hardware molecular sem primeiro dispor do software molecular, das instruções para realizar a montagem? Como sintetizar o software molecular sem antes ter o hardware molecular, a infraestrutura para realizar a síntese? Incorporando ambas as funções, o RNA funde a galinha e o ovo, razão pela qual tem a capacidade de impulsionar adiante uma era do darwinismo molecular.

Essa é a hipótese do mundo do RNA. Segundo ela, antes de existir a vida havia um mundo repleto de moléculas de RNA, as quais, por meio do darwinismo molecular e ao longo de um número quase insondável de gerações, evoluíram até as estruturas químicas que constituíram as primeiras células. Embora os detalhes sejam provisórios e conjecturais, os cientistas elaboraram um esboço geral de como pode ter sido essa fase da evolução molecular. Na década de 1950, Harold Urey, ganhador do prêmio Nobel, e seu aluno de pós-graduação Stanley Miller misturaram gases (hidrogênio, amônia, metano, vapor d'água) que, acreditavam eles, constituíam a atmosfera da Terra primitiva; em seguida, bombardearam os coquetéis gasosos com descargas elétricas para simular a ação dos relâmpagos de tempestades e anunciaram que o lodo marrom resultante continha aminoácidos, os blocos de construção de proteínas. Apesar de pesquisas posteriores terem mostrado que as misturas de gases iniciais estudadas por Miller e Urey não refletiam com precisão a composição química da atmosfera primordial da Terra, experimentos semelhantes realizados com outros coquetéis gasosos (incluindo uma mistura que esses dois cientistas inventaram para simular a fumaça tóxica de vulcões ativos que, curiosamente, permaneceram sem análise por mais de meio século)[31] alcançaram o mesmo sucesso em gerar aminoácidos. Além disso, foram detectados aminoácidos em nuvens interestelares, cometas e meteoritos. Então, é plausível que um ensopado químico na jovem Terra possa ter se amalgamado, replicando moléculas de DNA com uma variedade abundante de aminoácidos.

Imagine, então, que, à medida que as moléculas de RNA continuaram a se replicar, uma mutação fortuita facilitou algo novo: o RNA mutante persuadiu alguns aminoácidos que integravam o ensopado ambiental a se juntar em cadeias, produzindo as primeiras proteínas rudimentares (uma versão grosseira dos tipos de processos que ocorrem nos ribossomos). Se, por acaso, acontecesse de algumas dessas proteínas básicas aumentarem a eficiência da replicação do RNA — afinal, catalisar reações é, em parte, o que as proteínas fazem —, elas seriam fartamente recompensadas: com um empurrãozinho das proteínas, a forma mutante do RNA seria alçada à dominância, e um copioso suprimento recém-criado de RNA mutante ajudaria a sintetizar mais proteínas. Em conjunto, seria possível constituir um ciclo químico autossustentável que impulsionaria a chance de aberrações moleculares se tornarem a norma. Com o tempo, pode ser que as maquinações moleculares contínuas tenham chegado a outra novidade química, uma escada com fita dupla — uma forma rudimentar de DNA — que provou ser uma estrutura mais estável e mais eficiente para a replicação molecular e que, pouco a pouco, usurpou os processos de replicação e relegou o RNA a um papel coadjuvante. A formação fortuita de bolsas moleculares — paredes celulares — aumentaria ainda mais a aptidão, ao concentrar substâncias químicas em regiões separadas e ao oferecer proteção contra perturbação ambiental. Espalhando-se por toda a população química, as estruturas necessárias para as primeiras células rudimentares seriam montadas.[32]

Nasceria a vida.

A hipótese do mundo do RNA é apenas uma entre muitas. É um exemplo que valoriza sobremaneira o componente genético da vida: moléculas que incorporam informações e, por meio da replicação, passam essas informações adiante para as gerações seguintes. Mesmo se a conjectura estivesse correta, precisaríamos abordar a origem do próprio RNA; talvez um estágio ainda anterior da evolução molecular tenha gerado RNA a partir de constituintes químicos ainda mais simples. Outras hipóteses dão mais ênfase ao componente metabólico da vida: moléculas que catalisam reações. Em vez de uma molécula replicadora que pode atuar como uma proteína, essas suposições começam com moléculas de proteína capazes de se replicar. Outras conjecturas preveem dois desdobramentos distintos, um que resulta em moléculas que se replicam e outro que leva a moléculas que catalisam reações químicas: só mais tarde esses processos se fundem em células capazes de realizar as funções básicas de reprodução e metabolismo.

Há também hipóteses abundantes sobre o lugar de formação dos antecedentes químicos da vida. Alguns pesquisadores concluíram que a sugestão improvisada de Darwin de um "pequeno lago quente" não é muito promissora, porque durante centenas de milhões de anos caíram sobre a Terra chuvas de detritos rochosos, o que fazia com que a superfície do planeta não fosse nem um pouco acolhedora.[33] Mesmo assim, o biólogo David Deamer sugeriu que seria essencial para a origem da vida um meio ambiente que alterna ciclos molhado e secos, como a camada de terra na beira de um lago ou uma lagoa. A pesquisa da equipe de Deamer mostrou que tais ciclos molhados e secos podem impulsionar os lipídios a formar membranas — paredes celulares —, dentro das quais fragmentos moleculares podem ser persuadidos a se conectar a cadeias mais longas, semelhantes ao RNA e ao DNA.[34] O químico Graham Cairns-Smith propôs que os cristais constituintes de estratos de argila — estruturas que crescem bloqueando continuamente átomos em um padrão ordenado e repetitivo — podem ter constituído um sistema inicial de replicação que foi o precursor desse comportamento em moléculas orgânicas mais complexas no caminho que levou à criação da vida.[35] Outro candidato convincente, de acordo com a sugestão desenvolvida pelo geoquímico Mike Russell e pelo biólogo Bill Martin, são rachaduras no leito oceânico que expeliam colunas de fumaça, quentes e abundantes em minerais, geradas pela interação da água do mar com as rochas que constituem o manto da Terra.[36] As assim chamadas fontes hidrotermais alcalinas precipitam chaminés de calcário que se erguem do fundo do mar — algumas se elevam a mais de cinquenta metros, mais altas que a Estátua da Liberdade —, repletas de fendas e fissuras através das quais jorra uma inundação energética contínua de substâncias químicas. A hipótese prevê que, dentro dos muitos redemoinhos que se formam no interior das torres, o darwinismo molecular realiza sua magia química, produzindo replicadores que, com o tempo, aumentam em complexidade e sofisticação, por fim gerando vida na Terra.

Os detalhes ocupam a vanguarda das pesquisas. Até o momento, tentativas de recriar em laboratório esses processos são intrigantes, mas inconclusivas. Ainda temos que criar uma vida a partir do zero. Tenho poucas dúvidas de que um dia, talvez não muito distante, conseguiremos. Enquanto isso, uma narrativa científica abrangente para a origem da vida está surgindo. Tão logo as moléculas adquiram a capacidade de replicação, erros fortuitos e mutações aleatórias alimentarão o darwinismo molecular, impulsionando misturas químicas forjadas ao longo do importantíssimo vetor de aptidão aumentada. Desenrolando-se ao longo de centenas de milhões de anos, o processo tem a capacidade de edificar a arquitetura química da vida.

A FÍSICA DA INFORMAÇÃO

A essa altura, você talvez tenha concluído que as moléculas da vida devem ter tirado nota máxima nos estudos de química orgânica. Caso contrário, como poderiam saber o que fazer? Como é que o DNA sabe se dividir no meio e anexar bases complementares para aquelas que deixou expostas, criando uma molécula duplicada? Como é que o RNA sabe fazer cópias de segmentos de DNA, transportar essas informações para as estruturas celulares apropriadas, enquanto outras moléculas distintas, mas correlatas, sabem ler o código genético e encadear sequências apropriadas de aminoácidos em proteínas funcionais?

Claro, as moléculas não sabem de nada. O comportamento delas é controlado pelas leis da física, cegas, irracionais e incultas. A questão, contudo, permanece: como elas conseguem, de maneira consistente e confiável, realizar uma série formidavelmente intrincada de complexos processos químicos? É uma pergunta que remete à minha paráfrase da investigação fundamental de Schrödinger em *O que é vida?*: as moléculas que, aos solavancos, se empurram e se escoram umas nas outras dentro de uma rocha são comandadas pelas leis da física. Os empurrões e solavancos das moléculas dentro de um coelho também são regidos pelas leis da física. Em que diferem? Vimos há pouco que as partículas do coelho são norteadas por uma influência adicional — o arquivo interno de informações do coelho, seu software celular. O que há de mais importante, decisivo e fundamental nessa história é: essa informação não suplanta as leis da física. Nada as substitui. Em vez disso, assim como um toboágua não suplanta as leis da gravidade, mas, graças a seu formato de tubo cortado ao meio, guia os banhistas ao longo de uma trajetória escorregadia específica que de outra forma eles não seguiriam, o software celular do coelho é transportado por arranjos químicos os quais, em função de sua forma, estrutura e componentes, guiam várias moléculas ao longo das trajetórias que elas, também, de outro modo não seguiriam.

Como funcionam esses guias moleculares? Por causa do arranjo detalhado de seus átomos constituintes, uma determinada molécula pode atrair este aminoácido, repelir aquele e ser indiferente a outros. Ou, como peças encaixáveis de Lego, talvez uma molécula específica se ajuste apenas a outra molécula específica. Tudo isso é física. Quando átomos e moléculas se empurram, se puxam ou se encaixam, trata-se da força eletromagnética em ação. Dessa forma, o cerne da questão é que as informações em uma célula não são abstratas. Não se trata de um conjunto de instruções desenfreadas que as moléculas precisam estudar, memorizar e executar. Em vez disso, a informação está codificada nos arranjos moleculares, os quais induzem outras moléculas a colidir umas com as outras, a se juntar ou interagir de modo a realizar processos como crescimento, recuperação ou reprodução. Embora as moléculas que habitam uma célula careçam de intenção ou propósito, e ainda que sejam completamente alheias, sua estrutura física permite o cumprimento de tarefas de alto grau de especialização.

Nesse sentido, os processos da vida são sinuosos meandros moleculares plenamente descritos pela lei física que, ao mesmo tempo, contam uma história de alto nível, baseada em informação. No caso da rocha, não há esse tipo de história. Você usa as leis da física para descrever as colisões e os empurrões das moléculas da rocha, e pronto. Já quando usa essas mesmas leis para descrever os impactos e empurrões das moléculas do coelho, sua tarefa ainda não acabou. Longe disso. Sobreposta à história reducionista, há toda uma história que trata dos arranjos moleculares internos particulares ao coelho, que coreografam um espectro primoroso de movimentos moleculares organizados. E são esses os movimentos que executam processos de alto nível dentro das células do coelho.

Com efeito, para o coelho, e para nós também, essas informações biológicas são organizadas em escalas maiores, guiando processos que agem não apenas dentro de células individuais, mas em conjuntos inteiros de células, produzindo o característico selo de qualidade de complexidade coordenada. Quando esticamos o braço para alcançar uma xícara de café, o movimento de cada átomo constituinte de cada molécula em nossa mão, braço, corpo e cérebro é totalmente regido pelas leis da física. Repetindo, e com entusiasmo: a vida não viola as leis da física e não é capaz de transgredi-las. Nada é capaz. No entanto, o fato de que um número imenso de nossas moléculas pode atuar em comum acordo, coordenando seu movimento geral para fazer com que nosso braço se estenda por sobre uma mesa e nossa mão agarre uma caneca, reflete a abundância de informações biológicas, materializadas em arranjos atômicos e moleculares, dirigindo uma profusão de processos moleculares complexos.

A vida é física orquestrada.

TERMODINÂMICA E VIDA

A evolução, de acordo com Darwin, guia o desenvolvimento de estruturas, de moléculas a células individuais a organismos multicelulares complexos. A entropia, segundo Boltzmann, delineia o desenvolvimento dos sistemas físicos, de lufadas de aroma a barulhentas máquinas térmicas de calor a estrelas flamejantes. A vida está sujeita a estas duas influências norteadoras. A vida surgiu e foi refinada pela evolução. E, como todos os sistemas físicos, ela obedece aos ditames da entropia. Nos dois capítulos finais de *O que é vida?*, Schrödinger examina a aparente tensão entre ambas. Quando se aglutina para originar a vida, a matéria mantém a ordem por longos períodos de tempo. E, à medida que a vida se reproduz, gera conjuntos adicionais de moléculas que também são organizados em estruturas ordenadas. Onde, em meio a tudo isso, está a entropia — a desordem e a segunda lei da termodinâmica?

Em sua resposta, Schrödinger explicou que os organismos resistem à ascensão a uma entropia mais alta "alimentando-se de entropia negativa",[37] uma escolha de palavras que, ao longo das décadas, rendeu uma pequena dose de confusão e críticas exageradas e cheias de nove-horas. Mas está claro que, embora formulada em um linguajar um tanto diferente, a resposta de Schrödinger é exatamente a que estamos desenvolvendo: a dança a dois entrópica. Os seres vivos não são isolados e, portanto, qualquer efeito da segunda lei deve incorporar seu ambiente. Vejamos meu caso, por exemplo. Por mais de meio século, venho conseguindo com êxito evitar que minha entropia suba vertiginosamente. Faço isso ingerindo estruturas ordenadas (legumes e verduras, nozes e grãos), queimando-as lentamente (por meio de reações redox, os elétrons dos alimentos descem em cascata pelas escadas do estádio e por fim se combinam com o oxigênio que inalei), usando a energia liberada para acionar várias atividades metabólicas e dissipando entropia no meio ambiente através de resíduos e calor. Feitas as contas, a dança a dois permitiu que a minha entropia aparentemente mostrasse seu desdém pela segunda lei, enquanto o meio ambiente se encarregava de me dar uma cobertura zelosa, chamando para si a responsabilidade pelo afrouxamento entrópico. O processo de queima, armazenamento e liberação de energia para alimentar as funções celulares é mais esmerado do que o processo correspondente que ativa os motores a vapor, mas, em termos de entropia, a física essencial é a mesma.

Além da escolha de palavras de Schrödinger, uma preocupação menos interessada em firulas é a origem da nutrição de alta qualidade e baixa entropia. Descendo os níveis da cadeia alimentar a partir dos animais, encontramos as plantas, que se alimentam diretamente da luz solar. Seu ciclo de energia fornece outro exemplo da dança a dois entrópica. Os fótons solares que chegam e são absorvidos pelas células vegetais impulsionam os elétrons rumo a estados de energia mais elevados, com os quais o maquinário celular (por meio de uma série de reações redox que guiam os elétrons escada abaixo) ativa várias funções celulares. Os fótons do Sol são, portanto, nutrição de boa qualidade e baixa entropia que as plantas absorvem, utilizam para os processos da vida e, em seguida, liberam como resíduo, numa forma degradada e de entropia mais alta (para cada fóton recebido do Sol, a Terra envia de volta espaço afora um conjunto menos ordenado de algumas dúzias de fótons infravermelhos energeticamente esgotados e bastante dispersos).[38]

Avançando ainda mais longe na trilha em direção à fonte de baixa entropia, buscamos a origem do Sol, que se encaixa na história gravitacional do capítulo 3: a gravidade espreme as nuvens de gás para formar estrelas, diminuindo a entropia interna e, por meio do calor liberado, aumentando a entropia do meio ambiente circundante. No fim das contas, as reações nucleares são deflagradas, as estrelas se inflamam e um jorro de fótons é lançado para fora. Quando essa estrela é o Sol, os fótons que atingem a Terra são a fonte de energia de baixa entropia que alimenta o metabolismo das plantas; isso também explica por que os cientistas costumam dizer que a força gravitacional dá sustentação à vida. Embora seja verdade, a esta altura você já deve ter percebido que eu gosto de compartilhar o crédito de forma equânime: por um lado, enaltecendo a gravidade por ela fazer com que a matéria se aglomere e por assegurar ambientes estelares estáveis; por outro, exaltando a fusão nuclear pela produção incansável de um fluxo constante de fótons de alta qualidade, ao longo de milhões e bilhões de anos.

A força nuclear, em íntima cooperação com a gravidade, é uma fonte de combustível de baixa entropia que dá vida.

UMA TEORIA DA VIDA GERAL?

Em suas palestras de 1943, Schrödinger enfatizou que a torrente de ramificações do desenvolvimento científico fora tão intensa que "se tornou quase impossível para uma só mente dominar por completo mais que uma pequena porção especializada desse conhecimento".[39] Dessa forma, ele incentivou os pensadores a ampliar o alcance de seu conhecimento mediante a exploração de reinos fora de seu reduto intelectual tradicional. Com *O que é vida?*, Schrödinger descaradamente usou a formação acadêmica, a intuição e a sensibilidade de um físico para a solução dos enigmas da biologia.

Nas décadas seguintes, à medida que o conhecimento se tornava cada vez mais especializado, um grupo crescente de pesquisadores continuou a fazer soar o sino interdisciplinar de Schrödinger. Muitos responderam ao chamado. Pesquisadores com formação em campos variados, incluindo física de alta energia, mecânica estatística, ciência da computação, teoria da informação, química quântica, biologia molecular e astrobiologia, entre muitos outros, desenvolveram maneiras novas e perspicazes de investigar a natureza da vida. Encerrarei este capítulo enfocando um desses desdobramentos, que amplia nosso tema termodinâmico e, se a empreitada for bem-sucedida, talvez um dia possa ajudar a responder algumas das perguntas mais profundas da ciência: seria a vida uma possibilidade tão remota que surgiu apenas uma vez em um universo contendo centenas de bilhões de galáxias, cada uma delas com centenas de bilhões de estrelas, muitas das quais com planetas em sua órbita? Ou ela é o resultado natural, talvez até mesmo inevitável, de certas condições ambientais básicas e relativamente comuns, o que nos levaria a crer num cosmo apinhado de vida?

Para abordar questões de tamanha envergadura, precisamos de princípios de abrangência condizentes. Até agora, vimos amplas evidências da aplicabilidade expansiva da termodinâmica, uma teoria física que Einstein descreveu como a única a respeito da qual ele poderia declarar, com confiança, que "nunca seria derrubada".[40] Talvez, ao analisar a natureza da vida — sua origem e evolução —, possamos levar ainda mais longe a perspectiva termodinâmica.

Nas últimas décadas, os cientistas fizeram exatamente isso. A disciplina de pesquisa que veio à tona (denominada *termodinâmica do não equilíbrio*) examina de modo sistemático os tipos de situações que temos encontrado com frequência: energia de alta qualidade fluindo através de um sistema, alimentando a dança a dois entrópica e, assim, permitindo ao sistema resistir à atração por desordem interna (que, de outra forma, o controlaria). O físico belga Ilya Prigogine, agraciado com o prêmio Nobel de 1977 por seu trabalho pioneiro nesse campo, desenvolveu a matemática para analisar as configurações de matéria que, quando sujeitas a uma fonte contínua de energia, podem tornar-se ordenadas de forma espontânea — o que Prigogine chamou de "ordem a partir do caos". Se você teve boas aulas de física no ensino médio, talvez tenha se deparado com um exemplo simples, mas impressionante: as células de Bénard. Aqueça um prato raso contendo um pouco de óleo viscoso. No começo, não acontece muita coisa. Porém, à medida que a energia que flui através do líquido aumenta, movimentos moleculares aleatórios conspiram para produzir ordem visível. Olhando para o óleo, você o verá enxadrezar com mosaicos em uma série de pequenas câmaras hexagonais. Olhando de lado, verá o líquido fluindo em um desenho estável e regular, subindo desde o fundo de cada câmara hexagonal, alcançando o topo e depois retornando ao fundo da câmara.

Do ponto de vista da segunda lei da termodinâmica, essa ordem espontânea é de todo inesperada. Ela surge porque as moléculas do líquido estão sujeitas a uma influência ambiental específica: são continuamente aquecidas pela chama. E essa injeção persistente de energia tem impacto significativo. Em qualquer sistema haverá flutuações ocasionais espontâneas que logo formam um padrão reduzido, localizado e ordenado. Em geral, essas flutuações mínimas rapidamente se dispersam e voltam a uma forma desordenada. Porém, a análise de Prigogine mostrou que, quando estão em padrões específicos, as moléculas se tornam muitíssimo hábeis em absorver energia, e isso determina um destino diferente. Se o sistema físico recebe um fluxo constante de energia concentrada do meio ambiente, os padrões moleculares especiais podem usá-la para sustentar ou mesmo melhorar sua forma ordenada, ao mesmo tempo que despejam a forma degradada dessa energia (menos acessível, mais espalhada) de volta ao meio ambiente. Diz-se que os padrões ordenados dissipam a energia e, portanto, são chamados de *estruturas dissipativas*. A entropia total, incluindo a ambiental, aumenta, mas, bombeando energia em ritmo constante dentro do sistema, a ordem é alcançada e mantida por meio de uma contínua dança a dois entrópica.

A descrição de Prigogine faz paralelo com a explicação física, voltando a Schrödinger, de como os organismos afugentam a degradação entrópica. Não que as células de Bénard estejam vivas, mas os seres vivos também são estruturas dissipativas, que absorvem energia do meio ambiente e a utilizam para manter ou intensificar sua forma ordenada, liberando de volta no meio ambiente uma forma degradada dessa energia.

Os resultados de Prigogine forneceram uma articulação matematicamente precisa de seu slogan "ordem a partir do caos"; muitos pesquisadores posteriores especularam que a matemática poderia ser desenvolvida até um estágio ainda mais avançado, talvez fornecendo ideias sobre como as moléculas ordenadas necessárias para a vida surgiram do caos de movimentos moleculares aleatórios que ocorreram na Terra primitiva.

Das muitas contribuições a esse programa, o trabalho recente de Jeremy England (com a ampliação de resultados anteriores desenvolvidos por pesquisadores como Christopher Jarzynski e Gavin Crooks) é especialmente empolgante.[41] Por meio de manipulações matemáticas engenhosas, England extraiu e esmiuçou as implicações da segunda lei da termodinâmica quando aplicada a sistemas alimentados por uma fonte externa de energia. Para ter uma ideia do resultado que ele obteve, imagine que você está em um balanço no parquinho. Como toda criança sabe intuitivamente, você precisa impulsionar as pernas (e inclinar o corpo) na proporção certa para fazer o balanço sair do lugar e manter um movimento pendular rítmico e suave. E essa proporção, de acordo com a física básica, depende da distância entre o assento e o suporte do balanço. Se você impulsionar as pernas na velocidade errada, a incompatibilidade rítmica impede que o balanço absorva com eficiência a energia que você está fornecendo, de modo que não é possível balançar muito alto. Imagine, no entanto, que esse balanço específico tenha uma característica incomum: você embala as pernas, o comprimento do balanço muda, ajustando o período do movimento para corresponder ao das pernas. Essa "adaptação" permite que o balanço entre rapidamente no ritmo, absorva a energia que você oferece e logo alcance uma altura satisfatória em cada ciclo. Em seguida, a energia da sua ação de impulso é absorvida pelo balanço, mas sem propulsionar o balanço mais alto. Em vez disso, a energia que você insere mantém o movimento do balanço estável, ao trabalhar contra as forças de atrito contrárias e, no processo, produz resíduos (calor, som e assim por diante) dissipados de volta no meio ambiente (presumindo que você não seja uma pessoa tão destemida quanto a minha filha, que espera o momento em que o balanço chega ao ponto mais alto, sai voando do assento, eleva-se no ar e depois dissipa energia dando cambalhotas pelo chão).

A análise matemática de England revelou que, no domínio molecular, as partículas que estão sendo "empurradas" por uma fonte de energia externa podem ter uma experiência análoga às estrepolias de uma pessoa no parquinho. Um conjunto inicialmente desordenado de partículas pode adaptar sua configuração para "entrar no ritmo" — formar um arranjo que absorve com mais eficiência a energia do meio ambiente, usa essa energia para manter ou aprimorar um movimento ou uma estrutura internos ordenados e, na sequência, dissipa a forma degradada dessa energia de volta ao meio ambiente.

England chama esse processo de *adaptação dissipativa*, que, potencialmente, proporciona um mecanismo universal para persuadir certos sistemas moleculares a se levantarem e entrarem na dança a dois entrópica. E é isso que os seres vivos fazem para viver — absorvem energia de alta qualidade, usam-na e depois devolvem energia de baixa qualidade na forma de calor e outros resíduos —, então talvez a adaptação dissipativa tenha sido essencial para a origem da vida.[42] England observa que a replicação em si é uma ferramenta potente de adaptação dissipativa: se um pequeno conjunto de partículas se torna hábil para absorver, usar e distribuir energia, então dois desses conjuntos são melhores ainda, bem como quatro ou oito, e assim por diante. Moléculas que são capazes de se replicar poderiam então ser o resultado *esperado* de adaptação dissipativa. E tão logo as moléculas replicadoras entrem em cena, o darwinismo molecular pode começar e tem início o impulso para a vida.

Essas ideias ainda estão em estágio inicial, mas não consigo deixar de pensar que teriam feito Schrödinger feliz. Usando princípios físicos fundamentais, desenvolvemos uma compreensão do Big Bang, da formação de estrelas e planetas, da síntese de átomos complexos, e agora estamos determinando como esses átomos podem ter se organizado em moléculas replicadoras bem adaptadas para extrair energia do meio ambiente e com ela construir e manter formas ordenadas. Com o poder do darwinismo molecular de selecionar conjuntos moleculares cada vez mais aptos, podemos imaginar como alguns deles talvez tenham adquirido a capacidade de armazenar e transmitir informações. Um manual de instruções passado de uma geração molecular para a seguinte, preservando estratégias de aptidão testadas e comprovadas, constitui uma força poderosa para o domínio molecular. Desenrolando-se ao longo de centenas de milhões de anos, esses processos podem ter, pouco a pouco, esculpido a primeira vida.

Independente de os detalhes dessas ideias sobreviverem ou não a descobertas futuras, o esboço da história da vida, de acordo com a física, está tomando forma. E se a aplicação dessa história se mostrar tão geral quanto os trabalhos mais recentes sugerem, a vida pode muito bem ser uma característica comum do cosmo. Por mais emocionante que isso seja, porém, vida é uma coisa e vida inteligente é outra bem diferente. Encontrar micróbios em Marte ou em Europa, a lua de Júpiter, seria uma descoberta monumental. Mas, como seres pensantes, falantes e criativos, ainda estaríamos sozinhos.

Qual é, então, o caminho que vai da vida à consciência?

5. Partículas e consciência
Da vida à mente

Em algum lugar entre as primeiras células procarióticas ou procariontes, 4 bilhões de anos atrás, e os 90 bilhões de neurônios do cérebro humano emaranhados em uma rede de 100 trilhões de conexões sinápticas, surgiu a capacidade de pensar e sentir, amar e odiar, temer e desejar, sacrificar e reverenciar, imaginar e criar — habilidades recém-descobertas que levariam a façanhas espetaculares, assim como a uma destruição incalculável. "Pois tudo começa com a consciência e nada vale sem ela",[1] afirma Albert Camus. No entanto, há até pouco tempo, consciência era uma palavra indesejável nas "ciências duras" [ou naturais]. Claro que pesquisadores já meio obsoletos, no ocaso da carreira, poderiam ser perdoados por se voltarem ao tópico da mente, desimportante e quase à margem da ciência, mas o objetivo da pesquisa científica convencional e reinante é a compreensão da realidade objetiva. Para muitos, e por bastante tempo, a consciência não tinha as qualificações necessárias. A voz tagarelando dentro da sua cabeça, leitor, bem, ela só pode ser ouvida dentro da sua cabeça.

É um ponto de vista irônico. O "*Cogito, ergo sum*" de Descartes resume nosso contato com a realidade. Todo o resto poderia ser uma ilusão, mas pensar é a única coisa da qual até mesmo o mais obstinado dos céticos pode ter certeza. E, a despeito do "Acho que penso; logo, acho que existo" de Ambrose

Bierce,[2] se você está pensando, o argumento em defesa de que você existe é vigoroso. A ciência não prestar atenção à consciência seria afastar-se da única coisa com a qual cada um de nós pode contar. De fato, por milhares de anos muitos negaram o caráter terminal e definitivo da morte, atrelando à consciência uma esperança existencial. O corpo morre. Isso é evidente, óbvio, inegável. Mas nossa voz interior, aparentemente persistente, bem como os pensamentos, sensações e emoções abundantes que preenchem nossos mundos subjetivos, indicam uma presença etérea que, imaginaram alguns, vai além dos fatos básicos da existência física. Atmã, *anima*, alma imortal — esse elemento imaterial já recebeu muitos nomes, porém todos implicam a crença de que o eu consciente tem acesso a algo cuja duração excede à da forma física, e que transcende a ciência mecanicista tradicional. A mente não é apenas nosso vínculo com a realidade: talvez seja nosso vínculo com a eternidade.

É aí que reside uma pista mais reveladora do motivo pelo qual as ciências duras resistiram por muito tempo a tudo o que é relativo à consciência. A ciência reage a uma conversa sobre reinos além do alcance da lei física com uma careta exasperada, um giro nos calcanhares e uma caminhada alvoroçada de volta ao laboratório. Esse escárnio representa uma atitude científica predominante, mas também realça uma lacuna decisiva na narrativa científica. Ainda temos que articular uma explicação científica robusta a respeito da experiência consciente. Falta-nos uma hipótese conclusiva a respeito de como a consciência manifesta um mundo privado de visões, sons e sensações. Continuamos incapazes de responder, ou pelo menos não com força total, a afirmações de que a consciência permanece do lado de fora da ciência convencional. É improvável que essa lacuna venha a ser preenchida em um futuro próximo. Praticamente todo mundo que já refletiu sobre o ato de pensar constatou que elucidar a consciência, com a explicação de nossos mundos interiores em termos puramente científicos, é um de nossos desafios mais gigantescos.

Isaac Newton deu o pontapé inicial na ciência moderna ao encontrar padrões nas partes da realidade acessíveis aos sentidos humanos e codificá-los em suas leis do movimento. Nos séculos seguintes, reconhecemos que prosseguir na esteira de Newton requer desbravar três trilhas distintas. Primeiro, precisamos entender a realidade em escalas muito menores do que aquelas que Newton examinou, o que nos levou à física quântica, que, por seu turno, explicou o comportamento de partículas fundamentais e, entre muitas outras coisas, os processos bioquímicos subjacentes à vida. Segundo, precisamos compreender a realidade em escalas muito maiores do que aquelas sobre as quais Newton ponderou, caminho que nos conduziu à relatividade geral, que, por sua vez, explicou a gravidade e, entre muitas outras coisas, a formação de estrelas e planetas, essencial para o surgimento da vida. E, por último, eis a terceira fronteira, a mais labiríntica de todas: precisamos compreender a realidade em escalas muito mais complexas do que aquelas consideradas por Newton, caminho que, esperamos, nos guiará a uma explicação de como grandes conjuntos de partículas podem se aglutinar para originar a vida e a mente.

Ao mirar seu poderio intelectual em problemas extremamente simplificados — ignorando, por exemplo, as turbulentas estruturas internas do Sol e dos planetas e, em vez disso, tratando cada um deles como uma bola sólida —, Newton fez a coisa certa. A arte da ciência, da qual ele era o mestre, reside em fazer simplificações criteriosas que tornam os problemas manejáveis, e, ao mesmo tempo, manter uma dose suficiente de sua essência de modo a assegurar que as conclusões obtidas sejam relevantes. O cerne da questão é que simplificações eficazes para uma classe de problemas podem ser menos efetivas para outras. Simule os planetas como bolas sólidas e você poderá descobrir de modo exato e com facilidade a trajetória deles. Represente sua própria cabeça como uma bola sólida e as perspectivas sobre a natureza da mente serão menos esclarecedoras. Mas abandonar aproximações improdutivas e desvendar o funcionamento interno de um sistema que contém tantas partículas quanto o cérebro — um objetivo louvável — exigiria o domínio de um nível de complexidade fantasticamente além do alcance dos métodos matemáticos e computacionais mais sofisticados de que dispomos hoje.

O que mudou nos últimos anos é o recém-descoberto acesso a características observáveis e mensuráveis da atividade cerebral que, no mínimo, nos levaram a processos que acompanham de modo confiável a experiência consciente. Quando pesquisadores podem usar imagens funcionais por ressonância magnética a fim de rastrear em detalhes o fluxo sanguíneo responsável pela sustentação da atividade neural, ou inserir sondas cerebrais profundas para detectar impulsos elétricos em disparada ao longo de neurônios individuais, ou ainda usar eletroencefalogramas para monitorar ondas eletromagnéticas se encrespando pelo cérebro, e, quando os dados revelam padrões evidentes que espelham tanto o comportamento observado como relatos de experiência interior, o argumento em defesa da abordagem da consciência como um fenômeno físico se fortalece de modo substancial. Com efeito, encorajados por esses avanços impressionantes, pesquisadores ousados consideraram que havia chegado o momento de desenvolver uma base científica para a conscientização da experiência.

CONSCIÊNCIA E NARRAÇÃO DE HISTÓRIAS

Alguns anos atrás, durante uma entrevista agradável, mas acalorada, sobre o papel da matemática na descrição do universo, eu disse enfaticamente a um apresentador de *talk-show* de fim de noite que ele não passava de um saco de partículas comandadas pelas leis da física. Não era uma piada, embora, sem titubear, ele a tenha transformado em uma ("Ei, essa é uma ótima cantada!"). E não falei aquilo para insultá-lo, pois, quanto a isso, o que se aplica a ele é aplicável também a mim. Na verdade, o comentário surgiu do meu comprometimento reducionista arraigado: segundo esse ponto de vista, ao compreendermos completamente o comportamento dos ingredientes fundamentais do universo, contamos uma rigorosa e independente história da realidade. Não temos em mãos a versão final dessa história, uma vez que inúmeros problemas na linha de frente da pesquisa, alguns dos quais trataremos em breve, permanecem sem solução. No entanto, posso imaginar um futuro em que os cientistas serão capazes de fornecer uma articulação completa em termos matemáticos dos processos microfísicos fundamentais subjacentes a qualquer coisa que aconteça, em qualquer lugar, em qualquer tempo.

Existe alguma coisa reconfortante nessa perspectiva, algo que ressoa de maneira graciosa um sentimento de Demócrito de 2500 anos atrás: "Há o doce; por convenção há o amargo; por convenção há o quente e por convenção há o frio; por convenção há a cor. Na realidade, porém, há somente os átomos e o vazio".[3] O xis da questão é que tudo surge do mesmo conjunto de ingredientes regidos pelos mesmos princípios físicos. E esses princípios, conforme atestaram algumas centenas de anos de observação, experimentação e teorização, provavelmente serão expressos por um punhado de símbolos dispostos em um pequeno conjunto de equações matemáticas. *Este* é um universo elegante.[4]

Por mais potente que fosse essa descrição, ela continuaria sendo apenas uma entre muitas histórias que contamos. Temos a capacidade de mudar o foco, redefinir a resolução e nos envolver com o mundo de diversas maneiras. Embora uma descrição reducionista completa forneça uma base científica, outras descrições da realidade, outras histórias, fornecem pontos de vista que muitos consideram mais relevantes por estarem mais próximos da experiência. Contar algumas dessas histórias, como já vimos, requer tanto conceitos como linguagem novos. A entropia nos ajuda a contar a história da aleatoriedade e da organização no âmbito de conjuntos vastos de partículas, estejam elas saindo em lufadas do seu forno ou se fundindo para formar estrelas. A evolução nos ajuda a contar a história do acaso e da seleção, à medida que agrupamentos de moléculas — vivas ou não — se replicam, sofrem mutação e gradualmente se adaptam melhor ao meio ambiente.

Uma história que muitos consideram ainda mais relevante gira em torno da consciência. Encampar pensamentos, emoções e lembranças é abarcar o núcleo da experiência humana. É também uma história que requer uma perspectiva qualitativamente diferente de qualquer outra que tenhamos adotado até agora. Entropia, evolução e vida podem ser estudadas "lá, em algum lugar". Também podemos contar suas histórias como relatos de terceiros. Somos testemunhas dessas histórias e, se formos suficientemente diligentes, nosso relato pode ser meticuloso. Essas histórias estão inscritas em livros abertos.

Uma história que engloba a consciência é diferente. Uma história que penetra nas sensações internas de ver ou ouvir, de euforia ou tristeza, de conforto ou dor, de sossego ou ansiedade, é uma história que se fia em uma narrativa de primeira pessoa. É uma história cuja consistência é dada pela voz interior de uma consciência que fala a partir de um roteiro pessoal — e que cada um de nós, ao que parece, compõe como autor. Eu vivencio um mundo subjetivo, e também tenho uma sensação palpável de que dentro dos limites desse mundo eu controlo minhas ações. Sem dúvida, quando se trata das suas ações, você tem uma sensação semelhante. As leis da física que se danem; penso, logo controlo. Compreender o universo no nível da consciência exige uma história que possa lidar com uma realidade subjetiva totalmente pessoal e aparentemente autônoma.

Para iluminar essa percepção consciente, nós nos deparamos, então, com duas dificuldades distintas, porém correlatas. Pode a matéria, por si só, produzir as sensações incutidas nessa percepção consciente? Pode o nosso senso consciente de autonomia ser resumido às leis da física atuando sobre a matéria que constitui cérebro e corpo? A essas perguntas, Descartes respondeu com um definitivo "não". Para ele, a diferença manifesta entre matéria e mente reflete uma divisão profunda. O universo tem coisas físicas. O universo tem coisas mentais. Coisas físicas podem afetar coisas mentais e coisas mentais podem afetar coisas físicas. Mas essas coisas são diferentes. Em linguagem moderna, átomos e moléculas não constituem o material do pensamento.

O ponto de vista de Descartes é sedutor. Posso atestar que mesas e cadeiras, gatos e cães, grama e árvores são diferentes dos pensamentos dentro da minha cabeça, e suspeito que você confirmaria que sua impressão é semelhante. Por que as partículas que constituem os elementos tangíveis da realidade externa e as leis físicas que as governam teriam alguma relevância para explicar meu mundo interior da experiência consciente? Talvez, então, devêssemos ter a expectativa de que um entendimento da consciência não se trata apenas de uma história de alto nível, uma história cujo olhar muda de fora para dentro; trata-se de um tipo de história fundamentalmente diferente, e que exige uma revolução conceitual similar às trazidas pela física quântica e pela relatividade.

Sou completamente a favor das revoluções intelectuais. Não há nada mais contagiante do que uma descoberta que, de tão inovadora, vira de cabeça para baixo a visão de mundo amplamente aceita. E, nas páginas seguintes, discutiremos as turbulências que alguns pesquisadores da consciência imaginam que teremos pela frente. Contudo, por razões que ficarão claras, suspeito que a consciência seja menos misteriosa do que parece. Em consonância com a minha declaração naquele programa de TV e, mais importante, com um segmento de pesquisadores que dedicaram a vida profissional a essas questões, prevejo que um dia explicaremos a consciência com nada mais que uma compreensão convencional das partículas que constituem a matéria e as leis físicas que as regem. Isso produziria uma variedade própria de revolução, estabelecendo uma hegemonia praticamente ilimitada para a lei física, chegando de modo arbitrário aos confins do mundo exterior da realidade objetiva e às profundezas do mundo interior da experiência subjetiva.

Nem todas as funções cerebrais fazem jus à reverência concedida à consciência. Grande parte da atividade neurológica é orquestrada sob a superfície da consciência. Quando você assiste a um pôr do sol, seu cérebro rapidamente processa os dados transportados por trilhões de fótons que atingem fotorreceptores em suas retinas a cada segundo, interpolando com presteza a imagem para prestar contas por seus pontos cegos (onde, em cada olho, seu nervo óptico se conecta à retina, carregando dados para o núcleo geniculado lateral do cérebro e para o córtex visual), compensando sempre o deslocamento dos olhos e o movimento da cabeça, assim como corrigindo os fótons bloqueados ou dispersos por irregularidades oculares, deixando cada imagem do lado certo, fundindo as partes de cada imagem comum a ambos os olhos, e assim por diante. Enquanto isso, você contempla em silêncio os derradeiros raios de sol, sem ter a mínima noção de que tudo isso está acontecendo bem atrás dos seus olhos. Uma descrição semelhante se aplica agora, enquanto você lê estas palavras. A arquitetura da consciência permite que você se concentre nas ideias conceituais que as palavras simbolizam, relegando o colossal processamento de dados visuais e linguísticos a funções cerebrais que passam despercebidas. De maneira mais inata ainda, dia após dia você anda, fala, seu coração bate, seu sangue flui, seu estômago digere, seus músculos se flexionam, e tudo isso sem que você necessite prestar a mínima atenção ao que está acontecendo.

O fato de o cérebro ser repleto de processos influentes que escapam à introspecção é uma premissa com uma longa história, um argumento que já foi expresso de inúmeras maneiras. Os textos védicos, escritos 3 mil anos atrás, evocam uma noção do inconsciente, e as referências perduram ao longo dos séculos, à medida que pensadores perspicazes imaginaram sabores de qualidades mentais indisponíveis ao paladar da percepção consciente: Santo Agostinho ("A mente não é grande o suficiente para conter a si mesma: mas onde pode estar essa parte da mente que não está contida nela mesma?"),[5] São Tomás de Aquino ("A mente não se vê a si mesma através de sua essência"),[6] William Shakespeare ("Ao peito recolhei-vos; batei no coração para inquirirdes se ele de fato sabe"),[7] Gottfried Leibniz ("A música é o secreto exercício de aritmética da mente que ignora que está manejando números").[8] Intrigantes também são os processos que *parecem* ocorrer sem que notemos, fora do alcance do radar, e que ainda assim geram ecos acessíveis ao processamento consciente. São inúmeras as histórias, por exemplo, da mente inconsciente resolvendo problemas e fornecendo as soluções espontaneamente. Uma das mais pitorescas envolve o farmacologista alemão Otto Loewi, que durante a noite da véspera do domingo de Páscoa de 1921 acordou por alguns instantes e rabiscou uma ideia que acabara de lhe ocorrer em um sonho. Pela manhã, Loewi foi tomado pela sensação avassaladora de que a anotação noturna continha um achado de importância decisiva, mas, por mais que tentasse, não conseguia decifrá-la. Na noite seguinte, teve o mesmo sonho, mas dessa vez foi logo ao laboratório e seguiu a diretiva do sonho para realizar um experimento e testar uma hipótese que acalentava havia muito tempo: de que processos químicos, e não elétricos, são essenciais para a comunicação celular. Na segunda-feira, o experimento inspirado pelos sonhos foi levado a cabo com êxito, o que acabaria levando Loewi a ganhar o prêmio Nobel.[9]

A cultura popular tende a entrelaçar os mecanismos subterrâneos da mente às contribuições de Sigmund Freud (mesmo que um grupo de cientistas importantes já houvesse, anos antes, investigado ideias afins)[10] e as subcorrentes agitadas de memórias, desejos, conflitos, fobias e complexos reprimidos, que, na concepção de Freud, fustigam o comportamento humano com golpes que o arremessam de um lado para o outro. A grande diferença nos dias de hoje é que especulações, palpites e intuições a respeito da vida da mente agora são confrontados com dados antes indisponíveis. Pesquisadores desenvolveram maneiras inteligentes de espiar sobre o ombro da mente e monitorar a atividade cerebral abaixo do nível da percepção consciente.

Alguns dos estudos mais impressionantes envolvem pacientes que perderam algum grau de função neurológica. Um caso bastante conhecido foi o da paciente P. S., vítima de uma lesão cerebral. O caso foi documentado no final dos anos 1980 por Peter Halligan e John Marshall.[11] Como se prevê com esse tipo de distúrbio debilitante, P. S. não conseguia reconhecer nem relatar detalhes do lado esquerdo de qualquer imagem que lhe fosse mostrada. Ela alegava, por exemplo, que duas casas desenhadas com linhas verde-escuras eram idênticas, embora o lado esquerdo de uma das casas estivesse sendo consumido pelas labaredas vermelhas e furiosas de um incêndio. No entanto, quando indagada sobre qual das duas casas ela preferia chamar de lar, P. S. escolhia sempre o desenho da casa que estava intacta. Os pesquisadores argumentaram que, embora ela fosse incapaz de ter uma percepção consciente das chamas, a informação tinha se infiltrado secretamente e, dos bastidores, influenciava a decisão dela.

Cérebros saudáveis também se revelam dependentes de influências. Psicólogos demonstraram que, mesmo que você esteja prestando muita atenção, uma imagem exibida numa tela por menos de cerca de quarenta milissegundos (e ensanduichada entre flashes um tanto mais longos de outras imagens conhecidas como máscaras) não consegue adentrar sua percepção consciente. No entanto, essas imagens subliminares podem influenciar decisões conscientes. A famosa alegação de que haveria um aumento no consumo de refrigerantes causado pela exibição de flashes subliminares com a mensagem "Beba Coca-Cola" durante sessões de cinema é um mito urbano propagado no final da década de 1950 por algum pesquisador de mercado em apuros.[12] Todavia, estudos laboratoriais engenhosos forneceram evidências convincentes da ocorrência de tipos específicos de processos mentais clandestinos.[13] Por exemplo, imagine encarar uma tela na qual os números entre 1 e 9 são exibidos na forma de flashes, e sua tarefa é classificar rapidamente cada um deles como maior ou menor que 5. Seu tempo de reação será mais rápido quando determinado número for precedido de um flash subliminar de um dígito no mesmo lado que o 5 como o número fornecido (por exemplo, quando um 4 for precedido de um 3 subliminar). De forma inversa, seu tempo de reação será mais lento quando determinado número for precedido de um flash subliminar de um dígito do lado oposto ao 5 como o número fornecido (por exemplo, quando um 4 for precedido de um 7 subliminar).[14] Ainda que você não tenha uma percepção consciente dessas aparições numéricas fugazes, elas passaram feito um raio dentro do seu cérebro e impactaram sua resposta.

A ideia principal é que o cérebro coordena sub-repticiamente um prodígio de regulação, funcionalidade e mineração de dados. Por mais maravilhosas que as atividades cerebrais sejam, elas não constituem um mistério conceitual. O cérebro rapidamente envia e recebe sinais ao longo de fibras nervosas, o que lhe permite controlar processos biológicos e gerar respostas comportamentais. Para delinear as vias neurais exatas e os detalhes fisiológicos subjacentes a tais funções e comportamentos, os cientistas enfrentam a dificílima tarefa de mapear amplos territórios apinhados de circuitos biológicos complexos em um nível de precisão muito além do que se alcançou até agora. Ainda assim, tudo o que estamos aprendendo sugere que, por mais intricadas e vastas que sejam as reservas de criatividade e diligência necessárias, temos todos os motivos para acreditar que as estratégias conhecidas da ciência levarão a melhor.

E, não fosse por uma qualidade irritante da mente, a discussão estaria encerrada. Entretanto, ao olhar para além das tarefas mentais e levar em consideração suas sensações — a experiência interior que identificamos como a essência de ser humano —, alguns pesquisadores chegaram a um prognóstico diferente e muito menos otimista com relação à capacidade da ciência tradicional de fornecer perspectivas reveladoras. Isso nos leva ao que alguns chamam de o "problema difícil" da consciência.

O PROBLEMA DIFÍCIL

Em uma carta a Henry Oldenburg, um dos mais prolíficos missivistas durante os anos de formação da ciência moderna, Isaac Newton observou: "Determinar em termos mais absolutos o que é a luz [...] e por quais modos ou ações ela produz em nossa mente os fantasmas das cores não é tão fácil. E não misturarei conjecturas com certezas".[15] Newton estava tentando explicar a mais comum das experiências: a sensação interior de uma ou outra cor. Imagine uma banana. Não é grande coisa, claro, olhar para uma banana e determinar que ela é amarela. Se você tiver o aplicativo certo, seu celular pode fazer isso. Mas, até onde sabemos, quando informa que a banana é amarela, o aparelho não tem um sentimento interior de amarelo. Não tem uma sensação interna de amarelo. Não vê amarelo através dos olhos da alma. Você faz isso. Eu também. Assim como Newton fazia. A dificuldade dele era entender como é que fazemos isso.

Esse relevante impasse vai muito além dos "fantasmas" mentais que são a sensação de amarelo ou de azul ou de verde. Enquanto digito estas palavras, comendo pipoca, com uma música tocando suavemente ao fundo, sinto uma variedade de experiências interiores: pressão na ponta dos meus dedos, um gosto de sal na boca, as magníficas vozes dos integrantes do grupo vocal *a capella* Pentatonix, um monólogo mental negociando a frase seguinte nesta sentença. Seu mundo interior está absorvendo estas palavras enquanto você lê, talvez ouvindo-as ser pronunciadas pela voz interior da mente, talvez sendo distraído pela lembrança de que há aquele último pedaço do bolo de chocolate guardado na geladeira. A questão é que nossa mente hospeda uma variedade de sensações internas — pensamentos, emoções, lembranças, imagens, desejos, sons, cheiros e muito mais —, e tudo isso faz parte do que entendemos por consciência.[16] Assim como Newton e a banana, a dificuldade está em determinar de que modo nosso cérebro cria e mantém esses mundos vibrantes de experiência subjetiva.

Para assimilar o quebra-cabeça em toda sua profundidade, imagine que você é dotado de uma visão sobre-humana, que lhe permite espiar dentro do meu cérebro e ver cada uma de suas cerca de mil trilhões de trilhões de partículas — elétrons, prótons e nêutrons — se entrechocando e se empurrando, se atraindo e se repelindo, fluindo e se dispersando.[17] Ao contrário dos grandes conjuntos de partículas que ficam à deriva enquanto se assa pão, ou daquelas que se aglutinam para formar uma estrela, as partículas que constituem o cérebro estão dispostas em um padrão extremamente organizado. Mesmo assim, concentre-se em qualquer uma dessas partículas e você descobrirá que ela interage com as outras por meio das mesmas forças descritas pela mesma matemática, esteja essa partícula flutuando na sua cozinha, na coroa da Estrela do Norte ou dentro do meu córtex pré-frontal. E, no âmbito dessa descrição matemática, corroborada durante décadas com dados de colisores de partículas e telescópios poderosos, não há nada que nem sequer sugira as experiências interiores que essas partículas de alguma forma geram. Como é possível que um conjunto de partículas irracionais, desprovidas de pensamento e emoção, juntem-se e produzam sensações de cor ou som, de entusiasmo ou admiração, de confusão ou surpresa? Partículas podem ter massa, carga elétrica e outras características semelhantes (cargas nucleares, que são versões mais exóticas de carga elétrica), mas todas essas qualidades parecem desconectadas de qualquer coisa minimamente parecida com a experiência subjetiva. Como, então, um turbilhão de partículas dentro de uma cabeça — e um cérebro não passa disso — cria impressões, sensações e sentimentos?

O filósofo Thomas Nagel escreveu um artigo no qual ofereceu uma perspectiva icônica e particularmente evocativa dessa lacuna explicativa.[18] Como é ser um morcego?, indagou ele. Imagine só: pairando nas alturas em uma camada de ar enquanto voa em meio a uma paisagem imersa em trevas, você emite guinchos com um tamborilar incessante de cliques, gerando ecos de árvores, pedras e insetos, que lhe permitem mapear o ambiente. Pelo som refletido, você percebe que há um mosquito logo à frente e guinando à direita, então você se lança ao ataque e saboreia um pequenino pedaço. Como nosso modo de envolvimento com o mundo é muitíssimo diferente, há limites para até onde nossa imaginação é capaz de nos levar dentro do mundo interior do morcego. Mesmo se tivéssemos uma contabilidade completa de toda a física, a química e a biologia fundamentais subjacentes que fazem de um morcego um morcego, nossa descrição ainda pareceria insuficiente para chegar à experiência subjetiva de "primeira pessoa" do morcego. Por mais detalhada que seja nossa compreensão material, o mundo interior desse animal parece fora de alcance.

O que é verdade para o morcego é verdade para cada um de nós. Você é um enxame de partículas em interação. E eu também. E, embora eu entenda como suas partículas podem resultar no seu relato de ter visto a cor amarela — as partículas no seu trato vocal, boca e lábios precisam apenas coreografar os movimentos para produzir esse comportamento externo —, tenho muito mais dificuldade para entender de que modo as partículas lhe propiciam a experiência interior subjetiva do amarelo. Apesar de compreender como suas partículas podem fazê-lo sorrir ou franzir a testa — de novo, as partículas têm apenas que coreografar adequadamente os movimentos —, sou incapaz de entender como as partículas produzem uma sensação interior de felicidade ou tristeza. É verdade: apesar de ter acesso direto ao meu próprio mundo interior, fico igualmente sem entender como ele emerge do movimento e da interação de minhas partículas.

Eu também ficaria frustrado, por certo, ao tentar explicar muitas outras coisas em termos ferrenhamente reducionistas, dos tufões do Pacífico aos vulcões furiosos em erupção. Mas a dificuldade apresentada por esses acontecimentos, e por um mundo abarrotado de exemplos como esses, é tão somente a de descrever a complexa dinâmica de um número fantasticamente grande de partículas. Se pudéssemos superar esse obstáculo técnico, daríamos conta do recado.[19] E é por isso que não existe a sensação interior de "como é ser" um tufão ou um vulcão. Tufões e vulcões, até onde sabemos, não têm mundos subjetivos de experiência interior. Não estamos deixando passar despercebidos relatos em primeira pessoa. Mas, para qualquer coisa consciente, é disso que nossa descrição objetiva de terceiros carece.

Em 1994, David Chalmers, um jovem filósofo australiano com uma cabeleira que ia até os ombros, subiu ao palco da Conferência Anual da Consciência em Tucson e descreveu esse déficit como o "problema difícil" da consciência. Não que o problema "fácil" seja exatamente fácil — entender a mecânica dos processos cerebrais e seu papel na fixação de memórias, na resposta a estímulos e na moldagem do comportamento. Mas podemos imaginar qual seria a solução para problemas desse tipo; é possível articular um enfoque em princípio no nível das partículas ou de estruturas mais complexas, como células e nervos, o que parece coerente. A dificuldade em imaginar uma solução como essa para a consciência motivou a avaliação de Chalmers. O argumento era de que não apenas nos falta uma ponte entre as partículas irracionais e as experiências conscientes; se tentarmos construir uma utilizando um modelo reducionista — com o uso das partículas e leis que constituem a base fundamental da ciência como a conhecemos —, decerto fracassaremos.

A avaliação suscitou reações emocionadas — soou como música agradável aos ouvidos de alguns, ao passo que, para outros, foi um acorde dissonante — e desde então vem ecoando nas pesquisas acerca da consciência.

ALGO A RESPEITO DE MARY

É fácil ser frívolo sobre o problema difícil. No passado, minha própria resposta pode ter parecido petulante. Quando me perguntavam a respeito, eu costumava dizer que a experiência consciente é meramente a sensação que temos quando certo tipo de processamento de informações ocorre no cérebro. Entretanto, uma vez que a questão central é explicar como pode haver essa "sensação que temos", a resposta logo descarta o problema difícil, considerando que ele não é difícil e que nem mesmo se trata de um problema. De forma mais benévola, é uma resposta que está de acordo com a visão amplamente aceita de que o pensamento é supervalorizado. Enquanto alguns aficionados pelo problema difícil argumentam que, para entender a consciência, temos de introduzir conceitos externos à ciência convencional, outros — os chamados *fisicalistas* — anteveem que métodos científicos tradicionais interpretados de forma inteligente e aplicados com criatividade, invocando apenas as propriedades físicas da matéria, estarão à altura da tarefa. A perspectiva fisicalista de fato resume a minha própria concepção, que sustento há muito tempo.

No entanto, ao longo dos anos, à medida que me detive mais na questão da consciência, tive momentos consideráveis de dúvida. O mais surpreendente foi quando me defrontei com um argumento influente, apresentado pelo filósofo Frank Jackson uma década antes de o problema difícil ter sido rotulado como tal.[20] Jackson conta uma história simples que, com uma suave dramatização, acontece da seguinte forma: imagine que, no futuro distante, uma menina brilhante, Mary, sofre de daltonismo grave. Desde o nascimento, tudo no mundo dela aparecia apenas em preto e branco. A doença causa perplexidade nos médicos mais renomados, e então Mary decide que caberá a ela resolver o problema. Impulsionada pelo sonho de curar sua deficiência visual, ela se dedica a anos de estudo, observação e experiência intensos. Por fim, torna-se a maior neurocientista que o mundo já conheceu, alcançando uma meta que por muito tempo escapara à humanidade: Mary desvenda todos os detalhes sobre a estrutura, a função, a fisiologia, a química, a biologia e a física do cérebro. E domina absolutamente tudo o que há para saber sobre o funcionamento do órgão, tanto sua organização global como seus processos microfísicos. Mary compreende todos os disparos neurais e as cascatas de partículas que acontecem quando nos maravilhamos ao contemplar o céu azul, saboreamos uma ameixa suculenta ou nos perdemos ao som da *Terceira sinfonia* de Brahms.

Com essa façanha, ela consegue identificar a cura para sua deficiência visual e se submete ao procedimento cirúrgico para corrigi-la. Meses depois, os médicos estão prontos para remover os curativos, e Mary se prepara para absorver o mundo novamente. Diante de um buquê de rosas vermelhas, ela abre os olhos bem devagar. Eis a pergunta: com essa primeira experiência da cor vermelha, Mary aprenderá alguma coisa nova? Ao enfim vivenciar a experiência interior da cor, ela adquirirá um novo entendimento?

Reproduzindo essa história em nossa mente, parece óbvio que, na primeira vez que Mary experimenta a sensação interior de vermelho, ela ficará impressionada. Surpresa? Sim. Emocionada? Claro. Comovida? Profundamente. Parece mais do que evidente que essa primeira experiência direta da cor expandirá a compreensão que Mary tem da percepção humana e da resposta interna que ela pode gerar. Valendo-se dessa intuição bastante difundida, Jackson nos estimula a ponderar a respeito das implicações disso. Mary dominara tudo o que havia para saber sobre os mecanismos de funcionamento físico do cérebro. No entanto, por meio dessa única interação, ela aparentemente expandiu seu conhecimento. Adquiriu conhecimento a respeito da experiência consciente que acompanha a resposta do cérebro à cor vermelha. A conclusão? *O conhecimento completo dos mecanismos de funcionamento físico do cérebro deixa algo de fora.* Não consegue revelar ou explicar sensações subjetivas. Se esse conhecimento físico fosse abrangente, Mary teria retirado os curativos e dado de ombros.

Quando li esse relato pela primeira vez, senti uma afinidade repentina com Mary, como se eu também tivesse sido submetido a uma cirurgia corretiva que abrisse uma janela, até então obscurecida, para a natureza da consciência. Minha brusca confiança de que processos físicos no cérebro *são* consciência, de que a consciência *é* a sensação proporcionada por tais processos, sofreu um abalo súbito. Mary detinha todo o conhecimento possível sobre todos os processos físicos do cérebro e, com base nesse cenário hipotético, parece claro que tal entendimento é incompleto. Isso sugere que, com relação à experiência consciente, os processos físicos fazem parte da história, mas não são a história completa. Quando o artigo de Jackson foi publicado, muito antes de eu entrar em contato com o texto, especialistas ficaram instigados, e nas décadas seguintes Mary tem causado muitas reações.

O filósofo Daniel Dennett nos pede que façamos uma reflexão profunda sobre a implicação do conhecimento exaustivo de Mary sobre os fatos físicos. O argumento dele é que o conceito de compreensão física completa é tão estranho que subestimamos grosseiramente o poder explanatório que ele poderia proporcionar. Com um entendimento tão abrangente, da física da luz à bioquímica dos olhos à neurociência do cérebro, Dennett acredita que Mary *seria* capaz de discernir a sensação interior do vermelho muito antes de ter a experiência em primeira mão do vermelho.[21] Ao remover as ataduras, Mary pode responder à beleza das rosas vermelhas, mas ver sua cor vermelha apenas confirmaria as expectativas dela. Já os filósofos David Lewis[22] e Laurence Nemirow[23] adotam uma abordagem diferente; para eles, Mary adquire uma nova habilidade — identificar, lembrar e imaginar a experiência interior do vermelho —, mas isso não constitui um fato novo que esteja fora de seu domínio anterior. Ao remover as bandagens, Mary pode não dar de ombros, porém o "uau" de admiração que talvez ela profira indica apenas sua alegria por ter adquirido uma nova maneira de pensar a respeito do antigo conhecimento. O próprio Jackson agora argumenta contra sua conclusão original, tendo mudado de ideia depois de anos contemplando Mary. Estamos tão acostumados a aprender coisas sobre o mundo por intermédio da experiência direta — por exemplo, apreendendo a sensação da cor vermelha ao ver a cor vermelha — que presumimos tacitamente que essas experiências fornecem o único meio para a aquisição desse conhecimento. Segundo Jackson, isso é injustificado. Embora o processo de aprendizagem de Mary tenha sido atípico, invocando o raciocínio dedutivo quando pessoas mais comuns se fiam na experiência direta, o domínio completo que ela tem do conhecimento físico lhe permitiria determinar a sensação de ver a cor vermelha.[24]

Quem tem razão? O Jackson original e os seguidores de sua primeira investida? Ou o Jackson posterior e todos aqueles que estão convencidos de que, ao enxergar as rosas, Mary não aprende nada de novo?

As apostas são altas. Se a consciência puder ser explicada por fatos relacionados às forças físicas do mundo que atuam sobre seus constituintes materiais, nossa incumbência será determinar o modo como isso se dá. Caso contrário, nosso encargo será mais abrangente. Precisaremos delinear os novos conceitos e processos que a compreensão da consciência requer, uma jornada que, é quase certo, nos levará para muito além dos limites atuais da ciência.

Historicamente, temos navegado confiantes pelos mares agitados da intuição humana, identificando consequências testáveis de pontos de vista conflitantes. Até o momento, ninguém propôs um experimento, uma observação ou um cálculo que fosse capaz de solucionar de uma vez por todas a questão suscitada pela história de Mary ou, de modo mais ambicioso, revelar a fonte da experiência interior. Na maioria dos casos, as considerações que temos para julgar entre essas perspectivas que são minimamente satisfatórias e estão à altura das exigências mais básicas são plausibilidade e apelo intuitivo, medidas flexíveis que, como veremos, permitiram diversos pontos de vista.

UM CONTO DE DUAS HISTÓRIAS

Estratégias para explicar a consciência se espalham ao longo de um impressionante terreno de ideias. Nos extremos, estão as posições que ou descartam a consciência como uma ilusão (*eliminativismo*) ou a declaram como a única qualidade real do mundo (*idealismo*). No meio, há um espectro de hipóteses. Algumas operam dentro dos limites do pensamento científico tradicional, outras resvalam por entre as brechas da compreensão científica atual, e outras ainda avolumam as qualidades que há muito julgamos definir a realidade em seu nível mais fundamental. Duas histórias curtas fornecem um contexto histórico para essas propostas.

Se você tivesse entreouvido discussões dos círculos biológicos durante os séculos XVII e XIX, estaria familiarizado com o termo *vitalismo*. Esse conceito abordava o que poderia ser chamado de "o problema difícil" da vida: uma vez que os ingredientes fundamentais do mundo são inanimados, como é possível que conjuntos desses ingredientes estejam vivos? A resposta do vitalismo, sem rodeios, era que tais conjuntos não poderiam estar vivos. Pelo menos não por conta própria. De acordo com esse conceito, o ingrediente ausente é uma faísca ou força vital não física que dota a matéria inanimada da magia da vida.

Agora, se você tivesse frequentado certos círculos da física durante o século XIX, teria ouvido debates acalorados sobre eletricidade e magnetismo, à medida que Michael Faraday e outros se aprofundavam nesse reino cada vez mais intrigante. Você teria entrado em contato com uma perspectiva cujo argumento era de que esses novos fenômenos poderiam ser explicados no âmbito do enfoque mecanicista padrão da ciência legado por Isaac Newton. Encontrar a combinação inteligente do fluxo de fluidos e engrenagens e rodas em miniatura, responsáveis pelos novos fenômenos, poderia ser um desafio, mas a base para a compreensão já estava à mão. Por causa da adequação antecipada do raciocínio científico convencional, seria possível chamar isso de "o problema fácil" da eletricidade e do magnetismo.

A história revelou que as expectativas descritas em cada uma dessas narrativas estavam equivocadas. Com dois séculos de análise retrospectiva, o enigma quase místico outrora evocado pela vida perdeu força. Embora ainda não tenhamos um entendimento completo a respeito da origem da vida, há um consenso científico quase universal de que não há a necessidade de nenhuma centelha mágica. Bastam partículas configuradas em uma hierarquia de estruturas — átomos, moléculas, organelas, células, tecidos, e assim por diante. As evidências corroboram com vigor que o arcabouço da física, da química e da biologia é totalmente suficiente para explicar a vida. O problema difícil da vida, embora certamente seja difícil, foi reclassificado como fácil.

Com relação à eletricidade e ao magnetismo, dados coletados em experimentos meticulosos exigiram que os cientistas fossem além das características da realidade física que figuravam nos livros antes do século XIX. O entendimento existente deu lugar a uma qualidade física totalmente nova da matéria (carga elétrica) respondendo a um tipo completamente novo de influência (campos magnéticos e elétricos que preenchem o espaço) descrito por um conjunto novo de equações (vinte delas na formulação inicial) desenvolvido por James Clerk Maxwell. Apesar de solucionado, no fim ficou claro que o problema "fácil" da eletricidade e do magnetismo era, na verdade, difícil.[25]

Muitos pesquisadores imaginam que a história do vitalismo será recapitulada com a consciência: à medida que adquirimos uma compreensão cada vez mais aprofundada do cérebro, o problema difícil da consciência aos poucos evaporará. Embora no momento seja misteriosa, a experiência interior será pouco a pouco e cada vez mais vista como uma consequência direta das atividades fisiológicas do cérebro. O que nos escapa é um comando completo dos mecanismos internos de funcionamento do cérebro, não uma nova variedade de coisas da mente. Um dia, de acordo com essa perspectiva fisicalista, as pessoas abrirão um sorriso ao pensar sobre como houve um tempo em que revestíamos a consciência de uma aura de mistério deslumbrado e injustificado.

Outros imaginam que a narrativa do eletromagnetismo fornece o modelo relevante para a consciência. Quando nossa compreensão do mundo se vê diante de fatos intrigantes, naturalmente tentamos incorporá-los ao arcabouço científico existente. Contudo, alguns fatos podem não caber nos modelos existentes, enquanto outros podem revelar novas qualidades da realidade. A consciência, de acordo com esse campo, está repleta de fatos do tipo. Se essa perspectiva se provar correta, a compreensão da experiência subjetiva exigirá uma reconfiguração substancial do campo intelectual, com o potencial de ramificações profundas cujo impacto pode ir muito além das questões da mente.

Uma das propostas mais radicais nesse sentido foi apresentada por David Chalmers, o próprio sr. Problema Difícil.

Convencido de que a percepção consciente não pode emergir de um turbilhão de partículas irracionais, Chalmers nos incentiva a levar a sério a história do eletromagnetismo. Os físicos do século XIX enfrentaram com bravura a inútil tarefa de juntar de forma tosca explicações forçadas dos fenômenos eletromagnéticos usando a ciência convencional da época, e nós precisamos da mesma coragem para reconhecer que, a fim de desmistificar a consciência, temos que olhar além das qualidades físicas conhecidas.

Mas como? Uma possibilidade, simples e ousada, é que as próprias partículas individuais sejam dotadas de um atributo inato da consciência — vamos chamá-lo de *protoconsciência* para evitar imagens de elétrons exaltados ou quarks irritadiços —, que não pode ser descrito em termos de qualquer coisa mais fundamental. Ou seja, nossa descrição da realidade deve ser ampliada de modo a incluir uma qualidade subjetiva intrínseca e irredutível que é incutida nos ingredientes materiais elementares da natureza. E é essa qualidade da matéria que há muito tempo negligenciamos, razão pela qual temos fracassado na tentativa de explicar a base física da experiência consciente. Como é possível que um turbilhão de partículas irracionais crie a mente? Elas não são capazes disso. Para criar uma mente consciente, é necessário um turbilhão de partículas conscientes. Ao reunir suas qualidades protoconscientes, um conjunto numeroso de partículas pode produzir uma experiência consciente familiar. A hipótese, então, é de que as partículas são dotadas de um conjunto já bem estudado de propriedades físicas (massa, carga elétrica, cargas nucleares e momento angular de spin da mecânica quântica), bem como a antes negligenciada qualidade da protoconsciência. Ressuscitando crenças pampsíquicas, cujas raízes históricas remontam à Grécia antiga, Chalmers cogita a possibilidade de a consciência ser relevante para toda e qualquer coisa feita de partículas, seja o cérebro de um morcego, seja um bastão de beisebol.

Se você está se perguntando o que é protoconsciência ou como ela é infundida em uma partícula, devo dizer que sua curiosidade é louvável, mas suas questões estão além do que Chalmers ou qualquer outra pessoa seja capaz de responder. Apesar disso, vale a pena analisá-las em um contexto. Se você me fizesse perguntas semelhantes sobre massa ou carga elétrica, provavelmente iria embora insatisfeito. Eu não sei o que é massa. Não sei o que é carga elétrica. O que sei é que a massa produz e responde a uma força gravitacional, e a carga elétrica produz e reage a uma força eletromagnética. Portanto, embora eu não consiga explicar o que essas características de partículas *são*, posso lhe dizer o que esses atributos *fazem*. Na mesma linha, talvez os pesquisadores sejam incapazes de delinear o que seja a protoconsciência; no entanto, pode ser que tenham êxito no desenvolvimento de uma teoria sobre o que ela faz — de que modo ela produz e responde à consciência. No que diz respeito a influências gravitacionais e eletromagnéticas, qualquer preocupação de que substituir ação e resposta por uma definição intrínseca corresponda a um truque intelectual é, para a maioria dos pesquisadores, mitigada pelas previsões exatas que podemos extrair de nossas teorias matemáticas envolvendo essas duas forças. Talvez um dia tenhamos uma teoria matemática da protoconsciência que faça previsões igualmente bem-sucedidas. Por ora, entretanto, não temos.

Por mais exótico que isso tudo possa parecer, Chalmers argumenta que sua abordagem se enquadra nos limites da ciência, se interpretada de modo adequado. Durante séculos, os cientistas focaram o desdobramento objetivo da realidade e, com isso em mente, desenvolveram equações que fazem um trabalho maravilhoso ao explicar dados experimentais e observacionais. Mas esses dados estão disponíveis para a análise de terceiros. Chalmers sugere que existem outros dados, os dados da experiência interna, e, supostamente, outras equações também, que demonstram a existência de padrões e regularidade no domínio interno. Assim, a ciência convencional explicaria dados externos, ao passo que a próxima era da ciência ficaria a cargo dos dados internos.

Para dizer em outros termos, ligeiramente diferentes: há muitos anos existe um movimento em curso, muitas vezes creditado ao físico John Wheeler (conhecido pelo grande público por popularizar o termo "buracos negros"), que concebe a informação como a mais fundamental de todas as moedas físicas. Para descrever o estado do mundo hoje, forneço informações que especificam a configuração de todas as partículas dançantes e de todos os campos ondulados que permeiam o espaço. As leis da física recebem essas informações como dados de entrada (input) e produzem, como resultado (output), informações que delineiam o estado do mundo mais tarde. A física, de acordo com essa concepção, tem como objetivo o processamento de informações.

Usando essa linguagem, a hipótese de Chalmers é de que a informação tem dois lados: existe a qualidade da informação objetiva e acessível a terceiros — aquela que, por centenas de anos, foi a província da física convencional. Mas há também uma qualidade da informação subjetiva e acessível à primeira pessoa que ainda não foi levada em consideração pela física. Uma teoria completa desse campo precisaria abarcar tanto as informações externas como as internas; além disso, seriam necessárias leis que descrevessem a evolução dinâmica de cada tipo. O processamento de informações internas forneceria a base física da experiência consciente.

O sonho de Einstein de uma teoria unificada da física, que fosse capaz de descrever todas as partículas e forças da natureza em um único formalismo matemático, tem sido chamado de busca por uma "teoria de tudo". Essa descrição bombástica, muitas vezes aplicada ao meu campo de estudo (a teoria das cordas), explica por que tantas vezes minha opinião sobre a consciência é solicitada. Afinal de contas, a consciência parece caber confortavelmente dentro de uma teoria que possa explicar *tudo*. No entanto, como digo sempre aos que me fazem essa pergunta, uma coisa é entender a física das partículas elementares e outra, bastante diferente, é tirar proveito dela convertendo-a em um entendimento da mente humana. Construir o aparato científico para conectar escalas tão diferentes, tanto em tamanho como em complexidade, está entre os desafios científicos mais difíceis. Contudo, se Chalmers estivesse certo, a consciência entraria no relato científico no andar térreo, no nível das equações fundamentais e constituintes primitivos. Isso significa que um dia poderemos ter uma compreensão que incorpore desde o início os lados externo e interno do processamento de informações — processos físicos objetivos e experiências conscientes subjetivas. *Essa* seria uma teoria unificada. Eu continuaria resistindo à expressão "teoria de tudo" — presumo que os cientistas ainda teriam dificuldade em prever o que vou comer no desjejum amanhã de manhã —, mas essa compreensão seria revolucionária.

Essa é a direção certa? Eu ficaria empolgadíssimo se fosse. Estaríamos na fronteira de um novo terreno da realidade à espera de ser desbravado. Mas, como você provavelmente supôs, há um grande ceticismo quanto à ciência precisar viajar até terras tão exóticas em seu esforço para encontrar a fonte da consciência. A famosa observação de Carl Sagan de que afirmações extraordinárias exigem evidências extraordinárias é um guia mais que adequado. *Há* evidências esmagadoras de algo extraordinário — nossas experiências interiores —, mas as evidências de que tais experiências estão além do alcance explicativo da ciência convencional são muito menos convincentes.

O entendimento se aprofundaria se pudéssemos identificar as condições físicas necessárias para gerar experiências subjetivas, uma tarefa fundamental para a teoria da consciência sobre a qual estamos refletindo.

A MENTE INTEGRA INFORMAÇÕES

É incontroverso o fato de que o cérebro é um conjunto de células úmidas e denteadas que processam informações. Encefalogramas e exames invasivos demonstraram que partes distintas do cérebro se especializam no processamento de tipos específicos de informações — ópticas, auditivas, olfativas, linguísticas, e assim por diante.[26] Por si só, no entanto, o processamento de informações não traduz com fidelidade as qualidades distintivas do cérebro. Uma quantidade considerável de sistemas físicos processa informações, do ábaco ao termostato ao computador; e, levando a sério a perspectiva de Wheeler, há um sentido em que se pode pensar em todo e qualquer sistema físico como um processador de informações. Então, o que distingue a variedade de processamento de informações que resulta em percepção consciente? Essa é uma pergunta que norteia o trabalho do psiquiatra e neurocientista Giulio Tononi, que em sua empreitada ganhou a companhia de Christof Koch, também neurocientista. Os dois são responsáveis pela abordagem chamada de *teoria da informação integrada*.[27]

Para ter uma noção da teoria, imagine que eu lhe dê de presente uma Ferrari vermelha novinha em folha. Independente de você ser ou não fã de carros esportivos de luxo, ao dar de cara com esse automóvel, seu cérebro será estimulado com uma profusão de dados sensoriais. Informações que expressam as qualidades visuais, táteis e olfativas do carro, bem como conotações mais abstratas (da potência do veículo na estrada às associações de opulência e riqueza), logo se entrelaçam em uma experiência cognitiva unificada, cujo conteúdo informativo Tononi caracterizaria como *altamente integrada*. Mesmo se você se concentrar na cor do carro, sua experiência não é a de uma Ferrari incolor que sua mente posteriormente pinta de vermelho. Tampouco se trata da experiência de um meio ambiente vermelho abstrato que a posteriori sua mente transformará em uma Ferrari. Embora as informações sobre a forma e a cor ativem diferentes partes do córtex visual, suas experiências conscientes desses aspectos do carro são inseparáveis. Você vivencia forma e cor como uma coisa só. De acordo com Tononi, esta é uma qualidade intrínseca da consciência: as informações que passam pela experiência consciente são fortemente cingidas.

Uma segunda qualidade intrínseca da consciência é que o leque de coisas que você é capaz de guardar em sua mente é enorme. Desde uma estonteante variedade de experiências sensoriais, passando por arroubos da imaginação até planejamentos abstratos, pensamentos, preocupações e expectativas, você tem um repertório mental quase ilimitado. Isso significa que, quando sua mente está focada em qualquer experiência consciente específica, por exemplo a Ferrari vermelha, ela se diferencia e muito da vasta maioria de outras experiências mentais que você poderia vivenciar. A proposta de Tononi eleva essas observações a uma caracterização definidora: *a percepção consciente é informação altamente integrada e altamente diferenciada.*

A maioria das informações carece dessas qualidades. Tire uma foto da Ferrari vermelha e pense no arquivo digital resultante. Para simplificar as coisas, não se preocupe com detalhes como a compactação da imagem e pense que o arquivo é uma série de números cujos valores registram as informações de cor e brilho de cada pixel da imagem. Esses números são gerados por fotodiodos na sua câmera que respondem à luz refletida em locais distintos na superfície do carro. Em que medida a informação é integrada? Uma vez que cada resposta de cada fotodiodo é independente das demais — não há comunicação nem vínculo entre elas —, as informações no arquivo digital são completamente balcanizadas. Você poderia armazenar o dado de cada pixel em um arquivo separado, e o conteúdo total das informações permaneceria inalterado. Logo, não há integração de informações. Até que ponto as informações no arquivo digital são diferenciadas? Embora exista uma grande variedade de imagens possíveis que um arquivo digital da câmera é capaz de armazenar, o conteúdo das informações é restrito a uma matriz fixa de números independentes. É isso mesmo. Um arquivo fotográfico digital não está configurado para examinar em profundidade a ética da pena de morte ou pelejar contra a prova do último teorema de Fermat. Nesse sentido, o conteúdo da informação é extremamente limitado, o que significa que a câmera não é o artilheiro do campeonato quando se trata de diferenciação da informação.

E então, à medida que seu cérebro constrói uma representação mental, o conteúdo de informação dessa representação não demora a se tornar altamente integrado e diferenciado; porém, ao mesmo tempo que a câmera constrói uma fotografia digital, as informações da foto não adquirem nenhum desses recursos. É por isso que, segundo Tononi, você tem uma experiência consciente da Ferrari, mas sua câmera digital, não.

Com o objetivo de fazer com que essas considerações sejam quantitativas, Tononi propôs uma fórmula que atribui um valor numérico às informações contidas em qualquer sistema, geralmente indicado por ф, em que valores mais altos de ф indicam maior diferenciação e integração mais profunda — portanto, conforme a teoria, um nível mais elevado de percepção consciente. A abordagem, então, apresenta um continuum que vai de sistemas simples, com menos integração e diferenciação de informações, que formas rudimentares de consciência podem vivenciar, a sistemas mais complexos como você e eu, com integração e diferenciação suficientes para gerar o nível conhecido de percepção consciente, até a possibilidade de outros sistemas cujas capacidades informacionais — e de experiência consciente — poderiam superar as nossas.

Assim como na abordagem de Chalmers, a teoria de Tononi tem uma tendência pampsíquica. Nada na proposta está intrinsecamente ligado a uma estrutura física específica. Nossa experiência de percepção consciente reside em um cérebro biológico, mas, de acordo com Tononi e sua matemática, um valor suficientemente alto de ф, seja contido em sinapses neurais, seja em estrelas de nêutrons, teria uma percepção consciente. Para alguns, a exemplo do cientista da computação Scott Aaronson, isso deixa a proposta aberta ao que ele considera um ataque devastador. Os cálculos de Aaronson mostraram que, ao conectar habilmente simples portas lógicas (os comutadores eletrônicos mais básicos), os valores de ф da rede resultante podem ser enormes — no mesmo patamar do cérebro humano ou até maiores.[28] Segundo essa teoria, a rede de comutadores deve ter consciência. E essa é uma conclusão que Aaronson — e a intuição da maioria das pessoas — considera absurda. A resposta de Tononi? Por mais estranha e incomum que seja a conclusão, a rede *terá* consciência.

Vamos lá, você deve estar pensando, não é possível que ele *realmente* acredite nisso. Mas leve em conta a sua incredulidade no contexto. Como é possível que um naco de 1,3 quilo de massa cerebral, quando adequadamente conectado a um suprimento sanguíneo e a uma rede de nervos, tenha uma experiência consciente familiar? *Essa* é a afirmação, baseada em tudo o que a ciência revelou até hoje, que exige um esforço de credulidade. No entanto, por causa do seu próprio mundo interior, eis aí uma alegação que você aceita de imediato. Se eu lhe oferecer outra coisa, desprovida de corpo e cérebro, e sugerir que ela também é consciente, o esforço para aceitar essa nova afirmação pode parecer significativo, mas, na verdade, é comparativamente modesto. Ao admitir a sugestão quase ridícula de que um aglomerado de neurônios cinzento, mole e gosmento tem consciência, você já deu o grande passo. Não se trata de um argumento para a proposta de Tononi, mas isso deixa claro como a familiaridade pode distorcer nossa noção do absurdo.

Caso se mostre correta, essa abordagem esclarecerá as qualidades que um sistema deve ter para produzir uma experiência consciente. Isso seria um avanço substancial. Ainda assim, em sua forma atual, a teoria da informação integrada nos deixaria curiosos, tentando entender por que a consciência *dá a sensação* que dá. De que modo informações altamente diferenciadas e altamente integradas produzem a consciência interior? Segundo Tononi, elas simplesmente produzem, e pronto. Ou, em termos mais exatos, ele sugere que essa talvez seja a pergunta errada a fazer. Nossa incumbência, ele acredita, não é explicar como a experiência consciente emerge do alvoroço de partículas, e sim determinar as condições necessárias para que um sistema tenha essas experiências. E é isso que a teoria da informação integrada busca fazer. Embora eu reconheça o valor dessa perspectiva, minha intuição, moldada pelos êxitos espetaculares das explicações reducionistas, permanecerá insatisfeita até que conectemos às sensações da mente processos físicos envolvendo ingredientes particulados conhecidos.

Uma hipótese final que discutiremos a seguir busca uma estratégia diferente. É um relato fisicalista de cabo a rabo, que fornece um dos enfoques mais esclarecedores para o mistério da consciência.

A MENTE MODELA A MENTE

A teoria da consciência do neurocientista Michael Graziano começa com um par de qualidades conhecidas do funcionamento cerebral que todos nós podemos facilmente considerar válidas.[29] Para avaliá-las, retornemos à Ferrari. Imagine que você vê o elegante exterior vermelho do carro, sente o formato ergonômico suave das maçanetas das portas, inspira o aroma inconfundível de carro novo, e assim por diante. Intuitivamente, pensamos nessas coisas como experiências diretas de uma realidade externa, mas, como sabemos há séculos, elas não são. A ciência moderna deixa isso bem evidente. A luz vermelha refletindo sobre a superfície da Ferrari é um campo elétrico que oscila cerca de 400 trilhões de vezes por segundo perpendicularmente a um campo magnético oscilante em igual medida, tudo isso viajando na sua direção a 300 milhões de metros por segundo. Essa é a física da luz vermelha, e esse é o estímulo com o qual seus olhos se deparam.[30] Observe que não existe "vermelho" na descrição da física. O vermelho acontece quando o campo eletromagnético entra em seus olhos, faz cócegas nas moléculas fotossensíveis na sua retina e gera um impulso transportado para o córtex visual do seu cérebro, que é especializado no processamento de informações visuais e interpreta o sinal. O vermelho é um construto humano que acontece nas profundezas da sua cabeça. E aquele cheiro de carro novo? É uma história semelhante. Os assentos, o carpete e o plástico emitem moléculas que permeiam o interior do veículo. Você só vai sentir o cheiro de carro depois que essas moléculas flutuarem para dentro de suas narinas, roçarem os neurônios receptores em seu epitélio olfativo e gerarem um impulso que dispara ao longo de seu nervo olfativo em direção ao seu bulbo olfativo, que, por sua vez, retransmite o sinal processado a várias estruturas neurológicas que o interpretarão. Assim como ocorre com o vermelho, o único lugar em que o cheiro do carro novo acontece é no interior do seu cérebro.

Desse modo, quando a Ferrari novinha em folha chama sua atenção, um conjunto de engrenagens de processamento de dados cognitivos entra em ação. Vermelho, cheiroso, reluzente, metálico, vidro, rodas, motor, potência, movimento, velocidade, e assim por diante — uma gama de qualidades físicas e capacidades funcionais é evocada e vinculada por seu cérebro à versão do carro que você tem guardada em sua mente. Até aqui, tudo isso que falamos parece semelhante à teoria da informação integrada, mas a hipótese de Graziano leva essas percepções para outra direção. Sua tese central é de que, por mais atenta aos detalhes que uma pessoa seja, suas representações mentais são sempre muito simplificadas. Até mesmo descrever o carro como "vermelho" é uma abreviação para muitas frequências semelhantes, mas distintas, da luz — os muitos tons de vermelho — que se refletem nas diferentes partes da superfície do automóvel: ondas eletromagnéticas, por exemplo, oscilando em 435, 172, 874, 363, 122 trilhões de ciclos por segundo a partir de um ponto na porta do lado do motorista, 447, 892, 629, 261, 106 trilhões de ciclos por segundo a partir de um ponto no capô, e assim por diante.[31] Sua mente ficaria desnorteada se lidasse com essa superabundância de detalhes. Em vez disso, "vermelho" é a simplificação bem-vinda, embora esquemática, da mente. O mesmo vale para o conjunto extenso de simplificações semelhantes que a mente faz o tempo todo. Para quase tudo o que você encontra no meio ambiente, uma representação esquemática não só é adequada, como também libera recursos mentais para outros propósitos de sustentação da vida. Muito tempo atrás, cérebros que se distraíssem com os detalhes ondulantes do mundo físico seriam logo devorados. Os cérebros sobreviventes são os que evitaram ser consumidos por detalhes que careciam de valor de sobrevivência. Substitua a Ferrari vermelha por uma avalanche estrondosa ou por um tremor de terra, e você poderá ver a vantagem de ter uma representação mental rápida e direta capaz de facilitar uma resposta imediata.

Quando sua atenção não está voltada para carros, avalanches ou terremotos, mas se encontra focada em animais ou em humanos, você cria da mesma forma representações mentais esquemáticas. Todavia, além das representações de suas formas físicas, você cria também representações mentais esquemáticas da mente deles. Você tenta avaliar o que está acontecendo dentro da cabeça deles — se determinado animal ou humano é amigo ou inimigo, se oferece segurança ou representa perigo, se está em busca de oportunidades mútuas ou ganhos egoístas. Sem dúvida, conseguir fazer uma avaliação rápida sobre a natureza de nossas interações com outros seres vivos tem um valor significativo para a sobrevivência. Os pesquisadores chamam essa capacidade, refinada ao longo de gerações pela seleção natural, de *teoria da mente*[32] (teorizamos, de modo intuitivo, que as coisas vivas são dotadas de uma mente que opera mais ou menos como a nossa), ou *postura intencional*[33] (atribuímos conhecimento, crenças, desejos, e, portanto, intenções, aos animais e humanos que encontramos).

Graziano enfatiza que você rotineiramente aplica essa mesma habilidade a si mesmo: com muita frequência você cria uma representação mental esquemática de seu próprio estado de espírito. Se estiver olhando para a Ferrari vermelha, você criará não apenas uma representação esquemática do carro, mas uma representação esquemática de sua atenção concentrada na Ferrari. Todas as características que você reúne para representá-la são amplificadas por uma qualidade adicional, resumindo seu próprio foco mental: a Ferrari é vermelha, lisa e reluzente, *e* sua atenção está focada no fato de ela ser vermelha, lisa e reluzente. É dessa maneira que acompanhamos nosso envolvimento com o mundo.

Assim como na representação da Ferrari, e assim como na sua representação da atenção de outras pessoas, a representação da sua própria atenção deixa de fora muitos detalhes. Ela ignora os disparos neuronais subjacentes, o processamento de informações e as trocas complexas de sinais que geram seu foco e, em vez disso, atrai, ela própria, a atenção, o que em linguagem comum costumamos chamar de "consciência". Esse, segundo Graziano, é o cerne da razão pela qual a experiência consciente parece flutuar, sem amarras, na mente. Quando a propensão do cérebro por representações esquemáticas simplificadas é aplicada a si mesmo, à sua própria atenção, a descrição resultante ignora os processos físicos responsáveis por essa atenção. É por isso que pensamentos e sensações parecem etéreos, como se viessem do nada, como se pairassem sobre nossa cabeça. Se a representação esquemática que você faz do seu corpo deixasse de fora seus braços, o movimento de suas mãos também pareceria etéreo. E é por isso que a experiência consciente parece distinta dos processos físicos realizados por nossos constituintes particulados e celulares. O problema difícil parece difícil — a consciência parece transcender o físico — apenas porque nossos modelos mentais esquemáticos suprimem o conhecimento da própria mecânica cerebral que conecta nossos pensamentos e sensações a seus alicerces físicos.

O fascínio de uma teoria fisicalista como a de Graziano (e outras que foram propostas e desenvolvidas)[34] está no fato de que a consciência, tal como a vida, seria reduzida a arranjos condutores de constituintes desprovidos de vida, de pensamento e de emoção. Decerto existe uma paisagem neurológica vasta que se estende entre nós e essa terra prometida de entendimento reducionista. No entanto, diferente da terra incógnita prevista por Chalmers, em que os pesquisadores precisarão percorrer territórios estranhos e abrir picadas em matagal desconhecido, a expedição fisicalista provavelmente oferecerá surpresas menos exóticas. O desafio não será esquadrinhar um mundo alienígena, e sim mapear nosso próprio universo — o cérebro — com um grau de detalhe sem precedentes. É a familiaridade do terreno que tornará tão maravilhosa uma jornada bem-sucedida. Sem exigir nenhuma faísca supracientífica, sem recorrer a novas qualidades da matéria, a consciência simplesmente emergiria. Coisas comuns, regidas por leis comuns, executando processos comuns, teriam a capacidade extraordinária de pensar e sentir.

Conheci muitas pessoas que resistem a essa perspectiva. São pessoas que julgam que qualquer tentativa de incluir a consciência nos limites da descrição física do mundo deprecia nossa qualidade mais preciosa; são pessoas que veem o programa fisicalista como uma abordagem desajeitada de cientistas cegos pelo materialismo e ignorantes das verdadeiras maravilhas da experiência consciente. É claro que ninguém sabe como tudo isso vai acontecer. Pode ser que daqui a cem ou mil anos o programa fisicalista pareça ingênuo. Eu duvido. Contudo, ao reconhecermos essa possibilidade, também é importante contestar a presunção de que, ao delinear uma base física para a consciência, nós a desvalorizamos. Que a mente possa fazer tudo o que faz é extraordinário. Que a mente seja capaz de realizar tudo o que realiza contando apenas com os mesmos tipos de ingredientes e de forças que mantêm inteira a minha xícara de café a torna ainda mais extraordinária. A consciência seria desmistificada sem ser diminuída.

CONSCIÊNCIA E FÍSICA QUÂNTICA

Ao longo das últimas décadas, uma sugestão frequente tem sido a de que a física quântica é essencial para a compreensão da consciência. Em certo sentido, isso é verdade, sem dúvida. Estruturas materiais, incluindo o cérebro, são feitas de partículas cujo comportamento é regido pelas leis da mecânica quântica, que corrobora a base física de tudo, incluindo a mente. Mas, quando a consciência encontra o quântico, não é incomum que os comentaristas sugiram conexões mais profundas. Muitas delas são motivadas por uma lacuna na nossa compreensão da mecânica quântica que resistiu a um século de pensamento por parte de algumas das mentes científicas e filosóficas mais bem-sucedidas do mundo. Permita-me explicar.

A mecânica quântica é o arcabouço teórico mais preciso já desenvolvido para a descrição de processos físicos. Nenhuma previsão da mecânica quântica jamais foi desmentida por experimentos replicáveis, e os resultados de alguns dos cálculos mais minuciosos do campo estão de acordo com dados experimentais em mais do que uma parte em 1 bilhão. Se você não é grande fã de cifras quantitativas, na maior parte do tempo não há mal algum em deixá-las de lado. Mas não é esse o caso. Preste atenção ao número que acabei de citar: *cálculos de mecânica quântica, com base na equação de Schrödinger, correspondem a medições experimentais em mais de nove dígitos depois da vírgula decimal.*[35] Trombetas deveriam soar, e as espécies deveriam se curvar em reverência, porque isso representa um triunfo da compreensão humana.

No entanto, há no cerne da teoria quântica um quebra-cabeça.

A principal novidade da mecânica quântica é que suas previsões são probabilísticas. A teoria poderia afirmar que há 20% de chance de encontrar um elétron aqui, 35% de chance de encontrá-lo ali, e uma chance de 45% de que esteja acolá. Se, então, você medir a posição do elétron em diversas versões identicamente preparadas do mesmo experimento, constatará com exatidão impressionante que em 20% de suas medições o elétron *está* aqui, em 35% delas *está* lá e em 45% do tempo *está* acolá. É por isso que temos confiança na teoria quântica.

Ora, a confiança dessa teoria nas probabilidades pode não parecer especialmente exótica. Afinal, quando jogamos para o ar uma moeda, também usamos probabilidades para descrever o possível resultado — há 50% de chance de dar cara e 50% de chance de dar coroa. Mas aqui está a diferença, conhecida de muitos e ainda assim profundamente chocante: na descrição clássica comum, depois de atirar no ar a moeda, mas antes de olhar, você sabe que a moeda vai dar ou cara ou coroa — você só não sabe qual. Por outro lado, na descrição quântica, antes de examinar o paradeiro de uma partícula como um elétron que tem 50% de chance de estar aqui e 50% de chance de estar ali, a partícula *não* está aqui *nem* ali. Em vez disso, a mecânica quântica informa que a partícula paira em uma mistura difusa de estar aqui *e* ali *ao mesmo tempo*. E se as probabilidades dão ao elétron uma chance diferente de zero de estar em uma variedade de locais diferentes, então, de acordo com a mecânica quântica, ele estaria pairando em uma mistura difusa de estar situado simultaneamente em todos eles. Isso é de uma estranheza tão fantástica, e é tão contrário à experiência, que talvez você fique tentado a rejeitar a teoria. E se não fosse pela capacidade incomparável da mecânica quântica de explicar dados experimentais, essa reação seria não só generalizada como justificada. Contudo, os dados nos forçam a tratar a mecânica quântica com o mais extremo respeito, e nós, cientistas, trabalhamos de modo incansável para entender esse atributo contraintuitivo.[36]

O problema é que, quanto mais trabalhamos, mais estranhas as coisas se tornam. Não há nada nas equações quânticas que mostre de que forma a realidade faz a transição da mistura difusa de muitas possibilidades ao resultado único e definido que testemunhamos ao realizar uma medição. Com efeito, se presumirmos — como parece sensato fazer — que as mesmas equações quânticas bem-sucedidas se aplicam tanto aos elétrons (e outras partículas) que você possa estar estudando como aos elétrons (e outras partículas) que compõem seu equipamento, e aqueles que constituem você, e aqueles que compõem seu cérebro, então, de acordo com a matemática, a transição não deveria nem sequer acontecer. Se um elétron paira tanto aqui como ali, o equipamento que você usa deveria constatar que ele está aqui e ali; e, ao ler a tela do equipamento, seu cérebro deveria pensar que o elétron está aqui e ali. Ou seja, depois de uma medição, a imprecisão quântica das partículas que você está estudando deveria infectar seu equipamento, seu cérebro e, provavelmente, sua percepção consciente, levando seus pensamentos a pairar em uma mistura difusa de múltiplos resultados. No entanto, depois de cada medição, você não reporta nada disso. Você relata que testemunhou um resultado único e definido. A complicação, conhecida como *problema quântico da medição*, está em resolver a intrigante disparidade entre a nebulosa realidade quântica descrita pelas equações e a nítida realidade conhecida que você vivencia de forma constante.[37]

Já na década de 1930, os físicos Fritz London e Edmond Bauer,[38] e, algumas décadas depois, Eugene Wigner,[39] sugeriram que a consciência pode ser a chave. Afinal, o quebra-cabeça se torna intrigante apenas quando você relata sua experiência consciente de uma realidade definida, produzindo uma incompatibilidade entre o que você diz e o que a matemática da mecânica quântica prevê. Imagine, então, que as regras da mecânica quântica se apliquem de uma ponta à outra da cadeia, do elétron que está sendo medido às partículas no equipamento que realiza a medição e às partículas que constituem a leitura no visor do equipamento. Mas quando você olha para a leitura e os dados sensoriais fluem para dentro do seu cérebro, alguma coisa muda: as leis quânticas padrão deixam de se aplicar. Em vez disso, quando a percepção consciente é acionada, algum outro processo assume as rédeas — um processo que assegura que você se torne consciente de um único resultado definido. A consciência seria, portanto, um participante íntimo da física quântica, impondo que à medida que o mundo evolui, todos os muitos futuros possíveis — exceto um — são eliminados, ou da realidade em si ou ao menos da nossa consciência cognitiva.

Você pode ver como isso é sedutor. A mecânica quântica é misteriosa. A consciência é misteriosa. Como é divertido imaginar que os mistérios da mecânica quântica e da consciência estão relacionados, ou que são o mesmo mistério, ou que o mistério de uma resolve o da outra. Entretanto, durante minhas décadas de imersão na física quântica, não encontrei um argumento matemático ou dados experimentais que mudassem minha avaliação estabelecida sobre essa suposta ligação: ou seja, que ela é extraordinariamente improvável. Nossos experimentos e nossas observações corroboram a visão de que, quando um sistema quântico é incitado — seja por um ser consciente ou por uma sonda estúpida —, ele se liberta da neblina quântica probabilística e adota uma realidade definida. Interações — não a consciência — induzem o surgimento de uma realidade definida. É claro, para verificar isso — e o mesmo se aplica a qualquer outra coisa —, preciso mobilizar minha consciência; não consigo perceber um resultado sem que minha mente consciente participe do processo. Portanto, não existe nenhum argumento infalível de que a consciência não desempenha um papel quântico especial. Ainda assim, mesmo nas abordagens mais refinadas, que foram muito além de uma identificação superficial de dois mistérios aparentemente distintos, as conexões propostas entre quantum e consciência são tênues.

À medida que nossa compreensão da mecânica quântica se aprofunda, aumenta também nossa contabilidade dos processos microfísicos subjacentes às funções de tudo, incluindo o corpo e o cérebro. A partir de uma postura fisicalista, a consciência está entre essas funções e, assim, um dia será incluída no âmbito de uma contabilidade quântica. Contudo, exceto por uma surpresa avassaladora, os livros didáticos de mecânica quântica do futuro próximo ou distante não incluirão diretrizes especiais sobre modos de usar as equações na presença de consciência. Por mais magnífica que seja, a consciência será entendida como outra qualidade física que surge em um universo quântico.

LIVRE-ARBÍTRIO

Poucos de nós se orgulham de como nosso pâncreas produz quimotripsina ou de como a rede de nervos trigêmeos facilita um espirro. Não nutrimos especial interesse por nossos processos autonômicos. Se me perguntarem quem sou eu, recorro aos pensamentos, sensações e lembranças que consigo acessar com minha imaginação ou interrogar com minha voz interior. O pâncreas de todo mundo sintetiza quimotripsina e todo mundo espirra, mas eu gostaria de imaginar que naquilo que eu penso, naquilo que sinto e naquilo que faço existe alguma coisa que é a minha essência profunda, total e intrínseca. Amarrada a essa intuição está uma crença tão comum que muitos de nós jamais têm dúvidas a respeito, e muito menos se detêm para pensar a respeito: temos um arbítrio que é livre. Somos autônomos. Tomamos nossas próprias decisões. Somos a fonte máxima e derradeira de nossas ações. Mas será que somos mesmo?

Essa questão inspirou mais páginas no campo da literatura filosófica do que qualquer outro enigma. Dois mil anos atrás, a enxuta visão de mundo de Demócrito, consistindo em átomos e vazio, foi um aceno presciente à unidade da natureza, descartando os caprichos volúveis e os impulsos dos deuses em favor de leis imutáveis. Mas, se os acontecimentos são totalmente controlados pelo poder divino ou pelas leis da física, a nós só resta perguntar: onde há espaço para ações voluntárias, se é que elas existem?[40] Um século depois, Epicuro, que havia rejeitado a intervenção divina, lamentou que o determinismo científico estivesse sufocando o livre-arbítrio. Se admitirmos que os deuses detêm a autoridade, pelo menos há uma chance de que nossa reverência imperturbável seja recompensada com um quinhão de liberdade. Mas a lei natural, imune a toda lisonja, é incapaz de afrouxar as rédeas. Para resolver o dilema, Epicuro imaginava que de tempos em tempos os átomos executam espontaneamente uma guinada aleatória, por meio da qual desafiam seu destino legítimo e permitem a ocorrência de um futuro não determinado pelo passado. Embora seja sem dúvida um movimento criativo, nem todos consideraram a inserção arbitrária do acaso nas leis da natureza uma fonte convincente para a liberdade humana. E assim, através dos séculos seguintes, o problema do livre-arbítrio continuou a franzir a testa de um panteão de pensadores destacados — Santo Agostinho, Tomás de Aquino, Thomas Hobbes, Gottfried Leibniz, David Hume, Immanuel Kant, John Locke e inúmeros outros —, ao longo de uma linhagem comprida demais para enumerar, incluindo muitos que hoje em dia refletem sobre essas coisas nos departamentos de filosofia no mundo inteiro.

Aqui está uma versão moderna do argumento que deixa o livre-arbítrio de joelhos. Leitor, as suas experiências e as minhas parecem confirmar que influenciamos o desenrolar da realidade por meio de ações que refletem nossos pensamentos, desejos e decisões, fruto de nossa livre e espontânea vontade. Contudo, mantendo a postura fisicalista, você e eu não somos nada além de constelações de partículas[41] cujo comportamento é todo regido pela lei física. Nossas escolhas são o resultado do rumo que nossas partículas seguem ao percorrer nosso cérebro. Nossas ações são o resultado de nossas partículas se moverem desta ou daquela maneira através de nosso corpo. E todo o movimento de partículas — seja no cérebro, seja no corpo, seja em uma bola de beisebol — é controlado pela física e, portanto, determinado por decreto matemático. As equações comandam o estado de nossas partículas hoje com base no estado delas ontem, sem oportunidade para que ludibriemos a matemática e modelemos, moldemos ou alteremos ao bel-prazer o desdobramento amparado na lei. De fato, recuando ainda mais nessa cadeia de ações, o Big Bang é a fonte primordial de todas as partículas, cujo comportamento ao longo da história cósmica foi ditado pelas leis da física, que são inegociáveis e insensatas, e responsáveis por determinar a estrutura e a função de tudo o que existe. Nosso senso de individualidade, valor e estima se baseia na nossa autonomia. No entanto, diante da intransigência da lei física, a autonomia tira o time de campo. Não somos mais do que brinquedos jogados de um lado para outro pelas regras desalmadas do cosmo.

A questão central, então, é se existe alguma maneira de evitar essa aparente dissolução do livre-arbítrio no movimento de partículas servis. Muitos pensadores tentaram. Alguns renegaram o reducionismo. Embora dados volumosos confirmem que conseguimos compreender muitas das leis que governam as partículas individuais (elétrons, quarks, neutrinos etc.), quando 100 bilhões de bilhões de bilhões de partículas são organizadas em um corpo e em um cérebro humanos, talvez não sejam mais governadas, ou pelo menos não totalmente governadas, pelas leis fundamentais do micromundo. E talvez, essa linha de pensamento imagina, isso permita a ocorrência de fenômenos em escalas macroscópicas — notadamente o livre-arbítrio — que as leis microscópicas proibiriam.

É notório que ninguém jamais tenha realizado a análise matemática necessária para fazer previsões quanto à progressão legítima de partículas que constituem uma pessoa. A complexidade da matemática estaria fantasticamente além de nossas capacidades computacionais mais refinadas. Até mesmo prever o movimento de um objeto muito mais simples, como uma bola de bilhar, é capaz de nos iludir, porque pequenas imprecisões na determinação da velocidade e da direção iniciais da bola podem ser amplificadas exponencialmente enquanto a bola ricocheteia nas bordas da mesa. Então, meu foco aqui não é prever o próximo passo que você vai dar. Meu foco é a existência de leis que regem seu próximo passo. E, mesmo que os cálculos superem nossas habilidades atuais, nunca houve o mais ínfimo indício matemático, experimental ou observacional de que essas leis exercessem outra coisa que não o controle total. É claro que fenômenos inesperados e impressionantes podem surgir do movimento coordenado de uma quantidade considerável de ingredientes microscópicos — de tufões a tigres —, mas todas as evidências sugerem que, se fôssemos capazes de calcular a matemática para esses grupos grandes de partículas em interação, conseguiríamos prever o comportamento coletivo deles. E assim, embora do ponto de vista lógico seja concebível que um dia descobriremos que conjuntos de partículas constituintes de corpos e cérebros são livres das regras responsáveis por reger os conjuntos inanimados, essa possibilidade viola tudo o que a ciência revelou até o presente sobre os mecanismos de funcionamento do mundo.

Outros pesquisadores apostaram suas fichas na mecânica quântica. Afinal, a física clássica é determinística: forneça a matemática da física clássica — equações de Newton — com os locais e as velocidades exatos de todas as partículas num dado momento e as equações lhe dirão onde estão e a que velocidade em qualquer momento futuro. Diante de tamanha rigidez, com o futuro totalmente determinado pelo passado, como pode haver espaço para o livre-arbítrio? O estado das suas partículas agora mesmo, enquanto você lê estas palavras e analisa estas ideias, foi determinado pela configuração delas muito antes de você nascer; logo, com certeza não poderia ter sido selecionado por sua vontade. Porém, na física quântica, como vimos, as equações preveem apenas a *probabilidade* de como as coisas serão em um momento futuro qualquer. Ao inserir um elemento de probabilidade — o acaso —, a mecânica quântica parece propiciar uma versão da guinada epicurista moderna e movida por experimentos, afrouxando as rédeas determinísticas. Contudo, a linguagem inexata pode ser enganosa. A matemática da mecânica quântica, a equação de Schrödinger, é tão determinística quanto a matemática da física newtoniana clássica. A diferença é que, enquanto Newton toma como dado de entrada (input) o estado do mundo hoje e produz um estado singular para o mundo amanhã, a mecânica quântica toma como dado de entrada o estado do mundo hoje e produz uma tabela singular de probabilidades para o estado do mundo amanhã. As equações quânticas delineiam muitos futuros possíveis, mas eles, de modo determinístico, cinzelam em uma pedra matemática a probabilidade de cada um. Como Newton, Schrödinger não deixa espaço para o livre-arbítrio.

No entanto, outros pesquisadores voltaram sua atenção para o problema quântico da medição, ainda por resolver. Compreensível. Uma lacuna no conhecimento científico é um lugar fascinante para esconder algo profundamente valorizado, pelo menos até que a lacuna seja preenchida. Essa lacuna, você deve se lembrar, é o fato de ainda não haver consenso sobre como o mundo faz a transição do relato probabilístico fornecido pela mecânica quântica para a realidade definida da experiência comum. Como um futuro singular é selecionado em meio à lista de possibilidades da mecânica quântica? E, de particular interesse aqui: poderia o livre-arbítrio estar à espreita na resposta? Infelizmente, não. Imagine um elétron que, de acordo com a mecânica quântica, tem 50% de chance de estar *aqui* e 50% de chance de estar *ali*. Você pode escolher livremente o resultado — *aqui* ou *ali* — que uma observação de sua posição revelará? Não. Os dados atestam que o resultado é aleatório, e resultados aleatórios não são escolhas voluntárias, baseadas na livre e espontânea vontade. Os dados confirmam também que resultados acumulados depois de muitos desses experimentos têm regularidade estatística: neste exemplo, metade dos resultados constatará o elétron *aqui* e metade dos resultados o encontrará *ali*. Uma escolha baseada na livre e espontânea vontade não é tolhida, mesmo em sentido estatístico, por regras matemáticas. Contudo, conforme demonstram as evidências neste exemplo e também em todos os outros, quem manda é mesmo a matemática. Portanto, embora a passagem das probabilidades quânticas para as certezas experimentais permaneça intrigante, é claro que o livre-arbítrio não faz parte do processo.

Ser livre exige que não sejamos marionetes cujos cordéis são manipulados pelas leis da física. Se as leis são determinísticas (como na física clássica) ou probabilística (como na física quântica) é algo profundamente significativo no que diz respeito a como a realidade evolui e aos tipos de previsão que a ciência é capaz de fazer. Mas, para avaliar o livre-arbítrio, a distinção é irrelevante. Se as leis fundamentais puderem se manter em estado de contínua operação, sem jamais reduzir as atividades ou parar de vez por falta de insumo humano, e sendo aplicadas da mesma forma, mesmo que as partículas habitem corpos e cérebros, então não há lugar para o livre-arbítrio. De fato, conforme ratificam todos os experimentos e observações científicos já realizados, muito antes de nós, seres humanos, entrarmos em cena, as leis governaram sem interrupção; depois que chegamos, continuaram a comandar da mesma forma.

Resumindo: somos seres físicos compostos de grandes conjuntos de partículas regidas pelas leis da natureza. Tudo o que fazemos e tudo o que pensamos equivale a movimentos dessas partículas. Aperte minha mão e as partículas que constituem sua mão pressionam para cima e para baixo as que constituem a minha. Diga "olá", e as partículas que constituem suas cordas vocais empurram partículas de ar na sua garganta, dando início a uma reação em cadeia de partículas em colisão que ondulam através do ar, chocando-se com as partículas que constituem meus tímpanos, provocando uma onda de outras partículas na minha cabeça, e é assim que consigo ouvir o que você está dizendo. As partículas do meu cérebro respondem aos estímulos, produzindo o pensamento *que aperto de mão forte!* e enviando sinais transportados por outras partículas até aquelas do meu braço, o que leva minha mão a se mover junto com a sua. E, já que todas as observações, experimentos e teorias válidos confirmam que o movimento das partículas é totalmente controlado por regras matemáticas, não podemos interceder nessa progressão legítima das partículas, assim como não podemos alterar o valor de pi.

Nossas escolhas *parecem* livres porque não testemunhamos as leis da natureza agindo da sua forma mais fundamental; nossos sentidos não revelam a operação das leis da natureza no mundo das partículas. Nossos sentidos e nosso raciocínio se concentram nas escalas e ações humanas cotidianas: pensamos no futuro, comparamos decisões a serem tomadas e ponderamos sobre suas possibilidades. Como resultado, quando nossas partículas agem, parece-nos que seus comportamentos coletivos decorrem de nossas escolhas autônomas. Entretanto, se tivéssemos a visão sobre-humana que mencionei antes e se pudéssemos analisar a realidade cotidiana no nível de seus constituintes fundamentais, reconheceríamos que nossos pensamentos e comportamentos equivalem a processos complexos de partículas instáveis que produzem um senso de livre-arbítrio poderoso, mas que, no fim, são totalmente regidas pelas leis da física.

Contudo, concluir nossa discussão aqui seria ignorar uma variação do tema da liberdade que não apenas se enquadra no nosso entendimento da lei física como também sintetiza uma qualidade tão essencial que podemos tomá-la como uma característica definidora do que significa ser humano.

ROCHAS, SERES HUMANOS E LIBERDADE

Imagine que você e um pedregulho, cada um cuidando da própria vida, estão preguiçosamente sentados um ao lado do outro no banco de um parque. Enquanto eu passo, você vê que o robusto galho de uma árvore se partiu e está desabando na minha direção. De um salto, você se levanta do banco, me agarra e me derruba com muita força, empurrando-nos para longe do perigo. Qual é a explicação para seu ato heroico, que acabou de salvar uma vida? Todas as partículas que o compõem e todas aquelas que compõem o pedregulho estão sujeitas às mesmas leis, de modo que nem você nem ele têm livre-arbítrio. No entanto, foi você quem pulou do banco enquanto o pedregulho ficou lá parado. Como explicamos isso?

Você me salvou, mas o pedregulho não, e isso ocorreu porque as partículas que compõem você são ordenadas de uma forma tão espetacular, configuradas de uma maneira tão impressionante que podem realizar movimentos coreografados com todo requinte, os quais não são possíveis para as partículas que constituem o pedregulho.[42] No momento em que eu passo, você pode acenar, me cumprimentar com um "olá" ou me dizer que resolveu as equações da teoria das cordas; pode ainda fazer polichinelos, ou me salvar de um enorme galho de árvore em queda livre, ou um zilhão de outras possibilidades. Fótons que saltam do meu rosto e entram nos seus olhos, ondas sonoras vibrando de um galho quebrado e que penetram nos seus ouvidos, influências táteis de uma brisa forte que sopra contra sua pele, além de uma vasta gama de estímulos externos e internos, desencadeiam cascatas de partículas que percorrem todo o seu corpo, transmitindo sinais que geram uma profusão de sensações, pensamentos e comportamentos, os quais, por sua vez, são outras cascatas de partículas. Felizmente para mim, a cascata de partículas em resposta aos estímulos do galho se partindo acionou as suas partículas, que logo entraram em ação. Em comparação, as respostas do pedregulho aos estímulos são mais suaves. O impacto de fótons, ondas sonoras e pressões táteis gera a mais simples das reações. As partículas do pedregulho podem se agitar um pouco, sua temperatura pode aumentar ligeiramente ou, no caso de um vento mais forte, as posições de todo o conjunto podem sofrer alguma alteração. E só. Dentro dele, não acontece muita coisa. O que torna você especial é que sua organização interna sofisticada possibilita um espectro pujante de respostas comportamentais.

O xis da questão, então, é que, ao avaliar o livre-arbítrio, há muito a se ganhar deslocando a atenção de um foco estreito numa causa definitiva para uma leitura minuciosa e mais ampla da resposta humana. Nossa liberdade não vem de leis físicas que estão além da nossa capacidade de ter influência. Ela está em comportamentos — pular, pensar, imaginar, observar, deliberar, explicar, e assim por diante — não disponíveis para a maioria dos outros conjuntos de partículas. A liberdade humana não tem a ver com escolhas voluntárias. Tudo o que a ciência revelou até agora apenas reforçou a noção de que essa intercessão volitiva no desenrolar da realidade não existe. Em vez disso, a liberdade humana diz respeito a se desvencilhar da escravidão de um leque de respostas empobrecido, que há muito restringe o comportamento do mundo inanimado.

Essa noção de liberdade não requer livre-arbítrio. Aquele seu ato que salvou minha vida, embora apreciado, derivou da ação da lei física e, portanto, não foi fruto de livre e espontânea vontade. Mas é espantoso o fato de que suas partículas sejam capazes de saltar do banco e, em seguida, refletir sobre a ação delas e se moverem por obra dessa reflexão. As partículas aglomeradas dentro de um pedregulho não podem fazer nada nem sequer remotamente parecido. E são essas capacidades, que se manifestam na forma do escopo maravilhoso do pensamento, do sentimento e do comportamento, que demonstram com clareza a essência do que é ser humano — a essência da liberdade humana.

O uso que faço do termo "livre" para descrever comportamentos que, de acordo com as leis da física, não são resultado de livre e espontânea vontade pode parecer uma falcatrua linguística. Mas o cerne da questão, como a escola compatibilista da filosofia há muito sugeriu, é que, quando se trata de liberdade e física, nem tudo está perdido; há grande benefício em levar em consideração tipos alternativos de liberdade compatíveis com a lei física. Existem várias propostas e hipóteses de como fazer isso; todavia, é como se essas teorias transmitissem, em tom sombrio, as más notícias: "Quando se trata da variedade tradicional do livre-arbítrio, você não é diferente de um pedregulho"; só que tão logo você se vira para ir embora, amuado, eles exclamam: "Anime-se! Existe essa *outra* variedade de liberdade, gratificante por mérito próprio, e você a tem de sobra".[43] No enfoque que estou defendendo, essa liberdade se encontra na libertação de uma gama restrita de comportamentos.

A meu ver, reconforta-me muito essa variedade de liberdade. Enquanto estou aqui sentado, digitando meus pensamentos, não me causa o menor desconcerto a percepção de que, no nível das partículas fundamentais, tudo em que estou pensando e tudo o que estou fazendo constitui o desenrolar de leis que estão além do meu controle. O que importa para mim é que, ao contrário da minha mesa de trabalho e ao contrário da minha cadeira e da minha caneca, meu grupo de partículas é capaz de executar um conjunto muito diversificado de comportamentos. De fato, minhas partículas acabaram de compor esta frase e estou satisfeito que o tenham feito. Claro que, da mesma forma, essa reação não passa do meu exército de partículas cumprindo suas ordens de marcha da mecânica quântica, mas isso não diminui a realidade do sentimento. Sou livre não porque posso suplantar a lei física, e sim porque minha prodigiosa organização interna emancipou minhas respostas comportamentais.

RELEVÂNCIA, APRENDIZAGEM E INDIVIDUALIDADE

Pode ser que desistir do conceito tradicional de livre-arbítrio ainda pareça exigir a renúncia de muita coisa que valorizamos. Se o desdobramento de realidade, incluindo a dos seres sencientes, é definido pela lei física, nossos comportamentos importam? Podemos apenas ficar sentados, não fazer nada, deixar a física seguir seu curso e ver no que vai dar? Existe algum espaço para a individualidade? De que modo capacidades que valorizamos muitíssimo, a exemplo da aprendizagem e da criatividade, podem desempenhar algum papel relevante?

Primeiro, vamos tratar desta última pergunta. E, ao fazer isso, é útil pensarmos em um robô aspirador de pó. Essa variedade de aspirador tem a qualidade tradicional do livre-arbítrio? Não se esforce demais. Não se trata de uma pergunta capciosa. A maioria de nós concordaria que a resposta é "não". No entanto, à medida que o robozinho desliza pelo piso de sua sala de estar, topando com paredes, colunas e móveis, a configuração interna de partículas dele se reorganiza — os mapas de navegação e as instruções internas do aparelho são atualizados —, e essas alterações modificam o comportamento subsequente do aspirador. O aspirador *aprende*. Com efeito, enquanto enfrenta o desafio de se mover ao redor dos objetos que encontra pelo caminho, as soluções que o robozinho emprega — evitar estes degraus, contornar a perna daquela mesa, e assim por diante — demonstram uma criatividade rudimentar.[44] Aprendizagem e criatividade não requerem livre-arbítrio.

Nossa organização interna (nosso "software") é mais refinada do que a do robô aspirador de pó, facilitando nossa capacidade mais sofisticada de aprendizagem e criatividade. Em um dado momento, nossas partículas estão em um arranjo específico. Nossas experiências, sejam interações externas, sejam deliberações internas, reconfiguram esse arranjo. E as atualizações impactam o comportamento posterior de nossas partículas. Ou seja, elas atualizam nosso software e ajustam as instruções que guiam nossos pensamentos e ações subsequentes. Uma centelha de imaginação, uma gafe, uma frase inteligente, um abraço empático, um comentário desdenhoso, um ato heroico, tudo isso resulta da nossa constelação pessoal de partículas progredindo de um arranjo a outro. Ao observarmos de que modo todo mundo e todas as coisas respondem às nossas ações, nossa constelação de partículas muda mais uma vez, reconfigurando seu padrão para ajustar ainda mais nosso comportamento. No nível dos nossos ingredientes particulados, isso *é* aprendizagem. E, quando os comportamentos resultantes são novos, a reconfiguração gerou criatividade.

Essa discussão salienta um de nossos temas centrais: a necessidade de histórias dentro de outras histórias que expliquem camadas distintas, mas interconectadas, de realidade. Se você se contentasse com uma história que descreve o desenrolar da realidade apenas no nível das partículas, não se sentiria motivado a introduzir conceitos como aprendizagem e criatividade (ou, nesse quesito, entropia e evolução). Tudo o que você precisa saber é de que forma grupos de partículas reorganizam continuamente sua configuração, e essas informações são fornecidas pelas leis fundamentais (e uma especificação do estado das partículas em algum momento no passado). No entanto, a maioria de nós não se contenta com esse tipo de história. A maioria de nós acha elucidativo contar histórias adicionais, compatíveis com o relato reducionista, mas focadas em escalas maiores e mais conhecidas. É nessas histórias, cujos personagens principais são agregados de partículas como você, eu e o robô aspirador de pó, que conceitos, incluindo aprendizagem e criatividade (e entropia e evolução), fornecem uma linguagem indispensável. Enquanto a história reducionista que descreve o robô aspirador de pó catalogaria o movimento de bilhões de bilhões de partículas, uma história de alto nível pode explicar que os sensores do robozinho de limpeza reconheceram que o aparelho esteve na borda de um lance de escada, armazenou na memória informações sobre aquele local perigoso e reverteu o curso a fim de evitar uma queda potencialmente catastrófica. As duas histórias são compatíveis, ainda que uma use a linguagem das partículas e das leis e a outra empregue a linguagem de estímulos e respostas. E, porque as respostas do robô aspirador de pó incluem a capacidade de modificar comportamentos futuros atualizando suas instruções internas, os conceitos de aprendizagem e criatividade são essenciais para a história de alto nível.

Essas histórias dentro de outras histórias são ainda mais relevantes quando se trata de você e de mim. O relato reducionista, que nos descreve como conjuntos de partículas, fornece informações importantes, mas limitadas. Reconhecemos, por exemplo, que somos feitos das mesmas substâncias que todas as estruturas materiais e regidos pelas mesmas leis que as governam. Entretanto, a história de alto nível, a história humana, é aquela de acordo com a qual vivemos nossa vida. Pensamos e deliberamos, lutamos e nos esforçamos, alcançamos o sucesso e fracassamos. As histórias contadas nessa linguagem conhecida devem, de novo, ser compatíveis com os relatos reducionistas narrados em termos de partículas. Contudo, a serviço da vida cotidiana, elas são incomparavelmente mais iluminadoras. Quando janto com minha esposa, não estou tão interessado em ouvir um relato do movimento realizado por seus 100 bilhões de bilhões de bilhões de partículas. No entanto, quando ela me conta sobre as ideias que está desenvolvendo, os lugares a que foi e as pessoas que conheceu, sou todo ouvidos.

No âmbito desses relatos de alto nível, falamos como se nossas ações tivessem relevância, nossas escolhas tivessem impacto, nossas decisões tivessem significado. Em um mundo que avança por meio de leis físicas resolutas, elas de fato têm significado? Sim. Claro que sim. Quando meu eu de dez anos de idade jogou um palito de fósforo dentro de um forno a gás, essa ação teve consequências. Aquela ação desencadeou uma explosão. O relato de alto nível que delineia uma série de eventos interconectados — sentir fome, colocar a pizza dentro do forno, ligar o gás, esperar, riscar o fósforo, ser engolido pelas chamas — é exato e perspicaz. A física não nega essa história. A física não esvazia sua relevância. A física amplifica essa história. A física nos diz que há outro relato, subjacente à história em nível humano, contada na linguagem das leis e partículas.

O que é extraordinário — e, para alguns, perturbador — é que os relatos subjacentes revelam que a crença comum que permeia nossas histórias de alto nível é defeituosa. Sentimos que somos os autores supremos de nossas escolhas, decisões e ações, mas a história reducionista deixa claro que isso não é verdade. Nem nossos pensamentos nem nossos comportamentos podem se livrar das garras da lei física. Entretanto, as sequências conectadas numa cadeia causal que estão no âmago de nossas histórias de alto nível — minha sensação de fome que me leva a enfiar uma pizza no forno, obrigando-me a verificar a temperatura, o que me faz riscar um fósforo — são manifestas e reais. Pensamentos, respostas e ações importam. Eles geram consequências. Eles são os elos da cadeia do desdobramento físico. O que é inesperado, com base em nossas experiências e intuições, é que tais pensamentos, respostas e ações emergem de causas antecedentes canalizadas pelas leis da física.

A responsabilidade também tem um papel importante. Embora minhas partículas, e, portanto, meus comportamentos, estejam sob a jurisdição total da lei física, "eu" sou de uma maneira muito literal, ainda que desconhecida, responsável por minhas ações. Em um dado momento, eu *sou* meu conjunto de partículas; "eu" nada mais é do que uma abreviação que indica minha configuração particulada específica (que, apesar de dinâmica, mantém padrões estáveis o suficiente para fornecer um senso de identidade pessoal consistente).[45] Como consequência, o comportamento das minhas partículas é o *meu* comportamento. O fato de que a física está subjacente a esse comportamento por meio do controle das minhas partículas é interessante. E é digno de reconhecimento que esse comportamento não seja voluntário. Mas essas observações não diminuem a descrição de alto nível segundo a qual minha configuração de partículas específica — o modo como minhas partículas são organizadas em uma rede química e biológica intrincada, que inclui genes, proteínas, células, neurônios, conexões sinápticas, e assim por diante — responde de um jeito que é único para mim. Você e eu falamos de maneira diferente, agimos de modo diferente, reagimos de maneira diferente e pensamos de modo diferente porque nossas partículas são organizadas de forma distinta. À medida que aprende e pensa e sintetiza e interage e reage, meu arranjo de partículas imprime minha individualidade e carimba minha responsabilidade em todas as ações que realizo.[46]

A capacidade humana de responder com grande variedade é uma prova dos princípios fundamentais que guiaram nossa investigação até agora: a dança a dois entrópica e a evolução pela seleção natural. A dança a dois entrópica explica de que modo aglomerados ordenados podem se formar em um mundo que se torna cada vez mais desordenado, e como alguns desses aglomerados, as estrelas, podem permanecer estáveis por bilhões de anos, conforme produzem quantidade constante de calor e luz. A evolução explica como, em um meio ambiente favorável, a exemplo de um planeta banhado pelo calor constante de uma estrela, conjuntos de partículas podem se aglutinar em padrões que facilitam comportamentos complexos, como replicação e recuperação, extração de energia e processamento metabólico, locomoção e crescimento. Conjuntos que adquirem as capacidades adicionais de pensar e aprender, de se comunicar e cooperar, de imaginar e prever, estão mais bem equipados para sobreviver e, portanto, produzir conjuntos semelhantes com capacidades semelhantes. Assim, a evolução seleciona essas habilidades e, geração após geração, ela as refina. Com o tempo, alguns conjuntos concluem que seus poderes cognitivos são tão extraordinários que transcendem a lei física. Alguns dos mais ponderados desses conjuntos ficam desconcertados pelo conflito entre a liberdade de arbítrio que vivenciam e o controle inflexível da lei física que reconhecem. Mas o fato é que não há conflito porque não há transcendência da lei física. Não pode haver. Em vez disso, os conjuntos de partículas precisam reavaliar seus poderes, concentrando-se não nas leis que governam as próprias partículas, mas nos comportamentos de alto nível, complexos e abundantes que cada conjunto de partículas — cada indivíduo — pode exibir e vivenciar. Com essa reorientação, os conjuntos de partículas podem contar uma história esclarecedora de comportamentos e experiências maravilhosos, impregnados de vontades que se sentem livres e falam como se tivessem controle autônomo, e ainda assim são totalmente regidos pelas leis da física.

Alguns ficarão frustrados com essa conclusão. Eu fiquei. Embora em termos intelectuais eu tenha sido convencido pelo argumento que apresentei, isso não desfaz minha impressão profunda de que controlo como quero o que acontece dentro da minha cabeça. Mas a força dessa impressão está em grande medida calcada em sua familiaridade. E, como podem atestar muitos daqueles que já experimentaram substâncias que alteram a mente, quando a identidade das partículas que fluem pelo cérebro sofre a mais modesta modificação, o que é conhecido pode mudar. O equilíbrio de poder no cérebro pode mudar. Ao que parece, a mente pode ter uma mente própria. Décadas atrás, na bela cidade de Amsterdã, essa experiência resultou em uma das noites mais aterradoras da minha vida. Minha mente criou um mundo interno no qual existiam cópias infinitas de mim mesmo, cada uma delas firmemente decidida a minar a realidade vivenciada pelas outras. Quando uma de minhas cópias era ludibriada a pensar que estava vivenciando a realidade "verdadeira", o eu seguinte revelava o embuste desse mundo, apagando do mapa tudo e todos que eram importantes para o eu inicial, revelando, nesse processo, outra realidade "verdadeira", que o eu seguinte habitaria com confiança — apenas para ver a sequência de pesadelo se repetir. De novo e de novo.

Do ponto de vista da física, eu havia introduzido no meu cérebro um pequeno conjunto de partículas estranhas. Mas essa mudança foi suficiente para eliminar aquela impressão tão familiar de que eu controlo livremente as atividades que acontecem em minha mente. Se o modelo no nível reducionista permaneceu em pleno vigor (partículas governadas por leis físicas), o modelo no nível humano (uma mente confiável dotada de livre-arbítrio, navegando em meio a uma realidade estável) foi virado de cabeça para baixo. É claro que não estou apresentando um momento de estado alterado da mente como argumento favorável ou contrário ao livre-arbítrio. Mas a experiência tornou visceral uma compreensão que, de outra forma, permaneceria abstrata. Nossa noção de quem somos, das capacidades que temos e da liberdade de arbítrio que aparentemente exercemos, tudo isso resulta das partículas que se movem dentro da nossa cabeça. Mexa nelas e essas qualidades conhecidas podem desaparecer. Essa experiência ajudou a alinhar minha compreensão racional da física com meu senso intuitivo da mente.

A experiência cotidiana e a linguagem cotidiana são repletas de referências, implícitas e explícitas, ao livre-arbítrio. Falamos em fazer escolhas e tomar decisões. Falamos de ações que dependem dessas decisões. Falamos das implicações que essas ações têm em nossa vida e na vida daqueles a quem tocamos. Mais uma vez: nossa discussão sobre o livre-arbítrio não quer dizer que essas descrições são desprovidas de sentido ou precisam ser eliminadas. Elas são relatadas no idioma apropriado para a história no nível humano. Nós *fazemos* escolhas. *Tomamos* decisões. *Realizamos* ações. E essas ações *têm* implicações. Tudo isso é real. Mas, como a história no nível humano deve ser compatível com o relato reducionista, temos de refinar nossa linguagem e nossas suposições. Temos de deixar de lado a noção de que nossas escolhas, decisões e ações têm sua origem última dentro de cada um de nós, que são criadas por nossa agência independente, que resultam de deliberações que estão além do alcance da lei física. É preciso reconhecer que, embora a *sensação* de livre-arbítrio seja real, a capacidade de exercê-lo — a capacidade da mente humana de transcender as leis que controlam a progressão física — não é. Se reinterpretarmos o "livre-arbítrio" para representar essa sensação, então nossas histórias no nível humano se tornarão compatíveis com o relato reducionista. E, com a mudança de ênfase da origem última para o comportamento libertado, podemos adotar uma variedade irrefutável e abrangente de liberdade humana.

Assim como na origem da vida, não há um momento definido em que a consciência emerge ou surge a autorreflexão ou a sensação de livre-arbítrio entra em cena. Mas o registro arqueológico sugere que, 100 mil anos atrás, talvez antes, nossos ancestrais começaram a desfrutar essas experiências. Os primeiros ancestrais humanos havia muito tinham passado a caminhar eretos. Agora podíamos também olhar ao redor e ter curiosidade, querer entender o mundo.

O que fizemos com esses poderes?

6. Linguagem e história
Da mente à imaginação

Padrões são fundamentais para a experiência humana. Sobrevivemos porque somos capazes de sentir os ritmos do mundo e responder a eles. Amanhã será diferente de hoje, mas, sob as miríades de movimentos e acontecimentos, nós nos fiamos em qualidades duradouras. O Sol nascerá, rochas ruirão, a água fluirá. Estes e um conjunto incontável de padrões correlatos com os quais nos deparamos de um momento para o outro influenciam profundamente o nosso comportamento. Os instintos são essenciais, e a memória é importante porque os padrões persistem.

A matemática é a articulação do padrão. Usando uma variedade de símbolos, podemos condensar o padrão com economia e exatidão. Galileu resumiu a questão declarando que o livro da natureza, que, acreditava ele, revelava Deus do mesmo modo como a Bíblia o fazia, está escrito em caracteres matemáticos. Durante os séculos seguintes, pensadores debateram uma versão secular desse sentimento. A matemática é uma linguagem que a humanidade desenvolveu para descrever os padrões que encontramos? Ou é a fonte da realidade, capaz de tornar os padrões do mundo a expressão da verdade matemática? Minhas percepções românticas se inclinam para esta última opção. Como é maravilhoso imaginar que nossas manipulações matemáticas tocam o próprio alicerce da realidade. Mas minha avaliação menos sentimental admite a possibilidade de que a matemática seja uma linguagem de nossa autoria, desenvolvida em parte por exagerar nossa predileção pelo padrão. Afinal de contas, a maior parte da matemática desempenha um papel ínfimo na promoção da sobrevivência. Rara era a refeição, e mais rara ainda a oportunidade de procriar, que nossos ancestrais asseguravam por meio da contemplação de números primos ou tentando calcular a quadratura do círculo.

Na era moderna, as capacidades de Einstein estabeleceram um padrão incomparável para o aproveitamento dos ritmos da natureza. E, no entanto, embora seu legado possa ser resumido por uma série de frases matemáticas — concisas, precisas e abrangentes —, as incursões de Einstein nos recantos mais distantes da realidade nem sempre começavam com equações. Ou nem mesmo com a linguagem. "Penso com frequência em forma de música",[1] descreveu ele. "Muito raramente penso em palavras."[2] Talvez, leitor, seu processo seja parecido com o de Einstein. O meu não é. Vez por outra, ao enfrentar um problema difícil, tenho um insight repentino, refletindo um ou outro processo cerebral sob a percepção consciente. Porém, quando estou alerta, mesmo ao usar imagens mentais para encontrar meu caminho rumo a uma solução, seria exagero dizer que as palavras estão ausentes ou que consigo estabelecer uma associação com música. Quase sempre, consigo avançar na física fuçando em equações e coletando conclusões em frases triviais que escrevo à mão em cadernos que vão enchendo uma prateleira depois da outra. Quando me concentro, muitas vezes falo comigo mesmo, em geral em silêncio, mas também em voz alta. Palavras são essenciais para o processo. Apesar de considerar a síntese de Wittgenstein ("Os limites da minha linguagem significam os limites do meu mundo") ampla demais em seu escopo,[3] não tenho dúvidas de que existem qualidades vitais de pensamento e experiência que permanecem desconectadas da linguagem, tema ao qual retornaremos mais tarde. De todo modo, sem a linguagem, a minha capacidade para certos tipos de manobra mental diminuiria. As palavras não apenas expressam o raciocínio; elas também o revigoram. Ou, como disse Toni Morrison, com elegância ímpar: "Nós morremos. Esse talvez seja o significado da vida. Mas fazemos linguagem. Essa pode ser a medida da nossa vida".[4]

À exceção do gênio singular, e talvez também neste caso, a linguagem é essencial para soltar as rédeas da imaginação. Com ela, podemos articular uma visão em que o mundo real fornece um vislumbre empobrecido de possibilidades muito mais férteis. Podemos invocar um arsenal de imagens, autênticas e fantasiosas, em mentes remotas e próximas. Podemos passar adiante um conhecimento adquirido a duras penas, substituindo a facilidade da instrução pela dificuldade da descoberta. Podemos compartilhar planos e alinhar intenções, facilitando a ação conjunta. Podemos combinar nossas capacidades criativas individuais de modo a criar uma força comunal de imensa importância. Podemos olhar para dentro de nós mesmos e reconhecer que, embora moldados pela evolução, somos capazes de nos elevar e voar bem alto, para além das necessidades de sobrevivência. E podemos nos maravilhar diante da maneira como um conjunto cuidadosamente organizado de grunhidos, semivogais e consoantes fricativas e oclusivas consegue transmitir pontos de vista sobre a natureza do espaço e do tempo ou fornecer um retrato afetuoso do amor e da morte: "Wilbur jamais esqueceu Charlotte. Apesar de amar com ternura seus filhos e netos, nenhuma das novas aranhinhas tomou o lugar dela em seu coração".

Munidos da linguagem, começamos a escrever uma narrativa coletiva, uma sobreposição na história, para dar sentido à experiência.

PRIMEIRAS PALAVRAS

A despeito do palíndromo apócrifo "Madam, I'm Adam" — que teria sido a primeira frase que Adão disse a Eva —, ninguém sabe quando ou por que começamos a falar. Darwin especulou que a linguagem teria surgido da música e imaginou que os hominídeos dotados de talentos *à la* Elvis atrairiam mais prontamente parceiros de acasalamento e assim semeariam com mais abundância gerações subsequentes de cantores talentosos. Decorrido tempo suficiente, seus sons melodiosos pouco a pouco se transformaram em palavras.[5] Para Alfred Russel Wallace, o menos festejado codescobridor, ao lado de Darwin, da teoria da evolução pela seleção natural, as coisas funcionavam de um jeito diferente. Ele estava convencido de que a seleção natural não tinha como lançar luz sobre as capacidades humanas de produzir música, arte e, em particular, linguagem. Na opinião de Wallace, na arena competitiva da sobrevivência, nossos antepassados pintores, cantores e tagarelas não tinham um desempenho melhor do que o de seus primos menos extravagantes. Wallace viu apenas um caminho a seguir: "Devemos, portanto, admitir a possibilidade", escreveu ele no periódico *Quarterly Review*, "de que, no desenvolvimento da raça humana, uma Inteligência Superior guiou as mesmas leis para fins mais nobres".[6] As leis da evolução, de modo geral cegas, deviam ter sido domadas por um poder divino e direcionadas para o desenvolvimento da comunicação e da cultura. Darwin, ao ler o artigo, ficou horrorizado, rabiscando e sublinhando com ênfase um "não"[7] na margem, e escreveu um bilhete a Wallace: "Espero que você não tenha assassinado de uma vez por todas o seu filho nem o meu".[8]

Nos 150 anos transcorridos desde então, pesquisadores desenvolveram uma gama de teorias sobre a origem e o desenvolvimento inicial da linguagem, mas, ao estilo de um combate entre duplas de lutadores de luta-livre, cada hipótese a princípio convincente foi recebida por um novo adversário ao entrar no ringue. Há muito mais consenso com relação ao desenvolvimento inicial do universo. Por mais estranho que possa parecer, faz sentido. O nascimento do universo deixou um tesouro volumoso de fósseis. O mesmo não aconteceu com o nascimento da linguagem. A radiação cósmica de fundo em micro-ondas, a abundância especial de átomos como hidrogênio e hélio e o movimento de galáxias distantes forneceram marcas e impressões diretas dos processos ocorridos durante as primeiras eras do universo. Ondas sonoras, manifestação mais primitiva da linguagem, se dispersam rapidamente, fadadas ao esquecimento. Um ou dois instantes depois de produzidas, elas desaparecem. Na ausência de relíquias tangíveis, os pesquisadores têm ampla liberdade para reconstruir a história ancestral da linguagem, e o resultado — o que não é surpresa — é uma profusão de teorias diferentes, muitas vezes opostas.

Mesmo assim, há consenso de que a linguagem humana difere profundamente de qualquer outra variedade de comunicação no reino animal. Se você fosse um macaco-vervet (ou macaco-verde-africano) comum, seria capaz de emitir um sinal para alertar seus companheiros de tribo a respeito da aproximação de predadores: um leopardo (um ganido curto e agudo), uma águia (um resfolegar grave e repetido) ou um píton (unidades sonoras curtas, ásperas e rascantes onomatopaicamente denominadas "*chutters*" [chamados de alarme]).[9] Porém, desprovido de palavras, você ficaria sem saber como descrever o terror que sentiu na pele quando, no dia anterior, um píton passou deslizando bem perto, ou como articular seu plano de atacar um ninho de pássaros das imediações na manhã seguinte. Suas habilidades linguísticas se basearíam em um repertório pequeno e fechado de emissões vocálicas específicas, de significado restrito, todas centradas no que está acontecendo aqui, neste exato momento. O mesmo vale para a comunicação evidente entre outras espécies. Como Bertrand Russell resumiu: "Um cão não é capaz de relatar sua autobiografia; por mais eloquentes que sejam seus latidos, ele não consegue dizer que tinha pais honestos, embora pobres".[10] A linguagem humana é completamente diferente. Ela é aberta. Em vez de usar frases e expressões fixas e limitadas, combinamos e recombinamos um conjunto finito de fonemas para produzir sequências intrincadas de sons, hierárquicas e praticamente ilimitadas, que transmitem um espectro praticamente ilimitado de ideias. Com a mesma destreza, podemos conversar sobre a cobra de ontem ou o ninho de amanhã, ou descrever um sonho divertido com unicórnios voadores ou a inquietação profunda que nos invade quando a noite cai no horizonte.

Se escavarmos ainda mais, encontraremos a controvérsia. Como é possível que, poucos anos depois de nascer, sem instrução formal, nós nos tornemos fluentes em um ou mais idiomas? O cérebro humano é configurado de modo específico para adquirir a linguagem, ou é a imersão cultural, aliada à nossa propensão geral para aprender coisas novas, que oferece a explicação mais adequada? A linguagem humana começou como conjuntos de vocalizações de significado definido, a exemplo dos alertas de perigo dos macacos-vervet, que depois se fragmentaram em palavras, ou o idioma começou como sons elementares que se desenvolveram até se transformarem em palavras e frases? Por que temos linguagem? A evolução selecionou diretamente a linguagem porque ela propicia uma vantagem adicional de sobrevivência ou a linguagem é um subproduto de desdobramentos evolutivos, como, por exemplo, o tamanho maior do cérebro? E ao longo de todos esses milhares de anos, temos falado sobre exatamente o quê? E por quê?

Noam Chomsky, um dos mais influentes linguistas modernos, argumentou que a capacidade humana de adquirir linguagem se baseia no fato de que cada um de nós possui uma gramática universal inata — um conceito com uma rica linhagem histórica que remonta a Roger Bacon, filósofo do século XIII que concluiu que muitas línguas do mundo compartilham um arcabouço estrutural comum. Na acepção moderna, o termo está sujeito a várias interpretações e, ao longo dos anos, Chomsky também refinou seu significado. Em sua forma menos controversa, a gramática universal propõe que há algo em nossa composição neurobiológica inata que fornece um estopim da linguagem, um impulsionador cerebral que nos impele a ouvir, entender e falar. De que outro modo, segundo esse raciocínio, as crianças, sujeitas ao ataque linguístico aleatório e fortuito, fragmentado e independente da vida cotidiana, internalizam uma profusão de construções gramaticais e de regras precisas, a não ser que detenham um arsenal mental formidável de prontidão para processar a investida verbal? E, uma vez que qualquer criança é capaz de aprender qualquer idioma, o arsenal mental não pode ser específico de um idioma; a mente deve ser capaz de se agarrar a um núcleo universal comum a todas as línguas. Chomsky sugeriu que um evento neurobiológico singular, uma "ligeira reconfiguração do cérebro", talvez 80 mil anos atrás, pode ter resultado na aquisição, por parte de nossos ancestrais, dessa capacidade, a fagulha deflagradora de um Big Bang cognitivo que fez explodir a linguagem entre as espécies.[11]

Os psicólogos cognitivos Steven Pinker e Paul Bloom, pioneiros de um enfoque darwiniano da linguagem, sugerem uma história menos customizada, segundo a qual a linguagem surgiu e se desenvolveu pelo conhecido padrão de acúmulo progressivo de mudanças graduais que, uma a uma, conferiram vantagens à sobrevivência.[12] À medida que nossos antepassados caçadores-coletores vagavam por planícies e florestas, a capacidade de se comunicar — "Bando de javalis pastando logo à frente, à esquerda", "Tome cuidado com o Barney, ele está de olho na Wilma", ou "Veja só, uma maneira melhor de amarrar aquela pedra lascada ao cabo" — foi fundamental para o funcionamento efetivo do grupo e essencial para o compartilhamento de conhecimento. Cérebros capazes de se comunicar com outros cérebros, portanto, tinham uma vantagem na arena competitiva de sobrevivência e reprodução, impelindo as capacidades linguísticas a se refinarem e se espalharem. Outros pesquisadores identificam uma série de adaptações, como controle da respiração, memorização, pensamento simbólico, consciência de outras mentes, formação de grupos etc., que talvez tenham atuado em conjunto para produzir a linguagem, mesmo que em si ela tenha tido pouco a ver com o valor de sobrevivência dessas adaptações propriamente ditas.[13]

Também não há consenso a respeito de quando nossa espécie desenvolveu a habilidade de falar. Evidências linguísticas do passado remoto são quase inexistentes; todavia, examinando indicadores e equivalentes arqueológicos plausíveis, pesquisadores sugeriram balizas cronológicas para o provável surgimento da linguagem. Artefatos como ferramentas feitas de pedra cinzelada ou ossos firmemente presos a um cabo, arte rupestre, entalhes geométricos e ornamentos de miçangas indicam que nossos antepassados se dedicavam, há pelo menos 100 mil anos, ao planejamento, ao pensamento simbólico e a interações sociais avançadas. Como estamos inclinados a vincular essas capacidades cognitivas à linguagem, podemos imaginar que, enquanto afiavam suas lanças e machados, ou rastejavam dentro de cavernas escuras para pintar pássaros e bisões, nossos antepassados tagarelavam sobre a caçada do dia seguinte ou a fogueira no acampamento da noite anterior.

Um conjunto diversificado de ideias arqueológicas permite garimpar evidências mais diretas da capacidade de falar. Reconstituindo o crescimento das cavidades cranianas e as alterações estruturais verificadas na boca e na garganta, cientistas concluíram que, se nossos ancestrais apresentassem essa conformação, podiam estar conversando há mais de 1 milhão de anos, porque já tinham capacidade fisiológica para isso. A biologia molecular também dá pistas. A fala humana exige um grau elevado de destreza vocal e oral, e em 2001 pesquisadores identificaram o que pode ter sido uma base genética essencial para tais habilidades. Estudando uma família britânica com um distúrbio da fala que abrangia três gerações — dificuldade com a gramática e com a coordenação dos movimentos complexos da boca, do rosto e da garganta necessários para a fala normal —, pesquisadores revelaram a existência de uma anomalia genética, uma alteração em uma única letra localizada em um gene chamado FOXP2 no cromossomo humano 7.[14] O defeito na impressão instrucional é compartilhado pelos familiares afetados e, portanto, sugere a forte atuação de um componente hereditário nos distúrbios da linguagem e da fala. De início, a cobertura jornalística da descoberta apelidou o FOXP2 de "gene da gramática" ou "gene da linguagem", descrições espalhafatosas que garantiram manchetes e deixaram exasperados os pesquisadores especialistas da área; mas, deixando de lado a hipérbole excessivamente simplificada, o gene FOXP2 parece ser um componente essencial para a fala normal e a linguagem.

De modo intrigante, variações aproximadas do gene FOXP2 foram identificadas em muitas espécies, de chimpanzés a pássaros e peixes, o que permitiu aos pesquisadores mapear de que modo o gene mudou ao longo da história evolutiva. No caso dos chimpanzés, a proteína codificada por esse gene difere da nossa por apenas dois aminoácidos (em mais de setecentos), ao passo que a dos neandertais é idêntica à nossa.[15] Nossos primos neandertais falavam? Ninguém sabe. Mas essa linha de investigação sugere que uma base genética para a fala e a linguagem talvez tenha sido definida algum tempo depois de nos separarmos dos chimpanzés, alguns milhões de anos atrás, mas antes de nos separarmos dos neandertais, há cerca de 600 mil anos.[16]

Os vínculos propostos entre a linguagem e cada um dos marcadores históricos — artefatos, estruturas fisiológicas e perfis genéticos ancestrais — são inteligentes, mas apenas hipotéticos. Como consequência, os estudos baseados nesses marcadores posicionam a estreia das primeiras palavras pronunciadas no mundo num intervalo de tempo que varia de dezenas de milhares a alguns milhões de anos atrás. Conforme observações feitas por pesquisadores mais céticos, uma coisa é ter a capacidade física e a agilidade mental para entabular uma conversa, e outra coisa, bem diferente, é fazer isso de fato.

O que, então, pode ter motivado nossa espécie a falar?

POR QUE FALAMOS

Não faltam ideias para explicar por que nossos ancestrais romperam o silêncio. Segundo o linguista Guy Deutscher, pesquisadores apontaram que as primeiras palavras surgiram "de gritos e chamados; de gestos manuais e linguagem de sinais; da habilidade de imitar; da habilidade de enganar; dos cuidados com o outro; da cantoria, da dança e do ritmo; da mastigação; do chupar e do lamber; e de praticamente todas as outras atividades possíveis",[17] uma lista deliciosa que reflete, tudo leva a crer, mais uma teorização criativa do que os verdadeiros antecedentes históricos da linguagem. Ainda assim, porque um desses itens, ou talvez uma combinação deles, pode contar uma história relevante, vamos dar uma olhada em algumas das sugestões sobre de onde vieram nossas primeiras palavras e por que nunca deixamos de falar.

Nos tempos antigos, antes da inovação de enrolar panos para criar os carregadores de bebê ou *slings*, uma mãe que se visse às voltas com uma tarefa que exigisse o uso de ambas as mãos tinha de colocar o bebê em algum lugar. Os pequerruchos, com seu choro e balbucio, acabavam chamando a atenção da mãe de volta, cuja resposta, é plausível supor, também podia ser vocal — murmurando, sussurrando, cantarolando, grunhindo —, com o apoio de expressões faciais reconfortantes, gestos de mão e toques suaves. Os balbucios do bebê e os cuidados e carinhos da mãe teriam resultado em taxas maiores de sobrevivência infantil, selecionando a vocalização e, de acordo com essa hipótese, pondo nossos antepassados na trajetória rumo às palavras e à linguagem.[18]

Ou, se o tatibitate da fala materna (a linguagem do maternalês) não for uma explicação suficiente para você, note que os gestos propiciam um meio direto para a comunicação de informações básicas, mas essenciais — menear a cabeça apontando para este objeto ou aquele local. Alguns dos nossos primos primatas não humanos, apesar de não terem linguagem falada, podem ser hábeis em comunicar ideias rudimentares por meio de gestos feitos com a mão e o corpo de forma geral. Em ambientes de pesquisa controlados, chimpanzés aprenderam centenas de sinais manuais representando ações, objetos e ideias. Talvez, então, nossa linguagem falada tenha surgido de uma fase anterior de uma comunicação baseada em gestos. À medida que nossas mãos se tornavam cada vez mais ocupadas com o trabalho de construção e o uso de ferramentas, e que agrupamentos mais complexos tornavam a gesticulação ineficiente ou desajeitada — era difícil enxergar à noite, difícil ver as mãos e o corpo de todos os membros dos grupos que saíam para caçar ou forragear —, a vocalização pode ter oferecido um meio mais eficaz de compartilhar informações. Como estou entre aquelas pessoas cujas mãos entram em ação frenética toda vez que abrem a boca para falar, e às vezes antes, essa explicação me parece especialmente plausível.

No entanto, se para você a teoria gestual da origem da linguagem humana não é adequada, pense na hipótese do psicólogo evolutivo Robin Dunbar, para quem a linguagem teria surgido como um substituto eficiente para a atividade amplamente praticada de catação social.[19] Se você fosse um chimpanzé, faria amigos e estabeleceria alianças futucando lêndeas, piolhos e pulgas, coçando aqui, alisando a pele ali e removendo todo tipo de detrito da pelagem de outros integrantes da sua comunidade. Alguns membros de seu grupo retribuiriam o favor, ao passo que aqueles que detivessem um status mais elevado tomariam nota do serviço que você prestou, mas nem sequer tocariam as suas lêndeas. O ritual de catação é uma atividade organizacional, por meio da qual se promovem e se mantêm a hierarquia do grupo, as panelinhas e coalizões entre os indivíduos. Talvez tanto os hominídeos como os homens primitivos tenham se envolvido em práticas de *grooming* social semelhantes, mas à medida que o tamanho dos grupos cresceu, manter esses relacionamentos de prestação mútua de serviços com cada indivíduo teria exigido um pesadíssimo investimento de tempo. Amizades, acasalamento e alianças eram fundamentais, mas também era crucial garantir comida suficiente para todos. O que fazer? Bem, diz Dunbar, esse dilema pode ter despertado o surgimento da linguagem. Em algum momento, pode ser que nossos ancestrais tenham substituído os cuidados manuais pela comunicação verbal, permitindo aos indivíduos compartilhar informações com rapidez — quem está fazendo o quê para quem, quem está mentindo, quem está envolvido em tramas subversivas, e assim por diante —, o que os livrou de horas intermináveis de catação de lêndeas em favor de minutos dedicados a mexericos e a comentários maldosos sobre a vida alheia. De acordo com estudos recentes, até 60% da nossa carga de conversas hoje é dedicada a fofocas, um número impressionante (em especial para aqueles de nós que mal conseguiram dominar a arte da conversa fiada) que motiva alguns pesquisadores a argumentar que a fofoca reflete o objetivo primordial da linguagem desde sua origem.[20]

O linguista Daniel Dor leva mais longe o papel social da linguagem. Em uma análise convincente e abrangente, ele propõe tratar-se de uma ferramenta construída em comunidade, com um significado específico e uma função de profunda importância: conferir aos indivíduos o poder de guiar a imaginação uns dos outros.[21] Antes do surgimento da linguagem, nosso comércio social era dominado pelas experiências compartilhadas. Se nós dois víssemos, ouvíssemos ou experimentássemos alguma coisa, poderíamos fazer referência a isso por meio de gestos, sons ou imagens. Mas teria sido difícil comunicar experiências individuais, sem mencionar o desafio assustador de transmitir pensamentos abstratos e sensações interiores. Com a linguagem, superamos esses obstáculos. Com a linguagem, o mercado de nosso intercâmbio aumentou de modo acentuado: você poderia usar a linguagem para descrever experiências que eu jamais seria capaz de ter; por meio das palavras, poderia fazê-las aparecer como por encanto na minha mente. Eu poderia fazer o mesmo por você. Ao longo dos milênios, à medida que o bem-estar de nossos antepassados pré-linguísticos se tornou cada vez mais dependente da ação comunitária coordenada — a caça cooperativa de presas de grande porte, a construção de fogueiras controladas, a preparação de comida para grupos numerosos, o compartilhamento dos cuidados e da instrução dos jovens —,[22] eles romperam os limites da comunicação não verbal, trouxeram a linguagem ao mundo e estabeleceram uma arena social muito maior, que abrangia não apenas nossas experiências compartilhadas como nossos pensamentos compartilhados.

Essas e quase todas as outras teorias propostas para a origem da linguagem enfatizam a palavra falada, a manifestação externa da linguagem. À sua maneira caracteristicamente icônica, Chomsky promove uma reviravolta, ao propor que a linguagem, em sua versão mais ancestral, pode ter facilitado o pensamento interno.[23] Processamento, planejamento, previsão, avaliação, raciocínio e compreensão são apenas algumas das tarefas essenciais que a voz interior entre as orelhas dos nossos antepassados passou a realizar com confiança tão logo o pensamento foi capaz de alavancar a língua. Nessa concepção, a linguagem falada foi um desdobramento subsequente, a exemplo da adição de alto-falantes aos primeiros modelos de computadores pessoais. É como se, muito antes de falarem, nossos ancestrais fossem sujeitos taciturnos e calados, deliberando arduamente sobre as tarefas cotidianas, mas mantendo para si as reflexões mais profundas. A posição de Chomsky é contenciosa. Pesquisadores apontaram características intrínsecas da linguagem que parecem concebidas para mapear conceitos internos da palavra falada (em particular, a fonologia e boa parte da estrutura gramatical), sugerindo que desde o início a linguagem foi uma questão de comunicação externa.

Embora a origem da linguagem permaneça enigmática, o que é inquestionável (e de extrema relevância conforme seguimos) é que a linguagem e o pensamento constituem uma mistura potente. Se uma versão interna da linguagem precedeu ou não sua vocalização externa, e se a vocalização foi ou não instigada por canções ou cuidados com crianças, ou pela gesticulação ou fofocas, ou por um discurso comunal ou ainda pela posse de um cérebro grande ou por qualquer outra razão, assim que a mente humana dispôs da linguagem o envolvimento de nossa espécie com a realidade estava pronto para uma mudança drástica. Essa mudança estaria condicionada a um dos comportamentos humanos mais difundidos e influentes: a narração de histórias.

George Smith estava com pressa. Os dedos de sua mão direita tamborilavam delicada mas persistentemente a borda de ébano marchetada da comprida mesa de mogno. Ele tinha acabado de ser informado de que Robert Ready, o mestre restaurador de pedras do museu, se ausentaria por vários dias. *Muitos dias*. Como ele aguentaria esperar? Durante três anos, George vestira seu casaco, pegara seu sanduíche de marmelada e queijo *stilton* preparado com todo o esmero e se esquivara de multidões e carruagens enquanto corria para o Museu Britânico, onde passava os minutos restantes de seu intervalo do almoço debruçado sobre fragmentos da coleção de tabuinhas de argila endurecidas, recuperadas de uma escavação arqueológica em Nínive. A família de George era pobre. Ele abandonara a escola aos catorze anos para trabalhar como aprendiz de gravador de notas em um banco. Suas perspectivas pareciam limitadas. Mas George era um gênio. Autodidata, tinha aprendido assírio antigo e se tornara especialista em leitura de escrita cuneiforme. Os curadores do museu, que acabaram se afeiçoando ao rapaz esquisito que zanzava pelo museu ao meio-dia, logo perceberam que George era mais hábil do que qualquer um deles na tarefa de decifrar os entalhes cuneiformes, por isso o arregimentaram para seu enclave como funcionário de período integral. Depois de apenas alguns anos, George havia encaixado os milhares de pedaços de argila para montar a primeira tabuleta completa e já havia decifrado boa parte dela. Ele descobrira, ou ao menos acreditava ter descoberto, um segredo magnífico contado pelas séries de cortes e cunhas triangulares — a referência a um mito do dilúvio anterior à história de Noé no Antigo Testamento —, mas precisava de Robert Ready para esfregar delicadamente a camada de crosta que obscurecia uma seção essencial do texto. George podia sentir o gosto da vitória. Ele estremeceu ao imaginar que o achado o alçaria a uma vida diferente. Mal conseguia se conter. George decidiu arriscar-se a esfregar ele mesmo o tablete.

Tudo bem, eu me empolguei. O verdadeiro George Smith esperou. Dias depois, Robert Ready voltou e fez uso de suas habilidades, e assim foi revelada a mais antiga história registrada da nossa espécie, a *Epopeia de Gilgámesh* mesopotâmica, composta no terceiro milênio a.C. Meu relato improvisado fez o que os contadores de histórias — nós, humanos — vêm fazendo há muito tempo: retrabalhar a realidade (o que se sabe sobre o George Smith histórico),[24] às vezes com moderação (como aqui), às vezes com agressividade, às vezes com o propósito de intensificar o drama, ora visando à posteridade, ora pelo puro prazer de inventar uma história ou contar um caso. A motivação artística de quem escreveu *Gilgámesh*, um relato provavelmente moldado por muitas vozes ao longo de muitas gerações, é desconhecida. Mas nessa história repleta de batalhas e sonhos, arrogância e ciúmes, corrupção e inocência, os personagens e seus anseios falam conosco através dos milênios com grande precisão.

E isso é de fato o mais impressionante. Nos talvez 5 mil anos desde que *Gilgámesh* foi registrado por escrito, a história testemunhou uma série de transformações na nossa forma de comer e de nos proteger, no modo como vivemos e nos comunicamos, como nos medicamos e procriamos, e, ainda assim, de pronto nos reconhecemos na narrativa que se desenrola. Gilgámesh e seu companheiro de armas, Enkídu, partem em uma busca que colocaria à prova a coragem, o senso de moral e, em última instância, a própria noção de identidade de ambos — um *Thelma e Louise* neolítico. Em um momento posterior na jornada, diante do corpo sem vida do guerreiro Enkídu, Gilgámesh lamenta em termos angustiantes, mas com os quais temos muita familiaridade: "Cobriu o amigo, como a uma noiva sua face/ Feito águia, girava em torno dele,/ Qual uma leoa que, privada dos filhotes,/ Andava-lhe defronte e atrás,/ Arrancava e soltava aos tufos os cabelos cacheados,/ Tirava e atirava longe os adornos, como se fossem proibidos ao toque".[25] Como muita gente, conheci de perto esse lugar. Décadas atrás, perambulando a passos pesados de cômodo em cômodo no meu pequeno apartamento em um prédio sem elevador, sem saber para onde ir, eu tentava a todo custo escapar da notícia de que meu pai havia morrido de forma súbita. Até a uma distância de centenas, senão milhares de gerações, há muitas coisas que compartilhamos com nossos antepassados.

E não se trata apenas do fato de que nós, humanos, constantemente nos enlutamos e nos angustiamos e nos emocionamos e nos encantamos e nos aventuramos e nos admiramos. Compartilhamos também o desejo de expressar tudo isso e processar tudo isso ao longo da história. *Gilgámesh* talvez seja a mais antiga história escrita existente, mas se nossa espécie estava escrevendo histórias 5 mil anos atrás, decerto muito antes disso estávamos contando histórias. É o que fazemos. É o que temos feito há muito tempo. A questão é: por quê? Por que nos absteríamos de caçar um bisão ou um javali a mais ou coletar raízes e frutas extras para, em vez disso, gastar tempo imaginando aventuras com deuses petulantes ou viagens com destino a mundos fantasiosos?

Talvez você responda "Porque gostamos de histórias". Sim. Claro. Por que outro motivo escaparíamos de fininho para o cinema, mesmo conscientes de que o dia seguinte é o prazo final de entrega de um relatório? Por que sentiríamos um prazer inconfessável em deixar de lado o "trabalho real" para continuar lendo aquele romance ou assistindo àquela série de TV? No entanto, esse é o início de uma explicação, não o fim. Por que tomamos sorvete? Porque gostamos de sorvete, certo? Com certeza. Mas, como psicólogos evolutivos têm argumentado de forma convincente, a análise pode ser mais profunda.[26]

Aqueles nossos antepassados que gostavam de se fartar com fontes ricas de energia, a exemplo de frutas carnudas e nozes maduras, tinham condições mais efetivas de se virar com êxito nos dias de vacas magras, dando origem a uma prole mais numerosa e propagando uma predileção genética por doces e gorduras. Hoje, o desejo de se empanturrar com um pote de sorvete Häagen-Dazs sabor pistache, hábito que não é mais visto como benfazejo à saúde, é um resquício moderno da busca vital por calorias empreendida no passado. É a seleção darwiniana manifestada no nível da inclinação comportamental. Não que os genes determinem o comportamento. Nossas ações resultam de um amálgama complexo de fatores biológicos, históricos, sociais, culturais, e de todos os tipos de influência fortuita impressos no nosso arranjo de partículas. Nossos gostos e instintos, porém, são parte essencial dessa mistura e, a serviço da evolução aprimorada, a sobrevivência teve papel preponderante em moldá-los. Podemos aprender novos truques, mas, do ponto de vista genético, e, portanto, instintivamente falando, somos cavalos velhos — e cavalo velho não pega andadura.

A questão, então, é saber se a evolução darwiniana pode esclarecer não apenas nossas predileções culinárias, mas também literárias. Por que nossos ancestrais se sentiram compelidos a gastar recursos de tempo preciosos, energia e atenção contando histórias que, à primeira vista, não parecem melhorar em nada nossa perspectiva de sobrevivência? As histórias ficcionais são intrigantes. Que utilidade evolutiva poderia resultar de acompanhar as peripécias de personagens imaginários enfrentando desafios de faz de conta em mundos inexistentes? Com suas andanças incansáveis e aleatórias pela paisagem adaptativa, a evolução é muito eficaz em se esquivar de predisposições comportamentais extravagantes. Uma mutação genética que nos desviasse do instinto de contar histórias, liberando tempo para afiarmos lanças extras ou revirarmos mais algumas carcaças de búfalo em busca de restos de alimento, em tese ofereceria uma vantagem de sobrevivência que prevaleceria com o tempo. No entanto, isso não aconteceu. Ou, por algum motivo, parece tratar-se de uma oportunidade evolutiva perdida.

Pesquisadores tentaram entender o porquê, mas as pistas são escassas. São poucas as evidências preciosas para nos ajudar a estabelecer ou a prevalência ou a utilidade da narrativa de histórias entre os antepassados de milhares de gerações atrás. Isso ressalta uma dificuldade geral que permeia a pesquisa que busca uma base evolutiva para o comportamento, um estorvo com que nos depararemos nos capítulos seguintes. Do ponto de vista da seleção natural, o que importa é o impacto que este ou aquele comportamento teria tido na sobrevivência e nas perspectivas reprodutivas de nossos antepassados durante a maior parte de sua história. Uma explicação confiável, portanto, requer um entendimento refinado da mentalidade antiga conforme ela se ajustava ao meio ambiente ancestral. Todavia, a história registrada fornece informações apenas para o último quarto de 1% dos cerca de 2 milhões de anos que nos separam das primeiras migrações humanas provenientes da África. Pesquisadores desenvolveram sondagens indiretas do passado, incluindo exames detalhados de artefatos ancestrais, extrapolações de análises etnográficas de grupos de caçadores-coletores remanescentes e estudos da arquitetura do cérebro, à procura de ecos cognitivos de dificuldades adaptativas antigas. A colcha de retalhos de evidências restringe a teorização, mas, ainda assim, possibilita uma variedade de perspectivas.

De acordo com uma dessas perspectivas, buscar um papel adaptativo para a narração de histórias é procurar uma aptidão melhorada no lugar errado. Uma determinada predisposição comportamental pode ser um mero subproduto de outros desdobramentos evolutivos — transformações que de fato melhoraram a sobrevivência e, assim, evoluíram da maneira usual, ou seja, via seleção natural. A diretiva geral, enfatizada de forma pitoresca em um artigo famoso de Stephen Jay Gould e Richard Lewontin, é que a evolução não pode ser selecionada a dedo.[27] Às vezes, ela oferece apenas pacotes completos. Cérebros grandes da variedade branco-acinzentada humana, apinhados de neurônios densamente conectados, são de fato bons para a sobrevivência, mas talvez algo intrínseco ao seu desenho assegure que se deleitem com histórias. Leve em conta, por exemplo, que nosso sucesso como seres sociais depende, em parte, de termos boas informações — quem está por cima, quem está por baixo, quem é forte, quem é vulnerável, quem é confiável. Por causa da utilidade adaptativa desse tipo de informação, estamos inclinados a prestar atenção quando ela está disponível. E, quando estamos de posse dessas informações, não é incomum compartilhá-las em troca de dar aquela lustrada no nosso status social. Uma vez que a ficção está repleta de informações dessa espécie, pode ser que nossas mentes adaptativamente moldadas estejam preparadas para se encher de entusiasmo, ouvir e repetir, ainda que a narrativa seja fantasiosa. Assim, a seleção natural sorriria para os cérebros à medida que se tornassem mais aptos à vida social, e ao mesmo tempo reviraria os olhos ao ouvir a obsessiva contação de histórias feita por eles.

Convencido? Muita gente — e eu me incluo nesse grupo — não acha plausível que, com toda a sua capacidade de inovar, o cérebro tenha se restringido a um comportamento que, apesar de generalizado e central, fosse, ainda assim, completamente irrelevante do ponto de vista adaptativo. Aspectos da experiência de narrar histórias podem fazer parte de um pacote evolutivo, mas, se contar histórias e ouvir histórias e recontá-las se resumisse a um bate-papo sem muita importância, a evolução, é de se supor, teria encontrado uma maneira de se livrar desse cacoete desnecessário. Como foi, então, que as histórias fizeram por merecer sua manutenção adaptativa?

Ao procurar uma resposta, devemos estar atentos às regras do jogo. Para muitos comportamentos, é bem fácil inventar papéis adaptativos posteriores a um fato. E, como não podemos testar essas sugestões assistindo novamente ao desenrolar evolutivo, existe o perigo de nos apropriarmos de um conjunto de histórias do tipo "foi assim". As hipóteses mais convincentes são aquelas que começam com uma determinada dificuldade adaptativa — que, se superada, resultaria em maior sucesso reprodutivo — e argumentam que um determinado comportamento (ou conjunto de comportamentos) é intrinsecamente bem concebido para fazer frente a essa dificuldade. A explicação darwiniana para nossa adoração por doces é exemplar. Os seres humanos precisam de um número mínimo de calorias para sobreviver e se reproduzir. Diante do potencial de um déficit devastador na ingestão calórica, uma preferência por alimentos com alta densidade de açúcar tem valor adaptativo evidente. E, se você fosse o responsável por projetar a mente humana, ciente de nossas necessidades fisiológicas e da natureza do meio ambiente ancestral, é fácil imaginar que programaria o cérebro humano para incentivar seu corpo a comer frutas sempre que estivessem disponíveis. Portanto, que a seleção natural tenha chegado a essa mesma estratégia não surpreende nem um pouco. O que está em questão é se existem considerações adaptativas análogas que poderiam levá-lo a programar a mente humana para criar, contar e ouvir histórias.

A resposta é: sim, elas existem. Contar histórias pode ser a maneira de a mente ensaiar para enfrentar o mundo real, uma versão cerebral das atividades lúdicas, documentadas em numerosas espécies, que propiciam um meio seguro para praticar e refinar habilidades críticas. Steven Pinker, o psicólogo renomado e versátil homem da mente, descreve uma versão enxuta da ideia: "A vida é como o xadrez, e as tramas são como aqueles livros sobre partidas célebres que os enxadristas dedicados estudam para se prepararem, caso algum dia se vejam em apuros semelhantes".[28] Pinker imagina que, no decorrer da história, cada um de nós constrói um "catálogo mental" de respostas estratégicas aos eventuais perrengues da vida, que podemos consultar em momentos de necessidade. De rechaçar companheiros de tribo desonestos a cortejar parceiros potenciais de acasalamento, de organizar caçadas coletivas a evitar plantas venenosas e instruir os jovens a repartir suprimentos escassos de comida, e assim por diante, nossos antepassados enfrentaram um obstáculo depois do outro conforme seus genes procuravam garantir presença em gerações subsequentes. A imersão em relatos fictícios na hora de lidar com uma variedade ampla de obstáculos semelhantes teria propiciado a capacidade de refinar as estratégias e respostas de nossos antepassados. Codificar o cérebro para se envolver com a ficção seria, portanto, uma maneira inteligente, barata, segura e eficiente de fornecer à mente uma base mais ampla de experiências a partir das quais operar.

Alguns estudiosos acadêmicos da literatura se opuseram à ideia, observando que as estratégias adotadas por personagens fictícios que enfrentam desafios imaginários não são, de modo geral, transportáveis para a vida real; ou pelo menos, depois de muita reflexão, não é sensato que sejam.[29] "Você pode acabar correndo por aí feito o doido cômico Dom Quixote ou a tragicamente iludida Emma Bovary — ambos se perdem porque confundem fantasia literária com realidade", é assim que Jonathan Gottschall resume, de modo brincalhão, a avaliação crítica.[30] Pinker, é claro, não estava sugerindo que copiássemos as ações que encontramos nas histórias, mas, antes, que aprendêssemos com elas — um enfoque que, conforme afirma Gottschall, talvez seja transmitido de forma mais completa por uma mudança modesta de metáfora, introduzida pelo psicólogo e romancista Keith Oatley:[31] no lugar de um arquivo mental, pense agora em um simulador de voo. As histórias fornecem reinos engendrados nos quais seguimos de perto personagens cujas experiências superam em muito as nossas. Através de olhos tomados de empréstimo e protegidos pelo vidro temperado da história, observamos intimamente uma profusão de mundos exóticos. E é por intermédio desses episódios simulados que nossa intuição se expande e se refina, tornando-se mais nítida e mais flexível. Quando nos vemos diante do desconhecido, não iniciamos pesquisas cognitivas que fazem consultas a uma coluna de conselhos sentimentais num jornal voltada à mente. Em vez disso, por meio das histórias, internalizamos um sentido com mais nuances de como e por que responder, e esse conhecimento intrínseco guia nosso comportamento futuro. Cultivar um senso inato de paixão heroica está muito longe da ideia de travar batalhas contra moinhos de vento — e essa foi a minha opinião, e a de muitos outros também, ao virar a última página das aventuras do cavaleiro andante Alonso Quijano.

Utilizando o simulador de voo como nossa metáfora para a utilidade adaptativa das histórias, de que modo programaríamos o simulador em si? Que tipo de histórias ele teria que reproduzir? Podemos pegar a resposta na primeira página da ementa da disciplina Introdução à Escrita Criativa. Um axioma da narrativa de histórias é a necessidade de conflito. A necessidade de dificuldade. A necessidade de problemas. Somos atraídos por personagens às voltas com uma busca por resultados que exige superar obstáculos traiçoeiros, externos e internos. Literais e simbólicas, as jornadas desses personagens nos fazem roer as unhas de ansiedade ou virar páginas freneticamente. Sem dúvida, as histórias mais cativantes invocam abordagens surpreendentes, divertidas e até sublimes de personagens, tramas e da própria técnica de contar histórias, mas, para muitos, se não houver conflito, a história fracassa. Não é por acaso que isso também vale para a utilidade darwiniana do conteúdo que é executado no simulador de voo narrativo. Sem conflito, sem dificuldade, sem problemas, o valor adaptativo da história também fracassaria. Um Josef K. que ficasse feliz em confessar um crime jamais especificado e em cumprir obedientemente uma punição injustificada renderia uma leitura rápida. E, sem outros ajustes narrativos, seria uma leitura nem um pouco impactante. O mesmo seria acompanhar uma Dorothy que entregasse feliz os sapatinhos de rubi, saísse da estrada de tijolos amarelos e de bom grado se ajustasse à vida no País dos Munchkins. Céus límpidos, motores perfeitos e passageiros exemplares não são as simulações que melhoram a aptidão do piloto. A utilidade de ensaiar para o mundo real é encontrar situações às quais seria difícil responder sem preparação prévia.

É uma perspectiva sobre as histórias que também pode elucidar por que razão você, eu e todo mundo passamos algumas horas por dia inventando narrativas das quais quase nunca nos lembramos e as quais, mais raramente ainda, compartilhamos. Quando digo "por dia", quero dizer a cada noite, e as histórias são aquelas que produzimos durante o sono REM. Bem mais de um século desde *A interpretação dos sonhos* de Freud, ainda não há consenso sobre o motivo pelo qual sonhamos. Li o livro no terceiro ano do ensino médio, para uma disciplina chamada Higiene (sim, era assim que se chamava), matéria obrigatória um tanto bizarra a cargo dos professores de educação física e treinadores das equipes esportivas da escola e cujo conteúdo girava em torno de primeiros-socorros e dos padrões comuns de asseio pessoal. Na falta de material para preencher um semestre inteiro, as aulas eram complementadas por apresentações dos alunos sobre tópicos considerados vagamente relevantes. Escolhi como tema o sono e os sonhos, e provavelmente levei tudo muito a sério, pois li Freud e dediquei horas extracurriculares a vasculhar toda uma bibliografia. O momento mais impactante para mim, e para a turma também, foi o trabalho de Michel Jouvet, que, no final dos anos 1950, investigou o mundo dos sonhos dos gatos.[32] Ao danificar parte do cérebro desses animais (o *locus coeruleus*, se você gosta da terminologia correta), Jouvet removeu um bloqueio neural que normalmente impede que os pensamentos dos sonhos estimulem a ação corporal. Como resultado, gatos adormecidos se agachavam, se arqueavam, silvavam e davam patadas, talvez em reação a predadores e presas imaginários. Quem não soubesse que os bichanos estavam dormindo poderia supor que estavam praticando artes marciais felinas. Estudos mais recentes em ratos, realizados com ajuda de sondas neurológicas mais refinadas, mostraram que seus padrões cerebrais durante o sonho correspondem tão de perto aos registrados quando os roedores estão acordados e aprendendo a se mover em um novo labirinto que os pesquisadores podem monitorar o avanço da mente do rato sonhador à medida que ele refaz seus passos anteriores.[33] Quando gatos e ratos sonham, de fato parecem estar ensaiando comportamentos relevantes para a sobrevivência.

Nosso ancestral comum com gatos e roedores viveu cerca de 70 ou 80 milhões de anos atrás; portanto, extrapolar uma conclusão especulativa entre espécies separadas por dezenas de milhares de milênios implica muitas ressalvas. Mas é possível imaginar que nossas mentes infundidas de linguagem talvez produzam sonhos com um objetivo semelhante: proporcionar treinos cognitivos e emocionais que aprimorem o conhecimento e exercitem a intuição — sessões noturnas no simulador de voo de histórias. Talvez seja esse o motivo de, ao longo de uma vida de duração média, cada um de nós passar uns bons sete anos de olhos fechados, com o corpo quase paralisado, consumindo as histórias das quais nós próprios somos os autores.[34]

Intrinsecamente, porém, contar histórias não é uma atividade solitária. Contar histórias é o meio mais poderoso de habitar outras mentes. E como somos uma espécie profundamente social, a capacidade de nos mover por um instante para a mente de outra pessoa pode ter sido essencial para nossa sobrevivência e dominância. Isso proporciona uma lógica de design correlata para a codificação das histórias no âmbito do repertório comportamental humano — ou seja, para a identificação da utilidade adaptativa do nosso instinto de contar histórias.

NARRATIVA DE HISTÓRIAS E OUTRAS MENTES

O discurso profissional dos físicos costuma envolver um jargão especializado, articulado em um amarrado de equações. Não é o tipo de material que atrairia a atenção de pessoas aconchegadas ao redor de uma fogueira de acampamento. No entanto, se você souber ler as equações e interpretar o jargão, as histórias que elas contam podem ser instigantes. Em novembro de 1915, quando um exausto Albert Einstein, prestes a completar sua teoria da relatividade geral, aplicou as equações para explicar o enigma longevo da órbita de Mercúrio, que divergia ligeiramente das previsões newtonianas, ficou tão comovido que sentiu palpitações no coração. Fazia quase uma década que ele vinha navegando pelas águas traiçoeiras da matemática complexa, e o resultado desse cálculo foi como um primeiro avistamento de terra. Parafraseando a avaliação posterior de Alfred North Whitehead, aquilo queria dizer que a ousada busca de Einstein havia desembarcado em segurança nas praias do entendimento.[35]

Nunca fiz nenhuma descoberta tão monumental. Poucos conseguiram. Entretanto, descobertas ainda mais prosaicas podem motivar uma emoção igualmente capaz de fazer o coração bater aos pulos. Nesses momentos, a sensação é de profunda conexão com o cosmo. A bem da verdade, é disso que tratam as histórias embutidas na matemática abstrata e no linguajar especializado. As histórias oferecem uma explicação íntima do universo, ou algo dentro do universo, uma elucidação de como ele nasce, envelhece e se transforma. As histórias proporcionam um meio para vivenciar o universo a partir de uma perspectiva que é inatingível. Elas fornecem uma porta de entrada para reinos da realidade que, no mais gratificante dos exemplos, são totalmente inesperados. Por meio da matemática, confirmada por experimentos e observações, somos autorizados a comungar com um cosmo estranho e maravilhoso.

As histórias que temos contado em idiomas naturais há milhares de anos desempenham papel análogo. Por meio das histórias, nós nos libertamos da nossa perspectiva singular habitual e, por um breve momento, habitamos o mundo de uma maneira diferente, e o vivenciamos pelos olhos e pela imaginação do contador de histórias. O simulador de voo de histórias é nosso portal para os mundos idiossincráticos que se desenrolam nas mentes próximas de nós. Nas palavras de Joyce Carol Oates, a leitura "é o único meio pelo qual nós escapulimos, de modo involuntário, e muitas vezes indefesos, para dentro da pele de outra pessoa, da voz de outra pessoa, da alma de outra pessoa [...] entramos numa consciência que nos é desconhecida".[36] Sem histórias, as nuances de outras mentes seriam tão opacas quanto o micromundo sem o conhecimento da mecânica quântica.

Houve uma consequência evolutiva para essa qualidade marcante das histórias? Os pesquisadores acreditam que sim. Nós predominamos, em grande parte, porque somos uma espécie intensamente social. Somos capazes de viver e trabalhar em grupo. Não em perfeita harmonia, mas com cooperação suficiente para virar de cabeça para baixo o cálculo da sobrevivência. Não é apenas uma questão de "a união faz a força". É a união para inovar, participar, delegar e colaborar. E são essenciais, para essa bem-sucedida vida em grupo, as próprias ideias sobre a variedade da experiência humana que absorvemos através das histórias. Como observou o psicólogo Jerome Bruner: "Organizamos nossa experiência e nossa memória de acontecimentos humanos principalmente sob a forma de narrativa".[37] O que o levou a duvidar de que "essa vida coletiva fosse possível sem nossa capacidade humana de organizar e comunicar experiências em forma narrativa".[38] Por meio dessas histórias, investigamos a fundo o leque de comportamentos humanos, das expectativas sociais à transgressão hedionda. Testemunhamos a amplitude das motivações humanas, da ambição arrogante e desmedida à brutalidade repreensível. Encontramos o escopo das propensões humanas, da vitória triunfante à derrota comovente. Como enfatizou o professor e crítico literário Brian Boyd, as narrativas tornam "a paisagem social mais navegável, mais expansiva, mais prenhe de possibilidades" e incutem em nós um "desejo de entender nosso mundo não apenas nos termos de nossa experiência direta, mas por meio das experiências dos outros — e não apenas dos outros reais".[39] Sejam contadas por meio de mitos, histórias, fábulas ou mesmo relatos embelezados dos eventos cotidianos, as narrativas são a chave da nossa natureza social. Com a matemática, comungamos com outras realidades; com as histórias, comungamos com outras mentes.

Quando eu era criança, costumava assistir com meu pai à série original de *Star Trek: Jornada nas estrelas*, tradição que repeti com meu filho. Contos de moralidade e obras de ficção científica exercem uma forte atração para quem gosta de façanhas heroicas servidas com doses de reflexão filosófica. "Darmok", um dos episódios mais fascinantes de uma série derivada da franquia original, *Jornada das estrelas*: *A nova geração*, mostra o extraordinário papel das histórias para dar feitio à civilização. Os tamarianos (ou Filhos de Tamar), raça alienígena de humanoides, comunicam-se somente por meio de alegorias e metáforas inspiradas em uma mitologia própria, por isso o uso direto da linguagem por parte do capitão Picard é tão desconcertante para os tamarianos, assim como, para o capitão, são embaraçosas as referências constantes feitas pelos tamarianos a um conjunto de histórias que ele desconhece. Por fim, Picard entende a concepção de mundo tamariana baseada em alegorias e estabelece uma espécie de encontro de mentes interespécies contando a *Epopeia de Gilgámesh*.

Para os tamarianos, os padrões de vida e comunidade estão gravados em um conjunto de histórias compartilhadas. Nosso modelo mental é menos obstinado, mas, mesmo assim, a narrativa fornece um de nossos esquemas conceituais mais importantes. O antropólogo John Tooby e a psicóloga Leda Cosmides, pioneiros da psicologia evolutiva, sugerem a razão para isso: "Evoluímos, não faz muito tempo, de organismos cuja única fonte de informação (não inata) era a experiência do próprio indivíduo".[40] E a experiência, seja esbarrando nas multidões da Times Square de hoje em dia, seja coordenando uma caçada em grupo nas planícies da África cenozoica, fornece informações em pacotes no formato de histórias. Se tivéssemos a visão fantasiosa, sobre-humana e reveladora de partículas que mencionei no capítulo anterior, os pacotes de experiência poderiam ter um caráter diferente: talvez organizássemos nossos pensamentos e memórias em termos de trajetórias de partículas ou funções de onda quântica. Todavia, com percepções humanas comuns, a paleta de experiências é matizada na narrativa, e assim nossa mente é adaptada para colorir o universo de histórias.

Observe, porém, que forma é uma coisa e conteúdo, outra. Ao mesmo tempo que a experiência instilou um encantamento em relação à estrutura da história, usamos a narrativa para organizar nossa compreensão muito além dos limites das interações humanas. Os avanços científicos são um ótimo exemplo disso. Relatos sobre uma espécie solitária que parte com o objetivo de conquistar os grandes mistérios da realidade e retorna com algumas das mais surpreendentes revelações podem realmente ser a matéria do drama e de narrativas heroicas. Mas o padrão de sucesso para o conteúdo científico dessas histórias é o oposto exato das medidas que colocamos em prática em nossas odisseias humanas. A razão de ser da ciência é retirar o véu que obscurece uma realidade objetiva, de modo que as explicações científicas devem estar em conformidade com padrões de lógica e ser testadas por meio do escrutínio de experimentos replicáveis. Esse é o poder da ciência, mas também sua limitação. Ao adotar de modo rigoroso um padrão que minimiza a subjetividade, a ciência depende de resultados que transcendem qualquer membro específico da espécie. A importantíssima equação quântica de Schrödinger nos diz muito sobre os elétrons — e como é empolgante ter uma equação que delineia as idas e vindas dessas partículas tênues com maior precisão do que qualquer descrição de qualquer outro acontecimento no planeta —, mas a matemática não nos diz muito sobre Schrödinger ou o resto de nós. É um preço que a ciência paga com orgulho por uma narrativa cronológica quântica cuja relevância pode ir muito além do nosso cantinho da realidade, talvez imperando sobre todo o espaço e ao longo de todo o tempo.

As histórias que contamos sobre as peripécias de personagens, reais e fictícios, têm uma preocupação diferente. Elas iluminam a riqueza de nossa existência, inelutavelmente circunscrita e subjetiva. Ambrose Bierce tem um conto de tirar o fôlego, "Um incidente na ponte de Owl Creek", que retrata o breve momento de uma execução militar na ponte que dá título ao relato, destilando o que Ernest Becker descreveu como o "excruciante anseio interior pela vida".[41] Na história, testemunhamos uma versão ampliada desse desejo ardente. E quando imaginamos o exausto mas eufórico Peyton Farquhar, condenado à morte na forca, estendendo as mãos para abraçar sua esposa quando o brusco solavanco do nó da corda lhe quebra o pescoço, afastando-o (e a nós) de sua fuga imaginada, ramifica-se nosso senso a respeito do que significa ser humano. Por meio da linguagem, a história extrapola os limites que de outra forma seriam impostos pelas estreitas experiências que vivenciamos. À medida que as palavras escolhidas com maestria dirigem nossa imaginação, adquirimos um senso mais profundo de nossa humanidade comum e uma compreensão mais nuançada de como sobreviver enquanto espécie social.

Seja lidando com fatos ou com ficção, com o simbólico ou com o literal, o impulso de contar histórias é algo universal e humano. Assimilamos o mundo fazendo uso dos nossos sentidos, e, ao buscar coerência e fantasiar possibilidades, procuramos padrões, inventamos padrões e imaginamos padrões. Com as histórias, articulamos o que encontramos. É um processo contínuo, fundamental na maneira como organizamos nossas vidas e atribuímos sentido à existência. Histórias de personagens, reais e fantasiosos, reagindo a situações conhecidas e extraordinárias, proporcionam um universo virtual de ações e relações humanas que infunde nossas respostas e refina nossas ações. Em algum momento no futuro distante, se finalmente viermos a ser anfitriões de visitantes de um mundo longínquo, nossas narrativas científicas conterão verdades que eles provavelmente já conhecerão e que, portanto, terão pouco a lhes oferecer. Já nossas narrativas humanas, assim como ocorreu com Picard e os tamarianos, dirão a eles quem somos.

Na comunidade científica, os resultados de pesquisa se tornam correntes e ganham popularidade ao explicar dados intrigantes ou oferecer resoluções para problemas teóricos espinhosos, ou quando nos permitem realizar feitos até então considerados inatingíveis. Em geral, os avanços científicos continuam a ser competência de especialistas, mas alguns conseguem ir além e alcançar o status de amplo impacto cultural. Em geral, são avanços relevantes para preocupações de grande escopo que transcendem os minuciosos detalhes científicos: como o universo começou? O que é a natureza do tempo? O espaço é o que parece ser? Se você absorver as respostas mais refinadas que a ciência dá a essas perguntas grandiosas, é quase certo que sua perspectiva acerca da realidade mudará. Que somos um planeta minúsculo orbitando uma estrela mediana formada no rescaldo de uma intumescência estupenda do espaço primordial é uma percepção que constantemente embasa meus pensamentos sobre o modo como nos encaixamos no quadro mais geral das coisas. Que o tempo passa a velocidades diferentes para mim e para qualquer outra pessoa que não esteja se movendo comigo é um fato impressionante sobre o qual reflito sem cessar. Que nossa realidade aparentemente tridimensional pode ser uma fatia fina em uma vastidão espacial maior é uma possibilidade emocionante que me delicio em imaginar.

Ao longo de milênios, as culturas também produziram histórias específicas que se sobrepuseram às demais e exerceram um impacto profundo sobre a visão da realidade compartilhada pela comunidade em que foram engendradas. São os mitos de uma cultura — histórias contadas com uma dose de respeito suficiente para reunir um senso do sagrado. É notoriamente difícil definir o que é mito, mas aqui usaremos o termo na acepção de histórias que invocam agentes sobrenaturais para investigar grandes questões da cultura: sua origem, seus rituais tradicionais de longa data, suas maneiras específicas de impor ordem ao mundo. Em função de sua longevidade, do vasto apelo e do portfólio de explicações fundamentais, os mitos assumem a base de uma herança compartilhada, um corpus de tragédia e triunfo, de narrativa cronológica e fantasia, de aventura e reflexão que define um povo e molda uma sociedade.

Há um longo histórico de estudiosos e pesquisadores acadêmicos que desenvolvem maneiras perspicazes de ler e interpretar mitos. No início do século XX, o antropólogo Sir James Frazer propôs que os mitos surgiram a partir de tentativas de explicar os fenômenos intrigantes da vida e da natureza com os quais nossos irmãos ancestrais se deparavam. O psicanalista Carl Jung acreditava que, por intermédio dos arquétipos — padrões que ele supunha inerentes à mente inconsciente —, os mitos expressam qualidades compartilhadas da experiência humana. Joseph Campbell sugeriu um "monomito", um modelo-mestre para histórias mitológicas em que um personagem relutante é chamado à ação, parte para realizar uma aventura repleta de perigos e ritos de passagem que desafiam a morte e, por fim, regressa para casa como um herói renascido, cuja jornada dá a nosso senso de realidade um chacoalhão vigoroso.[42] Mais recentemente, o filólogo Michael Witzel aventou a ideia de que um modelo universal emerge de forma mais clara não no nível dos mitos individuais, mas quando levamos em consideração os mitos coletivos de tradições inteiras — um enredo concatenado, ele sugere, que se estende por todo o caminho, desde o começo do mundo até seu fim derradeiro. Recorrendo à linguística, à genética populacional e à arqueologia, Witzel argumenta que qualidades comuns nessas narrativas podem ser atribuídas a uma forma anterior de mitologia que se originou na África, talvez 100 mil anos atrás.[43]

Essas e muitas outras hipóteses, numerosas demais para mencionar aqui, incitam controvérsia e críticas inflamadas. Todas têm defensores e detratores; elas surgem, passam por um período de ascensão e depois enfrentam o ocaso. Alguns estudiosos sugerem que, embora seja forte o fascínio de uma explicação única e abrangente para o mito — ele ajudaria a identificar as qualidades difundidas que moldaram nossa antiga herança —, pode ser que a complexidade da vida humana, desenrolando-se através de uma história vaga e parcamente iluminada, não se preste a uma explicação singular. Para nosso propósito aqui, o escopo explicativo pode ser mais limitado. A escritora e pesquisadora da religião Karen Armstrong ofereceu a mais frugal das sínteses, observando que os mitos estão "quase sempre enraizados na experiência da morte e no medo da extinção",[44] e mesmo que sejamos um pouco mais conservadores e suavizemos esse "quase sempre", optando por "frequentemente" ou "em muitos casos", ainda assim teremos uma luz-guia potente para nos levar adiante.

Alguns exemplos: quando Gilgámesh ouve falar de um homem a quem os deuses aparentemente concederam a imortalidade, nada é capaz de detê-lo; ele parte numa jornada pelos quatros cantos da Terra, atravessa um ermo extenso, enfrenta perigos, trava contato com homens-escorpiões monstruosos, cruza as Águas da Morte, a fim de aprender o segredo que lhe permitiria escapar do fim inevitável. A morte é um aspecto central no mito hindu da deusa Kali, cuja perfeição enfurece tanto seus compatriotas divinos que eles cortam a cabeça dela com um raio;[45] a morte está no cerne do mito da criação dos povos kono, no qual Sa, a divindade da morte, acredita que sua filha foi sequestrada pelo deus Alatangana e, por vingança, decreta a mortalidade para toda a humanidade; é um tema significativo na história de Ma-ui, semideus da tradição da Oceania que se aventura entre as ferozes mandíbulas da deusa-duende adormecida, a Grande Hina da Noite, para garantir a imortalidade arrancando o coração dela — mas Hina desperta e, com seus dentes afiados feito navalhas, despedaça Ma-ui.[46] Abra sua antologia favorita de mitos do mundo numa página aleatória, e você não precisará ir muito longe para roçar as portas da morte. Essas histórias de personagens lutando pela vida e trazendo a morte ao mundo ecoam em muitas narrativas que tratam da aniquilação do planeta inteiro. Como Witzel observa, essa destruição "pode ocorrer como uma conflagração mundial derradeira — o *Götterdämmerung* ou *Ragnarök* na Edda poética nórdica, o metal derretido no mito zoroastrista, a dança e o fogo destrutivos de Śiva na Índia, o fogo no mito dos munda, fogo/água, e assim por diante na cultura maia e em outros mitos mesoamericanos, e a definitiva destruição imposta por Atum à Terra no Egito".[47] E se isso o deixa ávido por mais, existem inúmeras histórias que contam outras destruições com uso generoso de gelo, invernos sem fim e, um tema popularíssimo no mundo todo, dilúvios.

O que está acontecendo aqui? Por que tanto perigo, morte e destruição? Narrativas são um convite ao conflito e a problemas; a menos que estejamos comprometidos a deitar por terra normas narrativas, sem esses elementos teríamos enorme dificuldade para encontrar uma história. Misture isso às questões descomunais presentes no âmago do mito — origens de lugares ou pessoas e fundamentos lógicos para os modos de ser —, e os dilemas inerentes à história são levados ao extremo. A progressão dificilmente se daria de outra forma. Uma vez munidos da linguagem e tão logo começamos a contar histórias, adquirimos a capacidade de viver além do momento. Somos capazes de transitar com facilidade pelo passado e pelo futuro, de planejar e projetar, coordenar e comunicar, antecipar e preparar. A utilidade dessas capacidades é manifesta, mas com tal agilidade mental também vivemos com a memória daqueles que já não existem mais. Deduzimos o padrão, jamais violado, de que toda vida chega ao fim. Reconhecemos que a vida e a morte estão agarradas em um abraço inquebrantável. São qualidades duplas da existência. Refletir sobre as origens é suscitar questões sobre os fins. Refletir sobre como viver uma vida é refletir sobre a ausência de vida. A inevitabilidade da morte é um descortino imperioso para nós, aqui e agora, e, pode-se imaginar, ainda mais durante épocas em que o fim poderia chegar de forma ainda mais imprevisível. Não é de admirar que a morte e a destruição tenham ganhado proeminência temática.

Mas por que povoar essas narrativas ancestrais com gigantes ensandecidos, serpentes cuspidoras de fogo, homens com cabeça de touro e afins? Por que histórias fantásticas e aterrorizantes em vez de um realismo aterrorizante? Por que *Poltergeist* e *O exorcista* em vez de *O resgate do soldado Ryan* e *Cães de aluguel*? O antropólogo cognitivo Pascal Boyer, baseado nos primeiros trabalhos do cientista cognitivo Dan Sperber,[48] oferece uma resposta. Um conceito só consegue prender nossa atenção com força suficiente a ponto de nos lembrarmos dele e o transmitirmos a outras pessoas se for novo o bastante para nos surpreender, mas não tão abominável a ponto de o considerarmos ridículo. Boyer argumenta que determinada reflexão atinge o ponto cognitivo ideal quando é "minimamente contraintuitiva" — o que significa que viola uma ou talvez duas de nossas expectativas arraigadas.[49] Pessoas invisíveis? Claro, desde que a invisibilidade seja o único aspecto contraintuitivo. Um rio que dá respostas para problemas de cálculo cantando-os ao som da música-tema da série *M*A*S*H*? Eis aí uma tolice, que será rejeitada por quase todos e esquecida num piscar de olhos. Em consonância com os temas sobre-humanos dos relatos míticos, os protagonistas que encontramos têm envergadura sobre-humana, mas são construções minimamente contraintuitivas da imaginação humana. Não surpreende que esses protagonistas tenham formas físicas, processos de pensamento e até mesmo perfis de personalidade com os quais estamos, no mínimo, familiarizados, muito embora seus poderes excedam as expectativas baseadas em qualquer coisa que já tenhamos encontrado.

A linguagem fornece outro cilindro que impulsiona a criatividade do motor criativo do mito. Assim que obtemos a capacidade de descrever a estrutura de coisas comuns — tempestades violentas, árvores em chamas, serpentes rastejantes, e assim por diante —, a linguagem proporciona uma narrativa semipronta do tipo Sr. Cabeça de Batata, permitindo-nos mesclar e combinar à vontade. Rochas gigantescas e pessoas falantes são apenas uma troca na mistura linguística mais cativante de rochas falantes e pessoas gigantescas. A linguagem liberta a capacidade cognitiva de imaginar todo tipo de combinação não ensaiada que nos guia para a novidade.[50] As mentes que adquiriram esse poder eram capazes de enxergar velhos problemas de uma maneira inédita. Mentes que inovavam. Mentes que, com o tempo, controlariam e remodelariam o mundo.

Semear o redemoinho criativo é, também, nossa teoria da mente — nossa tendência inata de atribuir uma mente a toda e qualquer coisa que encontramos que apresente mínimos indícios de agência. Como em nossa discussão anterior sobre consciência, quando interagimos com outras pessoas, mesmo à distância e sem envolvimento direto, de imediato atribuímos a elas mentes mais ou menos parecidas com a nossa. Do ponto de vista evolutivo, isso é bom. Outras mentes podem gerar comportamentos que é melhor antecipar. O mesmo vale para os animais, e por isso, de modo instintivo, atribuímos a eles intenções e desejos. Contudo, às vezes, como enfatizam o psicólogo Justin Barrett e o antropólogo Stewart Guthrie, nós exageramos.[51] Em termos evolutivos, isso também pode ser bom. Confundir um arbusto distante iluminado pelo luar com um leão adormecido não é nada demais. Pensar que o barulho que acabamos de ouvir é um galho agitado pelo vento, quando na verdade é um leopardo que se aproxima, é fatal. Ao atribuir agência à natureza, é melhor superestimar do que subestimar (até certo ponto, que fique claro), uma lição que as moléculas de DNA bem-sucedidas e os veículos de narrativa de histórias que elas habitam levaram a sério.

Décadas atrás, durante uma expedição de acampamento, o que para mim era um evento raríssimo, fui desafiado a passar um breve período sozinho em um bosque. Equipado com lona, saco de dormir, três palitos de fósforo, uma latinha e um diário, me vi mergulhado na mais profunda solidão que já havia sentido. Por qualquer critério de avaliação, fosse prático ou psíquico, eu não estava preparado para aquilo. Consegui improvisar um teto baixo empalando a lona com galhos escolhidos criteriosamente, mas usei todos os fósforos na minha primeira tentativa frustrada de acender uma fogueira. Quando o Sol começou a se pôr e o terror se insinuava, desenrolei o saco de dormir, me enfiei dentro dele às pressas e fiquei encarando a lona que pairava bem acima do meu rosto. Eu estava à beira de um ataque de pânico. Para meus ouvidos habituados aos sons urbanos e para a minha imaginação sobrecarregada, cada rajada de vento e cada rangido eram um urso ou um leão montanhês. Eu não tinha ilusões de heroísmo, mas cada segundo interminável parecia meu rito de passagem e de afronta à morte. Peguei minha caneta e rabisquei dois olhos circulares, um nariz borrado e uma boca torta ligeiramente virada para cima nos cantos; escrever na lona não é ideal, mas as linhas azuis irregulares e os entalhes no plástico foram suficientes. Eu ainda estava sozinho, mas não me sentia completamente solitário. Se cada um dos ruídos da floresta à noite era dotado de uma mente, minha gravura também era. Eu ficaria isolado por apenas três dias, mas tinha criado meu próprio Wilson.

A evolução incutiu em nós a tendência para imaginarmos que o nosso entorno está repleto de coisas que pensam e sentem; às vezes fantasiamos que elas nos oferecem ajuda e conselhos, mas quase sempre as concebemos como coisas que conspiram e planejam, traem e enganam, atacam e se vingam. Superestimar os sons e as agitações frenéticas do mundo com a mente voltada para o perigo e a destruição pode salvar nossa vida. Ter flexibilidade cognitiva para mesclar elementos da realidade e engendrar misturas fantásticas pode semear inovação. Empoderar protagonistas — que de outra forma seriam banais —, atribuindo-lhes qualidades sobrenaturais surpreendentes, chama atenção e facilita a transmissão cultural. Combinados, esses elementos elucidam os tipos de história que cativaram a imaginação de nossos ancestrais e forneceram orientações narrativas para que encontrassem seu caminho no mundo antigo.

Com o tempo, as mais duradouras histórias míticas semeariam uma das forças mais transformadoras do mundo: a religião.

7. Cérebros e crença
Da imaginação ao sagrado

Eu imagino que, quando finalmente fizermos contato com seres extraterrestres, eles também contarão uma história repleta de tentativas de encontrar um sentido. Uma vida capaz de construir telescópios, projetar naves espaciais, tentar se comunicar com o cosmo e ouvir sua conversa é uma vida capaz de autorreflexão. À medida que a inteligência amadurece, o mesmíssimo impulso de investigar e compreender se manifesta como um anseio de injetar sentido à experiência. Se respondermos a uma boa quantidade de perguntas iniciadas com "como", muitas outras iniciadas com "por que" virão na sequência. Aqui na Terra, a sobrevivência obrigou nossos primeiros irmãos a serem técnicos. Eles tiveram de aprender a lascar, fabricar artefatos de pedra e moldar bronze e ferro. Precisaram dominar as técnicas de caça, coleta e agricultura. Mas, ao mesmo tempo que atendiam às necessidades essenciais de sobrevivência, nossos ancestrais se debateram com as mesmas perguntas que fazemos hoje — questionamentos sobre origem, sentido e propósito. Sobreviver é atiçar a busca das razões pelas quais a sobrevivência importa. Técnicos inevitavelmente se tornam filósofos. Ou cientistas. Ou teólogos. Ou escritores. Ou compositores. Ou músicos. Ou artistas. Ou poetas. Ou devotos de milhares de variações e combinações de sistemas de pensamento e expressão criativa que prometem algum tipo de entendimento a respeito das perguntas que continuam a afligir nossas entranhas muito tempo depois de nosso estômago já estar cheio.

Como nossas histórias e mitos duradouros deixam claro, as mais persistentes dessas questões são existenciais. Como o mundo começou? Como acabará? Como podemos estar aqui um momento e, um instante depois, desaparecer? Para onde vamos? Que outros mundos podem existir por aí?

IMAGINANDO OUTROS MUNDOS

Cerca de 100 mil anos atrás, em algum lugar na região da Baixa Galileia, no atual norte de Israel, uma criança de quatro, talvez cinco anos, brincando em silêncio ou aprontando alguma travessura, sofreu um golpe traumático na cabeça. O sexo dela é desconhecido, mas vamos imaginar que fosse uma menininha. A causa da lesão é obscura também. Teria ela tropeçado e desabado em uma colina íngreme e rochosa, caído de uma árvore, recebido uma punição excessiva dos pais? O que sabemos é que o impacto abriu um talho profundo na parte frontal direita do crânio, causando uma lesão cerebral que ela suportou até a idade de doze ou treze anos, quando morreu. Esses fatos foram coligidos a partir da análise de restos esqueléticos encontrados em Qafzeh, um dos cemitérios mais antigos do mundo, cuja escavação foi iniciada na década de 1930. Embora no local tenham sido encontrados também os restos mortais de outras 26 pessoas, o enterro dessa menina tem aspectos peculiares. Galhadas de dois cervos foram colocadas sobre o peito dela, com uma das extremidades descansando na palma da mão, disposição que, de acordo com os pesquisadores, fornece evidências de um sepultamento cerimonial. Os chifres eram um ornamento involuntário? Possivelmente. Mas é fácil acompanhar a avaliação da equipe de pesquisa e imaginar Qafzeh 11, como a criança é conhecida, sendo colocada para descansar em um ritual encenado cem milênios atrás por seres humanos primitivos que estavam refletindo sobre a morte, esforçando-se para entender o que ela significa e, talvez, ponderando a respeito do que poderia vir depois.[1]

Por mais precárias que sejam as conclusões sobre eventos tão distantes, escavações de enterros realizadas em épocas posteriores tornam a interpretação ainda mais plausível. Em 1955, no vilarejo de Dobrogo, cerca de duzentos quilômetros a nordeste de Moscou, Alexander Natchárov estava operando uma escavadeira para a Cerâmica Vládimir quando percebeu que, em meio ao barro marrom-amarelado que ele recolhia com as pás da máquina, havia ossos. Aquela acabou sendo a primeira amostra de muitas ossadas que seriam desenterradas nas décadas seguintes em Sunghir, um dos mais célebres sítios arqueológicos da Era Paleolítica. Uma das sepulturas é particularmente impressionante: um menino e uma menina, mortos com cerca de dez e doze anos de idade, foram enterrados de frente um para o outro, cabeça com cabeça, no que parece ser uma fusão eterna de duas jovens mentes. Sepultados mais de 30 mil anos atrás, seus restos mortais estão enfeitados por um dos mais primorosos conjuntos de adornos fúnebres já descobertos. Paramentos feitos de dentes de raposa-do-ártico decoram a cabeça dos dois, que ostentam também braçadeiras de marfim, mais de uma dúzia de lanças de marfim, discos de marfim perfurados e — o que faz os fãs do pianista Liberace abrirem um sorriso — mais de 10 mil contas de marfim entalhadas, que provavelmente foram costuradas nos trajes fúnebres das crianças. Os pesquisadores estimaram que, no ritmo furioso de cem horas semanais de trabalho, um artesão teria levado talvez mais de um ano para fabricar esses ornamentos todos.[2] Tamanho investimento nos dá pelo menos um indício forte de que os enterros rituais eram parte de uma estratégia para transcender o caráter definitivo da morte. O corpo podia até deixar de existir, mas alguma qualidade vital, passível de ser aprimorada ou apaziguada, honrada ou gratificada por acessórios requintados para o enterro, continuaria.

Edward Burnett Tylor, um antropólogo do século XIX, argumentou que os sonhos eram uma influência persuasiva a guiar os primeiros humanos a essa conclusão.[3] Podemos muito bem imaginar que essas escapadas noturnas, que iam do curioso ao extravagante, ofereciam uma sugestão persistente de um mundo além daquele que está disponível ao que os olhos abertos veem. Sentindo-se reconfortado ou apavorado, quem despertava de uma visita a um amigo ou parente falecido tinha a sensação de que eles ainda existiam. Não da forma como existiram outrora. Não aqui, é claro. Mas, de alguma maneira etérea, eles estavam por perto. Os relatos escritos, que só estariam disponíveis muito mais tarde, corroboram a especulação por meio de inúmeros casos de sonhos que abriam janelas para realidades invisíveis. Os antigos sumérios e egípcios interpretavam os sonhos como diretrizes do divino; tanto no Antigo quanto no Novo Testamentos, a vontade divina muitas vezes é revelada através de sonhos. E, na era moderna, estudos sobre sociedades de caça isoladas, a exemplo dos aborígines australianos, revelam o papel essencial do Tempo do Sonho, um reino eterno do qual toda a vida se origina e para o qual toda a vida retornará. Estados de transe onírico são igualmente comuns em várias tradições que praticam rituais conduzidos por música percussiva e dança extenuante, que podem durar horas e induzir devaneios hipnóticos descritos pelos participantes como um transporte para diferentes planos da realidade.[4]

Também durante as horas de vigília não faltavam episódios sugestivos de uma realidade além do visível: forças poderosas trabalhando na terra e nos céus; acontecimentos imprevisíveis da existência diária; perigos que com frequência punham a vida em risco e dela davam cabo. O sucesso evolutivo em um meio ambiente social preparou nosso cérebro para atribuir experiências comuns a ações de seres semelhantes a nós. Quando caía um raio ou quando as inundações alagavam os campos ou quando a terra tremia, continuávamos acreditando que o responsável era um ser pensante. Diante de tudo isso, podemos imaginar que nossos antepassados reconheciam implicitamente os limites de sua influência em um mundo incerto e, em resposta, invocavam personagens que habitavam um reino invisível no qual punham em ação os mesmos poderes que nossos ancestrais não detinham.

Involuntária ou não, era uma resposta deveras inteligente. Ela nos permitiu descrever eventos até então aleatórios na forma de histórias coerentes: imaginar reinos invisíveis povoados de personagens conhecidos e inventados. Atribuir nomes e rostos, reais e fantásticos, determinar quem vigia o que fazemos e quem exerce o verdadeiro controle sobre nosso destino. Reformular a noção de mortalidade como um portal atravessado por Qafzeh 11, suas duas dúzias de companheiros de caverna, bem como gerações de ancestrais, a caminho de mundos invisíveis, mas ascendentes. Contar e recontar suas histórias e, com essas narrativas, invocar personalidades, fraquezas, ressentimentos, ciúmes e todo tipo de comportamento humano que se desenrolavam em mundos próximos para explicar, do nosso jeito, acontecimentos de outro modo inexplicáveis.

Nossas incursões artísticas ancestrais fornecem outros indícios de preocupação com o sobrenatural. Nas paredes de pedra, os exploradores do mundo encontraram dezenas de milhares de imagens pintadas, algumas datadas de mais de 40 mil anos atrás. Elas revelam uma mistura variada de animais selvagens, de leões e rinocerontes a criativos híbridos que resultavam do cruzamento de veados e mulheres ou de pássaros e homens. A forma humana assume um papel secundário, muitas vezes sendo representada como um esboço rudimentar, isso quando chega a aparecer. Há séries abundantes de impressões de mãos humanas, retratadas como rabiscos caóticos de contornos sobrepostos, cujo significado só podemos supor — estariam se estendendo no esforço de tocar outros reinos? Desejando adquirir a durabilidade aparentemente infinita da rocha? Estampando ornamentações exuberantes? Ou seriam uma versão primitiva de "Fulano esteve aqui"? As intenções desvanecem, por isso nos resta elucubrar. Ao fazermos nossas especulações, reconhecemos no feiticeiro dançante e no bisão moribundo os primeiros esforços de uma força criativa que se assemelha à nossa. Olhando para o que há logo abaixo da superfície da rocha, vislumbramos um reflexo de nós mesmos.

Aí residem tanto a empolgação como a armadilha. O fascínio de encontrar nossos parentes culturais ancestrais pode nos induzir à tentação de atribuir a suas obras criativas significados indevidos. Talvez a arte rupestre não seja nada mais do que um conjunto de rabiscos estúpidos oriundos da mente consciente primitiva. Ou, em uma descrição mais elevada, talvez a arte rupestre demonstre um impulso estético antiquíssimo, o que alguns chamam de "arte pela arte".[5] Inferir a inspiração daqueles que viveram centenas de séculos atrás é um negócio arriscado, por isso é aconselhável não exagerar. Mas quando levamos em conta a provação necessária para ao menos chegar a alguns desses locais, uma explicação do tipo "arte por amor à arte" parece menos plausível. Por exemplo, o arqueólogo David Lewis-Williams descreve o modo como os exploradores de hoje e, presumivelmente, os artistas das cavernas da pré-história "se agachavam e rastejavam por mais de um quilômetro em cavidades subterrâneas e passagens estreitas mergulhadas na mais absoluta escuridão, deslizavam ao longo de margens enlameadas e atravessavam a vau lagos escuros e rios ocultos".[6] O mais provável é que até mesmo aqueles nossos irmãos ancestrais que tinham um comprometimento boêmio mais forte teriam escolhido maneiras mais fáceis de satisfazer um impulso puramente artístico.

Talvez, então, nossos antepassados artísticos estivessem realizando cerimônias mágicas para assegurar o sucesso da caça, ideia alardeada no início do século XX pelo arqueólogo Salomon Reinach.[7] O que custava se empenhar em um pouquinho de espeleologia e pintura em paredes e tetos de cavernas, se isso poderia garantir um jantar delicioso e necessário?[8] Ou, como sugeriu Lewis-Williams, levando adiante ideias antes discutidas pelo historiador da religião Mircea Eliade, pode ser que a arte rupestre derivasse de "viagens" sob efeito de alguma substância alucinógena ou estados intensos de abstração ou arrebatamento xamânicos. À medida que as narrativas míticas conquistavam cada vez mais adeptos, os xamãs — líderes espirituais que ganharam proeminência convencendo os outros, e talvez também a si mesmos, de sua capacidade de se transportar para os reinos invisíveis das realidades próximas — se tornaram intermediários entre este mundo e o próximo. As inspirações para as pinturas paleolíticas podem, então, ter sido visões semelhantes a transes vivenciados por xamãs enquanto lidavam com personagens mitológicos ou incorporavam animais imaginários.

Semelhanças notáveis entre composições separadas por continentes e milênios parecem indicar uma explicação única e abrangente para a arte rupestre. Contudo, mesmo que essa seja uma visão muito ambiciosa, há uma característica da qual o arqueólogo Benjamin Smith está completamente convencido: "As cavernas estavam longe de ser apenas 'telas de pintura'. Eram lugares de realização de rituais, onde as pessoas se comunicavam com espíritos e antepassados que habitavam outras esferas, eram lugares carregados de significado e ressonância".[9] Segundo Smith e muitos pesquisadores que partilham ideias afins, nossos antepassados acreditavam que, por meio da arte e dos rituais, era possível influenciar as forças espirituais. A despeito dessa conclusão confiante, à medida que recuamos no tempo 25, cinquenta, talvez até 100 mil anos, os detalhes são nebulosos e, portanto, é improvável que algum dia saibamos cravar o que motivou nossos irmãos ancestrais. Mesmo assim, um cenário consistente, ainda que hipotético, torna-se nítido. Vemos nossos antepassados realizando enterros cerimoniais, despedidas ritualizadas para outros mundos; criando arte que imagina realidades além da experiência; relatando narrativas míticas que invocam espíritos poderosos, imortalidade e a vida após a morte — em suma, vão se entrelaçando as vertentes do que as gerações posteriores chamariam de religião, e não precisamos nos esforçar muito para ver, entremeado ao fio da trama, o reconhecimento da impermanência da vida.

Podemos converter o florescimento da religiosidade ancestral em uma explicação para a ampla adoção da prática religiosa em todo o mundo? Os defensores da ciência cognitiva da religião, a exemplo de Pascal Boyer, argumentam que sim. Mesmo de uma ponta à outra do espectro mais amplo de formas de envolvimento religioso, Boyer sugere, existe uma base evolutiva uniformemente aplicável: "A explicação para crenças e comportamentos religiosos deve ser encontrada na maneira como todas as mentes humanas funcionam. Eu me refiro de fato a todas as mentes humanas, não apenas à de pessoas religiosas [...] porque o que importa aqui são propriedades da mente encontradas em todos os membros de nossa espécie com cérebro normal".[10]

A tese é de que características inerentes ao cérebro humano, moldadas ao longo das eras por meio da batalha implacável pela supremacia evolutiva, nos preparam para a convicção religiosa. Não que existam genes divinos ou dendritos devocionais. Em vez disso, Boyer se baseia em um entendimento do cérebro, desenvolvido nas últimas décadas por cientistas cognitivos e psicólogos evolutivos, que refina a conhecida metáfora da mente como um computador. Em vez de comparar o cérebro a um computador de uso geral à espera de qualquer programação que venha a adquirir por meio da experiência, o órgão é comparado a um computador de finalidade especial, conectado a uma programação projetada pela seleção natural para impulsionar a sobrevivência e as perspectivas reprodutivas de nossos antepassados.[11] Tais programas dão sustentação ao que Boyer chama de "sistemas de inferência", processos neurais de função específica hábeis em responder aos tipos de desafio — de arremessar lanças a cortejar parceiros de acasalamento e estabelecer alianças — que teriam determinado quais genes migraram com sucesso para a rodada seguinte e quais não obtiveram êxito. O argumento central de Boyer é que os sistemas de inferência são prontamente cooptados pelas mesmas qualidades intrínsecas à religião.

Já vimos um desses sistemas de inferência: nossa teoria da mente, por meio da qual atribuímos o tipo de agência que cada um de nós sente e vivencia internamente às entidades que encontramos no mundo externo. A tendência, benéfica em termos adaptativos, de superestimar essa agência explica a facilidade e a prontidão com que imaginamos que nosso ambiente — seja embaixo da terra, seja nos céus — é habitado por mentes atentas. Outros sistemas de inferência incluem nossa compreensão intuitiva da psicologia e da física: sem instrução formal, todos temos um entendimento básico das capacidades da mente e do corpo. Junte-se a esses sistemas de inferência a nossa atração por conceitos minimamente contraintuitivos (lembre-se de que esses conceitos violam um pequeno número de nossas expectativas intuitivas), e há pouco mistério em por que nos aferramos a noções como espíritos e deuses (agentes dotados de mentes similares às de seres humanos, mas diferindo das expectativas em sua corporalidade e em seus poderes, tanto psicológicos como físicos). Cérebros normais também têm sistemas de inferência social que, por exemplo, monitoram os relacionamentos, garantindo que cada pessoa envolvida receba um tratamento justo. Se eu fizer alguma coisa por você, você vai ter que fazer algo por mim, e não se engane, estou registrando tudo e vou cobrar. Essa variedade recíproca de altruísmo pode ser a fonte da natureza transacional do relacionamento dos devotos com os seres sobrenaturais que povoam as tradições religiosas: vou fazer sacrifícios, rezar, praticar o bem, mas, quando chegar a hora do combate amanhã, você vai me proteger. Por outro lado, quando coisas ruins acontecem, todos nós estamos mais do que dispostos a atribuir a culpa à nossa incapacidade individual ou coletiva de atender às expectativas divinas.

Em seu livro *Religion Explained*, Boyer elabora essas ideias de forma detalhada; outros pesquisadores desenvolveram variações sobre temas semelhantes.[12] Mas meu resumo transmite a essência do enfoque: a evolução do cérebro foi moldada por meio da batalha pela sobrevivência, e o cérebro vitorioso que daí resultou tem qualidades que encampam a religião de braços abertos. É um exemplo daquilo a que antes me referi como um pacote evolutivo. Uma predileção pela crença religiosa pode não ter valor adaptativo próprio, mas vem acompanhada de um conjunto de outras qualidades cerebrais que *foram* selecionadas por causa de suas funções adaptativas. Não significa que todos nós seremos religiosos, assim como a nossa adoração naturalmente selecionada por doces não quer dizer que todos nos empanturraremos de rosquinhas cobertas de glacê. Na verdade, isso significa que os sistemas de inferência do cérebro são especialmente sensíveis e receptivos aos tipos de características que aparecem nas religiões do mundo. De fato, tal ressonância é o próprio motivo pelo qual essas características persistiram nessas religiões. Sejam fantasmas ou deuses, demônios ou diabos, santos ou almas, os conceitos religiosos são ótimos regentes da mente humana em evolução. Prestamos atenção neles, agimos de acordo com eles, os divulgamos e, assim, eles se espalham amplamente.[13]

Então é isso? A sobrevivência dos mais aptos equipou nossa mente, e é fácil inculcar em mentes aptas uma sensibilidade religiosa? E quanto ao papel que imaginamos que a religião deve ter desempenhado (e, para muitos, continua desempenhando) no sentido de explicar o que parece inexplicável, desde a origem da vida e do universo até o significado da morte? Boyer e muitos outros que propõem perspectivas semelhantes não negam o papel da religião na abordagem desses problemas, mas argumentam que tais considerações não bastam para explicar por que a religião surgiu e tem os aspectos que tem. O elefante na sala religiosa é a mente humana e, sem um foco principal na natureza evoluída da mente, deixamos de fora a força dominante.

Esse argumento é convincente e perspicaz. Porém, como acontece com todas as teorizações na arena espetacularmente complexa do cérebro, da mente e da cultura, é difícil chegar a conclusões definitivas que convençam todas as mentes modernas, ou pelo menos aquelas que refletem com cuidado sobre os temas em questão. Além disso, mesmo que a ciência cognitiva da religião consiga revelar que temos uma suscetibilidade inerente ao pensamento religioso, ainda resta muito espaço para que a religião seja mais do que um apêndice evolutivo, ou um mero subproduto de adaptações cognitivas anteriores. Como outros pesquisadores argumentaram, talvez ela seja onipresente porque forneceu uma contribuição própria à nossa aptidão adaptativa.

SACRIFICAR-SE PELOS DEMAIS

À medida que o tamanho dos clãs crescia, as tribos de caçadores-coletores se viram diante de um problema decisivo. Como assegurar a cooperação e a lealdade entre grupos cada vez maiores? Por meio de conjuntos de parentes. Uma ideia que remonta a Darwin e que foi desenvolvida nas décadas subsequentes por vários cientistas renomados, incluindo Ronald Fisher, J. B. S. Haldane e W. D. Hamilton, sugere que a evolução via seleção natural resolve o problema sem muito esforço.[14] Sou leal a meus irmãos e irmãs, filhos e outros familiares próximos porque compartilhamos uma porção significativa de genes. Ao salvar minha irmã do ataque de um elefante, aumento a probabilidade de que segmentos genéticos idênticos aos meus perdurem e sejam repassados para as gerações posteriores. Não que eu precise saber disso. E, durante minha corajosa façanha, decerto não estou pensando em abundâncias relativas no fundo genético futuro. Entretanto, pela lógica darwiniana padrão, minha inclinação instintiva para proteger meus familiares, e até mesmo me sacrificar em prol de grupos de parentes, será naturalmente selecionada, fomentando a continuidade desse comportamento na prole que compartilha uma porcentagem significativa do meu perfil genético. O raciocínio é direto, mas suscita uma pergunta: quando grupos crescem a ponto de ficarem mais numerosos que um conjunto de parentes, existe uma cenoura genética como recompensa no fim da vara cooperativa?

Se você fosse capaz de encontrar uma maneira de me fazer pensar que membros do grupo maior são parte da minha família estendida — ou pelo menos de agir como se fossem —, o problema poderia ser resolvido. Mas como se consegue isso? Já discutimos aqui como as histórias, ao aprimorar nossa compreensão de outras mentes, podem ter facilitado a vida comunitária. Alguns pesquisadores, entre eles o biólogo evolutivo David Sloan Wilson, ao desenvolver ideias defendidas perto da virada do século XX pelo sociólogo Émile Durkheim, levam esse papel adaptativo a outro patamar.[15] Religião *são* histórias, aperfeiçoadas por doutrinas, rituais, costumes, símbolos, arte e padrões comportamentais. Ao conferir uma aura de sagrado a conjuntos dessas atividades e ao estabelecer uma fidelidade emocional entre os praticantes, a religião amplia o clube de parentesco. Ela proporciona o sentimento de pertencimento a indivíduos que não têm relação pessoal entre si e que, dessa maneira, sentem-se parte de um grupo com vínculos fortes. Mesmo que nossa sobreposição genética seja mínima, estamos preparados para trabalhar juntos e nos proteger uns aos outros por causa de nossa devoção religiosa.

Essa cooperação é importante. Muito. Como vimos, os humanos preponderaram em grande medida porque nossa espécie tem a capacidade de reunir cérebro e músculos, viver e trabalhar em grupos, dividir responsabilidades e atender com eficácia às necessidades coletivas. A maior coesão social das pessoas que viviam em um grupo ligado por vínculos religiosos fez delas uma força mais poderosa no mundo ancestral, o que, de acordo com essa linha de argumento, assegurou à afiliação religiosa um papel adaptativo.

Essa perspectiva gerou décadas de debates. Alguns pesquisadores ficam desesperados toda vez que alguém apresenta a coesão do grupo como uma explicação evolutiva, pois a veem como uma alternativa banal para explicar comportamentos supostamente prossociais, cujo valor adaptativo provou ser, pelo contrário, ilusório.[16] Além disso, o valor adaptativo da cooperação é algo complexo em si: em qualquer grupo de indivíduos cooperativos, membros egoístas podem manipular o sistema. Ao tirar vantagem de camaradas afáveis, indivíduos egoístas podem adquirir uma parcela indevida de recursos e, assim, aumentar injustamente a probabilidade de sobreviver e de se reproduzir. Passando adiante suas tendências egoístas, sua progênie tenderá a fazer o mesmo, o que, ao longo do tempo, levará seus companheiros mais dispostos a confiar nos outros — assim como suas sensibilidades religiosas — à extinção. E lá se vai o golpe adaptativo da religião.

Os defensores da base religiosa da coesão social reconhecem esse aspecto da questão, mas enfatizam que essa é apenas metade da história. Dentro dos limites de um grupo isolado de membros cooperativos, infiltrados egoístas certamente levarão a melhor. Mas os grupos que nos interessam aqui — caçadores-coletores no Pleistoceno — não eram isolados. Eles interagiam. Eles lutavam. E, de acordo com uma leitura do registro arqueológico, suas batalhas eram mortíferas. Um conjunto de membros cooperativos, cada um deles dedicado ao bem-estar do grupo, tenderia a se sair melhor. Como o próprio Darwin afirmou: "Quando duas tribos de homens primitivos, vivendo no mesmo local, entravam em competição, se uma delas incluísse (as outras circunstâncias sendo equivalentes) um número maior de membros corajosos, fiéis e solidários, sempre dispostos a alertar uns aos outros do perigo, a ajudar e a se defender, essa tribo sem dúvida seria mais bem-sucedida e conquistaria a outra".[17] Além disso, as tribos cujos ritos religiosos eram inspirados pela devoção a ancestrais ou a divindades vigilantes teriam sido ainda mais confiáveis e fervorosas em seu comprometimento com a causa.[18] E, assim, para determinar quais características genéticas teriam nadado a braçadas largas através do fundo genético, devemos levar em consideração não somente a dinâmica intragrupo, que favorecia os egoístas, mas também a dinâmica intergrupos, que favorecia os cooperativos. Se presumirmos que no transcorrer de muitos milhares de gerações o sucesso intergrupos dominou o cálculo da sobrevivência, a fidelidade ao grupo teria influência, de modo que a coesão social da religião triunfaria.

A vitória assim imaginada permanece hipotética porque depende da dominância de forças intergrupos sobre forças intragrupos, e nem todo mundo está convencido de que essa suposição fornece um retrato exato da vida e da morte em todo o nosso passado de caçadores-coletores. Animando ainda mais os céticos, uma explicação para o comportamento cooperativo pode emergir de considerações mais sensatas e realistas: a matemática da teoria dos jogos. Entre os extremos dos comportamentos egoísta e altruísta, inúmeras estratégias poderiam ser adotadas por um membro individual de um grupo. Talvez eu tenha inclinações altruístas; porém, se você passar a perna em mim mais de uma vez, pode ser que meu lado egoísta venha à tona com toda a fúria. Se eu perder a confiança em você, pode ser que eu nunca mais lhe dê outra chance — ou, talvez, se você fizer coisas boas para mim, uma mão lava a outra e eu lhe oferecerei uma chance de reaver minha confiança. E assim por diante. Em um grupo numeroso, composto de indivíduos empenhados em uma gama de estratégias diferentes, o que acontece? Bem, estratégias cooperativas diferentes conferem valor de sobrevivência diferente, e as próprias gerações estarão sujeitas à seleção darwiniana. Usando análises matemáticas e simulações em computador, pesquisadores compararam várias estratégias e descobriram que uma em particular — "Farei algo de bom por você contanto que em troca você faça algo de bom por mim, mas, se você pisar na bola e fizer algo desonesto, vou retaliar na hora" — supera, com consistência, as demais variantes, incluindo aquelas muito mais egoístas. A análise teórica sugere, então, que uma cooperação qualificada auxilia a sobrevivência.[19] Para os detratores, isso demonstra que a cooperação pode surgir de forma orgânica e se espalhar por meio da seleção natural, sem necessidade alguma de os participantes manterem uma crença religiosa comum.

Depois de décadas de brigas, alguns pesquisadores afirmam que essas disputas foram enfim resolvidas. Contudo, uma vez que essas apreciações foram feitas por defensores de ambos os lados, a avaliação sobre o papel da religião como a cola social que fomentou a sobrevivência no Pleistoceno continua a escapar ao consenso. É um problema complexo. Amarrando, entre outras qualidades sedutoras, o encantamento da história, a inclinação para prover agência, o conforto do ritual, o apetite por explicações, a segurança da comunidade e a atração cognitiva por contrariar expectativas, a religião é um desdobramento humano fecundo e intrincado cuja gênese se deu em uma época tão remota que os dados concretos, da prática ancestral aos conflitos intragrupos, são escassos. O debate não cessará, sem dúvida.

Outra possibilidade bem diversa é de que, na avaliação da potencial função adaptativa da religião, o argumento da coesão do grupo deixa passar em branco uma parte essencial da história. Vários pesquisadores sugeriram que o impacto adaptativo da religião é mais evidente no nível do indivíduo.

ADAPTAÇÃO INDIVIDUAL E RELIGIÃO

Durante nossa investigação sobre a origem da linguagem, uma das hipóteses aventadas destacou o papel da fofoca na manutenção das hierarquias e na formação de alianças. Por mais que na Era Moderna essas conversas repletas de mexericos pudessem ser vistas como frívolas, para o psicólogo Jesse Bering, elas estão no cerne do papel adaptativo da religião no mundo antigo. Antes de adquirirmos a capacidade de falar, um trapaceiro em nosso meio poderia se comportar mal — roubando comida, pegando emprestados parceiros sexuais, deixando-se ficar para trás de propósito durante a caçada —, mas, se as testemunhas da transgressão fossem pouco numerosas e de status fraco, o culpado escaparia impune. Assim que a linguagem entrou em cena e assumiu as rédeas, isso mudou. Bastava uma única infração, desde que amplamente discutida, para que a reputação do culpado fosse arranhada, e como consequência suas oportunidades reprodutivas despencassem. A sugestão de Bering é que, se um aspirante a transgressor imaginasse que sempre haveria uma testemunha poderosa — pairando no vento, nas árvores ou no céu —, ele se mostraria menos propenso a cometer transgressões, alimentar fofocas desfavoráveis ou ainda a se tornar um pária social. Dessa forma, aumentariam suas probabilidades de ter filhos e transmitir seus instintos de temor a Deus. Uma predisposição para a religião protege a linhagem genética e se torna autoperpetuante.[20]

As evidências que corroboram essa noção provêm de experimentos realizados por Bering nos quais se propunha uma tarefa desafiadora a crianças, as quais eram então deixadas sozinhas para cumpri-la. Na ausência de supervisão, os pesquisadores constataram o que era de se esperar. Muitas crianças trapaceavam. Contudo, aquelas que eram informadas de que havia na sala uma testemunha invisível, uma presença amigável, mas atenta, apresentavam maior propensão a seguir as regras. Isso valia mesmo para as que afirmavam não acreditar na existência de um ser invisível. A conclusão de Bering é de que as mentes jovens — que, ele argumenta de modo bastante plausível, propiciam uma janela mais direta para a nossa natureza humana inerente que mentes mais velhas, as quais já foram sujeitas a uma maior influência cultural — estão predispostas a agir de acordo com uma presença invisível que monitora constantemente o comportamento. Em tempos ancestrais, foi essa mesma espécie de preparação que estimulou o comportamento prossocial que protegia reputações, aumentava as oportunidades reprodutivas e espalhava ainda mais a preparação em si — ou seja, uma preparação para uma sensibilidade religiosa.

Um papel adaptativo diferente para a religião foi elaborado por psicólogos sociais experimentais que passaram décadas promovendo a visão de Ernest Becker, cujo livro *A negação da morte* norteou nosso caminho no capítulo 1. O terror de saber que vamos morrer, argumentam esses pesquisadores, "teria transformado nossos ancestrais em pilhas trêmulas de protoplasma biológico na pista expressa rumo ao desaparecimento".[21] O que pode talvez ter nos salvado, sugerem eles, foi a promessa da vida além da morte física, literal ou simbólica. O próprio Becker apresentou um argumento persuasivo segundo o qual lidar com a consciência da mortalidade invocando o sobrenatural foi uma inovação humana maravilhosa. Aliviar a angústia da transitoriedade requer um paliativo com durabilidade irrestrita e ilimitada, algo impossível de se alcançar no mundo real das coisas materiais.

Sim, talvez você possa achar difícil compreender a imagem de nossos antepassados fisicamente robustos amontoados na savana em uma paralisia induzida pela ansiedade. No entanto, por meio de experimentos psicossociais sagazes, pesquisadores argumentaram que até mesmo aqui, na Era Moderna, somos involuntariamente afetados pela consciência da mortalidade, e isso é demonstrável. Num desses experimentos, juízes da corte criminal do Arizona foram incumbidos da tarefa de recomendar a aplicação de uma multa a réus acusados de delitos leves. As instruções fornecidas aos magistrados incluíam um questionário-padrão de perfil de personalidade, e metade deles teria de responder a algumas perguntas adicionais que exigiam reflexão a respeito da própria mortalidade ("Pensar na sua morte desperta quais emoções?", por exemplo). Os pesquisadores previram que, uma vez que o código legal faz parte do esforço conjunto da sociedade para asseverar o controle sobre uma realidade anárquica — proporcionando um baluarte contra os perigos que espreitam pouco além dos limites da civilização —, os juízes que haviam sido lembrados do perigo máximo, ou seja, a própria morte, imporiam os estatutos legais com mais veemência. As previsões foram certeiras. Mas até mesmo os pesquisadores consideraram extraordinária a disparidade das multas recomendadas pelos dois grupos de juízes. Em média, as multas impostas por aqueles que haviam sido influenciados pela mortalidade foram *nove* vezes superiores às do grupo de controle.[22]

Como os pesquisadores enfatizaram, se até mesmo a mente judiciária, meticulosamente treinada e impregnada pelo padrão de isenção e imparcialidade, pode ser tão afetada quando se lança uma réstia de luz adicional sobre a consciência da mortalidade, deveríamos parar para pensar antes de descartar uma influência semelhante, mas tão furtiva quanto, que atua dentro de cada um de nós. De fato, centenas de estudos subsequentes (variando os voluntários, o país de origem, as tarefas atribuídas, a maneira como a conscientização da mortalidade é estimulada, e assim por diante) demonstraram que tais influências podem ser medidas e se manifestam em larga medida da cabine de votação ao preconceito xenófobo, da expressão criativa à afiliação religiosa.[23] Becker afirmou, e esses estudos corroboram sua hipótese, que a cultura evoluiu em parte para mitigar os efeitos potencialmente debilitantes que, de modo geral, acompanhariam a consciência da mortalidade. Assim, a partir dessa perspectiva, se você zomba dessa possibilidade é porque a cultura está fazendo seu trabalho.

Pascal Boyer, com quem começamos nossa discussão sobre as raízes evolutivas da religião, rejeita esse papel para a religião, observando que "um mundo religioso é invariavelmente tão assustador quanto um mundo sem a presença sobrenatural, e o reconforto que muitas religiões criam não vai além de uma mortalha espessa de melancolia".[24] Todavia, em vez de acalmar sacos de ossos tremendo de medo, no melhor espírito dos adeptos de Becker, e longe de lançar sombras escuras sobre seus seguidores devotos, conforme previu Boyer, uma sensibilidade religiosa pode ter propiciado a um paciente menos desalentado um benefício mais modesto. Talvez as atividades religiosas arcaicas iluminassem a morte com uma luz mais suave e inserissem a experiência cotidiana no âmbito de uma narrativa mais duradoura — uma consequência benéfica da experiência religiosa que, segundo a descrição de William James, proporcionava "uma garantia de segurança e um estado de espírito pacífico", ao mesmo tempo que incutia um "novo entusiasmo que se acrescenta como uma dádiva à vida e assume a forma ou de um encantamento lírico ou de um apelo à sinceridade e ao heroísmo".[25]

Claramente, ainda não há consenso sobre o que motivou o surgimento da religião e tampouco o que a fez perdurar com tanto vigor. E isso não se deve à falta de ideias: a religião permaneceu porque cooptou o cérebro naturalmente selecionado, porque impulsionou a coesão de grupo, porque serenou a ansiedade existencial, porque protegeu reputações e oportunidades reprodutivas. Talvez o registro histórico seja irregular demais para que um dia cheguemos a construir um argumento definitivo; pode ser que a religião desempenhe papéis variados demais para se submeter a explicações abrangentes. Continuo partidário da relevância da religião para o reconhecimento singular de nossa vida finita; como Stephen Jay Gould sintetizou: "Um cérebro grande nos permitiu aprender [...] a inevitabilidade de nossa mortalidade pessoal"[26] e "toda religião começou com uma consciência da morte".[27] Agora, se em seguida a religião se estabeleceu porque transformou essa consciência em uma vantagem adaptativa, eis uma questão totalmente diferente.

A organização requintada do cérebro permite a ele gerar pensamentos e ações abundantes, alguns diretamente ligados à sobrevivência, outros não. De fato, é essa mesma capacidade, nosso extenso repertório comportamental, que fornece as bases para a variedade de liberdades humanas que discutimos no capítulo 5. O irrefutável é que, por meio dessas ações, mantivemos firmemente a religião conosco, convertendo-a, ao longo dos milênios, em instituições cuja influência permeia o planeta.

UM ESBOÇO DE RAÍZES RELIGIOSAS

Durante o primeiro milênio a.C., na Índia, na China e na Judeia, pensadores tenazes e inventivos reexaminaram mitos e modos de ser ancestrais, levando (entre outras mudanças significativas) ao que o filósofo Karl Jaspers descreveu como os "primórdios das religiões do mundo, em conformidade com as quais os seres humanos ainda vivem".[28] Estudiosos debatem o grau de parentesco desses desdobramentos distantes entre si, mas há consenso sobre os resultados. Os sistemas religiosos tornaram-se cada vez mais organizados à medida que os adeptos fizeram o registro escrito das histórias, reuniram pontos de vista e sintetizaram diretrizes que, canalizadas por profetas ungidos e transmitidas oralmente de uma geração para a seguinte, ganharam um carimbo de sagradas. É grande a variação no conteúdo dos textos resultantes, é claro, mas eles têm em comum um fascínio pelas mesmas perguntas que norteiam nossa investigação nestas páginas: de onde viemos? E para onde vamos?

Entre os registros escritos sobreviventes mais antigos estão os Vedas, compostos em sânscrito no subcontinente indiano, com partes que datam de 1500 a.C. Junto com os Upanixades, um rico conjunto de comentários provavelmente escritos algum tempo depois do século VIII a.C., os Vedas são uma compilação volumosa de versículos, mantras e textos em prosa que constituem o sistema de escrituras sagradas do que viria a se tornar a religião hindu — hoje praticada por um em cada sete habitantes do planeta, ou cerca de 1,1 bilhão de pessoas. Antes de completar dez anos de idade, tive uma introdução pessoal a essas obras.

Era o final dos anos 1960. Paz, amor e Vietnã estavam em voga; em um dia ensolarado, meu pai, minha irmã e eu passeávamos no Central Park. Paramos no palco ao ar livre Naumburg Bandshell, perto do Poet's Walk, onde um grande número de devotos Hare Krishna tamborilava, cantava e dançava de modo frenético. Um deles, de olhos esbugalhados e lágrimas escorrendo pelo rosto, expressava uma comunhão astral ardorosa, sacudindo o corpo ao ritmo das batidas enquanto, atento, fitava o Sol. De modo surpreendente, pelo menos para mim, percebi que um dos percussionistas, envergando mantos esvoaçantes e ostentando uma cabeça raspada, exceto por um tufo solitário no alto da cabeça, era meu irmão. Eu achava que ele estava na faculdade. Aquele passeio, ao que tudo indica, foi a maneira que meu pai encontrou de nos apresentar ao novo rumo que a vida do meu irmão havia tomado.

Nas décadas seguintes, a comunicação com meu irmão foi episódica, mas em cada um dos nossos encontros os Vedas tiveram papel central ou no mínimo coadjuvante. É difícil dizer se meus interesses foram despertados por esses encontros ou se as conversas surgiram naturalmente em decorrência da interação entre dois irmãos que tratavam de questões semelhantes ancorados em perspectivas muito diferentes. Sem dúvida foi enriquecedor aprender sobre meditações antiquíssimas, e para mim desconhecidas, a respeito das origens cósmicas: "Não havia inexistência nem existência; não havia nem o reino do espaço nem o céu que está além dele. O que despertou? Onde? Sob o abrigo de quem? Havia água lá, água de profundeza insondável? Não havia, então, nem morte nem imortalidade. Nenhum sinal havia que permitisse distinguir a noite do dia. O Uno respirava, sem ar, por seu impulso inerente. Fora isso, não havia nada além".[29] Comoveu-me a universalidade da necessidade humana de sentir os ritmos da realidade. Contudo, para meu irmão, os Vedas eram mais que isso. Eles ofereciam uma visão mais grandiosa da cosmologia que eu estudava em termos matemáticos. Como poesia, as palavras traduzem com engenhosidade o enigma de um começo do começo. Como metáfora, falam da natureza desconcertante de um tempo anterior ao tempo. Como meditação, ou talvez uma imersão comunal em volta de uma fogueira crepitante, envolta por um belo dossel, mas completamente misterioso e cujo negrume de piche é salpicado de estrelas, os versos transmitem o paradoxo aparente de como é possível existir um universo. Mas hinos e versos antigos, histórias imaginativas sobre o Puruṣa de mil cabeças que foi desmembrado para criar o Sol, a Terra e a Lua, assim como muitas outras sugestões evocativas e sublimes, não explicam a origem do universo. As palavras refletem nossas mentes, ávidas pela busca de padrões, desejosas de explicação e sintonizadas com a sobrevivência, desenvolvendo uma história vívida que forneça uma estrutura simbólica para a vida — como surgimos, como devemos nos comportar, as consequências de nossas ações e a natureza da vida e da morte. O que se tornou evidente para mim durante aqueles encontros fraternos breves e esporádicos é que os Vedas buscam alguma coisa estável, uma espécie de qualidade constante subjacente às areias movediças da realidade conhecida. É uma descrição que muitos de meus colegas e eu usaríamos alegremente para caracterizar a tarefa da física fundamental. As disciplinas compartilham um anseio comum de ver além das aparências disponíveis na experiência cotidiana. No entanto, a natureza das explicações que cada disciplina considera capazes de fazer avançar essa tarefa é bem distinta.

Em meados do século VI a.C., Siddhārtha Gautama, um príncipe nascido no atual Nepal e cuja educação fora baseada na leitura dos Vedas, ficou perturbado ao constatar que sua vida de luxos contrastava com os padecimentos daqueles que levavam uma existência mais ordinária. Conforme a história conhecida, Gautama decidiu renunciar aos privilégios e vagar pelo mundo em busca de uma maneira de aliviar a angústia do sofrimento humano. As percepções resultantes, desenvolvidas e promulgadas por seus seguidores em grande parte depois de sua morte, constituem o budismo, hoje praticado por um em cada doze habitantes do planeta, ou cerca de meio bilhão de pessoas. À medida que o pensamento budista se espalhou, várias seitas se formaram, mas todas compartilham a crença de que a percepção é um guia ilusório da realidade. Há qualidades do mundo que podem parecer estáveis, mas, na verdade, todas as coisas mudam sempre. Afastando-se de suas origens védicas, o budismo nega a possibilidade de haver um substrato imutável subjacente à existência, e atribui a raiz do sofrimento humano à incapacidade de reconhecermos a impermanência de tudo. Os ensinamentos do Buda descrevem um modo de vida que promete uma visão mais clara, crua e direta da verdade. E, como nos Vedas, o caminho para essa iluminação envolve uma série de renascimentos; seu desfecho jaz em concluir os ciclos de reencarnação, alcançando um estado eterno de bem-aventurança que está além do desejo, do sofrimento e do eu. Se nos primórdios da humanidade o ato de imaginar reinos onde a vida continuava além desta foi uma manobra mental fabulosa para lidar com o enigma da mortalidade, as posturas hindu e budista são ainda mais extraordinárias. A morte é reimaginada como um novo começo em um processo cíclico cujo objetivo é a libertação definitiva e permanente da vida. A conclusão dos ciclos, uma vez alcançada, leva a um domínio em que o conceito de existência distinguível desaparece. Nossa impermanência se torna um ritual sagrado de passagem a caminho do atemporal.

Como o hinduísmo e o budismo buscam uma realidade além das ilusões da percepção cotidiana, caracterização que também descreve muitos dos avanços científicos mais surpreendentes dos últimos cem anos, um pequeno filão da indústria produziu artigos, livros e filmes que pretendem estabelecer vínculos entre essas religiões e a física moderna. Embora seja possível apontar semelhanças em termos de perspectiva e linguagem, nunca encontrei mais do que uma ressonância metafórica entre ideias distintas interpretadas vagamente. Descrições da física moderna, tanto minhas como de outros pesquisadores, que acabaram popularizadas, em geral suprimem a matemática a favor de explicações mais acessíveis; todavia, inequivocamente, a matemática é a âncora da ciência. Palavras, por mais bem trabalhadas e bem selecionadas, são apenas uma tradução das equações. Recorrer a essas traduções como base para o contato com outras disciplinas quase nunca se eleva acima do nível de uma aliança poética.

Esse juízo está em consonância com algumas das vozes mais importantes das disciplinas espirituais. Há alguns anos, fui convidado a participar em um fórum público com o Dalai Lama. Durante o debate, mencionei a preponderância de livros que explicam como a física moderna está recapitulando descobertas feitas no Extremo Oriente milhares de anos atrás, e perguntei ao Dalai Lama se ele considerava válidas essas alegações. Sua resposta franca e direta deixou em mim uma impressão duradoura: "Quando se trata de consciência, o budismo tem algo importante a dizer. Mas, quando se trata de realidade material, precisamos recorrer a você e a seus colegas. Vocês são os que vão mais a fundo".[30] Eu me lembro de ter pensado: Que maravilha imaginar líderes religiosos e espirituais em todo o mundo seguindo o exemplo simples, destemido e honesto do Dalai Lama.

Mais ou menos durante a mesma época em que o Buda vagava pela Índia, o povo judeu no reino de Judá era esmagado pelos babilônios e forçado ao exílio. Num esforço para codificar sua identidade, os líderes judeus coligiram diferentes documentos escritos e supervisionaram a transcrição de histórias orais, com as quais foram produzidas as primeiras versões da Bíblia hebraica — um documento que continuaria a evoluir até se tornar um texto sagrado das religiões abraâmicas, hoje praticadas por mais de um em cada dois habitantes da Terra, o que equivale a cerca de 4 bilhões de pessoas.[31] O Deus do judaísmo, do cristianismo e do islã é o todo-poderoso, onisciente e onipresente criador único de tudo — concepção que muita gente ao redor do mundo evoca como a imagem dominante quando se fala, em um contexto secular ou sagrado, de religião.

O Antigo Testamento conta sua própria história de origem, amplamente conhecida. Bem, na verdade conta duas dessas histórias. A primeira leva seis dias, começa com a formação dos céus e da terra e termina com a criação do homem e da mulher. A segunda preenche um único dia, com o homem tendo sido criado desde o início; durante a primeira soneca do primeiro homem, a mulher entra em cena. Em rápida sequência, as gerações se sucedem, mas o Antigo Testamento é bem menos claro quando se trata de explicar para onde vão os protagonistas depois que morrem. Salvo por algumas breves referências à ressurreição, não há ali comprometimento algum com uma vida após a morte. Posteriormente, místicos e intérpretes judeus desenvolveram inúmeras ideias envolvendo almas imortais à espera de outro mundo, porém não há uma interpretação única capaz de conciliar a miríade de fontes e interpretações. Meio milênio mais tarde, essa incerteza seria eliminada com o desenvolvimento, pelo cristianismo, de uma doutrina teológica repleta de almas eternas que conservam sua identidade muito além de seu tempo na Terra. Meio milênio depois, foi a vez de o islã introduzir seu conjunto extenso de crenças abordando temas semelhantes, alinhando-se ao cristianismo em sua reverência por um iminente dia do juízo final, quando os mortos seriam ressuscitados e as pessoas consideradas dignas receberiam a recompensa celestial eterna, ao passo que todas as outras enfrentariam a danação perpétua.

As religiões que acabamos de examinar em breves pinceladas são seguidas coletivamente por mais de três quartos dos habitantes do planeta. Com bilhões de adeptos, a natureza e o estilo de afiliação religiosa variam de forma considerável e, se incluirmos mais de 4 mil religiões menores praticadas hoje em todo o mundo, a gama de práticas e os detalhes específicos de conteúdo doutrinário se ampliam ainda mais. Mesmo assim, existem entre elas qualidades em comum. Por exemplo, a existência de figuras que enxergaram mais longe ou ganharam acesso a histórias que pretendem explicar como tudo começou, como tudo terminará, para onde vamos e qual a melhor maneira de chegar lá. Ainda mais arraigada é a expectativa de que os devotos adotem uma mentalidade sagrada. O mundo está apinhado de histórias que podem fundamentar o modo como vivemos. O mundo está repleto de juízos que podem guiar o modo como nos comportamos. Essas histórias e juízos vinculados a uma doutrina religiosa elevam-se sobre as outras porque provocam alguma variedade de *crença* na mente dos fiéis.

O DESEJO DE ACREDITAR

Alguns anos atrás, quando eu estava nos dias derradeiros e caóticos de um projeto exaustivo, recebi um convite para dar uma palestra em um encontro de membros de uma entidade no estado de Washington. Desatento, aceitei o convite sem me assegurar de que a organização tinha sido devidamente verificada. Alguns meses depois, já às vésperas do evento, percebi que eu estava escalado para discursar na Escola de Iluminação de Ramtha, entidade liderada por Judy Zebra Knight, que afirma incorporar um guerreiro de 35 mil anos de idade, Ramtha, oriundo da terra perdida da Lemúria (que, aparentemente, vivia em constante estado de guerra contra a terra perdida da Atlântida). Uma pesquisa rápida revelou trechos de vídeos, incluindo um episódio antigo do programa de entrevistas *The Merv Griffin Show*, em que Knight joga a cabeça para trás, depois a arremessa abruptamente para a frente e entra em transe, abaixa o tom de voz, assume uma maneira de falar que fica a meio caminho entre Yoda e a rainha da Inglaterra, e, ela gostaria que acreditássemos, encarna o vetusto sábio lemuriano. Minha filhinha, assistindo por sobre meus ombros, tentou não rir. Não conseguiu. Eu teria gargalhado também, se não estivesse mortificado pelo fato de ter aceitado o convite. Mas faltava apenas um dia para a apresentação, tarde demais para voltar atrás sem ser deselegante.

Ao chegar, a primeira coisa que vi foram centenas de pessoas de olhos vendados, braços estendidos, todas zanzando de um lado para o outro em torno de um espaçoso gramado cercado. Meu guia explicou que, afixado com alfinete na roupa de cada participante, havia um cartão no qual tinham escrito qual era o sonho de sua vida, e o exercício consistia em "sentir" o caminho a fim de encontrar um cartão idêntico que fora plantado em algum lugar do gramado. Ele comentou que o êxito na tarefa era um passo fundamental para garantir a realização do sonho. "Como estão indo as coisas?", perguntei. "Oh, maravilhosamente bem. Já nesta sessão, uma participante encontrou o cartão correspondente dela." Em seguida, eu me deparei com os arqueiros de olhos vendados. Mantive uma distância segura e recusei os convites para participar, ainda mais quando notei que, sem alarde, um fotógrafo se juntara ao passeio. O índice de sucesso dos arqueiros de olhos vendados era idêntico ao dos que andavam a esmo de olhos vendados. Por fim, ganhei a companhia de uma jovem que devia estar na casa dos vinte ou trinta anos, cujo talento telepático lhe permitia adivinhar as cartas que eram tiradas de modo aleatório de um baralho. "Sete de ouros", ela previu. "Droga, seis de paus. Mas só errei por um." "Nove de espadas. Ah, é três de ouros. Ahá!, *aí está* aquele naipe de ouros que eu tinha falado antes." E assim a coisa seguia. Ela disse que praticava muitas horas a fio por dia e sabia que precisava treinar mais.

Para aqueles que estavam ali reunidos, e, mais tarde, na palestra, não pude deixar de oferecer algumas observações básicas, muitas das quais já mencionei nestas páginas. Expliquei que somos uma espécie que olha para o mundo e vê padrões. E, na maior parte dos casos, isso é bom. Ao longo de muitas gerações, a seleção natural nos equipou com os mecanismos para identificar padrões na aparência e no movimento de pessoas e objetos, o que nos permite identificá-los rapidamente por meio de algumas pistas visuais. Detectamos padrões no comportamento animal, o que permite antever quando é seguro nos aproximar e quando é melhor seguir em outra direção. Compreendemos padrões no modo como objetos, de rochas a lanças, voam quando arremessados, habilidade que foi especialmente útil para nossos ancestrais enquanto tentavam subjugar o que seria sua próxima refeição. Por meio do padrão, desenvolvemos os meios de comunicação e, assim, nos unimos em grupos — de tribos a nações — que exercem as influências mais poderosas do mundo. Em suma, a capacidade de reconhecer padrões é o modo como sobrevivemos. Contudo, continuei, às vezes exageramos. Por vezes, nossos detectores de padrões naturalmente selecionados estão tão preparados, tão prontos para anunciar que um sinal foi encontrado, que extrapolam e enxergam padrões e visualizam correlações que não existem. Vez ou outra atribuímos significado ao que é desprovido de sentido. Graças à matemática básica, sabemos que, em média, uma a cada quatro vezes a pessoa vai acertar qual é o naipe de uma carta no baralho; a cada treze tentativas, em uma a pessoa vai adivinhar o número ou a figura da carta. Mas esse padrão nada revela sobre sua capacidade telepática. Uma vez na vida, outra na morte — bem, na verdade a frequência é menor —, a pessoa vai caminhar de maneira aleatória pelo campo e encontrar seu cartão correspondente, mas isso não diz nada sobre a realização dos sonhos. Quantas vezes, perguntei, vocês percebem que uma coincidência extraordinária *não* aconteceu?

Os participantes do evento, amontoados em um celeiro cavernoso, bateram palmas e assobiaram em sinal de aprovação entusiasmada. Muitos aplaudiram de pé, o que para mim, como fiz questão de avisar a todos ali reunidos, era lisonjeiro, mas confuso. Estou lhes dizendo que a abordagem que vocês usam para encontrar uma realidade mais profunda e os métodos que estão empregando não levam a lugar nenhum. Outra ovação.

Mais tarde, na sessão de autógrafos, vários participantes, falando a meia-voz, apresentaram esclarecimentos. “Muitos de nós não acreditam nas coisas que acontecem aqui, e é importante que alguém diga isso em alto e bom som. Só que existe *algo mais* por aí, podemos sentir, e viemos para esta escola porque precisamos estar perto de outras pessoas que têm o mesmo anseio de buscar uma verdade mais profunda." Eu consigo entender. Consigo compreender o anseio. A história da física é uma compilação de episódios em que, amiúde, a matemática heroica, aliada a investigações experimentais, revelou que, sim, existe *algo mais* por aí — geralmente algo estranho e maravilhoso que exige que refaçamos nossa imagem da realidade. Há todos os motivos para acreditar que nosso entendimento atual, mesmo com sua capacidade de explicar dados abundantes com precisão extraordinária, é provisório; e portanto, nós, físicos, antevemos que, persistindo, daqui para a frente esse ritmo de revisão se repetirá várias vezes. No entanto, é ao longo de séculos de esforço que refinamos nossas ferramentas de investigação, e esses são os métodos matemáticos e experimentais que constituem o corpus rigoroso da prática científica. São esses os métodos que transmitimos aos nossos alunos e colegas pesquisadores. São esses os métodos que comprovaram sua capacidade de acessar de maneira confiável as qualidades ocultas da realidade.

Estou aberto a hipóteses não convencionais. Se dados coletados em experimentos meticulosos e replicáveis que investigam, digamos, a habilidade de uma pessoa de identificar cartas ocultas em um baralho revelassem resultados melhores do que um sucesso aleatório, ou se dados robustos estabelecessem que um membro de nossa espécie é capaz de encarnar um sábio ancião vindo de uma terra há muito perdida, eu estaria interessado. De verdade. Entretanto, na ausência de tais dados e de outra razão para prever que eles possam surgir, assim como na ausência de qualquer argumento para demonstrar por que essas alegações não estão em completa contradição com tudo o que sabemos comprovadamente acerca dos mecanismos de funcionamento da realidade, então logo chega um momento em que devemos concluir que não há base para acreditar nessas alegações.

O que suscita a pergunta: existe alguma base para acreditar em um ser invisível e todo-poderoso que criou o universo, que escuta e responde às nossas orações, acompanha o que dizemos e fazemos e distribui recompensas e punições? Ao desenvolver uma resposta, vale a pena dar mais substância ao conceito de crença.

CRENÇA, CONFIANÇA E VALOR

Praticamente todas as pessoas que me perguntam sobre minha crença em Deus invocam o termo "crença" da mesma maneira que fariam se perguntassem sobre minha crença na mecânica quântica. Na verdade, muitas vezes as duas perguntas são feitas em conjunto. Costumo expressar minha resposta em termos de confiança — uma medida de certeza —, observando que minha confiança na mecânica quântica é alta, porque a teoria prevê com exatidão características do mundo, como o momento dipolar magnético do elétron, com uma precisão além da nona casa decimal, ao passo que minha confiança na existência de Deus é baixa por conta da escassez de dados comprobatórios rigorosos. A confiança, como ilustram esses exemplos, deriva do julgamento desapaixonado, e essencialmente algorítmico, das evidências.

De fato, quando os físicos analisam dados e anunciam um resultado, eles quantificam sua confiança usando procedimentos matemáticos bem estabelecidos. A palavra "descoberta" costuma ser usada somente quando a confiança ultrapassa um limite matemático: a probabilidade de ser enganado por um acaso estatístico nos dados deve ser menor que cerca de 1 em 3,5 milhões (número de aparência arbitrária, mas que surge naturalmente em análise estatística). É óbvio que mesmo esses altos níveis de confiança não garantem que uma "descoberta" seja verdadeira. Pode ser que dados de experiências posteriores exijam que ajustemos nossa confiança; também nesse caso, a matemática fornece um algoritmo para calcular a atualização.

Embora poucos de nós vivamos de acordo com esses métodos matemáticos, chegamos a muitas de nossas crenças por meio de um raciocínio similar, embora não pareça tão analítico à primeira vista. Vemos Jack com Jill e imaginamos que os dois talvez sejam um casal; nós os vemos juntos de novo e de novo, e nossa confiança nessa conclusão aumenta. Mais tarde, descobrimos que Jack e Jill são irmãos e, portanto, descartamos nossa avaliação anterior. E assim por diante. É um processo repetitivo que, como você pode prever, converge em crenças que refletem a natureza verdadeira do mundo. Mas não precisa ser assim. A evolução não configurou nossos processos cerebrais para compor crenças que se alinham com a realidade. Ela os configurou para favorecer crenças que geram comportamentos fomentadores da sobrevivência. E as duas considerações não precisam coincidir. Se nossos antepassados tivessem investigado com cuidado todos os silvos e sussurros que chamavam sua atenção, teriam descoberto que a maior parte poderia ser explicada sem a necessidade de invocar um agente volitivo. Porém, do ponto de vista da aptidão adaptativa, seu investimento oneroso na busca da verdade teria rendido poucos frutos. Ao longo de dezenas de milhares de gerações, nosso cérebro evitou uma maior exatidão em prol de um entendimento improvisado e grosseiro. Respostas ágeis quase sempre superam avaliações resultantes de ponderação laboriosa. A verdade é um personagem importante no drama da crença, mas é facilmente ofuscada pela atuação da sobrevivência e da reprodução.

Complicando ainda mais a trama, a evolução acrescentou outro participante ao elenco: as emoções. Em 1872, mais de uma década depois de anunciar a evolução pela seleção natural, Darwin publicou *A expressão das emoções no homem e nos animais*, investigando a fundo sua convicção de que o cérebro biologicamente adaptado, e não a cultura, é o principal fator de expressão emocional. Com base em observações minuciosas de seus filhos, questionários amplamente divulgados e dados interculturais que ele coletou durante suas longas expedições, Darwin argumentou que, por exemplo, a tendência de sorrir quando se está satisfeito ou a de corar quando se está envergonhado eram universais. Essas reações são esperadas em todas as culturas do mundo. No século e meio que se passou desde então, pesquisadores pegaram o bastão passado por Darwin e buscaram papéis adaptativos que pudessem explicar várias emoções humanas, além de investigar os sistemas neurais que talvez fossem responsáveis por gerá-las. O medo, segundo mostrou a pesquisa, é realmente primal — desde o início, havia um valor adaptativo significativo nas rápidas respostas comportamentais e fisiológicas ao perigo. O amor dos pais, que aciona cuidados essenciais para a prole indefesa, provavelmente também é uma adaptação ancestral. O constrangimento, a culpa e a vergonha, bastante relevantes para o comportamento contributivo dentro de grupos mais numerosos, são adaptações que devem ter vindo mais tarde, à medida que o tamanho dos grupos aumentava.[32] A relevância para nós aqui é que, da mesma maneira como a pressão adaptativa moldou a mente humana dotada de linguagem, afeita a narrar histórias, capaz de construir mitos, praticar rituais, criar arte e buscar a ciência, ela também moldou nossa ampla capacidade emocional. A emoção se enredou ao longo de todo o nosso desenvolvimento evolutivo. Assim, as crenças emergiram de um cálculo complexo que sintetiza análises ponderadas e respostas emocionais dentro de uma mente que adquire um talento para a sobrevivência.[33]

Nosso cálculo de crenças depende também de uma série de fatores, incluindo influências sociais, forças políticas e conveniências brutas. No início da vida de um indivíduo, a crença é fortemente influenciada pela autoridade dos pais. Mamãe ou papai dizem que é verdade? Então é verdade. Como observou Richard Dawkins, a seleção natural favorçce os pais que transmitem aos filhos informações que aprimoram a sobrevivência e, portanto, acreditar no que mamãe ou papai dizem faz sentido evolutivo. Mais tarde, muitos iniciam seu próprio cálculo de crenças — investigando, debatendo, lendo e questionando —, que em si costuma ser influenciado por expectativas preexistentes e pela exposição às crenças alheias. Muitos de nós também alargamos a lista de autoridades consideradas confiáveis — professores, líderes, amigos, funcionários e outros especialistas ungidos. Nós temos que fazer isso. Ninguém é capaz de redescobrir, ou mesmo de verificar, milhares de anos de conhecimento acumulado. Certa vez, tive um sonho, na verdade um pesadelo, em que me vi de novo na banca de defesa de minha tese de doutorado, e um dos examinadores, rindo baixinho, disse-me que todos os experimentos e observações que davam sustentação às "leis" da mecânica quântica da física eram invencionice. Fui vítima de uma pegadinha elaborada, enganado por um panteão de autoridades que eu respeitava e por uma comunidade de colegas na qual confiava. Por mais improvável que possa ser a situação do sonho, o fato é que verifiquei pessoalmente os resultados de uma fração ínfima dos experimentos essenciais da disciplina. Você poderia dizer que acreditei, com base na fé, na maior parte dos resultados.

Minha confiança deriva de décadas de experiência em primeira mão, testemunhando o modo como os físicos minimizam a subjetividade humana ao se concentrarem em dados acumulados com extremada exatidão, interrogando sem parar todas as hipóteses e as descartando, exceto aquelas que atendem a um conjunto rigoroso de padrões universais. Contudo, mesmo com tanto zelo e atenção, a contingência histórica e as propensões humanas norteadas pela emoção encontram maneiras de se imiscuir nesse processo. Uma das abordagens dominantes da mecânica quântica (denominada *interpretação de Copenhague*) pode ser atribuída em parte a personalidades poderosas que, no momento da formulação original da teoria, exerciam forte influência. Encaminharei o leitor a um outro livro meu, *A realidade oculta*, para uma discussão a respeito, mas desconfio que, se a mecânica quântica tivesse sido desenvolvida por um elenco diferente de personagens, a ciência formal existiria da mesma forma; contudo, essa perspectiva interpretativa específica não teria desfrutado da mesma posição preponderante ao longo de tantas décadas. A beleza da ciência é que, por meio de pesquisas contínuas, as doutrinas de uma época são minuciosamente repensadas na época seguinte e, assim, vão sendo empurradas cada vez mais para perto da meta da verdade objetiva. Mesmo assim, mesmo em uma disciplina concebida para a objetividade, é necessário haver um processo. E isso leva tempo.

Não é de admirar que, no reino caótico, fortuito e emocionalmente carregado dos empreendimentos humanos cotidianos, o espectro da crença seja amplo e imaginativo, ainda que por vezes confuso e frustrante. Na formação das crenças, alguns recorrem à ciência, tanto no conteúdo como na estratégia. Alguns confiam na autoridade, outros na comunidade. Alguns são coagidos, às vezes de modo sutil, às vezes escancarado. Alguns depositam sua total confiança na tradição. Outros dão jurisdição plena à intuição. E, nos centros de processamento subterrâneos da mente, em geral não monitorados, cada um de nós emprega uma combinação idiossincrática e variável de todas essas táticas. Ademais, não há nada que nos impeça de professar crenças incompatíveis ou de empreender ações que sugiram isso. Sinto-me confortável em admitir que de vez em quando bato na madeira, converso com pessoas que já se foram, busco reforço celestial. Nada disso se encaixa nas minhas crenças racionais sobre o mundo, e, apesar disso, estou bastante satisfeito com minhas ocasionais inclinações apotropaicas. De fato, há certo prazer em dar um passo momentâneo além das restrições racionais.

Note também que, embora os filósofos profissionais sejam pagos para esquadrinhar a crença — revelar suposições ocultas e chamar a atenção para inferências incorretas —, não é assim que a maioria de nós agimos hoje — e tampouco era assim que agiam nossos ancestrais. Na vida da maior parte das pessoas, muitas crenças passam em branco. Talvez essa seja a sua própria variedade de adaptação. Os contempladores do próprio umbigo tendem a ignorar que os estoques de alimentos estão baixos ou que uma tarântula vem se aproximando furtivamente. O que significa que, na avaliação de como é possível que fulano e sicrano acreditem nisto e naquilo, assim ou assado, imaginar que a crença surgiu a partir de intensa reflexão e exames minuciosos é, muitas vezes, um tiro que passa bem longe do alvo. Como aponta Boyer: "Presumimos que noções de agentes sobrenaturais [...] são apresentadas à mente e que algum processo de tomada de decisão aceita essas noções como válidas ou as rejeita". No entanto, porque essas ideias incitam numerosos centros de inferência do cérebro — da detecção de agência à teoria da mente ao rastreamento de relacionamentos etc. —, e porque a seleção natural equipou esses centros para realizar seus próprios diagnósticos muito abaixo do limiar da consciência, o modelo racional do juiz e do júri "pode ser uma visão bastante distorcida de como esses conceitos são adquiridos e representados".[34]

Até mesmo as coisas às quais o conceito de crença pode ser aplicado com sensatez mudam de época para época. Como observa Karen Armstrong, "os devotos de Elêusis, na Grécia antiga, ficariam perplexos se lhes perguntássemos se realmente acreditavam que Perséfone fora aprisionada por Hades nas entranhas da terra no mundo inferior, como descrevia o mito".[35] Seria o mesmo que perguntar a você se acredita no inverno. "Acreditar no inverno?", você responderia, e com razão. "As estações, ora, elas simplesmente existem." Da mesma maneira, Armstrong imagina, nossos antepassados aceitavam as andanças de Perséfone "porque, para onde quer que se olhasse, era possível ver que a vida e a morte eram inseparáveis, e que a terra morria e voltava à vida. A morte era pavorosa, apavorante e inevitável, mas não era o fim. Se alguém cortasse uma planta e jogasse fora o galho morto, um novo broto surgia".[36] O mito não suplicava por crença. Não provocava uma crise de fé que, por meio de uma deliberação cuidadosa, era resolvida por seus contempladores. O mito fornecia um esquema poético, uma mentalidade metafórica, que se tornava inseparável da realidade que iluminava.

Talvez exista, também, uma analogia com o que acontece no desenvolvimento a longo prazo da linguagem natural.[37] Em sua busca empenhada por ênfase e expressão criativa, os falantes salpicam suas frases com metáforas. Acabei de fazer isso, porém é mais do que provável que você mal tenha notado. Salpicamos sal sobre o ensopado; salpicamos açúcar nos doces. No entanto, o "salpicar" que invoquei é uma metáfora tão banal que raramente um leitor que se defrontar com essa frase vai imaginar uma mão suavemente espargindo palavras sobre um banquete de frases recém-saídas do forno. Com o passar do tempo, as metáforas se desgastam; elas são utilizadas em tamanho excesso que qualquer qualidade poética que de início possam ter tido aos poucos evapora (água evapora; poesia não) e elas se transformam em palavras cotidianas, confiáveis e robustas feito burros de carga (burros realizam trabalho pesado; palavras não). Para resumir em uma palavra, elas se tornam literais. Pode ser que um processo análogo ocorra com as noções mítico-religiosas. Talvez essas noções comecem como maneiras evocativas, poéticas e metafóricas de olhar para o mundo que, no decorrer de um espaço de tempo vasto, vão perdendo sua poesia, seu significado metafórico, fazendo a transição para o literalismo.

O mais próximo que chego desse literalismo é reconhecer que talvez exista um ou outro deus. Reconheço que não se pode jamais descartar essa possibilidade. Contanto que a suposta influência de um deus não modifique a progressão da realidade que é muito bem descrita por nossas leis matemáticas, então Deus é compatível com tudo o que observamos. Mas existe um abismo enorme entre a mera compatibilidade e a necessidade explicativa. Recorremos às equações de Einstein e Schrödinger, ao arcabouço evolutivo de Darwin e Wallace, invocamos a dupla-hélice de Watson e Crick e uma lista extensa de outras realizações científicas não porque sejam compatíveis com nossas observações — é claro que são —, mas porque fornecem uma estrutura poderosa, detalhada e preditiva para a compreensão de nossas observações. No que diz respeito a essa medida, doutrinas religiosas não surtem efeito; é óbvio, muitos fiéis consideram essa medida irrelevante. O entrave é que uma perspectiva literal impede essa avaliação. Uma afirmação religiosa interpretada como afirmação literal sobre o mundo que contraria a lei científica estabelecida é falsa. Ponto-final. Nesses casos, adotar uma interpretação literal é mais ou menos a mesma coisa que aceitar a existência de Ramtha.

Entretanto, a doutrina religiosa (ou até mesmo a de Ramtha) pode permanecer como parte integral do discurso racional se estivermos dispostos a nos afastar do literalismo, da leitura seletiva das Escrituras calcada na supressão de evidências, a desconsiderar elementos que julgamos ofensivos ou obsoletos, a interpretar histórias e declarações de forma poética ou simbólica ou, de modo ainda mais simples, como elementos de um relato fictício. Existem muitas razões pelas quais podemos nos sentir atraídos a fazer isso. Pode ser que encontremos alegria ou conforto ao ver nossa vida se desenrolar no âmbito de uma narrativa maior e, para alguns, mais gratificante, dando pouca importância às qualidades sobrenaturais da religião ou a alegações metafísicas. Podemos extrair valor da leitura de histórias religiosas como um arquivo profundamente comovente que traduz em termos simbólicos qualidades essenciais da condição humana. Podemos saborear o desafio de desenvolver um sistema interpretativo que coaduna doutrinas religiosas específicas com entendimento científico. Podemos achar gratificante sobrepor uma sensibilidade sagrada à nossa interação com o mundo, acrescentando um verniz que amplia a experiência sem negar a racionalidade. Podemos nos beneficiar do apoio e da solidariedade da afiliação religiosa. Podemos achar que é emocionalmente enriquecedor participar de rituais religiosos, consagrando passagens da vida e marcando dias sacros que nos conectam com uma tradição venerável. Essas variedades de engajamento religioso podem proporcionar atividade, motivação, pertencimento a uma comunidade e orientações que, para alguns, estabelecem um caminho para uma vida mais abundante e dotada de maior significado. Essas variedades de envolvimento religioso não requerem uma crença na natureza factual de conteúdo religioso; elas refletem uma crença no valor desse conteúdo, independente de ser verídico ou não.

Há mais de um século, William James ofereceu uma análise perspicaz e sincera da experiência religiosa, que ecoa a observação do Dalai Lama a respeito da física e da consciência. James enfatizou que, enquanto a ciência cultiva um enfoque objetivo e impessoal, é apenas levando em consideração nossos mundos interiores — "o terror e a beleza dos fenômenos, a 'promessa' do amanhecer e do arco-íris, a 'voz' do trovão, a 'delicadeza' da chuva de verão, a 'sublimidade' das estrelas, e não as leis físicas a que essas coisas obedecem"[38] — que podemos ter a esperança de desenvolver uma explicação completa da realidade. Como Descartes, James salienta que nossa experiência interior é, de fato, nossa *única* experiência. A ciência pode buscar uma realidade objetiva, porém nosso único acesso a ela se dá por meio do processamento subjetivo da mente. A mente humana interpreta incansavelmente uma realidade objetiva produzindo uma realidade subjetiva.

E assim, se a prática religiosa — talvez um rótulo melhor aqui fosse prática espiritual — é empreendida como uma investigação do mundo interior da mente, uma jornada direcionada para dentro através da experiência inescapavelmente subjetiva da realidade, então questões sobre se esta ou aquela doutrina refletem uma verdade objetiva se tornam secundárias.[39] A busca religiosa ou espiritual não precisa procurar aspectos demonstráveis do mundo exterior;

existe uma paisagem interna a se explorar, desde o terror, a beleza, a promessa, a voz, a delicadeza e a sublimidade a que James se referiu à vasta lista de outros construtos humanos, incluindo o bem e o mal, o temor e o pavor, a admiração e a gratidão que invocamos ao longo dos tempos para determinar valor e encontrar sentido. Por mais que possamos encarar com todo afinco as partículas individuais da natureza, por mais que possamos partir com todo empenho no encalço dos princípios matemáticos fundamentais da natureza, não conseguiremos avistar esses conceitos. Eles surgem apenas quando arranjos específicos complexos de partículas aprimoram as capacidades de pensar, sentir e refletir. E como é espetacular e gratificante que possa haver esses conjuntos de partículas em agitação, operando sob o controle inflexível da lei física, e ainda assim capazes de trazer essas qualidades ao mundo.

Para mim, a analogia com as metáforas afiadas, que, desgastadas pelo tempo, perdem o gume, traz um ponto essencial, óbvio, mas revelador: muitas religiões do mundo são antigas. Isso é decisivo. Isso nos diz que, durante séculos, senão milênios, uma prática religiosa vem mantendo a atenção das pessoas e, em várias combinações, propiciou a estrutura de ritual, deu consistência a seu senso de lugar no mundo, guiou sua sensibilidade moral, inspirou a criação de obras artísticas, proporcionou a participação em uma vida narrativa mais ampla, assegurou que a morte não é o fim e, é claro, também intimidou com penalidades severas, incentivou alguns a travar batalhas violentas, justificou a escravidão e a matança de transgressores, e assim por diante. Algumas coisas boas, outras tantas ruins, outras totalmente horríveis. No entanto, apesar dos pesares, as tradições religiosas se mantiveram. Embora, sem dúvida, não ofereça revelações sobre uma base verificável da realidade material — a esfera de ação da ciência —, a religião forneceu a alguns de seus adeptos um senso de coerência que deu contexto à vida, situando o familiar e o exótico, as alegrias e as vicissitudes no âmbito de uma história maior. E, por causa disso, as veneráveis religiões do mundo propiciam linhagens que, ao longo dos tempos, conectam seus seguidores.

Tive uma educação judaica. Reunida, minha família comparecia a cerimônias religiosas nos feriados mais importantes, e fui matriculado em uma escola hebraica local. O afluxo anual de alunos novos significava que, a cada ano, as aulas recomeçavam com a leitura do alfabeto hebraico, então eu me sentava quieto num canto e folheava o Antigo Testamento. Eu resmungava muito com meus pais, mas, verdade seja dita, gostava de ler sobre Samuel e Absalão e Ismael e Jó e todo o resto. Com o passar dos anos, fui me afastando da religião, sentindo pouca necessidade de participação formal. Então, durante uma pausa nos meus estudos de pós-graduação em Oxford, fiz uma viagem a Israel. Um rabino excessivamente zeloso ficou sabendo, de algum jeito, que havia um jovem físico norte-americano zanzando pelas ruas de Jerusalém. Ele o localizou, cercou-o de estudiosos talmúdicos que "também estavam estudando a origem do universo" e por fim convenceu — na verdade, pressionou — o estudante de vinte e poucos anos, indevidamente respeitoso, a visitar seu templo e cobrir os braços e a testa com o tradicional equipamento de couro do ritual do Tefilin. Para o rabino, isso era a vontade de Deus em ação. O estudante estava destinado a ser trazido de volta ao rebanho. Para o estudante, era a mais opressiva das coerções ser obrigado a se envolver em uma prática sagrada na ausência de convicção interior. Quando o jovem por fim se livrou das tiras de couro e saiu do templo, sabia que tinha abandonado a religião.

Entretanto, quando meu pai morreu, a chegada diária à nossa sala de estar de um minián para recitar a oração *Cadish* oferecia um grande reconforto. Meu pai, que não era um homem religioso, estava sendo abraçado por uma tradição que remonta a milhares de anos, vivenciando um ritual ministrado em memória a incontáveis falecidos antes dele. As palavras religiosas entoadas pelos homens pouco importavam. Eram ditas em aramaico, uma fieira de sons ancestrais, uma poesia tribal impressa em cadência e ritmo, e eu não tinha o menor interesse em sua tradução. O que importava para mim durante aqueles breves momentos — a natureza, se você entende o que quero dizer, da minha crença — eram história e conexão. Essa, para mim, é a grandeza do legado. Esse, para mim, é o esplendor da religião.

8. Instinto e criatividade
Do sagrado ao sublime

Em 7 de maio de 1824, Ludwig van Beethoven subiu ao palco do Theater am Kärntnertor em Viena para a estreia de sua nona e última sinfonia. Era sua primeira apresentação pública em quase doze anos. O programa anunciava que Beethoven apenas ajudaria na direção, mas, como o teatro estava lotado e a expectativa assolava a plateia, ele não conseguiu se conter. De acordo com o primeiro violinista Joseph Böhm, "o próprio Beethoven conduziu, isto é, ficou na frente do estande do maestro e se jogou para a frente e para trás feito um louco. Em um momento, esticava o corpo inteiro até a altura máxima; no seguinte, agachava-se, agitava as mãos e os pés como se quisesse tocar todos os instrumentos e cantar todas as partes do coro".[1] Beethoven sofria de um caso grave e avançado de tinitus — que ele descreveu como um rugido em seus ouvidos —, e naquele momento da vida estava quase totalmente surdo. Por causa disso, enquanto a orquestra tocava com estrondo sua última e triunfante nota, ele, que sem perceber havia deixado alguns compassos para trás, ainda estava regendo com ferocidade. Com delicadeza, a contralto segurou a manga da casaca de Beethoven e o virou para que encarasse a plateia, repleta de lenços acenando no ar e emitindo aplausos ruidosos. Beethoven chorou. Como ele poderia saber que sons que havia escutado apenas em sua mente tocariam um acorde universal no coração da humanidade?

Nossos mitos e religiões revelam como nossos antepassados tentaram, coletivamente, entender o mundo. Encampando história, ritual e crença, nossas tradições buscaram — algumas vezes com compaixão, outras com crueldade indescritível — uma narrativa para explicar a jornada que nos trouxe até aqui e nos impulsionar para o que vem à frente. Como indivíduos, trilhamos o mesmo caminho, contando com o instinto e a engenhosidade para assegurar a sobrevivência enquanto procurávamos um sentido lógico para explicar por que deveríamos nos preocupar com isso tudo. Nessa jornada, alguns captariam a coerência da realidade de maneiras novas e surpreendentes, oferecendo reflexões por meio de obras na literatura, na arte, na música e na ciência que redefiniriam nosso senso de identidade e enriqueceriam nossa relação com o mundo. O espírito criativo, que há muito vinha esculpindo estatuetas, colorindo paredes de cavernas e contando histórias, estava pronto para alçar voo.

Mentes magníficas — que são raras, mas surgem em cada época, todas moldadas pela natureza e algumas por uma inspiração tida como divina — descobririam novas maneiras de articular o transcendente. A odisseia criativa dessas mentes expressaria uma variedade da verdade que está além da derivação ou da validação, dando voz a qualidades definidoras da natureza humana que permanecem em silêncio até que sejam vivenciadas.

CRIAR

A sensibilidade ao padrão figura entre nossas habilidades de sobrevivência mais potentes. Como já vimos repetidas vezes, observamos padrões, sentimos padrões na pele e, o que é mais importante, aprendemos com padrões. Na primeira vez que você me enganar, a culpa é sua. Se você me enganar pela segunda vez, talvez seja prematuro declarar que a culpa é minha, porém pela terceira ou quarta vez, a mudança de responsabilidade é justificada. Aprender com o padrão é um talento essencial para a sobrevivência, algo que a evolução imprimiu em nosso DNA. Visitantes alienígenas que pousassem na Terra poderiam sobreviver à base de uma bioquímica diferente, mas provavelmente não teriam dificuldade em entender o conceito; quase não há dúvidas de que a análise de padrões seria fundamental também para a forma como eles prevaleceriam.

No entanto, essa interação intergaláctica pode não ser um encontro de mentes perfeito. Alguns de nossos estimados padrões talvez deixem os nossos visitantes extraterrestres perplexos. Distribua em certa ordem pigmentos específicos sobre uma tela branca ou arranque nacos específicos de um bloco de mármore ou gere vibrações específicas através de moléculas de ar que se entrechocam — produzindo padrões específicos de luz, textura e som — e, ao nos deparar com esses padrões, nós humanos podemos sentir a realidade se abrir de maneiras que não imaginamos possíveis. Por um momento breve, mas aparentemente infinito, percebemos que nosso lugar no mundo se altera, como se tivéssemos sido transportados para outra esfera. Se os alienígenas passarem por esse tipo de experiência, entenderão do que estamos falando. Entretanto, quando relatamos nossa resposta interior na forma de obras criativas, há chances de que os ETs nos olhem e fiquem com cara de tacho, sem entender nada. E, como há um limite até onde a linguagem pode ir para descrever essas experiências, talvez eles exibam uma expressão atônita enquanto olham de relance de continente em continente e veem muitos membros da nossa espécie, alguns sozinhos, outros em grupos, absortos e concentrados em assimilar, sapatear e rodopiar enquanto se deixam envolver pelos mundos da arte e da música.

Desconcertados com a nossa resposta à expressão artística, é provável que os visitantes alienígenas fiquem igualmente aturdidos, talvez ainda mais, com a criação dessas obras. A página em branco. A tela intocada. A massa informe de mármore. O pedaço de argila. A partitura por escrever que aguarda a inspiração do compositor ou, uma vez composta, espera para ser tocada. Ou cantada. Ou dançada. Alguns de nossa espécie passam seus dias e noites imaginando quais formas vão extrair do amorfo, que sons vão entornar no silêncio. Alguns dedicarão a maior parte da energia de sua vida materializando essas visões imaginativas, produzindo padrões no espaço e no tempo que talvez venham a ser reverenciados, abominados, ignorados ou considerados a quinta-essência da existência. "Sem música", disse Friedrich Nietzsche, "a vida seria um erro."[2] E, nas palavras de Ecrasia, personagem de George Bernard Shaw, "sem arte, a crueza da realidade tornaria o mundo insuportável".[3] Mas o que faz despertar o impulso imaginativo? Ele é catalisado por instintos comportamentais moldados pela seleção natural? Ou estamos há muito tempo desperdiçando recursos preciosos de tempo e energia em atividades artísticas que têm pouca conexão com a sobrevivência e a reprodução?

Somos lançados mundo adentro sem consulta. Uma vez aqui, recebemos a permissão de abraçar a vida por apenas um momento. Como é edificante agarrar as rédeas da criação e dar feitio a alguma coisa que controlamos, que é intrinsecamente nossa, um reflexo de quem somos, algo que traduz com precisão nossa visão peculiar da existência humana. Ainda que muitos de nós recusássemos a oportunidade de trocar de lugar com Shakespeare ou Bach, Mozart ou Van Gogh, Emily Dickinson ou Georgia O'Keeffe, muitos talvez aceitassem na mesma hora a chance de receber o sopro de inspiração da maestria criativa desses artistas. Iluminar a realidade com faróis criados por nós mesmos, comover o mundo com obras que fluem através de nossa constituição molecular específica, fabricar com perícia experiências capazes de resistir ao teste do tempo — bem, tudo isso soa muito romântico. Para alguns, o processo criativo tem um caráter mágico, um ímpeto irrefreável de autoexpressão. Outros veem uma oportunidade de elevar seu status e angariar respeito e admiração. Para outros ainda, há um aceno à eternidade; nossas criações artísticas, como disse certa vez Keith Haring, são uma "busca pela imortalidade".[4]

Se criar e consumir obras da imaginação são uma adição recente ao comportamento humano, ou se essas atividades só muito raramente foram praticadas ao longo da história humana, é improvável que revelassem qualidades universais de nossa natureza evoluída. Afinal, algumas coisas — como calças boca de sino e bananas fritas — surgem de peculiaridades contingentes, e, assim, desemaranhar os detalhes de sua linhagem histórica propicia apenas um esclarecimento limitado. Mas o fato é que, desde o passado mais remoto em todas as terras habitadas, há tempos estamos cantando, dançando, compondo, pintando, esculpindo, entalhando e escrevendo. Pinturas rupestres e adereços fúnebres esmerados, como os que vimos no capítulo anterior, datam de 30 mil a 40 mil anos atrás. Já há evidências de expressão artística em gravuras e artefatos datados de algumas centenas de milhares de anos antes disso.[5] Estamos diante de um comportamento generalizado e que, ao contrário de comer, beber e procriar, não deixa transparecer abertamente seu valor de sobrevivência.

Para uma sensibilidade moderna, isso pode não parecer intrigante. Sentir na pele uma obra que anima a alma ou que nos leva às lágrimas é ir além da monotonia do cotidiano, e quem não se emocionaria com uma experiência como essa? Todavia, assim como na observação superficial de que tomamos sorvete porque gostamos de coisas doces, essa explicação se concentra somente em nossas respostas imediatas e, portanto, limita-se ao impulso mais imediato para inclinações criativas. Podemos ir mais fundo? Podemos entender por que nossos antepassados estavam tão dispostos a abandonar as dificuldades concretas da sobrevivência e gastar tempo, energia e esforço preciosos travando contato com o imaginativo?

SEXO E CHEESECAKE

Quando nos deparamos com nossos irmãos primitivos contando histórias, ponderamos sobre uma questão semelhante, e a resposta mais convincente evocou a metáfora do simulador de voo: por meio do uso criativo da linguagem, entramos em contato com perspectivas conhecidas e desconhecidas, o que nos permitiu ampliar e refinar nossas respostas às experiências no mundo real. Contando histórias, ouvindo histórias, embelezando histórias e repetindo histórias, brincamos com a possibilidade sem sofrer consequências. Trilha após trilha, enveredamos por um caminho que começou com "E se?" e, por meio da razão e da fantasia, investigou um sem-número de resultados possíveis. Nossas mentes vagaram livres pela paisagem da experiência imaginada, dando-nos uma agilidade de pensamento recém-descoberta que, é bem plausível, acabou se provando valiosa para a sobrevivência.

À medida que refletimos a respeito de formas de arte mais abstratas, essa explicação precisa ser revisitada. Uma coisa é imaginar a mente polindo os ideais de coragem e heroísmo com contos fascinantes de batalhas vencidas a duras penas ou relatos encantadores de jornadas traiçoeiras. Outra coisa bem diferente é argumentar que a mente exercitou um músculo adaptativo ouvindo a Edith Piaf ou o Igor Stravinski do Pleistoceno. Ao que parece, existe um abismo escancarado entre vivenciar a experiência da música — e o mesmo também se aplica a pintar, dançar ou esculpir — e superar as vicissitudes encontradas no mundo ancestral.

O próprio Darwin levou em consideração a função adaptativa potencial de um senso artístico inato, motivado pelo famoso quebra-cabeça evolutivo da cauda do pavão. Com uma cauda enorme e de cores vivas e chamativas, o pavão tem dificuldade para se esconder; quando perseguido por um predador que se aproxima de repente, a cauda também atrapalha no caso de uma eventual fuga. Por que uma estrutura tão imponente, bonita, mas aparentemente inadequada, evoluiria? A resposta, Darwin concluiu depois de muita consternação, é que, embora possa ser um estorvo na luta pela sobrevivência, a cauda é, ainda assim, uma parte essencial da estratégia reprodutiva dessa ave. Não somos apenas nós, os humanos, que achamos a cauda do pavão atraente. As pavoas também acham. Elas são atraídas por plumas alegres e brilhantes; portanto, quanto mais impressionante a cauda, maior a probabilidade de o pavão acasalar. A progênie resultante, por sua vez, tem boas chances de herdar os traços do pai e os gostos da mãe, propagando uma guerra genética na qual a maneira de vencer as batalhas não é adquirir mais comida ou garantir maior segurança, e sim deixar crescer caudas mais resplandecentes.

Trata-se de um exemplo de *seleção sexual*, um mecanismo evolutivo darwiniano cujas engrenagens são movidas pelo acesso reprodutivo. Um pavão que morre jovem não consegue se reproduzir, motivo pelo qual a seleção natural favorece aqueles que sobrevivem. Mas o mesmo fracasso reprodutivo acontecerá com um pavão que viver muito tempo e prosperar, mas for rejeitado por todas as companheiras potenciais de acasalamento. Para influenciar a constituição biológica das gerações subsequentes, a sobrevivência é necessária, porém insuficiente. Produzir descendentes é o que importa. Por isso, as características que promovem o acasalamento terão uma vantagem seletiva, mesmo às custas da segurança.[6] Esse custo não pode ser astronômico — há um limite para o quanto as caudas podem ser difíceis de manejar antes de colocarem a sobrevivência em risco —, mas também não precisa ser ínfimo. E, a despeito de a cauda do pavão ser o exemplo recorrente, considerações semelhantes são aplicáveis a muitas espécies. Para atrair parceiras potenciais de acasalamento, os pássaros manaquins da variedade rendeira se empertigam todos e se agitam em uma dança de movimentos frenéticos para a frente e para trás, como os de uma roda-punk em um show de heavy metal; o bem-sucedido ritual de cortejo dos vaga-lumes é feito com séries de lampejos hipnóticos, originando astuciosos espetáculos de luzes piscantes; o pássaro-cetim macho constrói tocas intrincadas, entrelaçando galhos, folhas, conchas e até invólucros de doces coloridos em uma exibição ostensiva que aparentemente não serve a nenhum outro propósito senão seduzir uma futura sra. pássaro-cetim.[7]

Quando Darwin descreveu pela primeira vez a seleção sexual em sua obra de dois volumes de 1871, *A origem do homem e a seleção sexual*, a hipótese não fez sucesso instantâneo. Para muitos de seus contemporâneos, parecia inconcebível que o comportamento no brutal reino de animais não humanos se fundamentasse em respostas estéticas.[8] Não que Darwin estivesse imaginando pássaros ou sapos perdidos em devaneios poéticos, contemplando os raios avermelhados do Sol enquanto o astro-rei mergulhava abaixo da linha do horizonte. O senso estético que ele propôs se concentrava na seleção de parceiros de cópula. Mesmo assim, a atribuição de Darwin de um "gosto pelo belo"[9] a uma ampla faixa do reino animal não pareceu muito respeitosa. Que diabos! Para Alfred Russel Wallace, que considerava as sensibilidades estéticas humanas um presente de Deus, isso era impróprio.[10]

Mas se não recorrermos a uma sensibilidade inata à beleza, como explicar os adornos corporais luxuosos, as exibições criativas e as construções físicas que são parte das miríades de jogos de acasalamento que ocorrem no reino animal? Bem, há uma abordagem menos imponente. Pense de novo na cauda do pavão. Se nós, humanos, podemos apreciar a estética da plumagem de um pavão, para uma pavoa ela pode provocar uma resposta instintiva de importância genética considerável. Pavões adornados com plumagem deslumbrante são fortes e saudáveis, o que aumenta a probabilidade de gerar prole resistente. E, uma vez que as pavoas, assim como as fêmeas na maioria das espécies, podem produzir muito menos progênie em comparação com os machos, elas desenvolveram uma preferência demarcada por machos aptos; essas uniões aumentam a taxa de sucesso de cada fertilização, que consome recursos e, portanto, é preciosa.[11] Já que a plumagem exuberante é uma demonstração visível da força física e do vigor de um parceiro em potencial, as pavoas atraídas por essas caudas têm maior probabilidade de gerar pavõezinhos robustos. Esses filhotes de pavão, machos e fêmeas, serão, por sua vez, dotados dos mesmos genes para respectivamente desenvolver e desejar uma plumagem resplandecente, facilitando a disseminação de tais características pelas gerações futuras. A beleza, nessa análise da seleção sexual, é muito mais do que superficial. Beleza equivale a credenciais ostensivamente disponíveis, atestando a adequação adaptativa de um parceiro em potencial.

Em ambos os casos — seja a escolha do parceiro motivada por sensibilidades estéticas ou por avaliações relacionadas à saúde —, as preferências resultantes podem fornecer um fundamento lógico para características corporais e comportamentais custosas, e cujos benefícios intrínsecos à sobrevivência são questionáveis. Como essa descrição parece aplicável às práticas artísticas de longa data e essencialmente universais de nossa espécie, talvez a seleção sexual propicie uma elucidação. Darwin pensava que sim. Ele recorreu à seleção sexual para explicar a predileção humana por pele perfurada com piercings e colorida com tatuagens e sugeriu também que a resposta poderosa que a música pode provocar é um resultado evolutivo da seleção sexual que molda as chamadas de acasalamento humanas. Os machos capazes de cantar ou dançar com mais desenvoltura, ou donos das tatuagens mais atraentes ou dos trajes mais decorados, podem ter sido o alvo de fêmeas exigentes e, portanto, geraram uma prole mais sensível a aspectos artísticos. Assim, ao encontrar uma possível parceira, a existência ou não de talento artístico talvez tenha determinado se certo rapaz foi para casa sozinho.

Mais recentemente, o psicólogo Geoffrey Miller e o filósofo Denis Dutton desenvolveram ainda mais essa perspectiva, sugerindo que as capacidades artísticas humanas fornecem um indicador de aptidão que as mulheres perceptivas perscrutam com atenção.[12] Artefatos fabricados com destreza, exibições criativas e performances energéticas não apenas demonstram uma mente e um corpo funcionando a todo vapor como também atestam que o artista é dotado de uma quantidade generosa do material apropriado para a sobrevivência. Afinal, o raciocínio continua, é somente em virtude de possuir recursos materiais e destreza física que o artista pode se dar ao luxo de permitir a extravagância de gastar tempo e energia em atividades desprovidas de valor de sobrevivência (os artistas do Pleistoceno, ao que tudo indica, não passavam fome). Sob essa óptica, as empreitadas artísticas equivalem a uma estratégia de marketing autopromocional que resulta em uniões entre artistas talentosos e companheiras perspicazes, produzindo proles com maior probabilidade de receber traços semelhantes.

A seleção sexual como a mola propulsora evolutiva da atividade artística humana é intrigante, porém gerou mais discórdia do que harmonia. Os pesquisadores levantaram muitas perguntas. Seria o talento artístico um sinal certeiro de saúde física? Estariam as habilidades artísticas de tal forma entrelaçadas com a inteligência e a criatividade brutas, qualidades com valor de sobrevivência irrefutável, a ponto de as predileções artísticas se espalharem pela seleção natural sem a necessidade de recorrer à seleção sexual? Com o foco da seleção sexual em artistas do sexo masculino, de que modo a teoria explica as atividades artísticas das mulheres? Talvez o ponto mais complicado é que o envolvimento público com atividades artísticas durante o Pleistoceno, bem como os rituais de cortejo e as práticas de acasalamento daquela época, não passam, em grande parte, de conjecturas. Sem dúvida, as realizações de Lucian Freud e Mick Jagger podem ser lendárias, mas e se lenda também for qualquer coisa que nos fale sobre a importância da habilidade artística ou da presença de palco para o acesso reprodutivo entre os primeiros hominídeos? À luz dessas questões, Brian Boyd ofereceu uma síntese bastante sensata: "A seleção sexual foi um equipamento extra para a arte, não o mecanismo em si".[13]

Steven Pinker sugere uma perspectiva totalmente diferente com relação à utilidade adaptativa das artes. Em um trecho que tem sido citado com frequência tanto por apoiadores quanto por detratores, ele argumenta que todas as artes, exceto as da linguagem, equivalem a sobremesas sem nenhum valor nutritivo, servidas a cérebros humanos obcecados por padrões. Assim como "o *cheesecake* oferece uma prazerosa pancada nos sentidos que não tem paralelo no mundo natural, visto ser uma mistura de megadoses de estímulos agradáveis que inventamos com o propósito expresso de acionar nossos botões de prazer",[14] as artes, segundo Pinker, são criações inúteis em termos adaptativos, concebidas para estimular artificialmente os sentidos humanos que evoluíram para promover a aptidão de nossos ancestrais. Não se trata de um juízo de valor. Os argumentos de Pinker, elaborados com sutileza e engenho de raciocínio e transbordando de alusões culturais, deixam claro que ele nutre um profundo afeto pelas artes. Em vez disso, é uma avaliação desapaixonada sobre se as artes desempenharam algum papel relevante em uma tarefa específica: no caso, melhorar a perspectiva de que, no mundo ancestral, os genes de nossos antepassados, e não os de nossos primos grosseiros, incultos, desafinados e desajeitados, foram transmitidos para a geração seguinte. E é nesse sentido que Pinker afirma que as artes são irrelevantes.

A evolução certamente nos persuadiu a uma série de comportamentos destinados a aumentar nossa aptidão biológica, desde encontrar comida, conquistar parceiros de acasalamento e zelar por nossa segurança até firmar alianças, rechaçar adversários e instruir a prole. Os comportamentos hereditários que, em média, resultaram em maior sucesso reprodutivo se espalharam amplamente e se tornaram os principais mecanismos empregados para superar desafios adaptativos específicos. Ao moldar alguns desses comportamentos, uma das cenouras (ou recompensas) que a evolução proporcionou foi o prazer: se você achar que certos comportamentos que promovem a sobrevivência são agradáveis, maiores serão as chances de você continuar a agir dessa maneira. E, em virtude de suas qualidades fomentadoras da sobrevivência, esses comportamentos aumentam a probabilidade de você permanecer vivo por tempo suficiente para se reproduzir, dotando as gerações futuras de tendências comportamentais semelhantes. Assim, a evolução gera um conjunto de circuitos de retroalimentação autorreforçadores que tornam agradáveis os comportamentos que aprimoram a aptidão. Na visão de Pinker, as artes rompem os circuitos de retroalimentação, cortam benefícios adaptativos e estimulam diretamente nossos centros de prazer, proporcionando experiências gratificantes que, de uma perspectiva evolutiva, são imerecidas. Gostamos do modo como as artes nos fazem sentir, mas nem criá-las nem vivenciá-las nos faz mais aptos ou atraentes. Do ponto de vista da sobrevivência, as artes são *junk food.*

O garoto-propaganda de Pinker é a música, o gênero das artes cuja irrelevância adaptativa ele descreve de maneira mais completa. Pinker sugere que a música é um parasita auditivo, por tirar proveito de sensibilidades auriculares emocionalmente evocativas que, muito tempo atrás, tiveram valor de sobrevivência para nossos antepassados. Por exemplo, sons cujas frequências são harmonicamente relacionadas (frequências que são múltiplos de uma frequência comum) indicam uma fonte única e potencialmente identificável (a física básica revela que, quando um objeto linear vibra, sejam as cordas vocais de um predador, seja uma arma feita de osso oco, as frequências vibracionais tendem a preencher uma série harmônica). Aqueles nossos antepassados que respondiam com mais prazer a esses sons organizados prestariam mais atenção a eles e, em razão disso, ganhariam maior consciência a respeito de seu ambiente. O conhecimento intensificado teria feito a balança da sobrevivência pender a seu favor, aumentando o bem-estar e promovendo o desenvolvimento adicional da sensibilidade auditiva. O aumento da receptividade a outros sons abundantes em informações, de trovões a pegadas e galhos crepitando, teria aguçado ainda mais a atenção e, portanto, preenchido ainda mais a consciência ambiental. Por esse motivo, aqueles nossos ancestrais que eram mais perceptivos em termos sonoros tinham uma vantagem adaptativa e podiam promover a disseminação da sensibilidade auricular pelas gerações subsequentes. De acordo com Pinker, a música sequestra essa sensibilidade sonora e a leva em um passeio sensual prazeroso que não confere valor adaptativo. Assim como o *cheesecake* estimula artificialmente nossa ancestral preferência adaptativa por alimentos com alto teor calórico, a música estimula de modo artificial nossa ancestral sensibilidade adaptativa a sons com conteúdo informativo elevado.

A justaposição que Pinker faz entre prazer culposo e experiência rarefeita é surpreendentemente discrepante. E de propósito. A questão não é rebaixar nossa experiência artística, e sim ampliar nossa atribuição de relevância e significado. Na verdade, traz grande satisfação identificar uma base evolutiva para este ou aquele comportamento humano, fornecendo um carimbo indelével de aprovação impresso no nosso DNA. Até que ponto é gratificante imaginar que as artes, que para muitos figura como uma das realizações mais sublimes da humanidade, desempenharam um papel essencial na sobrevivência das espécies? Contudo, por mais agradável que seja, essa explicação não precisa ser verdadeira. Tampouco essencial. A adaptação biológica não é o único padrão de valor. É igualmente maravilhoso podermos nos posicionar acima das preocupações com a sobrevivência e usar a imaginação para expressar coisas belas, perturbadoras ou comoventes. Significado não requer utilidade adaptativa. Anos atrás, durante um jantar em família em um restaurante local, quando um garçom trouxe um *cheesecake* para uma das mesas próximas, minha mãe, que vivia de dieta, sentiu-se compelida a se levantar e fazer uma reverência, um gesto de respeito que pode se aplicar não apenas à sobremesa em si, mas também a comportamentos humanos generalizados que, na visão de Pinker, possibilitaram a classificação adaptativa dessa sobremesa.

IMAGINAÇÃO E SOBREVIVÊNCIA

O reconhecimento de que as artes não precisam sentir vergonha por sua falta de utilidade adaptativa não dissuadiu os pesquisadores de seguir à procura de explicações darwinianas diretas para a resiliência e a onipresença delas. Explicações, é claro, que tentam vincular diretamente atividades artísticas à sobrevivência de nossos antepassados. Nessa busca, a antropóloga Ellen Dissanayake enfatizou a necessidade de refletir sobre as artes conforme eram praticadas em contextos ancestrais, argumentando que, ao longo da história humana, a arte e também a religião não eram diversões extracurriculares "às quais as pessoas se entregavam uma manhã por semana ou quando não havia nada melhor para fazer; tampouco eram passatempos supérfluos que poderiam ser totalmente rejeitados".[15] Fosse se embrenhando nas profundezas subterrâneas para adornar uma parede de caverna, fosse batendo tambores freneticamente, fosse dançando e cantando em transe sobrenatural, a arte, como a religião, estava entranhada na trama da existência ancestral. E aí reside um potencial papel adaptativo.

Se alienígenas tivessem visitado a Terra do Paleolítico e se arriscassem a prever quem seria a espécie mandachuva 1 milhão de anos depois, o gênero *Homo* talvez não tivesse angariado muitas apostas. No entanto, reunindo força física e inteligência, fomos capazes de preponderar sobre formas de vida maiores, mais fortes e mais rápidas, bem como sobre aquelas dotadas de sentidos mais refinados de olfato, visão e audição. Triunfamos porque somos engenhosos e criativos, mas, acima de tudo, porque somos excepcionalmente sociais. Nos capítulos anteriores, discutimos vários mecanismos, da narração de histórias à religião à teoria dos jogos, que podem ter facilitado nossa capacidade de nos reunirmos em grupos produtivos. Contudo, como esse comportamento é complexo e influente em igual medida, procurar uma explicação única talvez seja uma visão estreita demais. Vários amálgamas desses mecanismos podem ter sido importantes para nossas tendências grupais bem-sucedidas e, como Dissanayake e outros pesquisadores sugeriram, a lista de influências prossociais deve ser estendida para incluir a arte.

Se você e eu tivermos confiança de que cada um entenderá e antecipará as respostas emocionais do outro — mesmo quando nos depararmos com dificuldades desconhecidas e buscarmos novas oportunidades —, haverá uma chance melhor de cooperarmos com êxito. As artes podem ter sido essenciais para que isso fosse possível. Se você e eu e outros em nosso grupo fôssemos participantes frequentes das mesmas experiências artísticas ritualizadas, unidos pelo ritmo energético, pela melodia e pelo movimento, a unidade dessas jornadas emocionais intensas teria criado um senso de solidariedade comunitária. Qualquer pessoa que tenha participado por um período prolongado de grupos de instrumentos de percussão, cantoria ou movimento conhece a sensação; se você não tiver feito isso, recomendo vivamente. Intensos e quase sobre-humanos, esses episódios emocionais compartilhados teriam nos transformado em um todo comprometido com muito mais empenho. Como enfatizou Noël Carroll, filósofo que também esteve na vanguarda dessas ideias: "A arte tem sido a tentativa de instigar e moldar as emoções de uma maneira que une as pessoas sob seu domínio e nelas inculca a noção de serem participantes de uma cultura".[16] De fato, a própria noção de cultura — um conjunto de tradições, costumes e perspectivas compartilhados por um amplo número de indivíduos — depende de uma herança comum de prática e experiência artísticas. Os membros de grupos com uma mesma sintonia emocional tiveram chances mais efetivas de sobreviver e de transmitir às gerações subsequentes uma tendência genética para os mesmos comportamentos.

Agora, se você não se comoveu com a coesão do grupo como uma explicação adaptativa para a religião, talvez continue impassível a respeito da coesão do grupo como uma explicação adaptativa para a arte. Todavia, assim como em nossa discussão sobre religião, não precisamos nos concentrar apenas nos grupos. A arte pode ter tido utilidade adaptativa do ponto de vista do indivíduo, perspectiva que considero especialmente convincente. As artes proporcionam uma arena que não é limitada pelas restrições da verdade canhestra e pela realidade física cotidiana. Por isso, permitem que a mente pule e se contorça e dê cambalhotas enquanto avalia todo tipo de novidade imaginada. Uma mente que se aferra com persistência ao que é verdadeiro é uma mente que investiga um campo de possibilidades bastante limitado. Mas uma mente que se acostuma a atravessar com liberdade a fronteira entre o real e o imaginado — o tempo todo monitorando com atenção o que é uma coisa e o que é outra — se torna hábil em romper os laços do pensamento convencional. Uma mente desse tipo está preparada para a inovação e a engenhosidade. A história deixa isso evidente. Devemos muitos dos maiores avanços da ciência e da tecnologia a um conjunto de indivíduos que foram capazes de analisar os mesmos problemas que haviam deixado perplexas gerações de pensadores anteriores, homens e mulheres que tiveram a flexibilidade de pensamento para enxergá-los de maneira diferente.

O passo essencial de Einstein em direção à relatividade não foi impulsionado por experiências nem por dados novos. Ele trabalhava com fatos — relacionados a temas como eletricidade, magnetismo e luz — já bem conhecidos. Em vez disso, a jogada ousada de Einstein foi se libertar da suposição amplamente aceita de que o espaço e o tempo eram constantes, o que exigia que a velocidade da luz variasse, e, no lugar disso, prever que a velocidade da luz era constante, o que exigia que o espaço e o tempo variassem. Essa síntese com jeito de slogan não tem a pretensão de explicar a relatividade especial (para isso, sugiro que o leitor consulte, por exemplo, o capítulo 2 de meu livro *O universo elegante*), mas sim observar que a descoberta se baseou em imaginar um rearranjo simples, porém fundamental, das peças de Lego da realidade, uma inversão de padrões simbólicos tão conhecidos que a maioria das mentes ignorou a possibilidade. É uma variedade de manobras criativas que faz eco com os níveis mais altos de composição artística. Na avaliação do ilustre pianista Glenn Gould, o gênio de Bach é demonstrado por sua capacidade de conceber linhas melódicas que, "quando transpostas, invertidas, tornadas retrógradas ou transformadas ritmicamente, ainda assim exibirão [...] algum perfil novo, mas harmonioso".[17] O gênio de Einstein estava calcado em uma capacidade semelhante e igualmente extraordinária de reconfigurar os componentes básicos do entendimento, lançando um novo olhar sobre conceitos que haviam sido esmiuçados por décadas, se não séculos, e combinando-os de acordo com um novo modelo. Talvez não seja tão surpreendente que Einstein tenha descrito seu processo intelectual como "pensar com música" e volta e meia lançasse mão de análises visuais desprovidas de equações e palavras. Sua arte consistia em ouvir ritmos e ver padrões que revelavam uma profunda unidade nos mecanismos de funcionamento da realidade.

Nem a relatividade de Einstein nem as fugas de Bach são a matéria da qual é feita a sobrevivência. No entanto, ambas são exemplos perfeitos de capacidades humanas que foram essenciais para que tenhamos prevalecido. O elo entre a aptidão científica e a superação de adversidades do mundo real pode ser mais evidente, porém mentes que raciocinam com analogia e metáfora, que representam com cor e textura, que imaginam com melodia e ritmo são mentes que cultivam uma paisagem cognitiva mais próspera. O que equivale a dizer que as artes talvez tenham sido decisivas para o desenvolvimento da flexibilidade do pensamento e da fluência da intuição de que nossos ancestrais precisaram para fabricar a lança, inventar a culinária, manejar a roda e, mais tarde, escrever a *Missa em si menor* e, mais tarde ainda, romper com nossa perspectiva rígida acerca do espaço e do tempo. Ao longo de centenas de milhares de anos, os empreendimentos artísticos podem ter sido a área de lazer da cognição humana, proporcionando uma arena segura para o treinamento de nossas capacidades imaginativas e impregnando-as de uma poderosa faculdade de inovação.

Note também que os papéis adaptativos da arte sobre os quais refletimos — aprimorar a inovação e fortalecer os laços sociais — funcionam em conjunto. A inovação é o soldado de infantaria da criatividade. A coesão do grupo é o exército de implementação. O sucesso na batalha implacável pela sobrevivência requer as duas coisas: ideias criativas que sejam implementadas com sucesso. O fato de as artes estarem no cerne de ambas sugere um papel adaptativo que vai além do simples apertar de botões do prazer. Claro, é possível que as artes sejam um subproduto, irrelevante do ponto de vista adaptativo, mas profundamente agradável, de um cérebro grande que hospeda uma mente criativa, mas para muitos pesquisadores isso não confere a devida importância à capacidade da arte de esculpir nosso envolvimento com a realidade. Brian Boyd apresentou um argumento sucinto: "Ao refinar e fortalecer nossa socialidade, tornando-nos mais preparados para usar os recursos da imaginação, e aumentando nossa confiança em moldar a vida em nossos próprios termos, a arte altera de modo fundamental nossa relação com o nosso mundo".[18]

Sou adepto da visão de que aguçar a inventividade, exercitar a criatividade, ampliar a perspectiva e criar coesão fornece um modelo de como as artes foram importantes para a seleção natural. Com essa perspectiva, as artes juntam linguagem, história, mito e religião como o meio pelo qual a mente humana pensa de maneira simbólica, raciocina de modo contrafactual, imagina com liberdade e trabalha em colaboração. Com o passar do tempo, foram essas capacidades que deram origem ao nosso mundo pujante em termos culturais, científicos e tecnológicos. Ainda assim, mesmo que a sua visão do papel evolutivo da arte se incline na direção de sobremesas cremosas, podemos concordar que inúmeras formas de arte foram uma presença constante e valorizada ao longo de nossa história. O que significa que vidas interiores e interações sociais adotaram modos de envolvimento que não valorizam as informações factuais transmitidas pela linguagem.

O que isso nos diz sobre arte e verdade?

Cerca de vinte anos atrás, em um daqueles dias gloriosamente ensolarados de outono em que as folhas se tornam avermelhadas e laranja-queimado, eu estava dirigindo sozinho, saindo de Nova York rumo à casa da minha família no norte do estado, quando, do nada, uma cadela atravessou a pista em disparada. Pisei no freio, mas, um instante antes de o carro finalmente parar, senti um baque estridente seguido de perto por outro, enquanto as rodas dianteiras e traseiras passavam por cima da cadela. Saltando do carro, ergui o animal, que ainda estava consciente, mas mal se movia, coloquei-o no banco do passageiro e acelerei feito um doido em meio às estradinhas vicinais de terra em busca de um veterinário. Minutos depois, de alguma forma, a cadela se sentou ereta. Pousei de leve minha mão sobre a cabeça do animal, que então voltou a se deitar, deixando minha mão entre seu corpo e o banco. Parei o carro. Ela ergueu a cabeça e me lançou um olhar intenso, sem piscar. Dor. Terror. Renúncia. Parecia uma mistura de tudo isso. Então, pressionando seu corpo com mais força contra a minha mão, como se não pudesse suportar ter que partir sozinha, ela morreu.

Tive animais de estimação que morreram. Mas aquilo foi diferente. Súbito. Brutal. Violento. Com o tempo, o choque passou, mas o momento final permaneceu comigo. Meu eu racional sabe que estou atribuindo um significado indevido a uma ocorrência infeliz, porém muito comum. Ainda assim, a transição da vida para a morte de um animal que encontrei por acaso e que havia morrido como resultado de uma ação minha, ainda que não intencional, exerceu sobre mim um efeito estranho e inesperado. O episódio continha certo tipo de verdade. Não uma verdade proposicional. Não se tratava de uma questão de fato. Nada que eu pudesse medir de modo significativo. Contudo, naquele momento, senti uma ligeira mudança na minha noção de mundo.

Sou capaz de identificar um conjunto pequeno de outras experiências que, cada qual à sua maneira, imprimiram em mim um sentimento semelhante. Segurar no colo pela primeira vez meu filho recém-nascido; agachar-me em uma fenda rochosa nas colinas nos arredores de São Francisco enquanto uma tempestade de vento uivava no céu; ouvir minha filhinha cantando em uma apresentação solo num evento da escola; subitamente resolver uma equação que resistira a meses de tentativas anteriores; assistir, de uma das margens do rio Bagmati, a uma família nepalesa realizar a queima ritual de um parente falecido; esquiar — ou melhor, tentar me equilibrar sobre os esquis — em uma pista de nível extremo de dificuldade ladeira abaixo em Trondheim e, de alguma forma, sobreviver. Você tem a sua própria lista. Todos nós temos. Experiências que prendem nossa atenção e desencadeiam respostas emocionais que valorizamos, mesmo na ausência — ou talvez por causa da ausência — de uma explicação completamente racional ou linguística. O que é curioso, apesar de comum, é que, embora meu processo de trabalho seja todo ele baseado em linguagem, não sinto nenhuma vontade de comunicar essas experiências na forma de palavras. Quando penso nelas, não percebo uma falta de compreensão pedindo esclarecimentos linguísticos. Elas expandem meu mundo sem necessidade de interpretação. São os momentos em que meu narrador interno sabe que é hora de fazer uma pausa. Uma vida examinada não precisa ser uma vida articulada.

A arte mais fascinante pode induzir em nós estados mentais e físicos rarefeitos comparáveis àqueles produzidos por nossas interações mais comoventes do mundo real, moldando e aprimorando em igual medida nosso envolvimento com a verdade. A discussão, a análise e a interpretação podem moldar ainda mais profundamente essas experiências, porém as mais potentes não dependem de um intermediário linguístico. Com efeito, mesmo quando se trata das artes baseadas na linguagem, são as imagens e sensações que, nas experiências mais emocionantes, imprimem a marca mais duradoura. Como descreveu com elegância a poeta Jane Hirshfield: "Quando um escritor traz para a linguagem uma imagem nova totalmente correta, o que é cognoscível da existência se expande".[19] Saul Bellow, ganhador do prêmio Nobel, também fala da capacidade singular que a arte tem de expandir o que é conhecível: "Apenas a arte penetra no que o orgulho, a paixão, a inteligência e o hábito edificam por toda parte — as realidades aparentes deste mundo. Existe outra realidade, e genuína, que perdemos de vista. Essa outra realidade está sempre nos enviando sinais, que, sem a arte, não somos capazes de receber". E, sem essa outra realidade, observa Bellow, ecoando os pensamentos estabelecidos por Proust, a existência é reduzida a uma "terminologia para fins práticos, a qual falsamente chamamos vida".[20]

A sobrevivência depende do acúmulo de informações que descrevem o mundo com exatidão. E o progresso, no sentido convencional de um maior controle sobre o meio ambiente, exige uma compreensão clara de como esses fatos se integram aos mecanismos de funcionamento da natureza. São as matérias-primas para dar feitio a fins práticos. São a base para o que chamamos de verdade objetiva e invariavelmente associamos ao entendimento científico. Todavia, por mais abrangente que possa ser, esse conhecimento sempre se mostrará insuficiente para fornecer uma explicação exaustiva da experiência humana. A verdade artística toca uma camada distinta; conta uma história do mais alto nível, que, nas palavras de Joseph Conrad, "atrai a parte do nosso ser que não é dependente da sabedoria" e, em vez disso, fala com "a nossa capacidade de se deleitar e se admirar, com o senso de mistério que cerca nossa vida; com nosso senso de piedade, beleza e dor; com o sentimento latente de comunhão com toda a criação [...] em sonhos, em alegria, em tristeza, em aspirações, em ilusões, em esperança, em medo [...] que une toda a humanidade — os mortos aos vivos e os vivos aos ainda por nascer".[21]

Liberto da rígida verossimilhança e se desenvolvendo ao longo de milênios, o instinto criativo explorou o alcance emocional que marca a visão de Conrad da jornada artística e fornece o vernáculo em que a realidade genuína de Bellow nos sussurra logo ali da esquina. Os escritores, sobretudo, arquitetaram de forma engenhosa uma série enorme de mundos de personagens cujas vidas fictícias fornecem estudos intensificados sobre as ações humanas. Odisseu e a jornada repleta de vingança e lealdade, Lady Macbeth e as garras da ambição e da culpa; Holden Caulfield e o instinto irrefreável de rebeldia; Atticus Finch e o poder do heroísmo silencioso, mas inabalável; Emma Bovary e as tragédias da conexão humana; Dorothy e a estrada sinuosa da autodescoberta — as perspectivas que essas obras oferecem sobre a variedade das experiências, as verdades artísticas que elas elaboram, acrescentam sombra e dimensão ao que, de outro modo, não passa de um esboço grosseiro da natureza humana.

Obras visuais e auditivas, nas quais a linguagem não é fundamental, proporcionam experiências impressionistas. No entanto, assim como suas contrapartes literárias, se não ainda mais, elas podem despertar as mesmas emoções que, como Conrad descreveu, estão além da sabedoria; as vozes que habitam a realidade genuína de Bellow falam conosco de várias formas. Não consigo ouvir *Totentanz*, de Franz Liszt, sem um pressentimento visceral; a *Terceira Sinfonia* de Brahms evoca um desejo profundo e insaciado; a *Chaconne* de Bach é uma apoteose do sublime; o final da "Ode à alegria" da *Nona Sinfonia* de Beethoven é para mim, e também para grande parte do mundo, uma das declarações mais otimistas que a espécie já produziu. Incluindo música com letra, "Hallelujah", de Leonard Cohen, enaltece com autenticidade incomparável a vida imperfeita; a versão simples e requintada de Judy Garland para "Over the Rainbow" capta os anseios puros da juventude; "Imagine", de John Lennon, encarna o poder simples de conceber o possível.

Assim como nos momentos marcantes da vida, cada um de nós é capaz de trazer à mente obras, sejam da literatura ou do cinema, esculturas ou coreografias, pinturas ou músicas, que de um modo ou de outro nos comoveram. Por meio dessas experiências cativantes, consumimos "megadoses" de qualidades essenciais da vida humana neste planeta. Contudo, longe de serem calorias vazias, esses encontros intensos oferecem pontos de vista aos quais seria difícil, se não impossível, ter acesso de outra maneira.

O letrista Yip Harburg, autor de muitos clássicos, incluindo "Over the Rainbow", disse: "As palavras fazem você pensar, formar um pensamento. A música faz você sentir, experimentar um sentimento. Mas uma música faz você sentir um pensamento".[22] *Sentir um pensamento*. Para mim, isso capta a essência da verdade artística. Como Harburg enfatizou, o pensamento é intelectual, o sentimento é emocional, porém "sentir um pensamento é um processo artístico".[23] É uma observação que se baseia em vincular linguagem e música, mas que, na verdade, acopla as artes de maneira mais geral. As respostas emocionais que a arte desperta ondulam através do reservatório de pensamentos agitados inerente à percepção consciente. Para obras sem palavras, essas experiências são menos direcionadas e os sentimentos, mais irrestritos. Entretanto, toda arte tem a capacidade de nos fazer sentir pensamentos, produzindo uma variedade da verdade que muito dificilmente seríamos capazes de antecipar com base na deliberação consciente ou na análise factual. Uma variedade da verdade que está além da sabedoria. Além da pura razão. Além do alcance da lógica. Além da necessidade de provas.

Não se engane. Todos nós — mente e corpo — *somos* sacos de partículas, e os fatos físicos a respeito das partículas podem expressar o modo como elas interagem e se comportam. Mas esses fatos, a narrativa particulada, lançam apenas uma luz monocromática sobre as histórias coloridíssimas de como nós, humanos, navegamos em meio aos mundos complexos do pensamento, da percepção e da emoção. E quando nossas percepções amalgamam pensamento e emoção, quando sentimos os pensamentos ao mesmo tempo que os concebemos, nossa experiência vai ainda mais longe, além dos limites da explicação mecanicista. Ganhamos acesso a mundos que de outra forma permaneceriam desconhecidos. Como Proust enfatizou, isso deve ser comemorado. Somente por intermédio da arte, ele observou, podemos entrar no universo secreto de outrem, a única jornada em que realmente "voamos de estrela em estrela", uma jornada que não pode ser percorrida por "métodos diretos e conscientes".[24]

Embora focada nas artes, a perspectiva de Proust faz eco com a minha própria e estabelecida visão da física moderna. "A única verdadeira viagem de descoberta", disse ele certa vez, "a única verdadeira viagem de descoberta seria não partir em busca de novas paragens, mas ter outros olhos, ver o universo com os olhos de outra pessoa, de cem outras."[25] Durante séculos, nós, físicos, confiamos na matemática e em experimentos para remodelar nossos olhos, para revelar camadas de realidade intocadas por gerações do passado, para nos permitir ver, de maneiras novas e impressionantes, paisagens conhecidas. Com essas ferramentas, descobrimos que as terras mais estranhas vieram à tona por meio do exame atento de reinos que habitávamos havia muito tempo. Mesmo assim, para adquirir esse conhecimento e utilizar o poder da ciência de forma mais geral, devemos seguir a instrução inabalável de ignorar as peculiaridades de como cada um de nossos conjuntos distintos de moléculas e células assimila o mundo e mirar as qualidades objetivas da realidade. Quanto ao resto, as verdades demasiado humanas, nossas histórias dentro de outras histórias se fiam na arte. Segundo a definição de George Bernard Shaw: "Usamos um espelho de vidro para ver nosso rosto, usamos obras de arte para ver nossa alma".[26]

IMORTALIDADE POÉTICA

Não raro, perguntam-me qual fato a respeito do universo considero ser o mais impressionante. Não tenho uma resposta-padrão. Às vezes, sugiro a maleabilidade do tempo da relatividade. Em outras, sugiro o emaranhamento quântico, o que Einstein chamou de "ação assustadora à distância". Há ocasiões, porém, em que simplifico e sugiro algo com que a maioria de nós se deparou pela primeira vez quando criança. Quando fitamos o céu noturno, vemos estrelas como elas eram muitos milhares de anos atrás. Usando telescópios potentes, vemos objetos astronômicos muito mais distantes, em seu estado de milhões ou bilhões de anos atrás. Algumas dessas fontes astronômicas talvez tenham morrido há muito tempo, e ainda assim continuamos a vê-las porque a luz que elas emitiram há muito, muito tempo ainda está em trânsito. A luz fornece uma ilusão de presença. E não apenas no caso das estrelas. Imperturbáveis, feixes de radiação refletidos carregam a sua marca, leitor, e a minha, através de uma vastidão arbitrária de espaço e tempo, uma imortalidade poética em disparada cosmo afora na velocidade da luz.

De volta à Terra, a imortalidade poética assume uma forma diferente. O desejo de nos mantermos vivos pelo tempo que quisermos não foi realizado, pelo menos ainda não, e talvez nunca venha a ser. Mas a mente criativa, capaz de vagar livremente por mundos imaginados, pode explorar a imortalidade, serpentear pela eternidade e meditar sobre a razão pela qual podemos procurar, desprezar ou temer um tempo infinito. Ao longo de milênios, os artistas vêm fazendo isso. Cerca de 2500 anos atrás, a poeta lírica grega Safo lamentou a inevitabilidade da mudança: "Vós, moças, buscai os presentes graciosos das Musas de véus de violeta, dedicai-vos a amar os sons límpidos da lira melodiosa, do canto amorosa;/ quanto a mim — meu corpo outrora suave a idade já capturou", visão reforçada por uma referência à história mítica de Titônio, mortal a quem os deuses concederam imortalidade, mas que, ainda assim, se manteve sujeito às devastações provocadas pelo passar do tempo e que se vê fadado a sofrer o envelhecimento por toda a eternidade. Um verso final que alguns estudiosos acreditam ser o verdadeiro desfecho do poema — "a mim Eros concedeu a beleza e o fulgor do sol" — sugere que, por meio de sua busca apaixonada pela vida, expressa por sua poesia, Safo esperava transcender a decadência física e alcançar um brilho eterno; por intermédio de sua poesia, ela imaginou atingir uma imortalidade simbólica.[27]

Trata-se de uma versão de um esquema de negação da morte com o qual nós, mortais, procuramos viver por meio de nossas realizações heroicas, contribuições influentes ou obras criativas. A escala dessa imortalidade demanda um ajuste antropocêntrico, da eternidade para a duração da civilização — um custo significativo, mas compensado pelo reconhecimento de que, diferente de sua contraparte literal, a versão simbólica da imortalidade é real. A única questão é de estratégia. Quais vidas serão lembradas? Quais obras perdurarão? E como garantir que nossa vida e nossas obras estarão entre elas?

Alguns milênios depois de Safo, Shakespeare analisou o papel da arte e do artista para dar forma àquilo que ficará na lembrança do mundo. Tratando do tema de um epitáfio que ele imagina compor, Shakespeare observa: "Mesmo quando os viventes todos já tiverem perecido/ Tu viverás, tal é o poder de minha pena", um benefício, afirma o bardo, de que ele próprio não desfrutará: "O teu nome encontrará a vida imortal/ Mas eu já estarei morto para o mundo". É claro que estamos no jogo de Shakespeare: como são as palavras do poeta que serão lidas e recitadas, o homenageado pelo epitáfio é apenas um veículo para o poeta alcançar a imortalidade, ainda que simbólica. E, séculos depois, é Shakespeare quem ainda vive.

Depois de deixar o Círculo de Viena de Freud, Otto Rank desenvolveu sua tese de que a busca da imortalidade simbólica é um dos principais motores do comportamento humano. Na concepção de Rank, o impulso artístico reflete a mente se encarregando de seu próprio destino, com a coragem de reconstruir a realidade e embarcar no projeto vitalício de moldar seu próprio eu idiossincrático. O artista avança em direção à saúde psíquica ao aceitar a mortalidade — vamos morrer, é isso aí, acostume-se —, transformando o desejo de eternidade em uma forma simbólica, materializada por obras criativas. Essa perspectiva lança uma luz diferente sobre a imagem clichê do artista torturado. Segundo Rank, lidar com a mortalidade fazendo uso da criação artística é um caminho para a sanidade. Ou, conforme descreveu de forma semelhante o escritor e crítico Joseph Wood Krutch: "O homem precisa da eternidade, como atesta toda a história de suas aspirações; mas a eternidade da arte é, com toda a probabilidade, o único tipo que ele jamais terá".[28]

Poderia essa dinâmica ter estado em ação dezenas de milhares de anos atrás, lançando luz sobre os motivos pelos quais desviamos energia para atividades que não envolvem as necessidades imediatas de sustento e abrigo? Ou por que, ao longo de milênios, as atividades artísticas continuaram sendo fios fundamentais no tecido de todas as culturas humanas? Sim e sim. Quer a visão abrangente de Rank atinja ou não o alvo, podemos muito bem imaginar nossos antepassados ancestrais compreendendo a própria natureza mortal, desejando apoderar-se de seu mundo e carimbá-lo com algo icônico, de sua autoria, duradouro. Podemos muito bem imaginar esse anseio interrompendo um até então diligente enfoque na sobrevivência e, com o tempo, sendo reforçado e refinado pelo prazer comunitário de se juntar ao artista em mundos imaginativos oriundos da mente humana.

Embora a escassez de evidências reduza a análise de nosso passado distante a suposições abalizadas, aqui na Era Moderna encontramos uma infinidade de obras que refletiram profundamente sobre a mortalidade e a eternidade.[29] Walt Whitman ponderou sobre a intolerabilidade de ceder à morte o caráter definitivo: "Você desconfia da morte? Se eu desconfiasse da morte, morreria agora mesmo./ Você acha que eu poderia caminhar feliz da vida e bem-vestido rumo à aniquilação? [...]/ Juro achar que não existe nada além da imortalidade!". Para William Butler Yeats, a antiga cidade de Bizâncio era um destino onde ele poderia se livrar de sua forma física moribunda, liberto de preocupações humanas, e receber permissão para entrar em um reino atemporal: "Devorai este meu coração, doente de desejo/ E amarrado a um animal moribundo,/ Ele já não sabe o que é; e recolhei-me/ Ao artifício de eternidade".[30] Herman Melville deixou claro que a mortalidade navega conosco mesmo quando as águas turbulentas parecem ter amainado: "Todos os homens nascem com a corda no pescoço; mas é apenas quando são apanhados na reviravolta súbita e impetuosa da morte que os mortais se dão conta dos silenciosos, sutis e perpétuos perigos da vida".[31] Edgar Allan Poe levou a negação da morte a um extremo literário, dando voz às vítimas de sepultamentos prematuros lutando para rechaçar o abraço mais íntimo da morte: "Soltei um grito agudo de horror: enterrei as unhas nas minhas coxas e as machuquei; o caixão estava encharcado do meu sangue; e rasgando as laterais de madeira da minha prisão com o mesmo sentimento maníaco, dilacerei meus dedos e reduzi as unhas ao sabugo, e logo fiquei inerte por exaustão".[32] Tennessee Williams, por meio do patriarca fictício Paizão Pollit, observou: "A ignorância — da morte — é um conforto. Um homem não tem esse conforto. Ele é o único ser vivo que concebe a morte, que sabe o que ela é", por isso, "se tem dinheiro, ele compra, compra e compra, e acho que o motivo pelo qual ele compra tudo o que pode comprar é que, no fundo, tem a esperança maluca de que uma dessas compras vai ser a vida eterna!".[33]

Dostoiévski, por meio de seu personagem Arkadi Ivánovitch Svidrigáilov, comunicou uma perspectiva diferente, cansada da reverência imposta pela eternidade: "A eternidade sempre nos é apresentada como uma ideia que não somos capazes de entender, imensa, enorme! Mas por que tem de ser enorme? Imagine que, de repente, em vez de tudo isso, haja ali um único quartinho, algo parecido com um quarto de banhos de aldeia, enegrecido de fuligem, com aranhas por todos os cantos, e que toda a eternidade se resume a isso. Vez por outra imagino coisas desse tipo, sabe?".[34] É o mesmo sentimento expresso por Sylvia Plath — "Ó, Deus, não sou como você/ Em seu negrume vazio/ Estrelas cravadas por toda parte, brilhantes e estúpidos confetes/ A eternidade me entedia, nunca a desejei"[35] — e captado com leveza por Douglas Adams com seu personagem Wowbagger, o Infinitamente Prolongado, um alienígena que se torna imortal por acidente e planeja lidar com seu profundo tédio insultando sistematicamente todos os indivíduos no universo, um por um, em ordem alfabética.[36]

Essa gama de estados de espírito, do anseio ao desdém, demonstra o ponto mais amplo: nosso reconhecimento do tempo limitado que nos foi concedido gerou um envolvimento artisticamente vibrante com o conceito de eternidade. A vida examinada examina a morte. E, para alguns, examinar a morte é libertar a imaginação para desafiar o domínio da mortalidade, contestar sua eminência e fazer aparecer como por encanto reinos que estão além do alcance dela. Por mais que os pesquisadores discutam intensamente sobre a utilidade evolutiva das artes, seu papel na construção da coesão social, sua necessidade para o pensamento inovador e sua posição no panteão de desejos primais, as artes fornecem nossos meios mais evocativos para dar expressão às coisas que julgamos mais importantes — e entre as quais estão a vida e a morte, a finitude e a infinitude.

Para muitos, inclusive para mim, as formas mais concentradas dessa expressão são fornecidas pela música. A música pode proporcionar uma imersão tão envolvente que, em apenas alguns breves momentos, temos a sensação de estar pairando acima do tempo. O violoncelista e maestro Pablo Casals descreveu o poder da música de "incutir fervor espiritual a atividades que são banais, de dar as asas da eternidade ao que é mais efêmero".[37] É um fervor que nos faz sentir parte de alguma coisa maior, algo que afirma visceralmente a "convicção invencível de solidariedade que une a solidão de inúmeros corações"[38] de que falou Joseph Conrad. Seja com o compositor ou com os colegas ouvintes, seja por intermédio de um tipo inteiramente mais abstrato de comunhão, a música convida à conexão. E é através dessa conexão que a experiência da música transcende o tempo.

No final da década de 1960, os alunos do terceiro ano do ensino fundamental da turma da sra. Gerber na Escola Pública 87, em Manhattan, receberam a incumbência de entrevistar um adulto de sua escolha e escrever um breve relatório explicando a ocupação do entrevistado. Peguei o caminho mais fácil e entrevistei meu pai — um compositor e intérprete que adorava citar sua credencial acadêmica: ter abandonado a Seward Park High School sem se formar. No meio do primeiro ano do ensino médio, meu pai largou os livros e pegou a estrada para cantar, tocar e se apresentar de uma ponta à outra do país. Faz mais de meio século desde que realizei aquela tarefa escolar, mas uma coisa que meu pai mencionou jamais saiu da cabeça. Quando perguntei por que ele havia escolhido a música, meu pai respondeu: "Para afugentar a solidão". Ele logo mudou para um tom mais alegre, mais adequado a um trabalho escolar do terceiro ano do ensino fundamental, mas aquele momento sem censura foi revelador. A música era a salvação do meu pai. Era a versão dele da solidariedade de Conrad.

Poucos compositores comovem o mundo. Meu pai não estava entre eles, uma constatação dolorosa que aos poucos ele acabou por aceitar. As melodias e os ritmos escritos à mão em centenas de páginas amareladas, muitas datadas de antes de eu nascer, não despertam mais o interesse de ninguém, exceto da família. Talvez eu seja o único remanescente que, de tempos em tempos, ainda ouve as baladas, canções e obras de piano que ele compôs nos anos 1940 e 1950. Para mim, essas composições são um tesouro, uma conexão que me permite sentir os pensamentos de meu pai em uma época em que ele estava apenas começando a encontrar seu caminho no mundo.

A música tem o extraordinário poder de criar uma conexão tão profunda, mesmo entre aqueles que não estão ligados por laços familiares, vivendo em épocas diferentes, habitando reinos diferentes. Uma descrição comovente vem de Helen Keller, uma das heroínas singulares da história. Em 1º de fevereiro de 1924, a estação de rádio WEAF, em Nova York, transmitiu a apresentação ao vivo em que a Orquestra Sinfônica de Nova York tocou a *Nona Sinfonia* de Beethoven. Em sua casa, Helen Keller colocou as mãos no diafragma de um alto-falante de rádio descoberto e, pelas vibrações, foi capaz de sentir a música, de ter a sensação do que ela chamou de "sinfonia imortal" e até mesmo de distinguir instrumentos individuais. "Quando a voz humana saltou, agitando-se, da catarata de harmonia, reconheci instantaneamente que eram vozes. Senti o coro se tornar mais exultante, mais extasiado, erguendo-se numa ondulação ligeira como uma labareda, até que meu coração quase parou." E, então, falando de sons que tocam o espírito, da música que reverbera para a eternidade, ela conclui:

> Enquanto eu ouvia, com a escuridão e a melodia, a sombra e o som enchendo toda a sala, não pude deixar de lembrar que o grande compositor que despejou tamanha torrente de doçura no mundo era surdo como eu. Fiquei maravilhada diante do poder de seu espírito inabalável, com o qual, a partir de sua dor, ele criou tanta alegria para os outros — e lá estava eu sentada, sentindo com a mão a magnífica sinfonia que irrompeu como um mar nas margens silenciosas da alma dele e da minha.[39]

9. Duração e impermanência
Do sublime ao pensamento derradeiro

Toda cultura tem uma noção do atemporal, uma representação reverenciada da permanência. Almas imortais, histórias sagradas, deuses ilimitados, leis eternas, arte transcendente, teoremas matemáticos. No entanto, abrangendo categorias que vão do sobrenatural ao abstrato, a permanência é algo que os humanos cobiçam, mas nunca obtêm. O mais perto que conseguirmos chegar — a sensação de que o tempo desapareceu, seja como resultado de um evento eufórico ou trágico, de um estímulo meditativo ou químico, ou de uma experiência religiosa ou artística sublime — pode proporcionar as experiências mais formativas da vida.

Décadas atrás, com outros oito adolescentes, participei de um curso de sobrevivência nas profundezas dos bosques de Vermont. Certa noite, já bem tarde, estávamos todos dormindo nas barracas quando, aos berros, os monitores do curso nos mandaram sair da cama e trocar de roupa. Partiríamos para uma caminhada noturna improvisada. De mãos dadas e andando em fila única em meio à escuridão, aos poucos nos embrenhamos pela floresta densa, cruzando a mata cerrada e, com deleite especial, atravessando um pântano de lama até a cintura. Ensopados, congelados e cobertos de barro, por fim fomos levados a uma clareira nas proximidades, onde os monitores nos informaram que seríamos deixados ali para passar a noite, munidos apenas de três sacos de dormir. Percebendo a futilidade de nossos protestos veementes, nós (éramos nove) fechamos os sacos de dormir, nos despimos e nos aconchegamos sob o edredom improvisado. Muitos amaldiçoaram os monitores, outros juraram abandonar o curso antes do término, alguns choraram. Mas então surgiu uma visão maravilhosa. Uma fulgurante aurora boreal encheu o céu noturno. Eu jamais tinha visto nada parecido. Os fios de luz rodopiantes, as cores deslumbrantes sangrando umas sobre as outras, tudo em contraste com um pano de fundo de estrelas, que pareciam intermináveis e incontáveis. De repente, eu estava em um lugar diferente. A caminhada, o pântano, o frio, o amontoado de adolescentes seminus — tudo fazia parte de um passado primordial. Homem, natureza, universo. Estava coberto de terra, mas fui envolvido pelas luzes dançantes. Abandonado pelos últimos resquícios do nosso calor comunal, fui absorvido pelas estrelas distantes. Perdi a noção de quanto tempo fitei o céu antes de adormecer, se minutos ou horas. A duração não importava. Por um breve momento, o tempo se dissolveu.

Episódios com essa qualidade atemporal são raros. E fugazes. O tempo, na maioria das vezes, é um companheiro constante. A impermanência está na base da experiência. Reverenciamos o absoluto, mas estamos fadados ao transitório. Até mesmo as características do cosmo que talvez se apresentem como duradouras — a vastidão do espaço, as galáxias distantes, os componentes da matéria — estão todas sob o julgo do tempo. Como investigaremos neste capítulo e no próximo, por mais estável que possa parecer, o universo e tudo o que ele contém é mutável e precário.

EVOLUÇÃO, ENTROPIA E O FUTURO

Sob a inabalável fachada da realidade, a ciência revelou um drama implacável de partículas em agitação, no qual é tentador definir a evolução e a entropia como personagens travando uma batalha perpétua pelo controle. Essa narrativa prevê que a evolução constrói a estrutura, ao passo que a entropia a destrói. Isso cria uma história satisfatória e organizada, mas o problema, como vimos nos capítulos anteriores, é que ela não é verdadeira. Como muitos esboços simplificados, existe alguma verdade nela. A evolução *é* fundamental para a construção de estruturas. A entropia *tende, de fato*, a degradar a estrutura.

Mas entropia e evolução não precisam seguir em direções opostas. A dança a dois entrópica permite que a estrutura floresça aqui, contanto que a entropia seja expelida acolá. A vida, entre as principais realizações da evolução, materializa esse mecanismo, consumindo energia de alta qualidade, usando-a para manter e aprimorar seus arranjos ordenados enquanto expele no meio ambiente resíduos de alta entropia. Desenrolando-se ao longo de bilhões de anos, a troca cooperativa entre entropia e evolução resultou em arranjos de partículas requintados, incluindo uma vida e uma mente capazes de produzir a *Nona Sinfonia* e uma quantidade muito mais vasta de vidas e mentes capazes de sentir a experiência intensa de sua sublimidade.

Ao nos desviarmos da jornada que nos levou do Big Bang a Beethoven e nos direcionarmos para o futuro, a evolução e a entropia continuarão a ser fatores decisivos que guiarão a mudança? Com relação à evolução darwiniana, você poderia pensar que a resposta é "não".[1] A dependência do sucesso reprodutivo na composição genética é a razão pela qual a seleção darwiniana esteve por muito tempo no comando da nave evolutiva. Uma diferença notável recente é a intervenção da medicina moderna e as proteções que a civilização de maneira mais geral propiciou. Os genótipos que podem ter considerado a vida na savana africana ancestral um osso duro de roer talvez se saíssem bem em Nova York hoje em dia. Em muitas partes do mundo, o perfil genético não é mais o fator dominante para determinar se a pessoa vai morrer na infância ou se vai gerar muitos descendentes na vida adulta. É claro, ao nivelar as seções do campo de jogo genético, os avanços modernos ajustam as pressões de seleção anteriores e, assim, exercem sua própria variedade de influência evolutiva. Os pesquisadores apontam também para inúmeras pressões, incluindo escolhas alimentares (por exemplo, dietas ricas em laticínios favorecem sistemas digestivos nos quais a produção de lactase é prolongada além da infância), condições ambientais (por exemplo, viver em grandes altitudes dá uma vantagem adaptativa para sobreviver com menos oxigênio) e preferências de acasalamento (por exemplo, em alguns países, as estaturas médias podem estar evoluindo para estaturas consideradas mais atraentes pelos indivíduos reprodutivamente ativos) que impulsionam tendências no fundo genético.[2] Mas o maior impacto de todos pode vir da capacidade recém-descoberta de editar diretamente perfis genéticos. Técnicas que vêm avançando a passos rápidos são capazes de aumentar os mecanismos de variação genética, mutação aleatória e mistura sexual, para incluir a intenção volitiva. Se um pesquisador descobrir uma reconfiguração genética que estenda a vida humana a duzentos anos, com efeitos colaterais como pele azul-turquesa, estatura de três metros e uma libido voraz e azul-cêntrica, a evolução estará em plena exibição à medida que um grupo autosselecionado de seres humanos parecidos com os Na'vi do filme *Avatar* se espalhar rapidamente. Com o potencial de remodelar por completo a vida e, talvez, projetar uma versão da senciência — seja biológica, artificial ou alguma variedade de híbrido — cujos poderes podem tolher nossas habilidades atuais, ninguém sabe aonde isso nos levará.

Com relação à entropia, a resposta para a questão da relevância futura é certamente "sim". Muitos capítulos atrás, descobrimos que a segunda lei da termodinâmica é uma consequência geral da aplicação do raciocínio estatístico às leis físicas subjacentes. Será que as futuras descobertas poderão revisar as leis que consideramos fundamentais no presente? É quase certo que sim. A entropia e a segunda lei manterão seu lugar de proeminência explicativa? Também é quase certo que sim. Durante a transição da estrutura clássica para a estrutura quântica, drasticamente diferente, a matemática que descreve a entropia e a segunda lei exigiu uma atualização, mas, como esses conceitos emergem do raciocínio probabilístico mais básico, eles continuam a ser aplicados da mesma forma. Prevemos que os mesmos conceitos se manterão válidos, a despeito dos avanços e desdobramentos futuros em nossa compreensão da lei física. Não é que sejamos incapazes de imaginar leis físicas que resultariam na irrelevância da entropia e da segunda lei, mas as leis precisariam ser tão contrárias às características da realidade inerentes a tudo o que sabemos e tudo o que medimos, que a maioria dos físicos descarta de imediato a possibilidade.

Ao imaginar o futuro, as incertezas maiores envolvem o controle que nós, ou alguma inteligência futura, seremos capazes de exercer sobre o nosso entorno. A vida inteligente poderia direcionar o destino de longo prazo das estrelas, das galáxias e até mesmo do cosmo como um todo? Essa inteligência alteraria de moto próprio a entropia em escalas de envergadura considerável, rebaixando de modo efetivo a entropia em faixas enormes de espaço, uma versão em escala cósmica da dança a dois entrópica? Teria essa inteligência a capacidade de conceber e criar universos novos? Por mais absurdas que possam parecer, essas atividades se enquadram no campo da possibilidade. O dilema para nós é que o impacto delas no futuro está muito além da nossa capacidade de previsão. Mesmo em um mundo ordenado segundo as leis, desprovido do livre-arbítrio tradicional, o amplo repertório comportamental da inteligência — a versão da liberdade que a inteligência adquire — torna certas variedades de previsão essencialmente impossíveis. Sem dúvida, o pensamento futuro adquirirá métodos e tecnologias computacionais incomparáveis, mas suspeito que prever desdobramentos a longo prazo que são intimamente dependentes da vida e da inteligência permanecerá fora do alcance.

Como, então, proceder?

Partiremos do pressuposto de que as leis da física conhecidas hoje, operando da mesma maneira desgovernada como em teoria vêm fazendo desde o Big Bang, serão a influência dominante guiando o desdobramento cósmico. Não levaremos em consideração a possibilidade de que as próprias leis ou mesmo as "constantes" numéricas da natureza estão sujeitas a mudanças. Também não aventaremos a possibilidade de que tais leis ou constantes já estejam sofrendo alterações graduais, modificações que no momento podem ser pequenas demais para deixar uma marca, mas que talvez existam e se acumulem até que, no decorrer de vastas escalas de tempo, configurem alterações substanciais.[3] Tampouco cogitaremos a possibilidade de que o domínio sobre o qual a inteligência futura exercerá controle estrutural aumentará até chegar às escalas de galáxias e além. Sim, admito: são muitos "não", "também não" e "tampouco". Todavia, na ausência de qualquer evidência para nos guiar, a investigação dessas possibilidades equivaleria a dar um tiro no escuro. Se essas premissas contrariam as expectativas que você tem quanto ao futuro, você pode ver a explicação neste e no próximo capítulo como reflexo de desdobramentos cosmológicos que, de outra forma, aconteceriam na ausência dessa mudança ou intervenção inteligente. Minha suspeita é de que a clareza ensejada pelas descobertas futuras, bem como as influências exercidas pela inteligência futura, embora relevantes para os detalhes da explicação a seguir, não exigirão a reescrita geral do desdobramento cósmico que examinaremos.[4] Uma suposição ousada, talvez, mas é o caminho mais rápido adiante, e é o que agora percorreremos, com toda coragem.[5]

Como as páginas a seguir tornarão evidente, o fato de podermos juntar as peças e elaborar uma explicação convincente, ainda que hipotética, capaz de delinear o desdobramento cósmico no futuro exponencialmente distante, é uma conquista extraordinária, moldada pelas mãos de muitos e tão emblemática do desejo humano de coerência quanto as histórias, mitos, religiões e criações artísticas mais estimados de nossa espécie.

UM IMPÉRIO DO TEMPO

Como organizar nosso pensamento sobre o futuro? A intuição humana é razoavelmente bem adequada para compreender as escalas temporais da experiência comum; no entanto, ao analisar as principais épocas cosmológicas do futuro, entraremos em reinos temporais tão vastos que até mesmo nossas analogias mais elaboradas poderão fornecer, na melhor das hipóteses, apenas um indício das durações que estão em jogo. Ainda assim, não há nada melhor do que analogias baseadas em escalas com as quais estamos familiarizados para fornecer esteios mentais para uma escalada que nos é tão pouco conhecida; então vamos imaginar que a linha do tempo do universo se estenda até o alto do Empire State Building, cada andar do edifício representando uma duração dez vezes maior que a do pavimento anterior. O primeiro andar representa dez anos desde o Big Bang; o segundo, cem anos; o terceiro, mil anos, e assim por diante. Conforme os números evidenciam, as durações aumentam rapidamente à medida que subimos de um andar para o outro — simples de descrever, mas fácil de interpretar incorretamente. Subir, digamos, do 12º até o 13º andar equivale a imaginar o universo desde 1 trilhão de anos depois do Big Bang até 10 trilhões de anos depois. Durante a subida desse único andar, transcorrem 9 trilhões de anos, e isso faz parecer menor toda a duração representada por todos os andares anteriores. O mesmo padrão se mantém à medida que continuamos a subir ainda mais alto: a duração representada por cada andar subsequente é muito maior, exponencialmente maior, do que a duração representada pelos andares abaixo.

Com a vida humana se prolongando por cerca de cem anos, os impérios mais duradouros, por aproximadamente mil anos, e as espécies mais resistentes, por milhões de anos, os andares cada vez mais altos do Empire State Building representam durações de um tipo completamente distinto e aparentemente eterno. Quando chegarmos ao deque de observação do Empire State Building, no 86º andar, teremos 10^{86} anos — 100 000 000 000 000 000 000 000

000 000 000 000 000 000 000 000 000 000 000 000 000 000 000 000 000 000 000 000 000 — desde o Big Bang, uma escala de tempo impressionante que se avulta sobre qualquer duração de qualquer relevância para qualquer empreendimento humano. E, no entanto, apesar de todos os zeros, quando subirmos para o patamar mais alto do edifício e chegarmos ao 102º andar, a duração representada pelo deque de observação será, em comparação, muito menor do que a espessura da camada de tinta do último piso.

Hoje, são cerca de 13,8 bilhões de anos desde o Big Bang, o que significa que todos os desdobramentos discutidos nos capítulos anteriores estão espalhados entre o térreo do Empire State Building e apenas alguns degraus acima do décimo andar. A partir daqui, rumamos para o futuro exponencialmente distante.

Vamos subir.

O SOL NEGRO

Nossos ancestrais primitivos, mesmo sem entender que o Sol banha a Terra em um jorro contínuo de energia de baixa entropia essencial à vida, reconheciam a importância do olho vigilante do céu, uma presença ardente supervisionando as idas e vindas da existência diária. Quando o Sol se punha, eles percebiam que o astro nasceria de novo, no padrão mais visível e confiável do mundo. Contudo, com o mesmo grau de certeza, esse ritmo terminará um dia.

Por quase 5 bilhões de anos, o Sol escorou sua tremenda massa contra a força esmagadora da gravidade através da energia produzida pela fusão dos núcleos de hidrogênio no núcleo solar. Essa energia alimenta um ambiente frenético de partículas em movimento velocíssimo que exercem uma forte pressão de dentro para fora. E, assim como a pressão produzida por uma bomba de ar que enche e mantém de pé a casa inflável de uma criança, a pressão produzida pela fusão no núcleo do Sol dá sustentação ao astro, impedindo-o de desabar sob seu próprio peso descomunal. Esse impasse entre a gravidade puxando para dentro e as partículas empurrando para fora se manterá firme por mais 5 bilhões de anos. Depois, contudo, o equilíbrio será destruído. Mesmo que o Sol ainda esteja repleto de núcleos de hidrogênio, não existirá praticamente nenhum no núcleo solar. A fusão de hidrogênio produz hélio, núcleos mais pesados e densos que o hidrogênio, e assim como a areia despejada em uma lagoa desloca a água ao preencher o fundo dessa lagoa, o hélio desloca o hidrogênio ao preencher o centro do Sol.

Isso é muito importante.

É no centro do Sol que encontramos as temperaturas mais quentes, cerca de 15 milhões de graus na atualidade, bem acima dos 10 milhões de graus necessários para fundir hidrogênio em hélio. Mas essa fusão requer uma temperatura de cerca de 100 milhões de graus. Como a temperatura do Sol não chega nem perto do limite, à medida que o hélio deslocar o hidrogênio no núcleo, o suprimento de combustível da fusão minguará. A pressão externa da produção de energia da fusão no núcleo diminuirá e, em consequência, a força interna da gravidade ganhará a batalha. O Sol começará a implodir. À medida que seu peso espetacular entrar em colapso, a temperatura do Sol disparará feito um foguete. O calor e a pressão intensos, ainda aquém das condições necessárias para que o hélio comece a queimar, desencadearão uma nova rodada de fusão dentro de uma camada fina de núcleos de hidrogênio ao redor do núcleo de hélio. E, nessas condições extremas, a fusão do hidrogênio prosseguirá em um ritmo extraordinário, produzindo um impulso externo mais intenso do que o Sol jamais sentiu, não apenas interrompendo a implosão, mas fazendo com que ele inche tremendamente.

Na corda bamba, o destino dos planetas internos depende de dois fatores. Até que tamanho o Sol crescerá? E, enquanto isso acontece, quanta massa ele perderá? A última pergunta é relevante porque, com seu motor nuclear operando além da capacidade, inúmeras partículas na camada externa do Sol serão sopradas em ritmo constante no espaço. Um Sol de menor massa, por sua vez, resulta em uma atração gravitacional geral diminuída, o que faz com que os planetas migrem para órbitas mais distantes. O futuro de qualquer planeta depende de sua trajetória em recuo: ela precisa ser mais rápida que o ritmo do Sol inchando.

Simulações em computador incorporando modelos solares detalhados concluíram que Mercúrio perderá a corrida e será engolido pelo Sol dilatado, evaporando-se rapidamente. Marte, orbitando a uma distância maior, desfruta de uma vantagem inicial e estará a salvo. É provável que Vênus se dê mal, embora algumas simulações indiquem que, por muito pouco, o Sol intumescido talvez não alcance sua órbita recuada e, se for o caso, a órbita da Terra também escapará por um triz.[6] No entanto, mesmo que nosso planeta seja poupado, as condições aqui sofrerão mudanças profundas. A temperatura da superfície da Terra aumentará em milhares de graus, quente o suficiente para secar os oceanos, expelir a atmosfera e inundar a superfície com lava derretida. Condições desagradáveis, não há dúvida, mas o gigantesco Sol vermelho se derramando de uma ponta à outra do céu seria uma visão admirável. É praticamente certo, entretanto, que se trata de uma cena que ninguém jamais haverá de contemplar. Se nossos descendentes continuarem prosperando (esquivando-se com êxito da autodestruição, de patógenos letais, desastres ambientais, asteroides mortais e invasões alienígenas, entre outras catástrofes em potencial) e se pretenderem persistir nessa toada, terão abandonado a Terra há muito tempo em busca de um lar mais hospitaleiro.

À medida que os núcleos de hidrogênio ao redor do núcleo de hélio do Sol continuam a se fundir, o hélio adicional que eles produzem se despejará como chuva, forçando o núcleo a se contrair ainda mais e elevando sua temperatura ainda mais. Por sua vez, a temperatura mais alta acelerará o ciclo, de modo que a taxa de fusão de hidrogênio na camada circundante aumentará, intensificando a tempestade de hélio que fustiga o núcleo, elevando sua temperatura. Daqui a aproximadamente 5,5 bilhões de anos, a temperatura do núcleo será alta o suficiente para sustentar a queima nuclear de hélio, produzindo carbono e oxigênio. Depois de uma erupção espetacular, mas momentânea, marcando a transição para a fusão de hélio como a principal fonte de energia do Sol, ele diminuirá de tamanho e se assentará em uma configuração menos frenética.

Contudo, essa recém-encontrada estabilidade terá duração relativamente curta. Em cerca de 100 milhões de anos, assim como o hélio mais pesado tomou o lugar do hidrogênio mais leve, o carbono e o oxigênio mais pesados farão o mesmo com o hélio mais leve, apoderando-se do núcleo solar e empurrando à força o hélio para as camadas circundantes. A queima nuclear dos novos constituintes do núcleo, carbono e oxigênio, requer temperaturas ainda maiores, no mínimo 600 milhões de graus. Como a temperatura central do Sol é muito menor que isso, mais uma vez a fusão nuclear minguará até parar, a força da gravidade dominará, o Sol se contrairá e a temperatura do núcleo aumentará.

Na fase anterior desse ciclo, a elevação da temperatura provocou o início da fusão em uma camada de hidrogênio ao redor do núcleo de hélio quiescente. Na fase atual, o aumento da temperatura desencadeia a fusão em uma camada de hélio que circunda um núcleo inativo de carbono e oxigênio. Porém, nessa série recorrente de eventos, a temperatura no núcleo nunca alcançará o valor necessário para reiniciar a queima nuclear. A massa do Sol é pequena demais para proporcionar a necessária pressão propulsora da temperatura que, em estrelas maiores, inflamaria a fusão de carbono e oxigênio em núcleos ainda mais pesados e mais complexos de minério. Em vez disso, à medida que a camada de hélio queima, cobrindo o núcleo com carbono e oxigênio recém-fabricados, o núcleo continuará a se contrair até que um processo quântico — chamado de *princípio da exclusão de Pauli* — interrompa a implosão.[7]

Em 1925, o físico austríaco Wolfgang Pauli, pioneiro quântico famoso pela ironia cáustica ("Não me importa que seu pensamento seja lento. O que me preocupa é você publicar mais rápido do que é capaz de pensar"),[8] percebeu que a mecânica quântica estabelece um limite para o ponto em que dois elétrons podem ser espremidos juntos (isso significa que a mecânica quântica exclui quaisquer duas partículas idênticas de matéria de ocuparem um estado quântico idêntico, mas a descrição aproximada será suficiente). Pouco tempo depois, as ideias coletivas de vários pesquisadores mostraram que o resultado de Pauli, apesar do foco em partículas diminutas, era a chave para entender o destino do Sol, bem como o de todas as estrelas de tamanho semelhante. Conforme o Sol se contrai, os elétrons no núcleo se espremem cada vez mais, o que assegura que, mais cedo ou mais tarde, a densidade de elétrons atingirá o limite especificado pelo resultado de Pauli. Quando contrações posteriores violam o princípio de Pauli, uma repulsão quântica poderosa entra em ação, os elétrons se mantêm firmes, exigem seu espaço pessoal e se recusam a se comprimir e a ficar mais próximos. A contração do Sol cessa.[9]

Longe do núcleo, as camadas externas do Sol continuarão a se expandir e resfriar, até que, por fim, sairão flutuando espaço afora, deixando uma bola espantosamente densa de carbono e oxigênio, chamada de estrela anã branca, que continuará a brilhar por mais alguns bilhões de anos. Sem a temperatura necessária para uma fusão nuclear adicional, a energia térmica se dissipará aos poucos espaço adentro e, como a derradeira incandescência de uma brasa, o Sol remanescente esfriará e escurecerá, ao fim e ao cabo se transformando em uma esfera congelada e escura. Alguns passos acima do 10º andar do nosso Empire State Building, o Sol desvanecerá.

É um final suave. Ainda mais quando comparado a um desfecho cataclísmico que pode estar aguardando o universo inteiro enquanto continuamos nossa subida ao próximo andar.

O GRANDE RASGO

Jogue uma maçã para cima, e o implacável puxão da gravidade da Terra garante que a velocidade da fruta diminuirá de forma constante. É um exercício prosaico, mas com relevância cosmológica profunda. Desde as observações de Edwin Hubble na década de 1920, sabemos que o espaço está se expandindo: as galáxias estão se afastando rapidamente umas das outras.[10] Porém, tal qual acontece com a maçã atirada para o ar, a atração gravitacional que cada galáxia exerce sobre todas as outras deve estar, decerto, desacelerando o êxodo cósmico. O espaço está em expansão, mas a velocidade da expansão deve estar diminuindo. Nos anos 1990, motivadas por essa expectativa, duas equipes de astrônomos começaram a medir o parâmetro de desaceleração cósmica. Depois de quase uma década de investigação, os resultados foram anunciados — e abalaram o mundo científico.[11] As expectativas estavam erradas. Observações meticulosas de explosões distantes de supernovas, faróis poderosos que podem ser vistos e medidos claramente em todo o cosmo, levaram à descoberta pelos astrônomos de que a expansão não está desacelerando. Sua velocidade está aumentando. E a mudança para a super-rapidez cósmica não aconteceu de ontem para hoje. Os pesquisadores, caindo de suas cadeiras, viram-se diante de observações astronômicas as quais comprovam que a expansão vem ganhando velocidade nos últimos 5 bilhões de anos.

A expectativa generalizada de um ritmo de expansão mais lento teve aceitação ampla porque faz sentido. Propor uma expansão acelerada do espaço é, à primeira vista, tão absurdo quanto prever que uma maçã arremessada com toda a delicadeza sairá abruptamente de nossa mão e subirá em disparada rumo às alturas. Se você visse algo tão bizarro, procuraria uma força oculta, alguma influência imperceptível responsável por empurrar a maçã para cima. Da mesma forma, quando os dados forneceram evidências esmagadoras de que a expansão espacial está acelerando, os pesquisadores se recobraram do choque, pegaram um bom punhado de giz e saíram em busca da causa.

A principal explicação recorre a uma característica essencial da relatividade geral de Einstein que vimos em nossa discussão sobre cosmologia inflacionária, no capítulo 3.[12] Lembre que, de acordo com Newton e com Einstein, aglomerados de matéria como planetas e estrelas exercem uma gravidade atrativa conhecida, mas, na abordagem de Einstein, o repertório da gravidade se amplia. Se uma região do espaço não é hospedeira de um aglomerado, e, em vez disso, é preenchida de modo uniforme por um campo de energia — minha imagem favorita, que já apresentei nestas páginas, é o vapor que preenche uma sauna —, a força gravitacional resultante é repulsiva. Na cosmologia inflacionária, os pesquisadores imaginam que essa energia é transportada por uma espécie exótica de campo (o campo do ínflaton), e, segundo a teoria, sua gravidade repulsiva poderosa impulsionou o Big Bang. Embora esse evento tenha ocorrido quase 14 bilhões de anos atrás, podemos adotar um enfoque análogo para explicar a expansão acelerada do espaço que observamos hoje.

Se imaginarmos que todo o espaço é preenchido uniformemente por outro campo de energia — nós a chamamos de *energia escura* porque não gera luz, mas *energia invisível* também seria um termo adequado —, podemos explicar por que as galáxias estão se afastando num ritmo tão acelerado. Como são aglomerados de matéria, as galáxias exercem uma gravidade atrativa, puxando-se mutuamente para dentro e, assim, diminuindo o êxodo cósmico. Ao se estender com uniformidade, a energia escura exerce gravidade repulsiva, empurrando para fora e, assim, acelerando o êxodo cósmico. Para explicar a expansão acelerada observada pelos astrônomos, o empurrão da energia escura precisa sobrepujar o puxão coletivo das galáxias. E não por uma margem muito grande. Comparado ao vertiginoso inchaço do espaço (de dentro para fora) durante o Big Bang, a expansão atual é suave e, portanto, a energia escura necessária é ínfima. De fato, em um metro cúbico de espaço típico, a quantidade de energia escura requerida para alimentar a aceleração galáctica observada manteria uma lâmpada de cem watts em funcionamento por cerca de cinco trilionésimos de segundo — mínima a ponto de ser quase cômica.[13] Mas o espaço contém quantidades significativas de metros cúbicos. O empurrão repulsivo, com o qual contribuem cada um e todos, se combina para produzir uma força externa capaz de impulsionar a expansão acelerada que é medida pelos astrônomos.

O argumento da energia escura é convincente, embora circunstancial. Ninguém encontrou uma maneira de agarrá-la, de estabelecer sua existência e examinar diretamente suas propriedades. Entretanto, por elucidar com tamanha competência as observações, a energia escura se tornou a explicação efetiva para a expansão acelerada do espaço. Menos claro, no entanto, é seu comportamento de longo prazo. E, para prever o futuro distante, é essencial pensar nas possibilidades. O comportamento mais simples, coerente com todas as observações, é que o valor da energia escura não se altera ao longo do tempo cósmico.[14] Mas a simplicidade, apesar de favorecida do ponto de vista conceitual, não pode ser simplesmente tida como verdade. A descrição matemática da energia escura permite que ela se enfraqueça, pondo freios na expansão acelerada, ou se fortaleça, dando gás adicional à expansão acelerada. Observando desde o 11º andar, esta última situação — gravidade repulsiva que se torna mais potente — é a possibilidade mais auspiciosa; se concretizada, estamos sendo arremessados em direção a um acerto de contas violento que os físicos chamam de o *Grande Rasgo* (*Big Rip*).

Com o tempo, um empurrão repulsivo da gravidade cada vez mais poderoso triunfaria sobre todas as forças de ligação, e, como resultado, tudo seria dilacerado. Nosso corpo é mantido intacto pela força eletromagnética, que une nossos constituintes atômicos e moleculares, assim como pela força nuclear forte, que une prótons e nêutrons dentro dos núcleos atômicos do nosso corpo. Como essas forças são muito mais fortes do que o atual impulso externo de expansão do espaço, nosso corpo permanece firme. Se você estiver ficando mais largo, não é porque o espaço está se expandindo. Todavia, se a força do empurrão repulsivo aumentar cada vez mais, o espaço dentro do seu corpo acabará por se expandir com um impulso de dentro para fora tão vigoroso que sobrepujará as forças eletromagnéticas e nucleares que o mantêm inteiro. Você vai inchar e por fim explodir em pedaços, como todo o resto.

Os detalhes dependem da velocidade com que a gravidade repulsiva aumenta; porém, em um exemplo representativo elaborado pelos físicos Robert Caldwell, Marc Kamionkowski e Nevin Weinberg, daqui a cerca de 20 bilhões de anos a gravidade repulsiva separará aglomerados de galáxias; aproximadamente 1 bilhão de anos mais tarde, as estrelas que constituem a Via

Láctea serão arremessadas para longe umas das outras, como as chispas coloridas em uma queima de fogos de artifício; cerca de 60 milhões de anos depois disso, a Terra e os outros planetas do sistema solar serão empurrados para longe do Sol; passados alguns meses, a força gravitacional repulsiva entre as moléculas fará com que estrelas e planetas explodam, e com a passagem de apenas trinta minutos a repulsão entre as partículas que constituem os átomos individuais ficará tão forte que mesmo elas serão destruídas.[15] O estado final do universo depende da natureza quântica do espaço e do tempo, hoje desconhecida. Em termos gerais, que por ora carecem de rigor matemático, é possível que a gravidade repulsiva despedace o próprio tecido do espaço-tempo. A realidade começou com um estrondo súbito e, algum momento antes de chegarmos ao 11º andar, 100 bilhões de anos depois do Big Bang, pode terminar com um rasgo.

Embora as observações atuais admitam a possibilidade de uma energia escura que fique cada vez mais forte,* eu e muitos outros físicos consideramos que isso é improvável. Ao estudar as equações, fiquei com a sensação de que, sim, a matemática funciona, por pouco, mas que, não, as equações não são naturais nem convincentes. É um julgamento baseado em décadas de experiência, não uma prova matemática, então pode estar errado. Ainda assim, fornece motivação mais do que suficiente para sermos otimistas e presumirmos que o grande rasgo não tornará irrelevantes os andares subsequentes do Empire State Building. Com isso, continuamos nossa jornada linha do tempo acima.

Não precisamos subir muito para encontrar o próximo evento crucial.

* Nos modelos mais simples, a energia escura é caracterizada por um parâmetro denominado "equação de estado" denotado por w. O caso da constante cosmológica (energia escura constante) é recuperado para $w = -1$. A energia escura ficaria mais forte no futuro caso $w < -1$. Resultados observacionais recentes indicam $w = -1{,}00$ com um erro de cerca de 5% para cima ou para baixo — em perfeito acordo com a hipótese da constante cosmológica, mas ainda inconclusivo. Ver T. M. C. Abbott et al. "Dark Energy Survey Year 1 Results: Cosmological Constraints from Galaxy Clustering and Weak Lensing", *Physical Review D*, v. 98, p. 043526, 2018. (N.R.T.)

Se a intensidade da força gravitacional repulsiva não aumentar, e, em vez disso, permanecer constante, todos poderemos respirar aliviados; a possibilidade de sermos dilacerados pela expansão do espaço deixará de ser uma preocupação. Mas, como a gravidade repulsiva continuará fazendo com que as galáxias distantes se afastem umas das outras numa corrida cada vez mais acelerada, ela ainda terá uma enorme consequência de longo prazo: em cerca de 1 trilhão de anos, a velocidade recessional das galáxias distantes alcançará e depois ultrapassará a velocidade da luz — parecendo violar a regra mais famosa do universo de Einstein. Um escrutínio mais minucioso deixa claro que, na realidade, a regra se mantém firme: a máxima de Einstein, de que nada pode ir mais rápido que a velocidade da luz, refere-se apenas à velocidade dos objetos que se movem *através do espaço*. As galáxias estão longe de se mover pelo espaço. Não são dotadas de motores de foguete. Assim como manchas de tinta branca grudadas em um retalho preto de elastano se separam quando o tecido se estica, as galáxias estão, em sua maioria, coladas ao tecido do espaço e se afastam porque o espaço se expande. Quanto mais distante uma galáxia estiver da outra, mais espaço há entre elas para que possam expandir-se, e assim mais rapidamente elas se separarão. A lei de Einstein não impõe limite à velocidade dessa recessão.

Apesar disso, a importância do limite da velocidade da luz permanece. A luz que cada galáxia emite *viaja* através do espaço. E, assim como um caiaqueiro se sentirá frustrado se estiver remando contra a corrente a uma velocidade menor que a do próprio fluxo de água, a luz emitida por uma galáxia que está correndo em velocidade superluminal travará uma batalha perdida em sua tentativa de chegar até nós. Atravessando o espaço na velocidade da luz, a luz não consegue superar o aumento "mais-rápido-que-a-velocidade-da-luz" na distância até a Terra. Como resultado, quando futuros astrônomos olharem além das estrelas próximas e mirarem seus telescópios nas partes mais profundas do céu noturno, nada verão a não ser trevas negras aveludadas. As galáxias distantes terão deslizado além dos limites do que os astrônomos chamam de nosso *horizonte cósmico*. Será como se as galáxias distantes tivessem despencado de um penhasco na beira do espaço.

Concentrei-me em galáxias distantes porque aquelas que são relativamente próximas, um aglomerado de cerca de trinta galáxias conhecido como Grupo Local, continuarão a ser nossos companheiros cósmicos. É verdade, lá pelo 11º andar, o Grupo Local, dominado pelas galáxias Via Láctea e Andrômeda, provavelmente terá se fundido, uma futura união já prevista e que os astrônomos batizaram de *Lactômeda* (eu teria feito lobby por *Androláctea*). As estrelas de Lactômeda estarão todas próximas o suficiente para que suas forças gravitacionais mútuas suportem a expansão do espaço e mantenham o conjunto estelar intacto. Contudo, o rompimento do nosso contato com as galáxias mais distantes será uma perda profunda. Foi por meio de observações cuidadosas de galáxias distantes que Edwin Hubble percebeu que o espaço está se expandindo, descoberta confirmada e refinada por um século de investigações subsequentes. Sem acesso às galáxias longínquas, perderemos uma ferramenta fundamental de diagnóstico para rastrear a expansão espacial. Os próprios dados que nos guiaram ao entendimento do Big Bang e da evolução cósmica não estarão mais disponíveis.

O astrônomo Avi Loeb sugeriu que estrelas de alta velocidade que continuarão a escapar do conglomerado de Lactômeda e a flutuar à deriva nas profundezas do espaço talvez façam as vezes de substitutos das galáxias distantes: seria como jogar pipocas de uma balsa para seguir o traçado das correntes rio abaixo. O mesmo Loeb também reconhece que a expansão acelerada implacável terá impacto devastador na capacidade dos futuros astrônomos de realizar medições cosmológicas precisas.[16] Como exemplo, no 12º andar, cerca de 1 trilhão de anos depois do Big Bang, a importantíssima radiação cósmica de fundo em micro-ondas, que norteou nossas investigações cosmológicas no capítulo 3, terá sido tão esticada e diluída pela expansão cósmica (tão *desviada para o vermelho*, no jargão técnico) que provavelmente será impossível detectá-la.

Isso nos faz parar para pensar: supondo que os dados coletados por nós até hoje, os quais estabelecem que o universo está em expansão, fossem de alguma forma preservados e entregues nas mãos dos astrônomos daqui a 1 trilhão de anos, eles acreditariam? Usando equipamentos de ponta, aprimorados ao longo de 1 trilhão de anos, eles verão um universo que, nas maiores distâncias, é preto, quase tão eterno e imutável quanto possível. Podemos muito bem imaginar que os astrônomos do futuro descartariam os resultados pitorescos de uma era antiga e primitiva — a nossa — e, em vez disso, aceitariam a conclusão equivocada de que, de modo geral, o universo é estático.

Mesmo em um mundo sujeito a um aumento inexorável da entropia, nos acostumamos a medições mais e mais aprimoradas, a conjuntos de dados cada vez maiores e ao contínuo refinamento da compreensão. A expansão acelerada do espaço pode subverter essas expectativas. A expansão acelerada pode fazer com que informações essenciais fujam com tanta rapidez a ponto de se tornarem inacessíveis. Pode ser que, silenciosamente, verdades profundas atraiam nossos descendentes de logo depois do horizonte.

O CREPÚSCULO DAS ESTRELAS

As primeiras estrelas começaram a se formar no oitavo andar, mais ou menos 100 milhões de anos depois do Big Bang, e continuarão a fazê-lo enquanto restarem matérias-primas para a criação de novas estrelas. Quanto tempo isso vai durar? Bem, a lista de ingredientes é pequena: tudo de que você precisa é uma nuvem de gás hidrogênio grande o suficiente. Como vimos, a partir daí a gravidade assume as rédeas, espremendo lentamente a nuvem, aquecendo seu núcleo e desencadeando a fusão nuclear. Se soubermos a quantidade de gás que a galáxia contém, e a taxa com que essa formação estelar esgota as reservas de gás, será possível estimar a duração da continuidade da formação estelar. Há sutilezas que tornam a contabilidade mais complexa (a velocidade de formação de estrelas em uma galáxia pode mudar com o tempo; à medida que queimam, as estrelas devolvem parte de sua composição gasosa à galáxia, aumentando o volume das reservas), mas, por meio de cálculos refinados, os pesquisadores concluíram que, no 14º andar, cerca de 100 trilhões de anos no futuro, a formação de estrelas na grande maioria das galáxias se encerrará.

Continuando a subida a partir do 14º andar, notaremos outra coisa. Estrelas vão começar a desaparecer. Quanto mais maciça uma estrela, mais seu peso esmaga o respectivo núcleo e mais quente se torna sua temperatura central. Por sua vez, a temperatura mais quente estimula uma velocidade mais rápida de fusão nuclear e, portanto, uma queima mais rápida das reservas nucleares da estrela. O Sol queimará intensamente por cerca de 10 bilhões de anos, mas as estrelas muito mais pesadas terão esgotado seu combustível nuclear bem antes desse período. Em contraste, as estrelas da categoria peso-mosca, que atingem cerca de um décimo da massa do Sol, queimam de forma mais branda, razão pela qual vivem muito mais. Os astrônomos usam o termo abrangente *anã vermelha* para rotular uma variedade dessas estrelas de baixa massa e, de acordo com as observações, é provável que elas representem a maioria das estrelas do universo. Suas temperaturas relativamente baixas e a queima lenta e metódica de hidrogênio (correntes agitadas dentro de uma anã vermelha garantem que quase todo o depósito de hidrogênio da estrela seja queimado no núcleo) permitem que as anãs vermelhas continuem brilhando por muitos trilhões de anos, milhares de vezes o tempo de vida do Sol. Apesar disso, no 14º andar, até mesmo uma estrela anã vermelha de florescimento tardio estará por um fio, quase exaurida.

E, conforme subimos a partir do 14º andar, as galáxias serão semelhantes às cidades arrasadas por incêndios em um futuro distópico. O céu noturno outrora vibrante, apinhado de estrelas brilhantes, terá sido preenchido com cinzas carbonizadas. Ainda assim, uma vez que a atração gravitacional de uma estrela depende apenas de sua massa, e não de seu brilho fulgurante ou de seu negrume fumegante, de modo geral as estrelas que hospedam planetas continuarão a fazê-lo.

Por mais um andar.

O CREPÚSCULO DA ORDEM ASTRONÔMICA

Olhar para um céu noturno límpido dá a impressão de que a galáxia é densa de estrelas. Não é. Embora pareça que as estrelas estão dispostas lado a lado sobre uma esfera que nos circunda, como suas distâncias da Terra variam muito — característica que escapa aos nossos olhos fracos e muito próximos —, as estrelas estão, na realidade, muito distantes umas das outras. Se você reduzisse o Sol ao tamanho de um grão de açúcar e o colocasse no Empire State Building, teria que ir de carro até Greenwich, Connecticut, para encontrar Proxima Centauri, o vizinho estelar mais perto de nós. E você não precisaria acelerar para se assegurar de que Proxima ainda estaria em Greenwich quando chegasse lá. Nessa escala, as velocidades estelares típicas atingem menos um milímetro por hora. Como uma competição de pega-pega disputada por lesmas bastante dispersas, apenas raramente as estrelas colidem ou passam raspando umas pelas outras.

Essa conclusão, no entanto, baseia-se em durações de tempo com as quais temos familiaridade — anos, séculos, milênios —, e, portanto, deve ser reconsiderada à luz das escalas temporais muito mais longas do que as que estamos levando em conta. No 15º andar, estamos a 1 milhão de bilhões de anos desde o Big Bang. E, durante esse período, na verdade, há uma chance significativa de que as estrelas distantes e de movimento lento de hoje tenham escapado por um triz de inúmeras colisões. Num desses encontros, o que acontecerá?

Vamos nos concentrar na Terra e imaginar que outra estrela perambulando por aí passe bem perto. Dependendo da massa e da trajetória da intrusa, pode ser que sua atração gravitacional perturbe apenas levemente o movimento terrestre. Uma intrometida peso-pluma que mantenha uma boa distância não causará estragos. Entretanto, a atração gravitacional de uma estrela de maiores proporções passando mais perto pode arrancar a Terra de sua órbita com facilidade, arremessando-a com ímpeto através do sistema solar e nas profundezas do espaço. E o que é verdade para a Terra é verdade para a maioria dos demais planetas que orbitam a maioria das outras estrelas na maior parte das galáxias. À medida que subimos na linha do tempo, mais e mais planetas serão lançados espaço adentro pela danosa atração gravitacional de estrelas imprevisíveis. De fato, embora seja extremamente improvável, a Terra poderia sofrer esse destino antes de o Sol se esgotar.

Se isso acontecesse, a distância cada vez maior da Terra em relação ao Sol faria com que a temperatura do planeta caísse continuamente. As camadas superiores dos oceanos do mundo congelariam, assim como qualquer outra coisa na superfície. Os gases atmosféricos, sobretudo nitrogênio e oxigênio, se liquefariam e gotejariam dos céus. A vida teria condições de continuar existindo? Na superfície da Terra, isso seria uma tarefa das mais difíceis. Porém, como vimos, a vida floresce nas escuras fontes hidrotermais que pontilham o fundo do oceano — ela pode, de fato, ter tido sua origem aí. A luz do Sol não consegue penetrar em pontos minimamente próximos a essas profundidades, de maneira que as fissuras no fundo do mar não seriam nem um pouco afetadas pela ausência do Sol. Em vez disso, parte substancial da energia que alimenta as fissuras provém de reações nucleares difusas, mas contínuas.[17] O interior da Terra contém um depósito de elementos radioativos (sobretudo tório, urânio e potássio) e, quando esses átomos instáveis se desintegram, emitem um fluxo de partículas energéticas que aquecem o meio ambiente. Portanto, independente de o planeta desfrutar ou não do calor gerado pela fusão nuclear no Sol, seguirá desfrutando do calor gerado pela fissão nuclear em seu interior. Se a Terra fosse expelida do sistema solar, possivelmente a vida no fundo do oceano se manteria por bilhões de anos como se nada tivesse acontecido.[18]

Esses carrinhos de bate-bate estelares não apenas fariam desmoronar os sistemas solares, como, no decorrer de períodos de tempo mais longos, desmantelariam também as galáxias. Em episódios nos quais choques entre estrelas errantes são evitados por um triz ou, mais raramente ainda, em colisões frontais, a velocidade da estrela mais pesada tende a diminuir, ao passo que a da mais leve tende a aumentar (equilibre uma bolinha de pingue-pongue em cima de uma bola de basquete e, quando caírem no chão e quicarem, você testemunhará que a colisão proporciona um aumento impressionante na velocidade da bolinha de pingue-pongue).[19] Em uma única colisão, essas trocas são normalmente modestas, mas ao longo de durações vastas, seu efeito cumulativo pode resultar em mudanças significativas nas velocidades estelares. O resultado será um inventário constante de estrelas, que serão impelidas a velocidades tão altas que escaparão da galáxia hospedeira. Cálculos detalhados revelam que, ao passarmos pelo 19º andar e continuarmos rumo ao vigésimo, as galáxias típicas serão exauridas por esse processo. Suas estrelas, em grande parte restos incinerados, serão expelidas e deixadas à deriva, vagando sem rumo pelo espaço.[20]

A ordem astronômica ubíqua manifestada nos sistemas solares e nas galáxias terá se dissolvido; essas estruturas, agora muito difundidas, terão se tornado padrões que o universo aposentou.

ONDAS GRAVITACIONAIS E A DESTRUIÇÃO FINAL

Se a Terra tiver sorte e contornar o Sol dilatado no 11º andar, e se escapar de ser expelida pela visita deletéria de vizinhos estelares, seu destino final será determinado por uma característica belíssima da teoria da relatividade geral, as *ondas gravitacionais*.

Ao explicar a ideia central, mas abstrata, da relatividade geral do espaço--tempo curvo, os físicos costumam recorrer a uma metáfora conhecida: imaginamos os planetas orbitando uma estrela como se fossem bolinhas de gude rolando sobre uma folha de borracha esticada e deformada por uma bola de boliche colocada no centro. Mas a metáfora levanta uma pergunta: por que os planetas não saem espiralando em direção à estrela e caem? Afinal, destino análogo atinge as bolinhas de gude.[21] A resposta é que as bolinhas de gude espiralam para dentro porque perdem energia pelo atrito. Com efeito, mesmo sem nenhum equipamento sofisticado, você pode detectar evidências disto: parte da energia perdida chega aos seus ouvidos e permite que você ouça as bolinhas de gude rolando sobre a folha de borracha. Os planetas em órbita mantêm seu movimento porque praticamente não há atrito no espaço vazio.

Mesmo que o atrito não seja um fator, um planeta perde uma pequena quantidade de energia em todas as órbitas. Quando se movem, os corpos astronômicos desestruturam o tecido do espaço, gerando ondulações que se propagam para fora de formas semelhantes àquelas que enrugariam a folha de borracha se você a tocasse com batidinhas leves e persistentes. Essas ondulações no tecido do espaço são tão profundas quanto as ondas gravitacionais previstas por Einstein nos artigos que publicou em 1916 e 1918. Nas décadas seguintes, ele se mostrou reservado com relação às ondas gravitacionais, vendo-as, na melhor das hipóteses, como uma mera possibilidade teórica que jamais seria observada e, na pior delas, como uma interpretação flagrantemente equivocada das equações. A matemática da relatividade geral é tão sutil que até Einstein às vezes ficava perplexo. Foram necessários muitos anos e muitas pessoas para desenvolver métodos sistemáticos que solucionassem esses problemas espinhosos que, de outra forma, tornariam confusas as tentativas de vincular expressões matemáticas da relatividade geral a aspectos mensuráveis do mundo. Na década de 1960, com esses métodos já bem estabelecidos, os físicos estavam convictos de que as ondas gravitacionais eram uma consequência irrefutável da teoria. Mesmo assim, ninguém tinha evidências experimentais ou observacionais de que elas fossem reais.

Cerca de uma década e meia mais tarde, isso mudou. Em 1974, Russell Hulse e Joe Taylor descobriram o primeiro sistema binário de estrelas de nêutrons conhecido — um par de estrelas de nêutrons descrevendo uma órbita rápida em torno uma da outra.[22] Observações posteriores determinaram que, com o tempo, as duas estrelas de nêutrons estavam se aproximando uma da outra em alta velocidade, evidência de que o sistema binário perdia energia. Mas para onde estava indo essa energia?[23] Taylor e seus colaboradores Lee Fowler e Peter McCulloch anunciaram que a perda de energia orbital estava em conformidade extraordinária com a previsão da relatividade geral para a energia que as estrelas orbitais de nêutrons deveriam estar bombeando na forma de ondas gravitacionais.[24] Embora tais ondas fossem fracas demais para ser detectadas, esses estudos estabeleceram, ainda que de forma indireta, que elas eram reais.

Três décadas e 1 bilhão de dólares depois, o Observatório de Ondas Gravitacionais por Interferômetro a Laser foi além, ao estabelecer a primeira detecção direta de ondulações no tecido do espaço. Nas primeiras horas da manhã de 14 de setembro de 2015, dois enormes detectores, um na Louisiana e outro no estado de Washington, ambos heroicamente protegidos de qualquer possível distúrbio, exceto uma onda gravitacional, registraram uma contração. E exatamente da mesma maneira. Os pesquisadores vinham se preparando para esse momento havia quase meio século, mas tinham terminado de calibrar os detectores apenas dois dias antes. A detecção quase imediata de um sinal foi ao mesmo tempo uma surpresa e uma preocupação. Aquilo era real? Era a descoberta de uma vida ou uma pegadinha — ou, pior, alguém havia invadido o sistema e inserido um sinal falso?

Depois de meses de análises, verificações e mais verificações meticulosas de detalhes da suposta perturbação gravitacional, os pesquisadores anunciaram que uma onda gravitacional havia realmente passado pela Terra. Além disso, examinando com precisão a contração e comparando-a com os resultados de simulações em supercomputadores de ondas gravitacionais que deveriam ser produzidas por vários eventos astronômicos, os pesquisadores fizeram a engenharia reversa do sinal para determinar a fonte. Concluíram que 1,3 bilhão de anos atrás, numa época em que a vida multicelular estava só começando a se aglutinar no planeta Terra, dois buracos negros distantes orbitavam um ao outro, cada vez mais de perto e cada vez mais rápido, aproximando-se na velocidade da luz até que, em um frenesi orbital derradeiro, chocaram-se com violência. A colisão gerou uma onda gigantesca no espaço, um tsunâmi gravitacional tão monumental que seu poderio excedeu a força produzida por todas as estrelas em todas as galáxias do universo observável. A onda se alastrou na velocidade da luz, seu raio de incidência se propagando em todas as direções, e assim parte dela se dirigiu à Terra, com sua potência se diluindo à medida que se irradiava cada vez mais. Cerca de 100 mil anos atrás, quando os seres humanos estavam migrando da savana africana, a onda encrespou através do halo de matéria escura que circundava a Via Láctea enquanto continuava sua arrancada inexorável. Cerca de cem anos atrás, a onda passou em disparada pelo aglomerado estelar Híades e, quando isso aconteceu, um membro da nossa espécie, Albert Einstein, começou a pensar em ondas gravitacionais e escreveu os primeiros artigos sobre a possibilidade. Cerca de cinquenta anos mais tarde, enquanto a onda avançava, outros pesquisadores propuseram, ousados, que tais ondas poderiam ser detectadas e se puseram a projetar e planejar um dispositivo que fosse capaz de fazer isso. E, quando a onda estava a apenas dois dias-luz da Terra, a nova versão do mais avançado desses detectores estava pronta para entrar em operação. Dois dias mais tarde, os dois detectores tremeram por duzentos milissegundos, coletando dados que permitiram aos cientistas reconstruir a história que acabei de contar. Por essa conquista, os líderes do experimento Ray Weiss, Barry Barish e Kip Thorne receberam o prêmio Nobel de 2017.

Essas descobertas, empolgantes por si sós, são relevantes aqui porque é no 23º andar que a Terra (de novo, presumindo que o planeta ainda está em órbita), depois de ter perdido energia por conta de uma versão do mesmo processo — a lenta mas implacável produção de ondas gravitacionais —, desenhará uma rota em parafuso rumo ao Sol já morto há muito tempo. Para outros planetas, a história é semelhante, embora as escalas de tempo possam diferir. Os planetas menores perturbam o tecido de modo mais suave e, por isso, apresentam espirais de morte mais longas, assim como os planetas cujas órbitas estão mais distantes de sua estrela hospedeira. Tomando a Terra como representante dos planetas que talvez persistam teimosamente em órbita, concluímos que, no 23º andar, esses planetas, resignados com seu destino, mergulharão em uma comunhão derradeira e violenta com seu Sol gélido.

Durante seus estágios finais, as galáxias adotarão uma sequência análoga. No centro da maioria das galáxias há um buraco negro enorme, milhões ou até bilhões de vezes equivalente à massa do Sol. À medida que continuamos a subir a partir do 23º andar, as únicas estrelas restantes nas galáxias serão brasas queimadas, as quais, tendo evitado a ejeção, orbitarão lentamente o buraco negro no centro da galáxia. E, da mesma forma como os planetas giram em uma espiral lenta de fora para dentro enquanto sua energia orbital é canalizada para as ondas gravitacionais, também as estrelas o fazem em torno de um buraco negro galáctico. Ao calcular o padrão dessa transferência de energia, os pesquisadores concluíram que, no 23º andar, a maior parte dos restos estelares terá sido consumida, caindo no escuro abismo central de sua galáxia.[25] Se uma galáxia tiver retardatários, estrelas pequenas e distantes reduzidas a cinzas, o buraco negro central oferecerá assistência adicional, puxando-as sem cessar, persuadindo-as a se aproximarem cada vez mais de sua morte definitiva. Levando em conta as duas influências, os buracos negros centrais extirparão da galáxia a maioria das estrelas por volta do trigésimo andar, 10^{30} anos desde o Big Bang, se não antes.

Já nessa era, um passeio pelo cosmo não será exatamente tumultuado. Salpicado aqui e ali por planetas frios, estrelas incineradas e buracos negros monstruosos, o espaço será escuro e desolado.

O DESTINO DA MATÉRIA COMPLEXA

Em meio às transformações ambientais extremas que encontramos, a vida tem condições de persistir? É uma pergunta intrigante, em grande parte porque, conforme enfatizamos no início deste capítulo, não temos ideia de como ela será no futuro distante. Uma característica aparentemente indubitável é que qualquer tipo de vida precisará aproveitar toda a energia possível para alimentar suas funções de sustentação da vida — metabólicas, reprodutivas, quaisquer que sejam. À medida que as estrelas queimam, são expelidas nas profundezas do espaço ou traçam uma trajetória em espiral para dentro de buracos negros onívoros, essa tarefa se torna cada vez mais difícil. Existem ideias criativas, como a utilização de partículas de matéria escura que, acreditamos, flutuam espaço afora, e que podem produzir energia à medida que pares colidem e se transformam em fótons.[26] Mas o negócio é o seguinte: mesmo que alguma forma de vida seja capaz de tirar proveito de uma nova fonte de energia útil, tudo indica que, conforme continuamos nossa escalada, outro empecilho, mais significativo que todos os outros, surgirá.

A matéria em si pode se desintegrar.

No núcleo de todos os átomos, constituindo todas as moléculas, e reunidos para formar todas as estruturas materiais complexas, da vida às estrelas, estão os prótons. Se os prótons tivessem uma propensão a se desintegrar em um borrifo de partículas mais leves (elétrons e fótons, por exemplo), a matéria se desagregaria e o universo sofreria uma alteração drástica.[27] Nossa existência atesta a estabilidade dos prótons, pelo menos em escalas de tempo comparáveis ao período que remonta ao Big Bang. Mas e quanto àquelas escalas muito mais longas que estamos levando em consideração agora? Por quase meio século, os físicos encontraram indícios matemáticos intrigantes de que, durante esses imensos intervalos de tempo, os prótons podem, de fato, se desintegrar.

Na década de 1970, os físicos Howard Georgi e Sheldon Glashow desenvolveram a primeira *teoria da grande unificação*, uma estrutura matemática que, no papel, une as três forças não gravitacionais.[28] Embora as forças forte, fraca e eletromagnética tenham propriedades muito diferentes quando examinadas em experimentos de laboratório, no esquema de Georgi e Glashow essas distinções diminuem de modo constante à medida que as três forças são examinadas em distâncias cada vez menores. A grande unificação propõe, portanto, que tais forças são, na verdade, facetas diferentes de uma única força mestra, uma unidade nos mecanismos de funcionamento da natureza que se revela apenas na mais ínfima das escalas.

Georgi e Glashow perceberam que as conexões entre forças propostas pela grande unificação permitem entrever novas conexões entre partículas de matéria, as quais propiciam um sem-número de novas transmutações de partículas, incluindo algumas que resultariam na desintegração dos prótons. Felizmente, o processo seria lento. Os cálculos dos dois físicos mostraram que, se você segurasse alguns prótons na palma da mão e aguardasse até a desintegração de metade deles, teria que segurá-los por cerca de mil bilhões de bilhões de bilhões de anos, tempo suficiente para subir ao trigésimo andar do Empire State Building. É uma previsão curiosa, que talvez pareça estar além das possibilidades de verificação. Quem teria paciência para testá-la?

A resposta surge de um movimento simples, porém inteligente. Assim como as chances de ganhar na loteria desta semana serão praticamente nulas se o governo federal vender apenas poucos bilhetes, mas aumentarão em larga medida se as vendas dispararem, as probabilidades de testemunhar uma desintegração de prótons em uma amostra pequena são quase zero, mas aumentarão muito caso o tamanho da amostra seja ampliado.[29] Portanto, encha um tanque enorme com milhões de galões de água purificada (cada galão [de 3,78 litros] fornece cerca de 10^{26} prótons), envolva a amostra com detectores primorosamente sensíveis e observe com atenção, dia e noite, à procura do sinal revelador dos produtos residuais de desintegração de um próton (que, de acordo com a teoria de Georgi-Glashow, é uma partícula conhecida como píon, junto com um *antielétron*).

Procurar os detritos particulados de um único próton em decomposição nadando em um mar de companheiros tão numerosos que sua população excede em muito a quantidade de grãos de areia que compõem todas as praias e todos os desertos do planeta pode parecer uma empreitada inútil. Mas o fato é que equipes de físicos experimentais muito competentes demonstraram de forma conclusiva que, se um próton no tanque se desintegrasse, os detectores soariam o alarme.

Fui aluno de Georgi em meados da década de 1980, quando sua teoria unificada estava sendo posta à prova. Ainda na graduação, eu estudava materiais mais básicos, por isso não entendia bem o que estava acontecendo. Mas eu podia sentir a expectativa. A unidade da natureza, um sonho que tanto impulsionara Einstein, estava prestes a ser revelada. Então, um ano se passou sem evidências de um único próton em decomposição. Seguido por mais um ano. E outro. A falha em observar prótons em desintegração permitiu que os pesquisadores estabelecessem um limite mais baixo na vida útil do próton, que atualmente é de cerca de 10^{34} anos [ou seja, o equivalente ao 34º andar do Empire State Building].

A proposta de Georgi e Glashow é magnífica. Deixando de lado os quebra-cabeças da gravidade quântica, a teoria elaborada por eles abrange as três forças restantes da natureza, bem como todas as partículas de matéria, através de uma fusão elegante, rigorosa e engenhosa da matemática e da física. É uma obra-prima intelectual. E, no entanto, em face de sua proposta, a natureza deu de ombros. Muito depois, conversei com Georgi sobre a experiência. Ele descreveu os decepcionantes experimentos como "ter sido estapeado pela natureza", uma aprendizagem que, ele acrescentou, o fez voltar-se contra todo o programa de unificação.[30]

Mas o programa de unificação continuou. E continua. E uma característica comum a quase todas as abordagens adotadas — teorias de Kaluza-Klein, superssimetria, supergravidade, supercordas, além de extensões mais diretas da própria grande unificação de Georgi e Glashow (sobre todas as quais você pode ler em *O universo elegante*) — é a previsão de que os prótons se desintegram. Propostas nas quais a taxa de desintegração é próxima daquela da proposição original de Georgi e Glashow são logo descartadas. Entretanto, muitas teorias unificadas propostas preveem taxas mais lentas de desintegração de prótons, compatíveis com os limites experimentais mais refinados. Em geral, os números variam de 10^{34} a 10^{37} anos, com algumas previsões mais longas.

A questão é que, à medida que continuamos a desenvolver nossa compreensão matemática do cosmo, a desintegração de prótons se manifesta ou quase que a todo momento. Não é impossível manejar nossas equações para evitar a desintegração de prótons, mas isso requer manipulações matemáticas contorcidas que vão de encontro aos relatos teóricos de que eventos passados se mostraram relevantes para a realidade. Por causa disso, muitos teóricos antecipam que os prótons se desintegram. Isso pode estar errado e, nas notas ao fim do livro, pondero brevemente sobre a alternativa.[31] Aqui, no entanto, para ser preciso, considerarei que a vida útil do próton é de cerca de 10^{38} anos.

A implicação é que, ao subirmos a partir do 38º andar, todos os átomos que se combinaram para formar todas as moléculas que se reuniram em todas as estruturas que já apareceram no cosmo — rochas, água, coelhos, árvores, você, eu, planetas, luas, estrelas, e assim por diante — se desintegrarão. Tudo desmoronará. O universo ficará com constituintes particulados isolados, principalmente elétrons, pósitrons, neutrinos e fótons, fluindo através de um cosmo salpicado aqui e ali por buracos negros inertes, embora vorazes.

Nos andares inferiores, o principal desafio da vida é utilizar a energia de alta qualidade e baixa entropia adequada para alimentar os processos da matéria animada. O desafio do 38º andar para cima é mais básico. Com a dissolução de átomos e moléculas, o próprio andaime da vida e a maior parte da estrutura do cosmo terão desmoronado. Então, se a vida chegou até aqui, ela atingirá um estado de total exaustão? Talvez. Mas, também talvez, ao longo das escalas de tempo que estamos levamos em conta — mais de 1 bilhão de bilhões de bilhões de vezes a idade atual do universo —, a vida terá evoluído para uma forma que há muito descartou qualquer necessidade da arquitetura biológica que hoje ela requer. Talvez as próprias categorias de vida e de mente acabem se tornando grosseiras e desajeitadas por ação das versões futuras, que exigem caracterizações completamente novas.

Subjacente a essa especulação está o pressuposto de que a vida e a mente não dependem de nenhum substrato físico específico, tais como células, corpos e cérebros, mas são, em vez disso, conjuntos de processos integrados. Até agora, a biologia monopolizou as atividades da vida, mas pode ser que isso seja apenas um reflexo dos caprichos da evolução pela seleção natural no planeta Terra. Se algum outro arranjo de partículas básicas executar fielmente os processos da vida e da mente, então esse sistema viverá e pensará.

Nossa abordagem aqui é adotar a perspectiva mais ampla e cogitar a possibilidade de que, mesmo na ausência de átomos e moléculas complexos, exista algum tipo de mente pensante. E assim perguntamos: se nossa única restrição, completamente inflexível, é que o processo do pensamento esteja em total conformidade com as leis da física, o pensamento pode persistir por tempo indefinido?

O FUTURO DO PENSAMENTO

Avaliar o futuro do pensamento pode parecer um ato clássico de arrogância. Por meio da experiência pessoal, cada um de nós sabe o que é pensar. Mas, como ficou claro no capítulo 5, a ciência rigorosa da mente ainda está em seu estágio inicial. Quanto à ciência do movimento, em três séculos evoluímos das leis de Newton para as de Schrödinger, drasticamente distintas; então, como podemos ter a esperança de dizer alguma coisa relevante para o futuro do pensamento ao longo de escalas de tempo para as quais 1 bilhão de séculos são quase imperceptíveis?

A questão evoca um de nossos temas centrais. O universo pode e deve ser entendido a partir de uma ampla gama de perspectivas distintas. As explicações resultantes, todas elas relevantes para tipos específicos de perguntas, devem, em última análise, ser sintetizadas em uma narrativa coerente, mas é possível progredir em algumas dessas histórias, mesmo com o conhecimento limitado de muitas outras. Newton não tinha a menor ideia sobre física quântica; ainda assim, construiu, com êxito, uma compreensão do tipo de movimento que encontramos em escalas cotidianas. Quando a física quântica surgiu, o edifício de Newton não foi desmantelado. Foi reformado. A mecânica quântica proporcionou um novo alicerce que aprofundou o alcance da ciência e conferiu à estrutura newtoniana uma interpretação atualizada.

Pode ser que as reflexões matemáticas atuais sobre o futuro da mente se mostrem irrelevantes. Afinal, a menos que você seja particularmente versado na história da física e da filosofia, é provável que nunca tenha ouvido falar da descrição entelequial de movimento de Aristóteles ou da teoria da visão do fogo nos olhos de Empédocles. À medida que nós, humanos, investigamos as coisas, não há dúvida de que entendemos algumas delas — bem, na verdade, muitas delas — de um jeito completamente errado. No entanto, como na física newtoniana, há também a chance de que tais reflexões a respeito da mente um dia sejam consideradas parte de uma narrativa cronológica mais abrangente. É com esse senso de otimismo, racional e moderado, que ponderamos sobre o futuro distante do pensamento.

Em 1979, Freeman Dyson escreveu um artigo visionário sobre o futuro distante da vida e da mente.[32] Nós o tomaremos como modelo e o seguiremos bem de perto, incorporando atualizações baseadas em avanços teóricos e em observações astronômicas mais recentes. O enfoque de Dyson, assim como o nosso ao longo destas páginas, adota uma visão fisicalista da mente, tomando o ato de pensar como um processo físico sujeito às leis físicas em sua totalidade. E, uma vez que estamos razoavelmente a par de como as características gerais do universo evoluirão em direção ao futuro distante, podemos investigar se ainda haverá ambientes propícios ao pensamento.

Vamos começar pensando no nosso cérebro. Entre outras qualidades, ele é quente. Consome energia de modo contínuo, que lhe fornecemos comendo, bebendo e respirando; realiza uma série de processos físico-químicos que modificam sua configuração minuciosa (reações químicas, rearranjos moleculares, movimentos de partículas, e assim por diante); além disso, libera calor residual para o meio ambiente. À medida que nosso cérebro pensa (e faz todas as outras coisas que o cérebro faz), ele recapitula uma sequência da qual falamos no capítulo 2, quando analisamos os motores a vapor. Como naquele modelo, o calor que o cérebro libera para o meio ambiente carrega a entropia que ele absorve, e também a que ele próprio gera por meio de seus mecanismos internos de funcionamento.

Se, por qualquer motivo, um motor a vapor não conseguir eliminar seu acúmulo entrópico, mais cedo ou mais tarde ele atingirá a rotação máxima e, sobrecarregado, falhará. Destino semelhante terá um cérebro que, por qualquer motivo, não seja capaz de eliminar os resíduos entrópicos que seu funcionamento produz sem cessar. E um cérebro que falha é um cérebro que não pensa mais. Aí reside o potencial desafio à durabilidade do pensamento baseado no cérebro. Conforme o universo avança cada vez mais rumo ao futuro, os cérebros manterão a capacidade de descartar o calor residual que produzem?

Ninguém espera que o cérebro humano seja uma presença constante à medida que subimos para andares cada vez mais altos. E, com certeza, quando subirmos o suficiente para os átomos começarem a se desintegrar em partículas mais básicas, aglomerações moleculares complexas de qualquer tipo se tornarão cada vez mais raras. Mas o requisito diagnóstico de ser capaz de expelir o calor residual é tão importante que se aplica a qualquer configuração de qualquer tipo que realize o processo de pensamento. Portanto, a questão essencial é se qualquer entidade desse tipo — vamos chamá-la de Pensador —, independente de como foi concebida ou construída, pode expelir o calor que seu ato de pensar gera. Se o Pensador não conseguir fazer isso, superaquecerá e queimará o próprio lixo entrópico. E, se as restrições impostas pela lei física em um universo em expansão determinarem que todo Pensador em todo lugar, mais cedo ou mais tarde, está destinado a falhar nessa tarefa indispensável de eliminar a entropia, o futuro do pensamento estará ameaçado.

Para avaliar o futuro do pensamento, precisamos entender a física do pensamento. Quanta energia o pensamento do Pensador exige, e quanta entropia o processo de pensar gera? A que velocidade o Pensador tem de expelir o calor residual, e em que medida proporcional o universo é capaz de absorvê-lo?

PENSANDO DEVAGAR

Antes, no capítulo 2, enfatizei que a entropia conta o número de rearranjos dos constituintes microscópicos de um sistema físico — suas partículas — que "são mais ou menos idênticos". Ao analisar o Pensador, há uma maneira bastante útil de reafirmar isso. Se um sistema tiver baixa entropia, a configuração de suas partículas é uma entre relativamente poucas possibilidades que parecem iguais — um entre relativamente poucos *doppelgängers* ["duplos ambulantes"]. Por conseguinte, se eu lhe disser qual configuração dentre essas possibilidades o sistema com efeito realiza, terei fornecido apenas uma quantidade pequena de informações. Como se indicasse com precisão determinada lata de sopa de tomate Campbell's em uma prateleira de supermercado mal abastecida, terei distinguido essa configuração específica de partículas em meio a um número apenas pequeno de possibilidades. Se um sistema tiver alta entropia, então a configuração de suas partículas é uma dentre muitíssimas possibilidades que parecem todas idênticas — um entre muitíssimos *doppelgängers*. E, se eu lhe disser qual configuração dentre essas possibilidades o sistema com efeito realiza, terei fornecido a você muitas informações. Como se especificasse a tal lata de sopa de tomate na prateleira de uma mercearia absurdamente abarrotada, terei distinguido essa configuração específica de partículas em meio a um número enorme de possibilidades. Portanto, para um sistema com baixa entropia, a configuração de partículas tem baixo conteúdo de informação; para um sistema com alta entropia, a configuração de partículas tem alto conteúdo de informações.

A ligação entre entropia e informação é importante porque, não importa onde o ato de pensar ocorra — dentro de um cérebro humano ou dentro do Pensador abstrato —, pensar é processar informações. A conexão entre informação e entropia nos diz, portanto, que o processamento de informações, a função do pensamento, também pode ser descrito como processamento de entropia. E, como você deve se lembrar do capítulo 2, uma vez que o processamento da entropia — deslocar a entropia daqui para lá — exige a transferência de calor, temos um amálgama de três conceitos: pensamento, entropia e calor. Dyson aproveitou a versão matemática dos vínculos entre cada um para quantificar o calor que o Pensador precisa expelir com base no número de pensamentos que o Pensador tem (para os que têm predileção por matemática, a fórmula está nas notas ao fim do livro).[33] Abundância de pensamentos significa que há muito calor a ser expelido. Menos pensamentos indicam que é necessário expelir menos calor.

Ora, para alimentar seu pensamento, o Pensador deve extrair energia do meio ambiente. E porque o próprio calor é uma forma de energia, a quantidade de energia que o Pensador absorve deve ser pelo menos tão grande quanto a quantidade de calor que o Pensador precisa expelir. A energia de entrada tem qualidade mais alta (para poder ser facilmente aproveitada pelo Pensador) do que o calor de saída (que é resíduo e, portanto, será disperso), mas o Pensador não consegue liberar mais do que absorve. Portanto, o cálculo de Dyson especifica o mínimo de energia de alta qualidade que o Pensador tem de absorver do meio ambiente, dessa maneira quantificando o desafio: conforme as estrelas queimam, os sistemas solares se desmancham, as galáxias se dispersam, a matéria se desintegra e o universo se expande e esfria, o Pensador enfrentará a tarefa cada vez mais difícil de reunir a energia concentrada, de alta qualidade e baixa entropia, necessária para continuar refletindo. Conforme as provisões escasseiam, o Pensador carece de uma estratégia eficaz de gerenciamento de recursos e descarte de resíduos — ou seja, um plano detalhado para assimilar energia de baixa entropia e liberar calor de alta entropia. Seguindo no encalço de Dyson, vamos sugerir um.

Como primeiro passo, vamos partir do pressuposto razoável de que a velocidade dos processos internos do Pensador, sejam quais forem, opera em conformidade com a temperatura do Pensador.[34] Em temperaturas mais altas, as partículas se movem com maior rapidez e, assim, o Pensador pensa, consome energia e acumula resíduos com mais rapidez. Em temperaturas mais baixas, tudo isso diminui. Diante de um universo que está em expansão, resfriamento e desaceleração, o Pensador, que aspira a continuar pensando pelo maior tempo possível, tem de valorizar a conservação, executando uma queima lenta e longa em vez de uma explosão rápida e intensa. Portanto, aconselhamos o Pensador a seguir o exemplo do universo: com o passar do tempo, ele deve seguir baixando sua temperatura, desacelerando seu pensamento e diminuindo a velocidade em que consome o suprimento decrescente de energia de qualidade do universo.

Já que pensar é tudo o que o Pensador faz, a perspectiva de pensar mais devagar não é muito atraente. Consolemos o Pensador. "Você está pensando nisso do jeito errado", dizemos ao Pensador. "Como *todos* os seus processos internos desacelerarão de uma só vez, sua experiência subjetiva não mudará em nada. Você não notará nenhuma alteração no seu ato de pensar. Pode ser que você veja vários processos no meio ambiente ocorrendo com mais velocidade, mas vai parecer que seus pensamentos se mantêm com a vivacidade habitual." Aliviado, o Pensador concorda em seguir a estratégia, mas exprime uma última preocupação. "Se eu seguir essa abordagem, conseguirei ter novos pensamentos para sempre?"

Essa é a pergunta decisiva e, por isso, previmos que o Pensador a faria. E estamos prontos. A matemática revela que, assim como um carro cujo consumo de quilômetros por litro fica cada vez mais eficiente quanto mais devagar o motorista dirige, o consumo de pensamento por energia do Pensador fica cada vez mais eficiente quanto mais lentamente ele pensa. Ou seja, o pensamento do Pensador vai ganhando eficiência conforme a temperatura vai baixando. Por esse motivo, o Pensador pode pensar em um número *infinito* de pensamentos e, por seu turno, exigir apenas um suprimento *finito* de energia (tanto quanto uma soma infinita como 1 + ½ + ¼ +... pode acrescentar termos até totalizar um número finito — neste caso, 2). Empolgados, informamos o resultado ao Pensador: "Ao seguir o plano, você não só poderá continuar pensando para sempre, como também terá condições de fazê-lo com um suprimento finito de energia!".[35]

Regozijando-se, o feliz Pensador está prestes a colocar o plano em ação. Mas então damos de cara com um obstáculo inesperado. Há outro inconveniente da matemática que ignoramos até agora: mais ou menos da mesma forma como uma xícara de café mais fria expele menos calor para o meio ambiente do que uma xícara mais quente, quanto mais frio o Pensador se torna, menos capaz de liberar o calor residual gerado por seu pensamento ele fica. "Você sabe muito pouco a meu respeito", faz questão de nos lembrar o Pensador, "então talvez seja melhor você ser prudente antes de espalhar boatos de que tenho problemas em expelir resíduos." Entendido. Essa é, no entanto, a beleza do cálculo. O raciocínio presume apenas que o Pensador está sujeito às leis conhecidas da física e é composto de partículas elementares como elétrons. A análise é, portanto, geral. Não precisamos saber nada sobre os detalhes da fisiologia ou da composição do Pensador para concluir que, conforme sua temperatura diminui, a taxa na qual ele é capaz de expelir entropia cairá abaixo do índice no qual ele produz entropia. Com essa percepção, não temos escolha a não ser lhe dar a notícia. "Embora pensar em temperaturas cada vez mais baixas seja essencial para prolongar o pensamento e também para demandar apenas um suprimento finito de energia, chegará um momento em que sua entropia aumentará mais rápido do que você é capaz de expeli-la. E, a partir daí, se você tentar pensar mais, queimará nos próprios pensamentos."[36]

Antes que o desapontado Pensador possa refletir mais sobre isso, um membro de nossa especializadíssima equipe da mais alta qualidade propõe um plano de ação salvador: hibernação. O Pensador precisa, de tempos em tempos, descansar o pensamento — desligar a mente e ir dormir —, pausando a produção de entropia enquanto continua se livrando de todo o calor residual. Se a interrupção do pensamento for longa o suficiente, então, quando o Pensador acordar, terá expelido todo o lixo e, por essa razão, não correrá mais o risco de queimar por completo. E como o Pensador não estará pensando durante o tempo de inatividade, quando acordar ele nem sequer perceberá o hiato. Encorajados pela solução, originalmente proposta por Dyson em seu inovador artigo, garantimos ao Pensador que, com esse ritmo, o pensamento poderá continuar para sempre.

Mas poderá mesmo?

UM PENSAMENTO FINAL SOBRE O PENSAMENTO

Dois desdobramentos nas décadas que se seguiram ao artigo de Dyson são especialmente relevantes para a estratégia. Um dos avanços esclarece o vínculo entre o ato de pensar e a produção de entropia, o que leva a uma modesta reinterpretação do resultado. O outro se concentra na expansão acelerada do espaço, que tem o potencial de solapar por completo a conclusão, colocando o pensamento diretamente na mira entrópica.

Primeiro, a reinterpretação. O cerne do raciocínio de Dyson é que o ato de pensar sempre produz calor. Tornei isso plausível lembrando que o pensamento está ligado à informação, a informação está ligada à entropia e a entropia, ao calor. Os vínculos, porém, são sutis, e estudos mais recentes, em grande parte provenientes da ciência da computação, demonstram que existem maneiras inteligentes de realizar o processamento de informações elementares — como somar 1 mais 1 e obter 2 — sem nenhuma degradação de energia.[37] Com a suposição de que o pensamento e a computação são farinha do mesmo saco, um Pensador que invocasse essa estratégia não geraria nenhum resíduo.

No entanto, considerações correlatas oriundas da ciência da computação evidenciam que uma versão da conexão pensamento-entropia-calor que norteou nossa análise inicial permanece intacta, mas tem um sabor um tanto diferente. Os resultados mostram que, se um computador apaga qualquer de seus bancos de memória, isso necessariamente produz calor residual. (Lembre-se de que o calor residual costuma ser produzido por processos de difícil reversão, a exemplo de estilhaçar um copo de vidro; apagar dados impõe dificuldades para inverter uma computação, portanto não é de surpreender que a ação de deletar produza calor.)[38] Levando isso em consideração, nosso conselho ao Pensador demanda apenas uma modificação suave. O Pensador *pode* pensar sem a necessidade de eliminar calor, contanto que nunca apague uma memória. Mas, supondo que o Pensador seja de extensão finita, ele terá uma capacidade de memória finita, e esta, mais cedo ou mais tarde, atingirá seu limite. Quando isso acontece, tudo o que o Pensador pode fazer internamente é reorganizar as informações fixas presentes em sua memória, ruminando sem parar pensamentos antigos — não é uma versão da imortalidade que escolheríamos. Se o Pensador deseja a capacidade criativa de ter novos pensamentos, de armazenar novas memórias, de explorar novos terrenos intelectuais, então terá que possibilitar apagamentos, desse modo produzindo calor e nos levando de volta à situação discutida na seção anterior e à estratégia de hibernação que foi então recomendada.

O segundo avanço é mais premente. A descoberta de que a expansão do espaço está em aceleração traz à tona um novo obstáculo, talvez intransponível, para o pensamento sem-fim.[39] Se, como sugerem os dados atuais, a expansão acelerada seguir inabalável, então, conforme vimos no 12º andar, galáxias distantes desaparecerão como se tivessem caído de um penhasco à beira do espaço. Ou seja, estamos cercados por um horizonte esférico longínquo que marca a fronteira do que, mesmo em princípio, conseguimos enxergar. Tudo o que está mais distante que a fronteira se afasta de nós a uma velocidade maior que a da luz e, portanto, qualquer luz emitida dessas distâncias jamais nos alcançará. Os físicos chamam a fronteira distante de nosso *horizonte cosmológico*.

Você pode imaginar o horizonte cosmológico distante como uma enorme esfera reluzente, parecida com um conjunto esférico de lâmpadas de calor longínquas que geram uma temperatura de fundo no espaço. No próximo capítulo explicarei por que isso existe (está intimamente relacionado à física dos buracos negros, que também têm horizontes luminosos, descoberta feita por Stephen Hawking), mas aqui quero enfatizar que a temperatura do horizonte cosmológico reluzente é bastante distinta da temperatura de fundo em micro-ondas de 2,7 Kelvin que sobrou do Big Bang. Com o tempo, a temperatura de fundo em micro-ondas continuará a esfriar, aproximando-se do zero absoluto à medida que o espaço continua em expansão e a radiação em micro-ondas segue se diluindo em intensidade. A temperatura que surge do horizonte cosmológico se comporta de maneira diferente. É constante. É diminuta — com base na taxa de expansão acelerada medida, é de cerca de 10^{-30} Kelvin —, mas ela é duradoura. E, no longo prazo, a resistência é importante.

O calor flui de forma espontânea apenas das coisas mais quentes para as mais frias. Quando a temperatura do Pensador é mais alta que a do universo, ele tem a oportunidade de irradiar seu calor residual para o espaço. Entretanto, se a temperatura dele diminuísse abaixo da temperatura do espaço, o calor fluiria na outra direção — do espaço para o Pensador —, frustrando sua necessidade de expelir seu calor residual. Isso implica que a estratégia de hibernação está fadada ao fracasso. Se o Pensador continuar a baixar sua temperatura (o que, lembre-se, é o que lhe permite pensar para sempre em um orçamento finito de energia), ele mais cedo ou mais tarde alcançará o minúsculo valor de 10^{-30} Kelvin. A essa altura do campeonato, é fim de papo. O universo não aceita o lixo do Pensador. Mais um pensamento (ou, mais precisamente, mais um apagamento) e o Pensador frita.

A conclusão se baseia na suposição de que a expansão acelerada do espaço permanecerá inalterada. Ninguém sabe se esse será o caso. Pode ser que a aceleração aumente, levando-nos a um grande rasgo, diminuindo ainda mais as perspectivas de vida e pensamento. Ou pode ser que diminua. Isso evitaria um horizonte cosmológico, apagaria as lâmpadas de calor distantes e permitiria que a temperatura do universo diminuísse por tempo indefinido. Como mostraram os físicos Will Kinney e Katie Freese, essa possibilidade cosmológica restabeleceria o otimismo original de Dyson, de modo que o Pensador, seguindo com aplicado zelo o cronograma de hibernação, poderia continuar pensando para sempre futuro adentro.[40]

Longe de mim diminuir um raio solitário de esperança para o futuro do pensamento, mas é útil recapitular em que pé estão as coisas. Toda a nossa cadeia de raciocínio é baseada no otimismo. Em um universo que talvez esteja desprovido de tudo, desde estrelas e planetas até moléculas e átomos, presumimos que o Pensador pode existir. Enquanto partículas elementares estáveis — elétrons, neutrinos e fótons, por exemplo — flutuam de um lado para o outro, é necessário ter uma imaginação cor-de-rosa de tão otimista para que os olhos da mente concebam a ideia de juntá-los e produzir uma estrutura de pensamento. No entanto, para ter a mente o mais aberta possível, conjecturamos que uma entidade dessa espécie possa ser formada. E é sem dúvida gratificante saber que, se o universo se expande da maneira certa, há pelo menos uma chance de que tais Pensadores possam pensar indefinidamente. Mesmo assim, é difícil evitar a conclusão de que o futuro distante do pensamento é precário.

De fato, se a expansão acelerada não retardar seu ritmo, chegará um momento em que o pensamento fará sua mesura final para a plateia e sairá de cena. Nosso entendimento é grosseiro demais para fazer uma previsão exata. Contudo, números aproximados sugerem que isso poderia acontecer nos próximos 10^{50} anos. Uma grande incógnita, como observamos no início, é se a vida inteligente será capaz de interceder no desdobramento cósmico, talvez afetando a evolução de estrelas e galáxias, minando fontes imprevistas de energia de alta qualidade ou mesmo controlando a taxa de dispersão espacial. Em face da complexidade da inteligência, é impossível fazer qualquer consideração que vá além de conjecturas absurdas, motivo pelo qual escolhi evitar essas influências. Assim, deixando de lado a intervenção inteligente e obedecendo diligentemente à segunda lei da termodinâmica, concluímos que, quando subimos ao quinquagésimo andar, o universo pode muito bem ter hospedado seu pensamento derradeiro.

A julgar pela maioria das escalas que os humanos analisaram em profundidade, 10^{50} anos é um período espetacularmente longo. Pode abranger o intervalo de tempo desde o Big Bang até hoje mais de 1 bilhão de bilhões de bilhões de bilhões de vezes. No entanto, quando examinados na escala de tempo, digamos, do 75º andar, 10^{50} anos é um período fugaz — muito menor, ridiculamente menor, do que nossa experiência de um atraso de tempo entre acender uma luminária de mesa e a luz alcançar nossos olhos. E, é claro, se o universo é eterno, qualquer duração de tempo, por mais longa que seja, dá a impressão de ser infinitesimal. Narrada da perspectiva dessas escalas mais longas, a contabilidade cosmológica seria assim: um momento depois do Big Bang, a vida surgiu, brevemente avaliou sua existência dentro de um cosmo indiferente e se dissolveu. É uma recapitulação cósmica do lamento de Pozzo, enquanto ele repreende os que estão à espera de Godot: "Dão à luz já à beira do túmulo, o dia reluz por um instante, depois, mais uma vez, volta a cair a noite".

Para alguns, esse futuro é sombrio. Mesmo com sua compreensão mais rudimentar de meados do século XX, Bertrand Russell, cuja avaliação vimos no capítulo 2, certamente o considerava desolador. Minha concepção é diferente. A meu ver, o futuro que a ciência vislumbra na atualidade realça como nosso momento de pensamento, nosso instante de luz, é ao mesmo tempo raro, maravilhoso e precioso.

10. O crepúsculo do tempo
Quanta, probabilidade e eternidade

Muito tempo depois de o pensamento terminar, sem a existência perceptível de seres capazes de refletir, as leis da física continuarão a fazer o que sempre fizeram — delinear o desenrolar da realidade. Enquanto fizerem isso, as leis manifestarão um discernimento essencial: a mecânica quântica e a eternidade formam uma união poderosa. A mecânica quântica é um tipo especial de sonhador idealista, que possibilita um conjunto amplo de futuros possíveis enquanto fundamenta sua visão amalucada ao especificar a probabilidade de qualquer resultado determinado. Ao longo de escalas de tempo conhecidas, podemos ignorar os resultados cujas probabilidades quânticas são tão diminutas que teríamos de esperar muito mais tempo do que a idade atual do universo para ter uma chance razoável de encontrá-las. Entretanto, em escalas de tempo tão vastas que, em comparação, a idade atual do universo é evanescente, muitas possibilidades que antes poderíamos deixar de lado exigem hoje a devida consideração. E, se de fato não existe uma data final para o tempo, então todo e qualquer resultado que não seja estritamente proibido pelas leis quânticas — de conhecidas a bizarras, de prováveis a implausíveis — pode ficar tranquilo, na certeza de que, mais cedo ou mais tarde, terá seu momento para brilhar.[1]

Neste capítulo, examinaremos alguns desses processos cosmológicos raros, que estão no aguardo da hora certa de receber o tapinha no ombro que os convocará a entrar na realidade.

A DESINTEGRAÇÃO DOS BURACOS NEGROS

Em meados do século XX, com seu papel decisivo nos episódios finais da Segunda Guerra Mundial, os físicos desfrutaram de relevância acentuada. As áreas dominantes de pesquisa eram a física nuclear e a física de partículas, investigações científicas que, nas palavras de Freeman Dyson, dotaram os físicos dos poderes aparentemente divinos de "liberar essa energia que alimenta as estrelas [...] erguer 1 milhão de toneladas de rocha céu adentro".[2] A relatividade geral, por outro lado, era vista como uma disciplina de nicho, que já havia vivido seus dias de glória. O físico John Wheeler seria o responsável por mudar isso. As contribuições de Wheeler tanto à física nuclear como à quântica foram numerosas e influentes, mas ele nutria havia muito um carinho pela teoria da relatividade geral. E, com seu entusiasmo, tinha também um talento extraordinário para inspirar outras pessoas. Durante as décadas seguintes, Wheeler seria o mentor de alguns dos físicos mais magistrais do mundo, que com ele trabalharam para restabelecer a relatividade geral como um vibrante campo de pesquisa científica.

Buracos negros fascinavam Wheeler de modo especial. De acordo com a relatividade geral, uma vez que alguma coisa cai dentro de um buraco negro ela não consegue mais escapar. Já era. Para sempre. Refletindo sobre isso no início da década de 1970, Wheeler se viu diante de um quebra-cabeça que ele mencionou a seu aluno Jacob Bekenstein. Os buracos negros pareciam oferecer uma estratégia sob medida para violar a segunda lei da termodinâmica. Pegue uma xícara de chá quente, imaginou Wheeler, e a jogue dentro do buraco negro mais próximo. Para onde vai a entropia do chá? Tendo em vista que o interior de um buraco negro é permanentemente inacessível para quem está do lado de fora, o chá quente, e sua entropia, parece ter desaparecido. A preocupação de Wheeler era se o descarte da entropia dentro de um buraco negro proporcionava um meio confiável para a violação deliberada da segunda lei.

Depois de alguns meses, Bekenstein voltou a Wheeler com uma solução. A entropia do chá não desaparece, declarou ele. A entropia simplesmente foi transferida para o buraco negro. Por mais que agarrar uma frigideira quente transfira parte da entropia da panela para a nossa mão, Bekenstein sugeriu que qualquer coisa que cai em um buraco negro transfere sua entropia para o próprio buraco negro.

Essa resposta natural também ocorrera a Wheeler.[3] No entanto, ele logo se deparou com um problema. Como vimos, a entropia conta o número de rearranjos dos constituintes de um sistema que o deixam "mais ou menos idêntico". Ou, para ser preciso, a entropia conta as configurações distintas dos constituintes microscópicos de um sistema que são compatíveis com seu estado macroscópico. Se o chá transfere sua entropia para o buraco negro, esta deveria aparecer como um aumento no número de rearranjos internos que ele apresenta e que não têm efeito sobre suas características macroscópicas.

Eis o problema: no final da década de 1960 e início da década de 1970, os físicos Werner Israel e Brandon Carter usaram as equações da relatividade geral para mostrar que um buraco negro é totalmente determinado por três números apenas: a massa do buraco negro, o momento angular do buraco negro (a rapidez com que ele gira) e a carga elétrica do buraco negro.[4] Depois de medir esses aspectos macroscópicos, têm-se em mãos todas as informações necessárias para fazer uma descrição completa do buraco negro. O que significa que quaisquer dois buracos negros com as mesmas características macroscópicas — mesma massa, mesmo momento angular e mesma carga elétrica — são idênticos, até o mais ínfimo detalhe. Assim, ao contrário de um conjunto de moedas de um centavo em que especificar, digamos, 38 caras e 62 coroas possibilita bilhões e bilhões de distintas configurações das moedas, e, diferentemente de um contêiner de vapor, no qual a especificação do volume, da temperatura e da pressão permite um número colossal de configurações das moléculas, quando se trata de buracos negros, especificar a massa, o momento angular e a carga elétrica aponta rigidamente para uma configuração única. Sem outras configurações para contar, sem imitações para enumerar, a impressão seria a de que buracos negros não têm entropia. Jogue dentro dele uma xícara de chá e, acredita-se, a entropia desaparecerá. Diante de um buraco negro, a segunda lei da termodinâmica parece capitular.

Bekenstein se recusou a aceitar isso. Buracos negros, proclamou ele, *têm* entropia, sim, senhor. Ademais, quando alguma coisa cai dentro de um buraco negro, a entropia do buraco aumenta apenas na medida exata de modo a tornar o mundo seguro para a segunda lei. Para entender a essência do raciocínio de Bekenstein, note primeiro que, quando algo cai em um buraco negro, sua massa não se perde. Todo mundo que estudou e entendeu a relatividade geral concorda que qualquer coisa que caia dentro de um buraco negro aparecerá como aumento na massa do próprio buraco. Para visualizar o processo, imagine um *horizonte de eventos* do buraco negro, a superfície esférica que define os limites desse buraco, marcando locais além dos quais não há volta. A matemática mostra que o raio do horizonte de eventos é proporcional à massa do buraco negro: menos massa significa menor horizonte; mais massa, um horizonte maior. Quando se joga alguma coisa dentro de um buraco negro, a massa dele aumenta, e deve-se imaginar então que o horizonte do buraco dilata em resposta de dentro para fora. O buraco negro come e sua cintura esférica se alarga.

Seguindo o espírito do enfoque de Bekenstein,[5] imagine agora jogar dentro de um buraco negro uma sonda especialíssima, meticulosamente projetada para examinar como é a resposta dada à entropia. Para essa finalidade, preparamos um único fóton cujo comprimento de onda é tão longo — e cujas posições possíveis são bastante espalhadas — que, quando encontra o buraco negro, a descrição mais precisa que podemos dar do resultado é expressa por uma única unidade de informação: ou o fóton caiu dentro do buraco ou não caiu. Por construção, a posição do fóton é tão nebulosa que, se ele for capturado pelo buraco, não seremos capazes de fornecer uma descrição mais detalhada — por exemplo, especificar que o fóton entrou através deste ou daquele ponto no horizonte. Esse fóton carrega uma só unidade de entropia e, portanto, nos permite examinar matematicamente como o buraco negro responde quando ingere uma única refeição de entropia.

Como o fóton tem energia, e uma vez que energia e massa são dois lados da mesma moeda einsteiniana (de $E = mc^2$), se o buraco negro consome o fóton, sua massa aumenta ligeiramente e seu horizonte de eventos se expande também ligeiramente. Mas a recompensa está nos pormenores. Bekenstein notou um padrão decisivo: jogando dentro do buraco negro uma unidade de entropia, o horizonte de eventos do buraco se expandiria em uma unidade de área (a chamada *unidade quântica de área* ou *área de Planck*, que é de cerca de 10^{-70} metros quadrados).[6] Atirando dentro do buraco duas unidades de entropia, a área da superfície aumentaria em duas unidades de área. E assim por diante. A área da superfície do horizonte de eventos do buraco negro parece, assim, acompanhar pari passu a entropia ingerida por ele. Bekenstein elevou o padrão a uma hipótese: *a entropia total de um buraco negro é dada pela área total de seu horizonte de eventos* (medido em unidades de Planck). Essa foi a ideia nova que Bekenstein deu a Wheeler.

Bekenstein não conseguiu explicar a surpreendente ligação entre a entropia de um buraco negro e sua superfície externa, seu horizonte de eventos; o vínculo é inesperado porque a entropia de um objeto comum, como uma xícara de chá, está contida em seu interior, seu volume. Ele tampouco foi capaz de explicar como sua proposta se relacionava com o arcabouço convencional em que a entropia deveria enumerar os rearranjos possíveis dos ingredientes microscópicos de um buraco negro (um problema que permaneceria praticamente em estado de hibernação até meados dos anos 1990, quando a teoria das cordas ofereceu novas contribuições). No entanto, como um dispositivo contábil, a conjectura sugerida por Bekenstein proporcionou uma maneira quantitativa de salvar a segunda lei da termodinâmica. A solução é imediata: ao rastrear a entropia total, você precisa somar as contribuições não apenas de matéria e radiação, mas também as dos buracos negros. Jogar sua xícara de chá dentro de um buraco negro reduz a entropia à mesa do café da manhã, porém, se você calcular o aumento na área da superfície no horizonte de eventos do buraco negro, perceberá que a diminuição entrópica da qual você desfruta em casa é compensada pelo aumento entrópico no próprio buraco. Ao fornecer um algoritmo para incluí-los na contabilidade da entropia, Bekenstein deu alento à segunda lei, permitindo que mais uma vez ela andasse com a cabeça erguida.

Quando soube da hipótese proposta por Bekenstein, Stephen Hawking a considerou ridícula, assim como muitos outros físicos. Determinados por apenas três números e consistindo sobretudo de espaço vazio (tudo o que cai em um buraco negro é tragado de modo implacável em direção a sua singularidade central), os buracos negros adquiriram uma aura de absoluta simplicidade. A noção, grosso modo, era a de que buracos negros não podem conter desordem porque não há nada dentro deles para ser desordenado. Encabeçando o ataque contra a ideia proposta por Bekenstein, Hawking lançou seus próprios cálculos usando um amálgama delicado dos métodos matemáticos da relatividade geral e da mecânica quântica, que, ele previu, logo revelariam uma falácia no raciocínio de Bekenstein. Em vez disso, os cálculos levaram Hawking a uma conclusão tão chocante que ele levou algum tempo para acreditar. A análise de Hawking não apenas confirmou a de Bekenstein, como revelou surpresas adicionais: buracos negros têm *temperatura*, e buracos negros *brilham*. Eles irradiam. Buracos negros são negros apenas no nome. Ou, em termos mais precisos, buracos negros são negros apenas se você ignorar a física quântica.

Em resumo, eis aqui a essência do raciocínio de Hawking.

De acordo com a mecânica quântica, qualquer região ínfima do espaço sempre abrigará atividade quântica. Mesmo se a região parecer vazia, aparentemente sem energia alguma, a teoria quântica mostra que na verdade seu conteúdo energético flutua com rapidez para cima e para baixo, produzindo energia zero apenas *em média*. Trata-se do mesmo tipo de flutuação quântica que deu origem às variações de temperatura na radiação cósmica de fundo em micro-ondas que encontramos no capítulo 3. Com $E = mc^2$, essas flutuações quânticas de energia podem aparecer como flutuações quânticas de massa — partículas e suas parceiras antipartículas surgindo em um espaço de resto vazio. Isso está acontecendo agora bem diante de seus olhos; no entanto, por mais que você olhe fixamente com toda a atenção, não verá nenhuma evidência. A razão é que a mecânica quântica determina também que esses pares de partículas e antipartículas rapidamente se encontram, se aniquilam e desaparecem de novo espaço adentro. Detectamos assinaturas indiretas dessas maquinações efêmeras porque é somente quando as incluímos em nossos cálculos que alcançamos a concordância impressionante entre previsões e medições que justificadamente fizeram da mecânica quântica a peça central da física fundamental.[7]

Hawking revisitou esses processos quânticos, imaginando que eles ocorriam fora do horizonte de eventos de um buraco negro. Quando um par partícula-antipartícula surge de repente nesse ambiente, às vezes as duas partículas logo se aniquilam, o que ocorreria do mesmo jeito em qualquer outro lugar. Mas, e este é o xis da questão, Hawking percebeu que às vezes elas não se aniquilavam. Podia acontecer de um dos membros do par ser sugado para dentro do buraco negro. A partícula sobrevivente, agora desprovida de um parceiro ao qual aniquilar (e incumbida de conservar o momento total), vira as costas e corre para fora. Enquanto isso se repete em todas as regiões minúsculas do espaço ao longo de toda a superfície do horizonte esférico do buraco negro, este parece irradiar partículas em todas as direções, o que chamamos hoje de *radiação Hawking*.

Além disso, de acordo com os cálculos, cada uma dessas partículas que cai no buraco negro tem energia *negativa* (o que talvez não seja surpresa, dado que a partícula parceira que escapou tem energia positiva e a energia total deve ser conservada). Conforme o buraco negro consome essas partículas de massa negativa, é como se estivesse comendo calorias negativas, o que resulta na diminuição, e não no aumento, de sua massa. Visto do lado de fora, o buraco negro parece encolher de modo constante enquanto vai irradiando partículas. Não fosse o fato de a fonte da radiação ser exótica — um buraco negro imerso no banho quântico de flutuação de partículas inerentes no espaço vazio —, o processo pareceria completamente prosaico, feito um pedaço de carvão em brasa irradiando fótons à medida que se esvai.[8]

Assim como um buraco negro em expansão, seja consumindo chá quente ou estrelas turbulentas, se sujeita completamente à segunda lei da termodinâmica, o mesmo vale para um buraco negro que esteja encolhendo. O decréscimo na área do horizonte de eventos de um buraco negro em encolhimento implica a diminuição de sua própria entropia, mas a radiação que ele emite, fluindo para fora e se espalhando ao longo de uma vastidão espacial cada vez maior, transfere para o meio ambiente uma provisão mais que compensadora de entropia. A coreografia é conhecida: enquanto irradiam, os buracos negros executam a dança a dois entrópica.

O resultado de Hawking tornou tudo isso matematicamente exato. Entre muitas outras coisas, ele descobriu uma fórmula precisa para a temperatura de um buraco negro brilhante. Darei uma explicação qualitativa do resultado encontrado na próxima seção (e, para os leitores com pendor para a matemática, a fórmula está nas notas no fim do livro),[9] mas o aspecto mais relevante para nós aqui é que a temperatura é *inversamente proporcional* à massa do buraco negro. Assim como dogues alemães adultos são grandes e mansos, enquanto filhotes de shih tzu são pequenos e agitadíssimos, buracos negros grandes são calmos e frios, ao passo que os pequenos são frenéticos e quentes. Alguns números, cortesia da fórmula de Hawking, explicitam isso. No caso de um buraco negro grande, como aquele no centro da nossa galáxia, com 4 milhões de vezes a massa do Sol, a fórmula de Hawking determina sua temperatura no valor minúsculo de um centésimo de trilionésimo de grau acima do zero absoluto (10^{-14} Kelvin). Já em um buraco negro menor, com a massa do Sol, a temperatura é mais alta, mas longe de agradável, pouca coisa aquém de um décimo de milionésimo de grau (10^{-7} Kelvin). E um buraco negro pequenino, com a massa, digamos, de uma laranja, arderia a uma temperatura de cerca de 1 trilhão de trilhões de graus (10^{24} Kelvin).

Um buraco negro cuja massa é maior que a da Lua tem temperatura inferior aos 2,7 graus da radiação cósmica de fundo em micro-ondas que hoje inunda o cosmo. Utilíssimo para um bate-papo erudito em um coquetel, esse é um factoide numérico de relevância cosmológica. Uma vez que o calor flui de modo espontâneo de temperaturas mais altas para mais baixas, ele fluirá do ambiente frio preenchido por micro-ondas em torno de um buraco negro rumo ao ainda mais gélido buraco negro propriamente dito. Embora o buraco negro emita radiação Hawking, em contrapartida ele consome mais energia do que libera, pouco a pouco aumentando seu peso. Como até mesmo os menores buracos negros, descobertos por observações astronômicas, são muito maiores que a Lua, todos eles estão no processo de se avolumar. Contudo, à medida que o universo segue se expandindo, a radiação cósmica de fundo em micro-ondas continuará a se diluir e sua temperatura continuará a resfriar. No futuro distante, quando a temperatura de fundo do espaço cair abaixo daquela de qualquer buraco negro, a gangorra de energia mudará de posição, o buraco negro emitirá mais do que recebe e, como resultado, começará a encolher.

Quando o tempo chegar à plenitude, os buracos negros também minguarão até sumir.

Há muitas perguntas sobre os buracos negros que permanecem na vanguarda da pesquisa contemporânea, e uma de importância considerável para nossa discussão diz respeito aos momentos derradeiros de sua existência. À medida que um buraco negro irradia, sua massa diminui e sua temperatura aumenta. O que acontece quando ele está perto de se extinguir, quando sua massa se aproxima de zero e sua temperatura sobe em disparada rumo ao infinito? Ele explode? Chia como se fritasse? Alguma outra coisa? Não sabemos. Mesmo assim, a compreensão quantitativa da radiação Hawking permitiu ao físico Don Page determinar a taxa em que dado buraco negro diminui e, portanto, o tempo necessário para alcançar seu momento final — independente dos detalhes envolvidos.[10] Tomando a massa do Sol como representante dos buracos negros que se formam a partir de uma estrela moribunda, o resultado de Page mostra que lá pelo 68º andar do Empire State Building, 10^{68} anos depois do Big Bang, esses buracos terão irradiado até definhar.

A DESINTEGRAÇÃO DE BURACOS NEGROS EXTREMOS

Os buracos negros que, acredita-se, habitam o centro da maioria das galáxias, se não o de todas, têm massas gigantescas. À medida que as pesquisas astronômicas avançaram, cada recordista do campeonato galáctico de maior massa foi sendo destituído por outro de proporções ainda mais descomunais, e cada novo campeão foi caminhando rumo a 100 bilhões de vezes a massa do Sol. Um buraco negro dessa magnitude tem um horizonte de eventos tão grande que se estenderia desde o Sol até além da órbita de Netuno e mais um bom pedaço em direção à nuvem de Oort. Se o conhecimento do leitor a respeito de Oort e sua nuvem distante está um pouco enferrujado, saiba apenas que a luz do Sol demora bem mais de cem horas para chegar lá, então estamos falando de um buraco negro com extensão monstruosa. Contudo, como explicarei na sequência, o tamanho colossal desses buracos esconde seu comportamento plácido.

De acordo com a relatividade geral, a receita para construir um buraco negro é bem simples: reúna uma quantidade qualquer de massa e forme uma bola de tamanho pequeno o bastante.[11] É claro que a mais ligeira familiaridade com buracos negros nos leva a esperar que "pequeno o bastante" signifique pequeno *mesmo*, *espetacularmente* pequeno, *absurdamente* pequeno. E, em alguns casos, essa expectativa está correta. Para transformar uma toranja em um buraco negro, você teria de espremê-la até cerca de 10^{-25} centímetros de diâmetro; para fazer o mesmo com a Terra, seria necessário apertá-la até reduzi-la a cerca de dois centímetros de diâmetro; no caso do Sol, você precisaria espremê-lo até uns seis quilômetros de diâmetro. Cada exemplo requer um esmagamento extraordinário da matéria, o que contribui para a intuição generalizada de que formar um buraco negro requer densidades estupendas. Porém, se continuasse catalogando exemplos muito além da massa do Sol, concentrando-se na formação de buracos negros cada vez maiores, você encontraria um padrão que talvez achasse surpreendente.

À medida que a quantidade de matéria usada para criar um buraco negro aumenta, a densidade necessária para a qual essa matéria deve ser esmagada *diminui*. Se você me permite usar uma, ou melhor, duas sentenças matemáticas, o motivo fica logo evidente: como o raio do horizonte de eventos de um buraco negro é proporcional a sua massa, seu volume é proporcional à massa ao cubo; portanto, a densidade média — massa por volume — *cai* com a massa ao quadrado. Aumente a massa por um fator de dois e a densidade diminui por um fator de quatro; aumente a massa por um fator de mil e a densidade cai por um fator de 1 milhão. Matemática à parte, a questão qualitativa é que, na formação de um buraco negro, quanto maior a massa, menos ela precisa ser compactada. Para construir um buraco negro como o que está no centro da Via Láctea, cuja massa equivale a cerca de 4 milhões de vezes a do Sol, precisamos de matéria cuja densidade seja cerca de cem vezes a do chumbo, o que quer dizer que ainda teremos pela frente um trabalho exaustivo de esmagamento. Na construção de um buraco negro com massa correspondente a 100 milhões de vezes a do Sol, a densidade necessária cai até igualar à da água. E para construir um que tem 4 bilhões de vezes a massa do Sol, a densidade necessária equivale à do ar que respiramos neste momento. Reúna 4 bilhões de vezes a massa do Sol no ar e, ao contrário do caso de uma toranja, ou da Terra, ou do Sol, para criar um buraco negro não teríamos de nos dar ao trabalho de comprimir o ar. A gravidade atuando no ar formaria um buraco negro por conta própria.

Não estou defendendo sacos de ar como matéria-prima realista para a criação de buracos negros supermassivos, mas o fato de que um buraco negro pesando 4 bilhões de vezes mais que o Sol teria a densidade média do ar é extraordinário, e uma ilustração reveladora de como as propriedades desses buracos podem diferir das concepções populares.[12] Gigantescos quando avaliados em termos de sua massa e tamanho, esses buracos são delicados quando avaliados por suas densidades médias, o que sem dúvida faz deles gigantes graciosos. Nesse sentido, buracos negros maiores são menos extremos do que suas versões menores, percepção que fornece uma explicação intuitiva da descoberta de Hawking de que, quanto mais massivo o buraco negro, menor sua temperatura e mais moderado seu brilho.

A longevidade dos buracos negros grandes se beneficia de dois fatores: eles têm mais massa para irradiar e, com suas temperaturas mais baixas, irradiam mais lentamente essa massa. Inserindo números nas equações, descobrimos que um buraco negro cuja massa é de cerca de 100 bilhões de vezes a do Sol definhará em um ritmo tão lento que somente quando chegarmos ao último andar do Empire State Building, o 102º, ele cuspirá seu derradeiro jorro de radiação e, por fim, de fato, desvanecerá.[13]

UM FIM DO TEMPO

Fitando o universo a partir do 102º andar, não veremos muita coisa além de uma névoa difusa de partículas flutuando pelo espaço. Vez por outra, a atração entre um elétron e sua antipartícula, o pósitron, fará com que se aproximem cada vez mais um do outro ao longo de trajetórias em espiral para dentro, até que se aniquilem em um clarão diminuto, uma alfinetada de luz que por um momento penetrará na escuridão. Se a energia escura tiver se esvaído, e se a expansão rápida do espaço diminuir, é possível que as partículas se acumulem em buracos negros ainda maiores, cuja irradiação será ainda mais lenta, gerando tempos de vida ainda mais longos. Porém, se a energia escura persistir, as partículas serão separadas de forma cada vez mais rápida pela expansão acelerada, assegurando que quase nunca se encontrem — se é que algum dia se encontrarão. Curiosamente, as condições são afins àquelas de logo após o Big Bang, quando o espaço também era preenchido por partículas separadas. A diferença é que, no início do universo, as partículas eram tão densas que a gravidade facilmente as persuadiu a configurar estruturas como estrelas e planetas, ao passo que, em uma fase posterior do universo, a dispersão das partículas será tão grande e a expansão acelerada do espaço tão implacável que essa aglomeração será extraordinariamente improvável. É uma versão cósmica do "do pó viemos, ao pó voltaremos", em que o pó primordial é preparado para executar a dança a dois entrópica, sendo conduzido pela gravidade, a fim de formar estruturas astronômicas ordenadas, enquanto o pó posterior, parcamente esparso, se contentará em deslizar, à deriva e em silêncio, através do vazio.

Às vezes, os físicos comparam essa era futura ao fim do tempo. Não que o tempo pare. Mas quando a ação equivale a nada mais que uma partícula isolada se movendo deste ponto para aquele nos vastos confins do espaço, é razoável concluir que o universo tenha sido, enfim, extinto. Ainda assim, nossa disposição, neste capítulo, de considerar a possibilidade de durações de tempo ainda mais longas torna bastante relevantes alguns processos tão improváveis que, de outra forma, seriam sumariamente descartados. Embora pareçam quase inconcebíveis, esses eventos raros podem pontuar o nada com possibilidades pouco frequentes, mas de grande alcance.

A DESINTEGRAÇÃO DO VAZIO

Em uma coletiva de imprensa realizada em 4 de julho de 2012 na Organização Europeia para a Pesquisa Nuclear (conhecida como CERN, na sigla em francês), o porta-voz Joe Incandela anunciou a descoberta da tão procurada partícula de Higgs. Eu estava assistindo à transmissão ao vivo no Aspen Center for Physics, em uma sala lotada de colegas. Eram cerca de duas da manhã. Todo mundo explodiu em uma erupção ruidosa de aplausos entusiásticos. A câmera cortou para Peter Higgs, tirando os óculos e enxugando os olhos. Higgs havia sugerido a partícula que recebeu seu nome quase cinquenta anos antes, lutara com sucesso contra a resistência que as ideias desconhecidas por vezes enfrentam, e esperou uma vida inteira para confirmar que estava certo.

Enquanto fazia uma longa caminhada nos arredores de Edimburgo, um jovem Peter Higgs resolveu um quebra-cabeça que vinha frustrando pesquisadores ao redor do mundo. A matemática para descrever as forças fortes, fracas e eletromagnéticas, bem como as partículas de matéria influenciadas por essas forças, estava rapidamente ganhando forma. Trabalhando ombro a ombro, teóricos e pesquisadores vinham escrevendo um manual de mecânica quântica que delineava os mecanismos de funcionamento do micromundo. Mas havia uma omissão flagrante. As equações não davam conta de explicar de que modo as partículas fundamentais adquiriam massa. Por que razão uma pessoa, se pressionasse partículas fundamentais (elétrons ou quarks, por exemplo), sentiria as partículas resistindo ao seu esforço? Essa resistência reflete a massa da partícula, mas as equações pareciam contar uma história diferente: de acordo com a matemática, as partículas deveriam ser desprovidas de massa e, portanto, não deveriam oferecer resistência alguma. É desnecessário dizer que a incompatibilidade entre a realidade e a matemática estava deixando os físicos malucos.

A razão pela qual a matemática parecia admitir apenas partículas sem massa é técnica, mas tudo se resume a uma questão de simetria. Assim como uma bola branca de bilhar tem a mesma aparência quando girada de um lado e de outro, as equações que descrevem partículas fundamentais parecem idênticas independente de se trocar um termo matemático por outro. Em cada caso, a insensibilidade à mudança — de orientação no caso da bola branca e de rearranjo matemático no caso das equações — reflete um alto grau de simetria subjacente. No caso da bola branca, a simetria garante que ela deslize suavemente pela mesa de bilhar. Quanto às equações, a simetria assegura que a análise matemática se desenvolva sem problemas. Como os pesquisadores em física de partículas já haviam percebido, as equações seriam inconsistentes sem a simetria e produziriam absurdos semelhantes ao resultado da divisão de um por zero. Daí o quebra-cabeça: a análise revelou que a mesma simetria matemática que garante equações saudáveis também requer partículas sem massa (o que talvez não seja surpresa, pois o próprio zero é um número bastante simétrico, cujo valor é firmemente mantido quando multiplicado ou dividido por qualquer outro número).

Foi aí que Higgs entrou em cena. Ele argumentou que, intrinsecamente falando, as partículas *são* desprovidas de massa, tais quais as imaculadas equações simétricas requeridas. No entanto, ele seguiu, quando arremessadas ao mundo, as partículas adquirem massa em decorrência de uma influência ambiental. Higgs imaginou que o espaço é repleto de uma substância invisível, hoje chamada de *campo de Higgs*, e que partículas empurradas através desse campo sentem uma força de arrasto parecida com a resistência enfrentada por uma bola de *wiffle ball* [jogo similar ao beisebol, jogado com um bastão e uma bola de plástico perfurada] voando pelo ar. Mesmo que essa bola pese quase nada, se você segurá-la do lado de fora da janela de um carro acelerando para atingir velocidades cada vez mais altas, sua mão e seu braço terão que fazer bastante exercício: a bola parece maciça porque está forçando passagem para romper a resistência exercida pelo ar. Da mesma forma, Higgs propôs, quando você pressiona uma partícula, ela parece maciça porque está pelejando contra a resistência exercida pelo campo de Higgs. Quanto mais pesada a partícula, mais ela resiste à pressão, o que, de acordo com Higgs, indica que a partícula sofre uma resistência mais forte do campo que permeia seu espaço.[14]

Se você ainda não está familiarizado com a noção do campo de Higgs, mas leu com atenção os capítulos anteriores, talvez ela não lhe pareça tão exótica. A física moderna se acostumou à ideia de substâncias invisíveis que permeiam e preenchem o espaço, versões modernas do éter ancestral. Desde o campo do ínflaton que pode ter impulsionado o Big Bang à energia escura que talvez tenha sido a responsável pela expansão acelerada do universo (agora medida), físicos das últimas décadas não têm sido reticentes ao propor que o espaço está apinhado de coisas invisíveis. Entretanto, na década de 1960, a ideia era radical. Higgs estava sugerindo que, se o espaço estivesse de fato vazio no sentido convencional e intuitivo, partículas não teriam massa alguma. Assim, ele concluiu que o espaço não deve estar vazio, e que a substância peculiar que ele abriga deve ser ideal para imbuir as partículas de sua massa aparente.

O primeiro artigo em que Higgs defendeu essa nova proposta foi rejeitado de imediato. "Disseram-me que eu estava falando bobagem", ele relembrou.[15] Mas quem estudou a ideia com o devido cuidado percebeu seus méritos, e aos poucos a teoria ganhou popularidade. Por fim, foi totalmente aceita. Meu primeiro contato com a hipótese de Higgs se deu em um curso de pós-graduação nos anos 1980, e ela foi apresentada com tanta convicção que por algum tempo não me dei conta de que ainda era necessário confirmá-la de modo experimental.

A estratégia para colocar a teoria à prova é tão fácil de descrever quanto difícil de realizar. Quando duas partículas, digamos dois prótons, colidem em alta velocidade, o choque deve chacoalhar o campo de Higgs dos arredores. De vez em quando, a trombada teoricamente arrancaria uma gotícula minúscula do campo, que apareceria como um novo tipo de partícula elementar — *uma partícula de Higgs* —, que o físico Frank Wilczek, ganhador do prêmio Nobel, chama de "uma lasquinha do antigo vácuo". Assim, um avistamento dessa partícula forneceria a prova irrefutável da teoria, uma meta que inspirou mais de trinta anos de pesquisas, por parte de mais de 3 mil cientistas, provenientes de mais de três dúzias de países, usando o mais potente acelerador de partículas do mundo, a um custo superior a 15 bilhões de dólares. A conclusão dessa odisseia, anunciada naquela coletiva de imprensa do Dia da Independência dos Estados Unidos, foi sinalizada por uma corcova ínfima em um gráfico, até então uniforme, produzido por dados coletados no Grande Colisor de Hádrons — era a confirmação experimental de que a partícula de Higgs havia sido identificada.

Esse é um episódio maravilhoso nos anais da descoberta humana, que aprofundou nossa compreensão das propriedades das partículas e reforçou nossa confiança na capacidade da matemática de revelar aspectos ocultos da realidade. A relevância do campo de Higgs para nossa jornada na linha do tempo cósmica provém de uma consideração correlata, embora distinta — em algum momento no futuro, o valor do campo de Higgs pode mudar. E assim como a força de arrasto que a bolinha de plástico perfurada de *wiffle ball* enfrentou mudaria caso ela encontrasse uma densidade do ar diferente, também as massas das partículas fundamentais se alterariam caso encontrassem um valor diferente do campo de Higgs. Para todas as mudanças, a não ser as muitíssimo minúsculas, tal modificação sem dúvida destruiria a realidade como a conhecemos. Átomos e moléculas, e as estruturas que eles constroem, dependem intimamente das propriedades de seus constituintes particulados. O Sol brilha por causa da física e da química do hidrogênio e do hélio, que dependem das propriedades de prótons, nêutrons, elétrons, neutrinos e fótons. As células fazem o que fazem sobretudo por causa da física e da química dos constituintes moleculares, que, mais uma vez, dependem das propriedades das partículas fundamentais. Se você mudar as massas das partículas fundamentais, mudará o modo como se comportam, e, portanto, mudará mais ou menos tudo.

Diversas experiências de laboratório e observações astronômicas estabeleceram que, ao longo da maior parte dos últimos 13,8 bilhões de anos — se não pelo período todo —, as massas das partículas fundamentais têm se mantido constantes e, portanto, o valor do campo de Higgs tem sido estável. No entanto, mesmo se houver apenas a probabilidade mais ínfima de que, no futuro, o campo de Higgs possa saltar para um valor diferente, essa probabilidade será amplificada, tornando-se uma quase certeza dadas as enormes durações que estamos levando em consideração agora.

A física relevante para um salto de Higgs é chamada de *tunelamento quântico*, processo que fica mais fácil de compreender se pensarmos nele a princípio em uma configuração mais simples. Coloque uma bolinha de gude dentro de uma taça de champanhe vazia; se ninguém mexer nela, espera-se que a bolinha permaneça lá. Afinal, ela está confinada, cercada por barreiras de todos os lados, e não tem energia suficiente para escalar as paredes de vidro e escapar pelo topo da taça de cabo alto e bojo comprido e estreito. Tampouco tem energia suficiente para passar diretamente através do vidro. Da mesma forma, se você colocar um elétron dentro de uma armadilha no formato de uma pequenina taça de champanhe, confinando-a com barreiras de todos os lados, sua expectativa seria a de que ele também permanecesse na mesma posição. De fato, em geral, é isso que o elétron faz. Mas às vezes, não. Ocasionalmente, ele desaparece da armadilha e se rematerializa fora dela.

Por mais que isso nos pareça um truque surpreendente *à la* Houdini, na mecânica quântica trata-se de algo bastante corriqueiro. Usando a equação de Schrödinger, podemos calcular a probabilidade de um elétron ser encontrado neste ou naquele local, por exemplo, do lado de dentro ou de fora da armadilha em forma de taça de champanhe. A matemática mostra que, quanto mais formidável a armadilha — quanto mais alto o cabo, mais comprido e estreito o bojo, mais espesso o vidro —, menor a probabilidade de o elétron escapar. Todavia, e isto é fundamental, para que a probabilidade seja igual a zero, a armadilha precisaria ser infinitamente larga ou infinitamente alta, e no mundo real isso não acontece. E uma probabilidade diferente de zero, por menor que seja, significa que, se aguardarmos por tempo suficiente, mais cedo ou mais tarde o elétron *conseguirá chegar* ao outro lado. As observações confirmam que isso acontece. Essa passagem através de uma barreira é o que entendemos por "tunelamento quântico".

Descrevi o tunelamento quântico em termos de uma partícula que penetra numa barreira, mudando sua localização daqui para ali, mas ele também pode abranger um campo que penetra numa barreira, alterando seu valor deste para aquele. Esse processo, envolvendo o campo de Higgs, pode determinar o destino de longo prazo do universo.

Nas unidades que os físicos usam por convenção, o valor atual do campo de Higgs é 246.[16] Por que 246? Ninguém sabe. Mas a força de arrasto acumulada por um campo de Higgs com esse valor (em conjunto com a maneira exata com que cada partícula interage com ela) explica muito bem as massas das partículas fundamentais. Por que o valor de Higgs tem se mostrado estável há bilhões de anos? A resposta, acreditamos, é que, tal qual a bolinha na taça de champanhe ou o elétron na armadilha, o valor de Higgs está cercado de todos os lados por barreiras poderosas: se o campo de Higgs tentasse migrar de 246 para um número maior ou menor, a barreira o forçaria a retomar seu valor original, assim como a bolinha de gude seria levada de volta à parte inferior da taça se alguém sacudisse o copo por um momento. E não fosse por considerações quânticas, o valor de Higgs seria sempre 246. No entanto, como Sidney Coleman descobriu em meados da década de 1970, o tunelamento quântico muda essa história.[17]

Assim como a mecânica quântica possibilita que um elétron vez por outra escape de uma armadilha como se atravessasse um túnel, ela também torna possível que o valor do campo de Higgs atravesse um túnel para transpor uma barreira. Se isso ocorresse, o campo de Higgs não alteraria simultaneamente seu valor ao longo de todo o espaço. O que aconteceria, porém, em alguma região minúscula escolhida pela natureza dos eventos quânticos, é que o campo de Higgs faria sua jogada, cruzando a barreira através do túnel para chegar a um valor diferente. Então, assim como uma bolinha de gude que percorre o túnel para passar pela taça de champanhe cairá alcançando altura mais baixa, o valor do campo de Higgs cairia alcançando energia mais baixa. A atração da menor energia, então, instigaria o campo de Higgs em locais próximos a fazer a transição, em um efeito dominó que produziria uma esfera sempre crescente dentro da qual o valor de Higgs teria mudado.

No interior dessa esfera, o novo valor de Higgs alteraria as massas das partículas, de modo que os aspectos conhecidos da física, da química e da biologia não mais se aplicassem. Fora dela, onde o valor de Higgs ainda não teria mudado, as partículas conservariam suas propriedades habituais, e assim tudo pareceria normal. A análise de Coleman revelou que o limite da esfera, marcando a transição do antigo valor de Higgs para o novo, se espalharia para fora quase que à velocidade da luz.[18] Isso significa que, para aqueles de nós do lado de fora, seria praticamente impossível ver o muro da fatalidade se aproximando. Quando o víssemos, a ruína já estaria sobre nós. Num momento, seria a vida normal de sempre. No instante seguinte, deixaríamos de existir. Então quer dizer que novas estruturas, e, talvez, novas formas de vida, enfim surgiriam nesse reino povoado por partículas com propriedades desconhecidas? Pode ser que sim. Mas essas perguntas estão além da nossa capacidade de resposta.

Os físicos não conseguem identificar com exatidão quando o Higgs pôde dar esse salto. A escala de tempo depende das propriedades das partículas e da força, que ainda precisam ser determinadas com o rigor adequado. Além disso, como processo quântico, trata-se de algo que só pode ser previsto em termos probabilísticos. Os dados atuais sugerem que, ao que tudo indica, o Higgs atravessaria o túnel para um valor diferente em algum momento entre 10^{102} e 10^{359} anos a partir de agora — em algum ponto entre o 102º e o 359º andares (uma amplitude que rivalizaria até mesmo com a do Burj Khalifa, o edifício mais alto do mundo).[19]

Uma vez que o campo de Higgs redefine o que entendemos por vazio — o mais vazio dos espaços vazios em qualquer lugar do universo observável contém o campo de Higgs com o valor 246 —, o tunelamento quântico de valor desse campo revela uma instabilidade do próprio espaço vazio. Aguarde por tempo suficiente, e até mesmo o espaço vazio será alterado. Embora o prazo para essa mudança, essa desintegração, ofereça poucas razões para ansiedade, observe que há uma chance de o tunelamento acontecer ainda hoje. Ou amanhã. Esse é o ônus de viver em um universo quântico em que eventos futuros são regidos pela probabilidade. Assim como você pode deixar cair algumas centenas de moeda de cinco centavos e todas elas darem cara — é possível, mas improvável —, talvez estejamos na iminência de ser atingidos por uma parede do campo de Higgs, trazendo em seu rastro uma variedade nova de espaço vazio. É possível, mas também improvável.

O fato de essa probabilidade ser minúscula deveria parecer uma coisa boa. Ser devastado por uma parede fatal na velocidade da luz, ainda que veloz e indolor, é uma situação que a maioria de nós preferiria evitar. No entanto, ao voltarmos nossa atenção para escalas de tempo ainda mais longas, encontraremos processos quânticos que, além de bizarros, têm a capacidade de minar tudo o que consideramos verdadeiro a respeito da realidade. Em resposta, alguns físicos cultivaram uma predileção por teorias segundo as quais o universo terminará muito antes de termos de enfrentar a implosão do pensamento racional.

CÉREBROS DE BOLTZMANN

Enquanto subíamos na linha do tempo, testemunhamos a segunda lei da termodinâmica em ação. Do Big Bang à formação das estrelas, e então ao alvorecer da vida, aos processos da mente, ao esgotamento de galáxias, e assim por diante até a desintegração dos buracos negros, a entropia se manteve implacavelmente em ascensão. Esse crescimento consistente pode obscurecer o fato de que o ditame da segunda lei é probabilístico. A entropia *pode* diminuir. As partículas de ar que neste momento estão espalhadas de uma ponta à outra do cômodo em que você se encontra podem se *fundir* todas ao mesmo tempo em uma bola pairando perto do teto, o que o deixaria ofegante. É bastante improvável, e o prazo para que isso aconteça é tão extenso que, a despeito de admitirmos essa possibilidade, sabiamente continuamos tocando nossa vida. Todavia, como estamos levando em consideração a visão de longo prazo, vamos nos livrar do nosso provincialismo temporal e refletir sobre algumas possibilidades surpreendentes de redução de entropia.

Imagine que você passou a última hora lendo este livro, sentado em sua cadeira favorita, bebericando chá de sua caneca favorita. Se alguém lhe perguntasse como se formou esse arranjo acolhedor, você diria que comprou a caneca de um oleiro local no Novo México e que herdou a cadeira de sua afetuosa avó, além de sempre ter se interessado pelos mecanismos de funcionamento do universo, o que o levou a este livro. Se lhe pedissem mais detalhes, você falaria sobre sua formação escolar, seus irmãos, seus pais, e assim por diante. Pressionado ainda mais a recuar no tempo e fornecer um relato mais completo, você poderia, por fim, discorrer sobre o próprio conteúdo do qual tratamos em capítulos anteriores.

Tudo isso é baseado em um fato curioso: a totalidade do que você sabe reflete pensamentos, memórias e sensações que *atualmente* residem no seu cérebro. A compra da caneca ocorreu há muito tempo. O que permanece é uma configuração de partículas dentro da sua cabeça que retém a lembrança. O mesmo se aplica às lembranças de ter herdado a cadeira da sua avó, de ter curiosidade sobre o universo e de haver lido sobre vários conceitos neste livro. De uma perspectiva firmemente fisicalista, tudo isso está na sua cabeça agora por causa do arranjo específico das partículas que estão na sua cabeça neste exato momento. E o significado disso é: se por acaso uma borrifada aleatória de partículas esvoaçando através do vazio de um universo de alta entropia e desprovido de estrutura afundasse espontaneamente em uma configuração de entropia mais baixa que calhasse de coincidir com o das partículas que hoje constituem seu cérebro, esse conjunto de partículas teria as mesmas lembranças, pensamentos e sensações que você tem. Por honra ou por reprovação, não sei qual das duas, essas mentes hipotéticas, livres e irrestritas, formadas pela rara mas possível junção espontânea de partículas em uma configuração especial e altamente ordenada, ficaram conhecidas como *cérebros de Boltzmann*.[20]

Sozinho na escuridão gélida do espaço, um cérebro de Boltzmann não teria muitos pensamentos antes de expirar. No entanto, uma união espontânea de partículas também poderia produzir acessórios que prolongariam seu funcionamento: o abrigo de uma cabeça e de um corpo, o fornecimento de comida e água, uma estrela e um planeta apropriados, para mencionar alguns deles. De fato, uma junção espontânea de partículas (e campos) poderia dar origem ao universo inteiro de hoje ou recriar as condições que desencadearam o Big Bang, permitindo que um universo parecido com o nosso viesse à tona mais uma vez, de outra forma.[21] É notório que, quando se trata de uma queda espontânea na entropia, as probabilidades favorecem sobremaneira as quedas menores: menos partículas se unindo para formar estruturas com maior tolerância a arranjos imprecisos. E, quando digo que favorecem sobremaneira, quero dizer que favorecem *esmagadoramente*. Exponencialmente. E já que temos um interesse específico no futuro distante do pensamento, um cérebro solitário de Boltzmann é a formação aleatória mínima de partículas, e portanto a mais provável, que pode usar brevemente o cérebro para pensar e especular sobre de que modo surgiu.[22]

O que torna isso mais do que o prelúdio de um enredo de filme de ficção científica de segunda categoria é que, quando olhamos para o futuro distante, as condições parecem propícias para que esses processos aparentemente bizarros aconteçam. Um ingrediente essencial é a expansão acelerada do espaço. Em seções anteriores, já observamos que essa expansão resulta em um horizonte cosmológico — uma esfera circundante longínqua demarcando a fronteira além da qual os objetos se afastam mais de nós a uma velocidade maior que a da luz, eliminando qualquer possibilidade de contato ou influência. Ora, assim como Hawking mostrou que a mecânica quântica implica que um horizonte de buraco negro tem certa temperatura e emite radiação, ele e seu colaborador Gary Gibbons usaram um raciocínio semelhante para demonstrar que um horizonte cosmológico tem uma temperatura e também emite radiação. Nossa análise no capítulo anterior, dando ênfase ao futuro do pensamento, foi calcada nesse mesmo fato, concluindo que a temperatura diminuta do nosso horizonte cosmológico, de cerca de 10^{-30} Kelvin, pode muito bem ser suficiente para fazer com que futuros Pensadores, numa tentativa desesperada de continuar pensando para sempre, no fim das contas acabem se destruindo, incinerados em seus próprios pensamentos. Como veremos agora, ao longo de escalas de tempo muito mais longas, considerações semelhantes oferecem ao futuro do pensamento o potencial para um renascimento curioso.

No futuro distante, a radiação emitida pelo horizonte cosmológico proporcionará uma fonte fraca, mas consistente, de partículas (sobretudo partículas de massa nula, fótons e grávitons) que serpentearão pela região do espaço circundada pelo horizonte. De tempos em tempos, alguns conjuntos dessas partículas colidirão e, pelo $E = mc^2$, transmutarão sua energia de movimento na produção de um número menor de partículas de massa maior, como elétrons, quarks, prótons, nêutrons e suas antipartículas. Resultando em menos partículas e menos movimento, esses processos diminuem a entropia; entretanto, basta aguardar por tempo suficiente e coisas improváveis acontecerão. E continuarão a acontecer. Em ocasiões ainda mais raras, alguns prótons, nêutrons e elétrons produzidos dessa forma se moverão exatamente da maneira certa para se juntar a esta ou aquela espécie atômica. A enorme duração necessária para esses processos raros explica sua irrelevância na síntese de núcleos atômicos depois do Big Bang ou no interior das estrelas, mas agora, com tempo ilimitado em nossas mãos, eles se mostram importantes. No decorrer de uma amplidão temporal ainda mais longa, os átomos se juntarão de modo aleatório para compor uma variedade de configurações cada vez mais complexas, com vistas a garantir que, volta e meia, no caminho rumo à eternidade, um conjunto se aglutinará nesta ou naquela estrutura macroscópica — de bonequinhos do tipo que balançam a cabeça a carrões de luxo da marca Bentley. Na ausência de seres pensantes, tudo isso vai acontecer de maneira intermitente, sem aviso prévio. Contudo, vez por outra, a estrutura macroscópica formada aleatoriamente será um cérebro. Extinto há muito, o pensamento fará um retorno momentâneo.

Qual é a escala de tempo para essa ressurreição? Com um cálculo aproximado (que os entusiastas da matemática encontrarão nas notas ao fim do livro),[23] podemos estimar que há uma chance razoável de um cérebro de Boltzmann se formar em um prazo de $10^{10^{68}}$ $10^{10^{68}}$anos. É um tempão. Considerando que, ao escrever por extenso a duração representada pelo topo do Empire State Building, 10^{102} anos, o algarismo 1 seguido por 102 zeros, usaríamos cerca de uma linha e meia, para escrever $10^{10^{68}}$ $10^{10^{68}}$ — que é um 1 seguido por

10^{68} zeros —, poderíamos substituir todos os caracteres de todas as páginas de todos os livros que já foram impressos na história do mundo e mesmo assim não daria nem para um começo de conversa. Ainda assim, não é que alguém vá ficar de bobeira, consultando o relógio, à espera da queda entrópica para seguir em frente e produzir um cérebro. O universo poderia persistir por quase uma eternidade em um estado de alta entropia desordenado e banal, e ninguém reclamaria.

O que suscita uma questão interessante e um tanto pessoal. De onde veio o seu cérebro? A pergunta parece boba, mas vamos lá, tente respondê-la. Ao fazer isso, você naturalmente segue suas lembranças e seus conhecimentos para explicar que nasceu com seu cérebro e que sua origem é parte de uma sequência que podemos rastrear através da sua linhagem ancestral, do registro evolutivo da vida, da formação da Terra, do Sol, e assim por diante, remontando até o Big Bang. A princípio, isso parece fazer pleno sentido. A maioria de nós daria uma versão dessa mesma resposta. No entanto, como os capítulos anteriores deixaram claro, a janela de tempo durante a qual os cérebros podem se formar de acordo com o modo que você relatou é limitada — em termos generosos, é provável que a amplitude se estenda entre o décimo e o quadragésimo andares do Empire State Building. A janela de tempo para que os cérebros se formem à maneira boltzmanniana é incomparavelmente mais longa — pode muito bem ser ilimitada.[24] À medida que o tempo segue avançando, os cérebros de Boltzmann continuarão a se fundir, raramente, mas de modo constante, e portanto o número total desses cérebros que vêm e vão crescerá cada vez mais. Um estudo sobre um espaço de tempo suficientemente longo na linha do tempo revelaria que a população total de cérebros de Boltzmann excede em muito a população total de cérebros tradicionais. O mesmo pode ser dito se pensarmos apenas naqueles cérebros de Boltzmann cujas configurações de partículas dão a impressão errônea de que surgiram da forma biológica tradicional. De novo, por mais que seja um processo raro, ao longo de períodos de tempo arbitrariamente longos ele acontecerá, e também de modo arbitrário, muitas vezes.

Se você perguntar a si mesmo qual foi o caminho mais provável que o levou a adquirir suas crenças, memórias, conhecimento e compreensão, a resposta imparcial com base apenas no tamanho da população é nítida: seu cérebro é formado de maneira espontânea a partir de partículas no vazio, com todas as memórias e outras qualidades neuropsicológicas do cérebro impressas nele por meio da configuração específica daquelas partículas. A história que você contou sobre como você surgiu é comovente, mas falsa. Suas memórias e as várias cadeias de raciocínio que desembocaram em seu conhecimento e suas crenças são todas fictícias. Você não tem um passado. Você acabou de vir à vida como um cérebro descorporificado dotado de pensamentos e lembranças de coisas que nunca aconteceram.[25]

Além de sua absoluta estranheza, esse cenário vem acompanhado de uma conclusão devastadora, a própria razão pela qual me concentrei na formação espontânea de cérebros e não na miríade de outros objetos inanimados que partículas aglutinando-se de modo aleatório também podem materializar. Se um cérebro, o seu, o meu ou o de qualquer pessoa, não pode confiar que suas memórias e crenças são uma reflexão precisa de eventos que aconteceram, então nenhum cérebro pode confiar nas supostas medições e observações e cálculos que constituem a base da compreensão científica.[26] Tenho lembranças de ter aprendido sobre relatividade geral e mecânica quântica, posso ponderar a respeito da cadeia de raciocínio que corrobora essas teorias, consigo me lembrar de ter examinado os dados e observações que elas explicam de forma tão impressionante, e assim por diante. Mas, se não posso confiar que esses pensamentos foram fixados pelos eventos efetivos aos quais eu os atribuo, não posso ter certeza de que as teorias sejam algo além de invenções mentais e, portanto, não posso confiar em nenhuma das conclusões para as quais elas apontam. Pois a ironia surpreendente, entre essas conclusões, que se tornaram duvidosas e indignas de confiança, é a probabilidade de eu ser um cérebro criado espontaneamente e flutuando no vazio. O profundo ceticismo que emerge da possibilidade da formação espontânea do cérebro nos obriga a ser céticos quanto ao próprio raciocínio que nos levou a cogitar a possibilidade, para começo de conversa.

Em suma, as raras quedas espontâneas de entropia causadas pelas leis da física podem chacoalhar a nossa confiança nas leis em si e em tudo o que se supõe que elas acarretam. Quando levamos em consideração as leis em operação por durações arbitrariamente longas, mergulhamos em um pesadelo cético, o que abala nossa confiança em tudo. Não é um lugar feliz para estar. Então, como podemos recuperar a confiança nos alicerces do pensamento racional que facilitaram nossa vigorosa escalada Empire State Building acima e além? Os físicos desenvolveram diversas estratégias.

Alguns concluem que os cérebros de Boltzmann são muito barulho por nada. Claro, essa perspectiva admite, cérebros de Boltzmann podem se formar. Mas fique tranquilo. Você sem dúvida não é um deles. Eis aqui como provar: olhe para o mundo e assimile tudo o que vê. Se você for um cérebro de Boltzmann, são esmagadoras as chances de que um instante depois você terá deixado de existir. Um cérebro que pode durar mais tempo é um cérebro que faz parte de um sistema de suporte maior e mais ordenado, que requer, portanto, uma flutuação ainda mais rara para uma entropia ainda mais baixa, tornando sua formação muito mais improvável nessa mesma medida. Então, se o seu segundo olhar de relance para o mundo for muito parecido com o primeiro, a confiança de que você não é um cérebro de Boltzmann aumenta. De fato, de acordo com essa perspectiva, todo momento seguinte de um tipo semelhante faz com que seu argumento seja mais forte e aumenta sua confiança.

Observe, porém, que o argumento presume que cada um dos momentos nessa sequência é, no sentido convencional, real. Se neste exato instante você tem uma lembrança de ter olhado para o mundo uma dúzia de vezes durante o último minuto, repetidamente assegurando a si mesmo que você não é um cérebro de Boltzmann, essa memória reflete o estado do seu cérebro neste exato momento e é, portanto, compatível com o fato de seu cérebro ter fixado essas memórias agora. Levando a sério essa hipótese, você percebe que as observações empíricas que usou para argumentar que você não é um cérebro de Boltzmann podem ser, elas mesmas, parte da ficção. Posso até ter a lembrança de dizer a mim mesmo "penso, logo existo", mas, visto de um dado momento qualquer, um relato mais preciso exige que eu diga: "Acho que pensei, logo penso que existi". Na realidade, a lembrança desses pensamentos não garante que eles tenham acontecido.

Um enfoque mais convincente consiste em questionar os princípios subjacentes à hipótese em si: um aspecto central ao argumento dos cérebros de Boltzmann é a existência de um horizonte cosmológico distante, continuamente irradiando partículas, as matérias-primas para a construção de estruturas complexas, incluindo mentes. No longo prazo, se a energia escura que preenche o espaço fosse se dissipar, então a expansão acelerada chegaria perto do fim e o horizonte cosmológico recuaria. Sem uma superfície distante circundante irradiando partículas, a temperatura do espaço se aproximaria de zero, e com isso a chance de estruturas macroscópicas complexas se formarem também se aproximaria de zero. Ainda não há evidências de enfraquecimento (ou fortalecimento) da energia escura, mas futuras missões observacionais estudarão a possibilidade com mais precisão. Uma avaliação conservadora é que qualquer decisão a respeito permanece indefinida.[27]

Mais radicais ainda são as abordagens nas quais o universo, ou pelo menos o universo tal qual o conhecemos, não existirá de forma arbitrária no futuro distante. Na ausência das durações de tempo drasticamente longas que estivemos levando em consideração até aqui, a probabilidade de os cérebros de Boltzmann se formarem é tão pequena que podemos, sem risco, ignorar por completo o processo. Se o universo terminasse muito antes da escala de tempo que tornaria provável a produção de cérebros de Boltzmann, poderíamos deixar de lado nosso ceticismo e regressar com tranquilidade à nossa explicação anterior da origem e do desenvolvimento de nossos cérebros, incluindo nossas memórias, conhecimentos e crenças.[28]

Como poderia acontecer um final tão abrupto do universo?

O FIM ESTÁ PRÓXIMO?

Já examinamos a possibilidade de o campo de Higgs dar um salto quântico para um novo valor, resultando em uma mudança repentina de propriedades de partículas que reescreveria muitos processos básicos da física, da química e da biologia. O universo continuaria existindo, mas é quase certo que seguiria em frente sem nós. Se esse desmembramento acontecer muito antes das escalas de tempo necessárias para a formação dos cérebros de Boltzmann — como sugerem os dados atuais sobre o campo de Higgs —, os cérebros comuns dominariam a população, e nós contornaríamos o atoleiro de ceticismo.[29]

Uma resolução ainda mais enfática emergiria de um salto quântico em que o valor da energia escura mudasse de repente. Na atualidade, a expansão acelerada do cosmo é impulsionada por uma energia escura positiva que impregna todas as regiões do espaço. Contudo, assim como a energia escura positiva produz uma gravidade repulsiva que impele para fora, a energia escura negativa gera uma gravidade atrativa que puxa para dentro. Dessa forma, um evento de tunelamento quântico no qual a energia escura saltasse para um valor negativo marcaria uma transição: no caso, do universo se avolumando (de dentro para fora) para o universo colapsando (de fora para dentro). Como resultado de tamanha reviravolta, tudo — matéria, energia, espaço, tempo — seria espremido, alcançando uma densidade e uma temperatura extraordinárias, uma espécie de Big Bang às avessas que os físicos chamam de Grande Colapso ou Colapso Final (*Big Crunch*).[30] Por mais que haja incerteza quanto ao que aconteceu no tempo zero, desencadeando a grande explosão, há incerteza a respeito do que aconteceria no momento final, a contração em si. O que fica evidente, porém, é que, se a contração ocorresse em um período muito inferior a $10^{10^{68}}$ anos, as implicações peculiares dos cérebros de Boltzmann seriam mais uma vez reduzidas a hipóteses duvidosas.

Em uma abordagem final, interessante para além das considerações dos cérebros de Boltzmann, o físico Paul Steinhardt e os colaboradores Neil Turok e Anna Ijjas imaginam tirar proveito dessa possível contração capaz de dar fim ao universo e convertê-la em uma versão mais otimista: um esticamento produtor de universo.[31] De acordo com essa teoria, regiões do espaço como a nossa passam por fases de expansão seguidas de contração, ciclos que se repetem de forma indefinida. O Big Bang, a grande explosão, torna-se o *Big Bounce*, o Grande Ricochete — um esticamento ou salto elástico a partir do período de contração anterior. A ideia em si não é de todo nova. Pouco depois de Einstein ter completado a teoria da relatividade, uma versão cíclica da cosmologia foi proposta por Alexander Friedmann e desenvolvida por Richard Tolman.[32] O objetivo de Tolman, em especial, era driblar a questão de como o universo começou. Se os ciclos se estendem infinitamente até o passado, não houve começo. O universo sempre existiu. Tolman constatou, no entanto, que a segunda lei da termodinâmica impede essa concepção. O acúmulo contínuo de entropia de um ciclo para o seguinte implica que o universo que habitamos hoje poderia ser precedido somente por um número finito de ciclos, exigindo, assim, afinal de contas, um começo. Em sua nova versão da abordagem cíclica, Steinhardt e Ijjas argumentam ser capazes de superar esse problema. Eles estabeleceram que, a cada ciclo, uma determinada região do espaço se estende muito mais do que se contrai, o que assegura que a entropia contida nela seja diluída por completo. Ciclo após ciclo, a entropia total de uma ponta à outra do espaço inteiro aumenta, conforme a segunda lei da termodinâmica. Mas, em qualquer região finita, a exemplo daquela que deu origem ao nosso domínio observável, o acúmulo entrópico que frustrou Tolman não é mais uma preocupação. A expansão dilui toda matéria e toda radiação, ao passo que a contração subsequente tira proveito do poder da gravidade para se reabastecer com energia de alta qualidade, suficiente apenas para reiniciar o ciclo. A duração de cada ciclo é determinada pelo valor da energia escura que, com base nas medições de hoje, define a duração na ordem de centenas de bilhões de anos. Como esse intervalo é muito menor do que o tempo em geral necessário para a formação do cérebro de Boltzmann, a cosmologia cíclica fornece outra solução potencial para preservar a racionalidade. Embora houvesse tempo considerável durante um determinado ciclo para produzir cérebros da maneira ordinária, o ciclo terminaria bem antes de haver tempo para produzir cérebros à maneira de Boltzmann. Com confiança razoável, poderíamos todos, então, declarar que nossas memórias foram fixadas por eventos que de fato aconteceram.

Olhando para o futuro, a abordagem cíclica sugere que nossa subida do Empire State Building seria interrompida, terminando em algum lugar nas proximidades do 11º ou 12º andar, quando a fase de contração do espaço resultaria em um esticamento que concluiria o nosso ciclo e daria início ao seguinte. A linearidade da metáfora do arranha-céu também demandaria uma atualização para um formato em espiral (vem à mente uma versão mais imponente do Museu Guggenheim), em que cada volta da espiral representa um ciclo cosmológico. Além disso, uma vez que os ciclos talvez persistam indefinidamente passado adentro e futuro adiante, teríamos de imaginar a estrutura se estendendo ao infinito em ambas as direções. A realidade como a conhecemos seria parte de uma única volta ao redor da trilha cosmológica.

Nos últimos anos, a cosmologia cíclica emergiu como um dos principais concorrentes da teoria inflacionária. Apesar de ambas poderem explicar observações cosmológicas, incluindo as importantíssimas variações de temperatura na radiação cósmica de fundo em micro-ondas, a teoria inflacionária ainda predomina na pesquisa cosmológica. Em parte, isso reflete a árdua batalha para instigar o interesse dos físicos por uma alternativa a uma teoria que, ao longo de quatro décadas, impulsionou a cosmologia a se tornar uma ciência madura e precisa. O fato de nossa era ser chamada de idade de ouro da cosmologia é atribuível em grande medida à teoria inflacionária. É óbvio que, no campo da ciência, a verdade não é determinada por pesquisas ou popularidade. Ela é determinada por experimentos, observações e evidências. E, com efeito, as teorias inflacionária e cíclica fazem uma previsão observacional significativamente diferente, que um dia pode vir a figurar como árbitro para resolver a disputa entre as duas: a explosão de expansão inflacionária no Big Bang provavelmente teria perturbado com tanto vigor o tecido do espaço que as ondas gravitacionais produzidas ainda podem ser detectáveis. A expansão mais suave do modelo cíclico resulta em ondas gravitacionais leves demais para serem observadas. No futuro não muito distante, observações podem, portanto, ter a capacidade de pesar a favor de um ou outro enfoque cosmológico.[33]

Entre os pesquisadores, a inflação continua a ser a mais importante teoria cosmológica, razão pela qual nos concentramos nela nos capítulos anteriores. Mesmo assim, é empolgante imaginar que observações futuras aprofundarão nosso conhecimento do cosmo e tornarão nossa era apenas mais um de muitos, talvez infinitamente muitos, momentos de compreensão incompleta. Ainda que isso impactasse nossa discussão acerca dos estágios iniciais do universo, bem como seu desdobramento por volta do 12º andar, as considerações essenciais sobre entropia e evolução que nos nortearam ao longo da maior parte de nossa jornada não se alterariam. O mais impactante de tudo isso, se confirmada a teoria cíclica, é que aprenderíamos que o mais onipresente de todos os padrões — nascimento, morte e renascimento — é recapitulado no transcorrer de escalas cosmológicas. É um modelo atraente. Desde os tempos dos antigos hindus, egípcios e babilônios, já havia pensadores imaginando que, em vez de um começo, meio e fim, o universo, como os dias e as estações, poderia passar por uma sequência de ciclos de encaixe. No futuro não muito distante, os dados coletados pelos observatórios de ondas gravitacionais poderão revelar se esse padrão é adotado pelo próprio cosmo.[34]

O PENSAMENTO E O MULTIVERSO

Uma viagem realizada a uma velocidade arbitrária rumo às profundezas do espaço teria um fim? Poderia continuar adiante para sempre? Ou talvez circulasse em torno de si mesma em uma jornada cósmica de circum-navegação à maneira de Fernão de Magalhães? Ninguém sabe. No âmbito da teoria inflacionária, as formulações matemáticas estudadas com mais afinco implicam que o espaço é interminável, explicando em parte por que razão os pesquisadores prestaram mais atenção a essa possibilidade. Para o futuro distante do pensamento, o espaço infinito fornece uma consequência especialmente bizarra, então vamos seguir a perspectiva inflacionária dominante e presumir que o espaço é infinito.[35]

Em sua vastidão, a maior parte do espaço infinito estaria além da nossa capacidade de ver. A luz emitida de um local distante é visível a nossos telescópios somente se tiver havido amplo tempo para ela atravessar o espaço que nos separa. Usando o maior tempo de viagem possível — a duração de volta ao Big Bang, 13,8 bilhões de anos atrás —, podemos calcular que a distância máxima que conseguimos enxergar em qualquer direção é de cerca de 45 bilhões de anos-luz (talvez você tenha pensado que o limite seria de 13,8 bilhões de anos-luz, mas, como o espaço se expande enquanto a luz está em trânsito, a amplitude é maior). Se você cresceu em um planeta mais distante da Terra do que isso, até o presente momento não há possibilidade alguma de que tenhamos nos comunicado ou nos influenciado diretamente. Então, presumindo que o espaço é infinito, você pode imaginá-lo como uma colcha de retalhos de regiões de 90 bilhões de anos-luz bastante separadas umas das outras, cada qual evoluindo independente das demais.[36] Os físicos gostam de pensar em cada uma dessas regiões como seu próprio universo independente, e que o conjunto completo delas é um *multiverso*. Assim, uma vastidão espacial infinita dá origem a um multiverso com um número infinito de outros universos.

Ao estudar esses universos, os físicos Jaume Garriga e Alex Vilenkin[37] estabeleceram uma característica de importância crucial. Se você assistisse a uma série de filmes, cada um deles mostrando os desdobramentos cosmológicos, os filmes não poderiam ser todos diferentes. Como cada uma das regiões tem um tamanho finito, e cada uma delas contém uma quantidade grande, porém finita, de energia, existe apenas uma quantidade finita de histórias distintas que podem se desenrolar. Intuitivamente, você poderia pensar o contrário. Poderia supor a existência de inúmeras variações infinitas, porque toda e qualquer história sempre pode ser modificada se empurrarmos esta partícula desta maneira ou se cutucarmos aquela outra partícula daquela maneira. Mas aqui está o xis da questão: se seus cutucões forem pequenos demais, ficarão abaixo do limite de sensibilidade da incerteza quântica e serão, portanto, insignificantes; se forem grandes demais, as partículas não permanecerão nos limites da região, ou as energias delas excederão o máximo disponível. Dadas as restrições tanto das pequenas como das grandes escalas, existe apenas um número finito de variações e, por esse motivo, é finito o número de diferentes filmes possíveis.

Ora, sendo infinita a quantidade de regiões e finita a quantidade de filmes, depreende-se que não existem filmes diferentes em número suficiente para suprir a demanda. É certo que os filmes se repetirão; de fato, temos a certeza de que se repetirão várias vezes, infinitamente. Também temos a garantia de que todos os filmes serão usados. Os tremores quânticos (que resultam em uma história ser diferente da outra) são aleatórios e, por isso, extraem uma amostra de todas as configurações possíveis. Nenhuma história é deixada para trás. O conjunto infinito de universos realiza, assim, todas as histórias possíveis, e cada uma delas é realizada amiúde e infinitamente.

Isso acarreta uma conclusão peculiar: a realidade que você e eu e todo mundo experimentamos está acontecendo em outras regiões — outros universos — de novo e de novo. Modifique essa realidade de qualquer maneira que não seja estritamente proibida pelas leis da física (você não pode violar a conservação da energia ou da carga elétrica, por exemplo) e ela também está acolá, repetidas vezes. Nossa mente sente cócegas de prazer ao imaginar reinos em que se desenrolam realidades alternativas — a arma de Lee Harvey Oswald falha e ele não consegue assassinar John Kennedy; o atentado a bomba de Claus von Stauffenberg [em 1944] dá certo e Hitler morre; James Earl Ray erra o tiro e não consegue matar Martin Luther King. Os aficionados quânticos reconhecerão uma semelhança com a interpretação da física quântica conhecida como Muitos Mundos, segundo a qual todos os resultados possíveis permitidos pelas leis quânticas ocorrem em um universo próprio à parte. Os físicos debateram por mais de meio século se essa abordagem da mecânica quântica é razoável em termos matemáticos e, caso o seja, se os outros universos são reais ou meras ficções matemáticas úteis. A diferença essencial na teoria cosmológica que estamos relatando em detalhes é que os outros mundos — outras regiões — não são uma questão de interpretação. Se o espaço é infinito, as outras regiões *estão* lá em algum lugar.

Com base em tudo o que exploramos neste capítulo e nos anteriores, é razoável concluir que aqui em nossa região, em nosso universo, os nossos dias, e os dos seres pensantes de maneira mais geral, são contados. O número pode até ser grande, mas em algum lugar ao longo da subida do Empire State Building, ou talvez além, é muitíssimo provável que a vida e a mente cheguem ao fim. Sob esse pano de fundo, Garriga e Vilenkin propõem uma espécie curiosa de otimismo. Eles observam que, uma vez que todas as histórias se desenrolam em meio ao conjunto infinito de universos, algumas necessariamente desfrutarão de raras, embora fortuitas, quedas na entropia que mantêm estrelas e planetas específicos intactos, ou produzem novos ambientes contendo fontes de energia de alta qualidade, ou qualquer outro acontecimento improvável (a gama de possibilidades é enorme), que permitirão que a vida e o pensamento perdurem mais do que seria esperado em outras circunstâncias. De fato, como argumentam esses pesquisadores, se você selecionar *qualquer* duração finita, por mais longa que seja, em meio ao conjunto infinito haverá universos nos quais processos improváveis nadam contra a corrente entrópica a fim de manter viva a vida pelo menos por essa duração de tempo. E assim, nessa infinidade de universos, alguns abrigarão vida e mente dentro do futuro arbitrariamente distante.

É difícil saber como os habitantes dessas regiões explicariam sua boa sorte em conseguir sobreviver. Ou mesmo se estariam cientes dessa boa sorte. Talvez chegassem ao mesmo entendimento da física que nós temos, reconhecendo que flutuações aleatórias podem levar a resultados raros e fortuitos. Contudo, ao mesmo tempo, esse próprio conhecimento deixaria claro que aquilo que eles estão vivenciando, apesar de possível, é extraordinariamente improvável. Valendo-se dessa constatação, eles talvez pudessem concluir que precisam reelaborar sua compreensão da física. Pense nisso. Embora as leis probabilísticas da física quântica permitam a possibilidade de eu atravessar uma parede sólida, se eu fiz isso, e se o fiz repetidas vezes, gostaríamos de remodelar nossa compreensão da física quântica. Não porque eu teria violado as leis quânticas. Eu não teria. Em termos simples, se eventos supostamente improváveis acontecem, e acontecem com frequência, estamos aptos a buscar melhores explicações de acordo com as quais os eventos não são, no fim das contas, tão improváveis assim. Claro, também é possível supor que os habitantes desses reinos sortudos não se focariam em buscar explicações e, em vez disso, apenas se deixariam levar pela maré dos acontecimentos e viveriam felizes ad infinitum.

Como são praticamente nulas as probabilidades de que habitemos uma região dessas ou de que estejamos perto o suficiente de uma para empreendermos uma fuga daqui até lá, pode ser que, à medida que nosso fim se torna visível, acabemos reunindo tudo o que aprendemos, descobrimos e criamos, e enfiemos dentro de uma cápsula a ser lançada ao espaço na esperança de que ela um dia chegue a um dos reinos mais afortunados. Se não fazemos parte de uma linhagem que se estende até a eternidade, talvez possamos transmitir, àqueles que o fizerem, a essência de nossas realizações. Talvez, ainda que indiretamente, possamos deixar um vestígio na eternidade. Garriga e Vilenkin estudam uma versão dessa hipótese e, pautando-se pelas ideias do filósofo David Deutsch, concluem que o plano é impossível. Através da infinidade de universos e da vastidão das escalas de tempo, flutuações quânticas aleatórias produzirão muito mais cápsulas falsas do que nossos descendentes serão capazes de produzir cápsulas reais, assegurando com isso que qualquer marca confiável de quem nós somos e do que realizamos se perderá no ruído quântico.

É provável que a vida e o pensamento aqui em nosso universo, naquilo que há muito tempo consideramos ser *o* universo, chegarão ao fim. Talvez haja um consolo em saber que em algum lugar nos vastos confins do espaço infinito, muito além dos limites do nosso reino, a vida e o pensamento poderão persistir, e, é concebível pensar, indefinidamente. Ainda assim, embora possamos contemplar a eternidade, e mesmo que sejamos capazes de tentar alcançá-la, ao que parece não podemos tocá-la.

11. A nobreza de existir

Mente, matéria e significado

Com o rifle pendurado às costas, o guia do Parque Nacional Pilanesberg estava confirmando uma, duas vezes, que todos os que o acompanhavam a pé reagiriam adequadamente caso um elefante, um hipopótamo ou um leão chegassem perto demais. "Vocês... ficam... imóveis", disse ele, enfatizando cada palavra enquanto caminhava bem devagar em meio ao grupo. "Fugir de um leão? Você vai passar o resto da vida tentando vencer a corrida." Abrindo sorrisinhos comedidos, todos nós murmuramos "sim", "é claro", "sem dúvida". Nesse exato momento, olhei de relance para a manga da minha camisa folgada. Não me dei ao trabalho de identificar com precisão a coisa que estava agarrada ao punho da camisa. Para mim, tratava-se de uma tarântula. E a coisa foi abrindo caminho camisa acima. Surtei. Meu braço voou para a frente e para trás, derrubando os copos da mesa do café da manhã. Dei um pulo da cadeira, e os pratos que tinham sobrevivido aos movimentos iniciais também desmoronaram. No caos, a tarântula, ou o que quer que fosse aquela assustadora coisa rastejante, acabou se desgrudando. Quando recuperei a compostura, a diminuta criatura, do tamanho de uma moeda de cinco centavos, estava no chão, arrastando-se lentamente para longe. "Ah", disse o guia, sorrindo, quando a situação se acalmou, "o universo falou pelo nosso amigo físico. Você viaja no jipe." E foi o que eu fiz.

O universo não tinha falado por mim. O ataque foi aleatório, e aconteceu naquele exato momento por puro acaso. Fosse eu uma parte desinteressada, ofereceria minha réplica-padrão, já mencionada nestas páginas, de que, na ausência de um evento como esse, não seria surpresa que a coincidência *não tivesse* acontecido. Mas a verdade é que, por um breve momento, o tal episódio constrangedor pareceu significativo. Eu já estava apreensivo por participar de um safári a pé, matutando com meus botões se deveria desistir, e então recebi um lembrete feito sob medida de que correr aquele risco específico não era exatamente o mais interessante para alguém que, quando se perde em pensamentos, pode se assustar a ponto de quase morrer de susto por conta de um simples "olá" imprevisto. Do ponto de vista racional, sei que esse tipo de conversa é bobagem. O universo não está de olho no que eu faço ou nos perigos que enfrento. Ainda assim, conforme os instintos atávicos inflamados pelo ataque da tarântula foram diminuindo aos poucos, o pensamento racional estava a um ou dois passos de recuperar por completo o comando.

A sensibilidade ao padrão é, em parte, o modo como prevalecemos. Nós procuramos conexões. Prestamos atenção em coincidências. Marcamos regularidades. Atribuímos significado e relevância. Contudo, apenas algumas dessas atribuições resultam de análises ponderadas que delineiam recursos demonstráveis da realidade. Muitas surgem de uma preferência emocional por impor uma aparência de ordem ao caos da experiência.

ORDEM E SIGNIFICADO

Costumo dizer que nossas equações matemáticas estão por aí mundo afora, controlando de modo incansável todos os processos físicos, dos quarks ao cosmo. Talvez seja essa a realidade. Talvez um dia possamos estabelecer que a matemática está fundamentalmente entrelaçada ao tecido da realidade. Quando trabalhamos com as equações dia após dia, é essa a sensação que nos domina. No entanto, estou mais confiante em afirmar que a natureza é legítima — que o universo é constituído de ingredientes cujos comportamentos seguem uma progressão lícita —, a própria base da jornada que empreendemos neste livro. As equações no âmago da física moderna representam nossa declaração mais precisa das leis. Por meio de experimentos e observações diligentes, estabelecemos que essas equações fornecem uma explicação com uma precisão espetacular do mundo. Mas não há garantia de que sejam expressas no léxico intrínseco da natureza. Embora eu considere improvável, admito a possibilidade de que, no futuro, quando, cheios de orgulho, mostrarmos a visitantes alienígenas nossas equações, eles sorrirão com polidez e nos dirão que também começaram com a matemática, mas por fim descobriram a linguagem *real* da realidade.

Ao longo da história, a intuição física de nossos antepassados foi embasada em padrões evidentes resultantes de interações com eventos com os quais eles estavam familiarizados, de rochas em queda ao estalar de galhos a correntezas; há um valor manifesto de sobrevivência em ter um senso inato da mecânica cotidiana. No devido tempo, empregamos nossas capacidades cognitivas para ir além dessas intuições que promovem a sobrevivência, iluminando e codificando reinos que vão desde o micromundo das partículas individuais até o macromundo das galáxias agrupadas, muitas das quais têm pouco ou nenhum valor adaptativo. Ao moldar nossa intuição e desenvolver nossas habilidades cognitivas, a evolução iniciou nossa educação na física, porém nosso entendimento mais abrangente veio à tona por obra da força da curiosidade humana expressa pela linguagem da matemática. As equações articuladas nessa linguagem resultantes são de profunda utilidade na investigação da estrutura profunda da realidade, mas podem, mesmo assim, ser construções da mente humana.

Eu me aferro a uma versão dessa perspectiva quando mudamos o foco para qualidades que norteiam nossa avaliação da experiência humana. Certo e errado, bem e mal, destino e propósito, valor e significado são, todos, conceitos profundamente úteis, mas não estou entre os que acreditam que julgamentos morais e atribuições de importância transcendem a mente humana. Nós inventamos essas qualidades. Não por ficção pura e simples. Nossas mentes selecionadas de modo darwiniano estão predispostas a sentir atração, repulsa ou pavor com relação a várias ideias e comportamentos. Em todo o mundo, os cuidados com os jovens são tidos em alta conta, ao passo que o incesto é abominável. A honestidade nas relações cotidianas é uma qualidade bastante valorizada, assim como a lealdade em relação à família e aos compatriotas. Visto que nossos ancestrais se reuniam em grupos, a interação entre essas e muitas outras predisposições com atividades práticas criou circuitos de retroalimentação: o comportamento dos indivíduos influenciava a eficácia da vida em grupo, o que levava à articulação gradual dos códigos de conduta comunitários. Por sua vez, esses códigos comportamentais contribuíram com diferentes graus de valor de sobrevivência para aqueles que obedeciam a eles.[1] Na mesma medida em que a seleção natural moldou nossa intuição para a física básica, também ajudou a moldar nosso senso inato de moralidade e valor.

Mesmo entre aqueles que concordam com a crença de que códigos morais não são impostos de cima para baixo ou flutuam em um reino abstrato da verdade, há um debate saudável sobre o papel da cognição humana na determinação de como essas sensibilidades primordiais se desenvolveram. Alguns sugerem que, de forma semelhante ao padrão de desenvolvimento da física, a evolução imprimiu um senso moral rudimentar, mas nossos poderes de conhecimento cognitivo nos permitiram dar um salto além dessa base inata para moldar atitudes e crenças independentes.[2] Outros sugerem que somos hábeis em usar nossa destreza cognitiva para explicar nossos comprometimentos morais, porém essas explicações não passam de histórias, racionalizações juízos ancorados em nosso passado evolutivo.[3]

Um ponto digno de ênfase é que nenhuma dessas posições depende de uma concepção tradicional de livre-arbítrio. Ao descrever o comportamento humano, invocamos um amálgama de fatores, do instinto e da memória à percepção e à expectativa social. No entanto, conforme já argumentamos, esse tipo de hipótese explicativa de alto nível — que figura no cerne de como nós, humanos, atribuímos sentido ao mundo — emerge de uma cadeia de processos complexa, que em última análise está calcada sobre a dinâmica dos constituintes fundamentais da natureza. Todos nós somos conjuntos de partículas, beneficiários de inúmeras batalhas evolutivas que libertaram nossos comportamentos e nos conferiram a capacidade de retardar a deterioração entrópica. Mas esses triunfos não nos concedem poderes de livre-arbítrio sobre a progressão física; o desenrolar não aguarda nossos desejos, opiniões, juízos e avaliações morais. Ou, em termos mais precisos: nossos desejos, opiniões, juízos e avaliações morais são parte da progressão do mundo físico, segundo os ditames das leis impassíveis da natureza.

Nossa descrição dessa progressão invoca regras matemáticas impessoais que delineiam em símbolos como o universo se transformará de um momento para o outro. E durante boa parte do passado, antes do surgimento de grupos de partículas capazes de refletir sobre a realidade, essa história era a história toda. Hoje, familiarizados como estamos com os detalhes essenciais, podemos contar nossa versão mais refinada, ainda que provisória, dessa história — de forma rápida, breve e, para facilitar a linguagem, com um toque antropomórfico.

Há cerca de 13,8 bilhões de anos, dentro dos limites de um espaço em um processo feroz de inchaço, a energia contida em uma nuvem do campo do ínflaton, diminuta, mas ordenada, se desintegrou, interrompendo a gravidade repulsiva, preenchendo o espaço com um banho de partículas e semeando a síntese dos núcleos atômicos mais simples. Onde a incerteza quântica tornou a densidade do banho ligeiramente mais alta, a força gravitacional era um pouco mais forte, atraindo partículas para que se encaixassem, criando aglomerados cada vez maiores, os quais formariam estrelas, planetas, luas e outros corpos celestes. A fusão no interior das estrelas, bem como colisões estelares raras, mas intensas, derreteu núcleos simples que se incorporaram em espécies atômicas mais complexas, e estas, precipitando-se feito chuva sobre pelo menos um planeta em processo de formação, foram persuadidas pelo darwinismo molecular a se juntar em arranjos capazes de autorreplicação. Variações aleatórias dos arranjos que por acaso estimularam a fecundidade molecular se espalharam amplamente. E entre elas estavam os caminhos moleculares para a extração, o armazenamento e a dispersão de informações e energia — os processos rudimentares da vida — que, no decorrer do longo percurso da evolução darwiniana, tornaram-se cada vez mais refinados. No devido tempo, seres vivos complexos e autônomos surgiram.

Partículas e campos. Leis físicas e condições iniciais. Até o nível de profundidade da realidade que até hoje perscrutamos, não há evidências de que existe nada além disso. Partículas e campos são os ingredientes elementares. As leis físicas, incitadas pelas condições iniciais, impõem a progressão. Como a realidade é mecânica quântica, as manifestações das leis são probabilísticas; mesmo assim, as probabilidades são determinadas com rigor pela matemática. Partículas e campos fazem o que fazem sem se preocupar com significado, valor ou importância. Até mesmo quando sua indiferente progressão matemática produz vida, as leis físicas mantêm o controle completo. A vida não tem capacidade de interceder nas leis, tampouco de anulá-las ou influenciá-las.

O que a vida pode fazer é facilitar as coisas, de modo a possibilitar que grupos de partículas ajam em conjunto e manifestem comportamentos coletivos que, comparados ao mundo inanimado, são novos. As partículas que constituem calêndulas e bolinhas de gude obedecem estritamente às leis da natureza, mas as calêndulas crescem e seguem o Sol, ao passo que as bolinhas não fazem isso. Por meio da força da seleção, a evolução intervém para moldar o repertório comportamental da vida, favorecendo as atividades que promovem a sobrevivência e a reprodução. Entre estas, em última análise, está o pensamento. A capacidade de formar memórias, analisar situações e fazer inferências baseadas na experiência fornece uma artilharia potente na corrida armamentista pela sobrevivência. Impulsionando uma série de vitórias ao longo de dezenas de milhares de gerações, o pensamento aos poucos se refina, resultando em espécies pensantes que adquirem graus variados de autoconsciência. Os desejos e vontades desses seres não são livres no sentido tradicional, ou seja, não podem escapar do desdobramento ditado pela lei física, mas sua estrutura extremamente organizada permite um grande número de respostas possíveis — de emoções internas a comportamentos externos —, as quais, pelo menos até agora, não estão disponíveis para conjuntos de partículas desprovidos de vida ou de mente.

Adicione a linguagem, e uma dessas espécies autoconscientes vai além das necessidades do momento de ver a si mesma como parte de um desdobramento do passado para o futuro. Com isso, vencer a batalha não é mais a única preocupação. Já não estamos mais satisfeitos apenas em sobreviver. Queremos saber por que a sobrevivência é importante. Queremos o contexto. Procuramos relevância. Atribuímos valor. Julgamos comportamentos. Buscamos sentido.

E, assim, desenvolvemos explicações sobre como o universo surgiu e como ele pode chegar ao fim. Contamos e recontamos histórias de mentes abrindo caminho através de mundos, reais e fantasiosos. Imaginamos reinos povoados por ancestrais falecidos ou seres semipoderosos ou todo-poderosos que reduzem a morte a um trampolim em uma existência contínua. Pintamos e esculpimos e entalhamos e cantamos e dançamos a fim de tocar esses outros reinos, ou para homenageá-los, ou apenas para deixar gravada no futuro alguma coisa que ateste nosso breve tempo ao sol. Talvez essas paixões se apoderem do significado de ser humano e disso se tornem parte porque amplificam a sobrevivência. As histórias preparam a mente para responder ao inesperado; a arte desenvolve a imaginação e a inovação; a música aguça a sensibilidade ao padrão; a religião une os devotos em coalizões fortes. Ou talvez a explicação seja menos grandiosa: algumas atividades, ou todas elas, podem surgir e persistir porque alavancam ou acompanham de perto outros comportamentos e respostas que desempenharam um papel mais direto na promoção da sobrevivência. Todavia, mesmo que a origem evolutiva ainda seja matéria de debates, esses aspectos do comportamento humano manifestam uma necessidade generalizada de ir além do mero prolongamento da sobrevivência transitória. Revelam um desejo muito difundido de fazer parte de algo maior, de algo duradouro. Valor e significado, decididamente ausentes do alicerce da realidade, tornam-se intrínsecos a uma ânsia inquieta que nos eleva acima da natureza indiferente.

MORTALIDADE E IMPORTÂNCIA

Enquanto Gottfried Leibniz se perguntava por que existe algo em vez de nada, o dilema profundamente pessoal é que esses algos autoconscientes como nós posteriormente se dissolvem em nada. Adquirir uma perspectiva temporal é perceber que a atividade vibrante que anima a mente de um indivíduo um dia cessará.

Tendo como pano de fundo essa conscientização, os capítulos anteriores investigaram em detalhes toda a extensão do tempo com nossa melhor compreensão de seu início até o mais perto possível de seu fim que nossas teorias matemáticas são capazes de nos levar. Nosso entendimento continuará a se desenvolver? Claro que sim. Os detalhes, alguns insignificantes e outros mais relevantes, serão aprimorados ou substituídos? Sem dúvida. Mas o ritmo de nascimento e morte, surgimento e desintegração, criação e destruição que testemunhamos ao longo da linha do tempo persistirá. A dança a dois entrópica e as forças evolutivas da seleção enriquecem o caminho que leva da ordem à desordem com uma estrutura prodigiosa, mas, sejam estrelas ou buracos negros, planetas ou pessoas, moléculas ou átomos, no fim das contas tudo acaba desmoronando. A longevidade varia muito. No entanto, o fato de que todos nós vamos morrer, e o fato de que a espécie humana vai morrer, e o fato de que é praticamente certo que a vida e a mente, pelo menos neste universo, cessarão de existir são os resultados esperados, rotineiros e de longo prazo da lei física. A única novidade é que agora percebemos isso.

Uma expectativa frequente, embora inquietante, que muitos cogitam com leveza e alguns perseguem com intensidade, é a de que nossa situação seria muito melhor se a morte fosse de todo extirpada das ações humanas. Do mito antigo à ficção moderna, pensadores se debruçaram sobre essa possibilidade. Talvez seja revelador que, nessas incursões, as coisas nem sempre dão muito certo. Em *Viagens de Gulliver*, de Jonathan Swift, os imortais na terra de Luggnagg continuam a envelhecer e são declarados legalmente mortos aos oitenta anos de idade, à medida que descambam para a irrelevância. Tendo resistido por mais de trezentos anos, a heroína de Karel Čapek, Elina Makropulos, permite que a fórmula de um elixir que prolonga a vida seja destruída pelo fogo, em vez de prosseguir em um estado de tédio profundo. Vivendo em um mundo eterno desprovido da morte, escreve o protagonista do conto "O imortal", de Jorge Luis Borges: "ninguém é alguém, um só homem imortal é todos os homens [...] sou deus, sou herói, sou filósofo, sou demônio e sou mundo, o que é uma fatigante maneira de dizer que não sou".[4]

Os filósofos também navegaram por essas águas, propondo avaliações sistemáticas da vida em um mundo sem morte. Alguns, como Bernard Williams, inspirado pela adaptação operística que Leoš Janáček [*O caso Makropoulos*] fez da peça de Karel Čapek, chegam a conclusões igualmente sombrias.[5] Williams argumenta que, munido de tempo infinito, cada um de nós saciaria todos os objetivos que nos impulsionam adiante, deixando-nos apáticos diante de uma eternidade monótona e entorpecedora. Outros, como Aaron Smuts, inspirado em parte pelo conto de Borges, afirmam que a imortalidade esvaziaria as consequências das decisões que moldam a vida humana — de que maneira passar o tempo e com quem — e que são essenciais para que sejam significativas. Tomamos a decisão errada? Tudo bem, sem problemas. Temos a eternidade inteira para endireitar as coisas. A satisfação da conquista também seria vítima da imortalidade. Os indivíduos dotados de habilidades limitadas alcançariam seu potencial máximo e então sentiriam na pele a frustração eterna; os indivíduos dotados de habilidades ilimitadas de aprofundamento teriam a garantia de melhorar continuamente, tolhendo o senso de realização que resulta da superação de expectativas.[6]

A despeito dessas questões, suspeito que sejamos engenhosos o suficiente

— e, munidos de tempo infinito, nos tornaríamos ainda mais — para nos convertermos em imortais equilibrados. É provável que nossas necessidades e capacidades se transformem a ponto de ficarem irreconhecíveis, tornando pouco ou nada relevantes as avaliações baseadas naquilo que nos mantém comprometidos e motivados no presente. Se uma *joie de vivre* eterna exigisse uma qualidade diferente de *joie*, nós a encontraríamos, inventaríamos ou desenvolveríamos. Isso não passa de um palpite, é óbvio, mas concluir que ficaríamos entediados sugere uma visão indevidamente estreita da mente imortal.

Por mais que a ciência continue prolongando a duração da vida, nossa jornada rumo ao futuro distante sugere que a imortalidade permanecerá para sempre fora de alcance. Não obstante, pensar a respeito da vida que nunca acaba evidencia a relevância da vida que acaba. O destino imaginado do valor, significado e importância em um mundo imortal deixa claro que, em um mundo mortal, entender muitas de nossas decisões, escolhas, experiências e reações exige vê-las no contexto de oportunidades limitadas e duração finita. Não que nos levantemos de um pulo da cama todas as manhãs gritando "*Carpe diem!*", mas o conhecimento arraigado de que só acordaremos por um certo número de manhãs instila um cálculo intuitivo de valor, que seria muito diferente em um mundo com repetições ilimitadas. As explicações que damos em relação aos temas que estudamos, os ofícios que aprendemos, o trabalho que realizamos, os riscos que enfrentamos, os parceiros com quem nos relacionamos, as famílias que construímos, os objetivos que estabelecemos, as questões sobre as quais ponderamos — tudo reflete o reconhecimento de que nossas oportunidades são escassas porque nosso tempo é limitado.

Cada um de nós responde a esse reconhecimento de uma maneira própria, mas há qualidades comuns que perpassam o senso humano de valor. Entre elas, existe uma necessidade surpreendentemente forte, mas invariavelmente tácita, de um futuro povoado por descendentes que continuarão existindo depois que partirmos.

DESCENDENTES

Muitos anos atrás, fui convidado a participar de um bate-papo pós-espetáculo com a plateia de uma peça do circuito *off-Broadway* na qual um grupo de personagens se dá conta de que a Terra será destruída em breve por um asteroide. Meu colega debatedor era meu irmão; os produtores acharam que comentários sobre o fim do mundo feitos por irmãos cuja vida havia seguido caminhos divergentes, mas relevantes — um imerso na ciência, o outro na religião —, seriam agradáveis para o público presente. Francamente, não pensei muito nisso antes do evento e, naquela época, eu era muito mais suscetível à energia de uma plateia. Quanto mais meu irmão se voltava para os reinos etéreos, mais ríspido eu me tornava. "A Terra é um planetinha banal que orbita uma estrela irrelevante nos subúrbios de uma galáxia insignificante. Se formos apagados do mapa por um asteroide, o universo não vai nem sequer piscar. No contexto geral, simplesmente não vai fazer a menor diferença." A severidade foi recebida de bom grado por alguns dos presentes — presumo que eram aqueles que se identificavam como céticos pragmáticos, encarando com bravura as realidades da existência. Mas para outros, lamentavelmente, minhas observações soaram presunçosas. Bem, pelo menos um membro da plateia se sentiu assim: uma mulher idosa que me repreendeu com veemência por tratar com dureza e desrespeito a continuidade da espécie, uma necessidade essencial para todos nós. "Qual notícia o afetaria mais?", perguntou-me ela, "ser informado de que lhe resta um ano de vida ou de que em um ano a Terra será destruída?"

À época, eu disse, de forma simplória, que minha resposta dependia de um dos resultados implicar dor física; mais tarde, contudo, enquanto refletia sobre a questão, eu a achei inesperadamente iluminadora. Um prognóstico terminal afeta as pessoas de maneiras diferentes — seja concentrando a atenção, propiciando lucidez, suscitando arrependimentos, acirrando o pânico, fornecendo compostura ou inspirando uma epifania. Previ que a minha própria reação estaria em algum lugar entre essas opções. Porém, a perspectiva de que a Terra e toda a humanidade seriam aniquiladas desencadeou um tipo diferente de reação. A notícia faria com que tudo parecesse sem sentido. Ao mesmo tempo que meu fim iminente aumentaria a intensidade da vida, dotando de significado e importância momentos que, de outra forma, poderiam desaparecer em meio ao cotidiano enfadonho, contemplar o fim de toda a espécie parecia fazer o oposto, produzindo uma sensação de futilidade. Eu ainda me levantaria de manhã com vontade de realizar pesquisas em física? Talvez sim, pelo conforto de fazer alguma coisa com que eu estivesse familiarizado, mas, se já não houvesse ninguém para tirar proveito das descobertas de hoje, a atração por fomentar o avanço do conhecimento se enfraqueceria. Eu terminaria o livro que estivesse escrevendo? Talvez sim, pela satisfação de amarrar pontas soltas, mas, se já não restasse ninguém para ler a obra terminada, a motivação minguaria. Eu mandaria meus filhos para a escola? Talvez sim, pela serenidade que a rotina propicia, mas, se não houvesse futuro, meus filhos se preparariam para o quê?

Achei surpreendente o contraste com o modo como eu reagiria ao saber a data da minha morte. Se uma das percepções parecia intensificar a consciência sobre o valor da vida, a outra parecia esvaziá-la. Nos anos seguintes, esse discernimento ajudou a moldar meu pensamento com relação ao futuro. Desde minha epifania juvenil, havia muito eu vinha refletindo sobre a capacidade da matemática e da física de transcender o tempo; já estava convencido da importância existencial do futuro. No entanto, minha imagem desse futuro era abstrata. Era uma terra de equações, teoremas e leis, não um lugar povoado de rochas, árvores e pessoas. Não sou um platônico, mas, ainda assim, implicitamente imaginava que a matemática e a física transcendiam não apenas o tempo, mas também as armadilhas habituais da realidade material. O cenário hipotético do dia do juízo final refinou meu pensamento e tornou bastante evidente que nossos teoremas, equações e leis, embora façam uso de verdades fundamentais, não têm valor intrínseco. São, afinal, um monte de linhas e rabiscos desenhados em quadros-negros e impressos em periódicos acadêmicos e livros didáticos. Seu valor deriva daqueles indivíduos que os entendem e os apreciam. Sua importância deriva das mentes em que habitam.

Esse refinamento no pensamento foi muito além do papel das equações. Ao me levar a imaginar um futuro desolador desprovido de pessoas para receber tudo o que valorizamos, na ausência de alguém para acrescentar sua marca icônica e transmiti-la às gerações futuras, o cenário hipotético do dia do juízo final revelou quanto esse futuro seria oco. Se a imortalidade do indivíduo é capaz de exaurir o significado e a importância, a imortalidade das espécies parece necessária para assegurá-los.

Não sei ao certo até que ponto seria generalizada essa reação à notícia de um fim iminente, mas suspeito que se tratasse de algo bastante comum. O filósofo Samuel Scheffler iniciou há pouco uma investigação acadêmica sobre o tema, examinando uma variante da pergunta feita a mim décadas atrás. Como você reagiria, indaga Scheffler, se soubesse que trinta dias depois de sua própria morte todas as pessoas remanescentes seriam eliminadas? É uma versão mais reveladora desse cenário hipotético, pois tira o peso da mortalidade prematura do indivíduo e coloca na berlinda com destaque redobrado o papel dos descendentes na ancoragem do valor. A conclusão de Scheffler, fruto de uma fundamentação meticulosa, ecoa minhas próprias reflexões informais:

> Nossas preocupações e comprometimentos, nossos valores e juízos de importância, nosso senso sobre o que é relevante e sobre o que vale a pena fazer — todas essas coisas são formadas e mantidas em um contexto no qual se trata como favas contadas que a vida humana é, ela própria, um empreendimento próspero e contínuo [...]. Precisamos que a humanidade tenha um futuro para que a ideia de que as coisas *importam* mantenha um lugar seguro em nosso repertório conceitual.[7]

Outros filósofos também meteram o bedelho na conversa, acrescentando opiniões que delineiam uma gama mais ampla de perspectivas. Susan Wolf sugere que o reconhecimento de nosso destino compartilhado pode elevar a patamares recém-descobertos o cuidado com os outros; mesmo assim, ela concorda com nossa visão de que um futuro povoado por seres humanos é essencial para o valor que atribuímos a nossas ações.[8] Harry Frankfurt propõe uma visão diferente, ao sugerir que muitas coisas valorizadas pelos seres humanos não seriam afetadas pelo cenário hipotético do dia do juízo final, em especial as atividades artísticas e a pesquisa científica. A gratificação intrínseca dessas atividades, ele acredita, seria suficiente para que muitos continuassem envolvidos com elas. Já apresentei minha visão contrária a respeito da pesquisa científica, que serve para enfatizar um ponto correlato, óbvio, porém revelador: as pessoas reagirão à notícia de maneiras diferentes.[9] O melhor que podemos fazer é imaginar tendências dominantes. Para mim, assim como para muitos outros, envolver-me em atividades criativas e projetos acadêmicos é sentir que estou participando de um diálogo humano longo, rico e ininterrupto. Mesmo que determinado artigo de física escrito por mim não incendeie o mundo, ele me dá a sensação de que faço parte da conversa. No entanto, se eu souber que serei o último a falar e que não haverá ninguém no futuro para refletir sobre o que estou dizendo, só me restará perguntar por que eu deveria me importar com isso.

No cenário de Scheffler, assim como na pergunta que me fizeram anos antes, os dias do juízo final são hipotéticos, mas as escalas de tempo para a destruição do mundo são compreendidas com facilidade. Neste livro, os dias do juízo final que analisamos são genuínos, mas suas escalas de tempo os tornam extraordinariamente remotos. Essa mudança de escala, e ainda por cima uma mudança colossal, afeta as conclusões? É uma questão que Scheffler e Wolf levam em consideração, e que é formulada de modo divertidíssimo em uma cena maravilhosa de *Noivo neurótico, noiva nervosa*, na qual o personagem Alvy Singer, aos nove anos de idade, conclui que não há o menor sentido em fazer o dever de casa, já que dali a alguns bilhões de anos o universo em expansão se despedaçará e destruirá tudo. Para o psiquiatra do menino, bem como para sua mãe, a preocupação de Alvy é ridícula. As plateias do cinema riram porque a julgaram burlesca de tão cômica. Scheffler compartilha essas intuições, porém observa que não há uma justificativa fundamental para explicar por que achamos razoável ter uma crise existencial diante da destruição iminente, mas um disparate fazê-lo quando essa destruição nos aguarda em um futuro distante. Ele atribui isso à dificuldade que temos em compreender escalas de tempo que estão muito além do alcance da experiência humana. Wolf concorda, observando que, se a extinção imediata da humanidade tornasse a vida sem sentido, então o mesmo deveria valer ainda que o fim estivesse bem longe. De fato, como ela observa, nas escalas de tempo cósmicas, o atraso de alguns bilhões de anos não é nem um pouco longo.

Concordo. Reiteradamente.

Como vimos repetidas vezes, a noção de uma duração de tempo longa ou curta não tem significado absoluto. Longo ou curto é uma questão de perspectiva. O tempo representado pelo deque de observação do Empire State Building, no 86º andar, é enorme para os padrões cotidianos, mas comparar essa duração ao tempo representado no centésimo andar é como comparar um piscar de olhos a 10 mil séculos. Nossa perspectiva humana conhecida nos leva a juízos que, embora relevantes, são também estreitos. Por isso, vejo o cenário hipotético de morte iminente como nada além de uma ferramenta que emprega urgência artificial para catalisar uma resposta autêntica. A intuição que desvendamos permanece relevante para um fim que aguarda nossos descendentes no futuro remoto; esse futuro, visto a partir de um contexto maior, *está logo ali*, a uma fração de segundo.

Embora seja de fato difícil internalizar escalas de tempo que estão consideravelmente além de tudo o que vivenciamos, a jornada que empreendemos neste livro espalhou aqui e ali pela linha do tempo cósmica pontos de referência que buscam tornar concreto o que é apenas abstrato. Não posso dizer que tenho um senso inato das escalas de tempo assinaladas ao longo da metáfora do Empire State Building da mesma maneira que compreendo as escalas de tempo da vida diária ou da minha geração ou mesmo de algumas gerações; no entanto, a sequência de eventos transformadores que investigamos com todo o cuidado fornece subsídios para apreendermos o futuro. Não há necessidade alguma de entoar cânticos, e a posição de lótus é opcional, mas, se você encontrar um lugar tranquilo e deixar sua mente flutuar, vagarosa e livremente, ao longo da linha do tempo cósmica, atravessando nossa época e indo além dela, passando pela era de galáxias distantes que se afastam de nós, e para além da era dos imponentes sistemas solares, para além da era das galáxias graciosas e rodopiantes, para além da era das estrelas incendiadas e dos planetas errantes, para além da era dos buracos negros brilhantes e em desintegração, e, ainda mais adiante, rumo a uma vastidão gélida, escura, quase vazia, mas potencialmente ilimitada — em que a evidência de que um dia existimos se resume a uma partícula isolada localizada aqui, e não acolá, ou a alguma outra partícula isolada se movendo desta maneira, e não daquela —; e se você for minimamente parecido comigo e permitir que a ideia dessa realidade se assente por completo, o fato de que viajamos até um ponto fantasticamente longínquo no futuro em nada diminui a sensação de sobressalto e deslumbramento que brota e se avoluma por dentro. Com efeito, de maneira essencial, a enorme extensão de tempo apenas adiciona peso à quase insuportável leveza do ser; comparada à escala de tempo que alcançamos, a época da vida e da mente é infinitesimal. Nas escalas de hoje, toda a sua amplitude e tamanho, desde os primeiros micróbios primitivos até o pensamento derradeiro, seriam menores que a duração necessária para a luz atravessar um núcleo atômico. A duração da atividade humana, em sua totalidade — quer nos aniquilemos uns aos outros nos próximos séculos, sejamos exterminados por um desastre natural nos milênios vindouros ou de alguma forma encontremos um meio de continuar existindo até a morte do Sol, o fim da Via Láctea ou mesmo o desaparecimento da matéria complexa —, seria mais fugaz ainda.

Somos efêmeros. Somos evanescentes.

No entanto, nosso momento é raro e extraordinário, um reconhecimento que nos permite fazer da impermanência da vida e da escassez de consciência autorreflexiva a base do valor e o alicerce da gratidão. Embora possamos ansiar por um legado duradouro, a clareza que obtivemos investigando a fundo a linha do tempo cósmica revela que isso está fora de alcance. Mas essa mesmíssima clareza ressalta quão maravilhoso é o fato de que certas partículas do universo podem irromper, examinar a si mesmas e a realidade em que habitam, determinar quão transitórias elas são e, com uma explosão veloz de atividade, criar beleza, estabelecer conexões e iluminar o mistério.

SIGNIFICADO

A maioria de nós lida de modo discreto com a necessidade de nos elevarmos acima do cotidiano. A maioria de nós permite que a civilização nos proteja da consciência de fazermos parte de um mundo que, quando formos embora, seguirá adiante, impassível, cantarolando, sem sequer se dar conta de nossa partida. Concentramos nossa energia naquilo que somos capazes de controlar. Construímos comunidades. Participamos. Cuidamos. Rimos. Sentimos carinho. Consolamos. Sofremos. Amamos. Celebramos. Consagramos. Lamentamos. Nós nos emocionamos com as realizações, às vezes as nossas próprias, às vezes as daqueles a quem respeitamos ou idolatramos.

Em meio a todas as circunstâncias, nós nos acostumamos a contemplar o mundo, atentos para encontrar alguma coisa que nos empolgue ou acalente, que prenda nossa atenção ou nos arrebate, levando-nos a algum lugar novo. No entanto, a jornada científica que percorremos sugere que o universo não existe para proporcionar uma arena onde a vida e a mente floresçam. Vida e mente são simplesmente duas coisas que, por acaso, acontecem. Até não acontecerem mais. Eu costumava imaginar que, estudando o universo, esmiuçando-o tanto de modo figurativo quanto literal, responderíamos a várias perguntas iniciadas por "como" para ter um vislumbre das respostas às perguntas iniciadas com "por que". Todavia, quanto mais aprendemos, mais essa postura parece estar na direção errada. Almejar que o universo nos afague, nós que somos seus ocupantes conscientes e transitórios, é compreensível, mas simplesmente não é isso que ele faz.

Mesmo assim, contextualizar nosso momento é entender que nossa existência é espantosa. Se houver uma reprise do Big Bang, mas com uma mudança ligeira na posição desta partícula ou do valor daquele campo, qualquer mexida ínfima significa que o novo desdobramento cósmico não incluirá nem a mim nem a você, tampouco a espécie humana ou o planeta Terra ou nenhuma outra coisa que valorizamos. Se alguma inteligência superior olhasse para o novo universo como um todo, da mesma forma como olhamos para um conjunto de moedas de um centavo lançadas ao ar como um todo, ou para o ar que estamos respirando agora como um todo, concluiria que o novo universo parece ser mais ou menos idêntico ao original. Para nós, seria bem diferente. Não haveria um "nós" perceptível. Ao desviar nossa atenção dos detalhes diminutos, a entropia forneceu um princípio organizador essencial para a compreensão das tendências de larga escala de como as coisas se transformam. Entretanto, embora geralmente não nos importemos se esta moeda de um centavo dá cara ou aquela, coroa, ou se uma molécula de oxigênio específica está aqui ou acolá, há certos detalhes diminutos com os quais nos importamos. Profundamente. Existimos porque nossos arranjos de partículas específicos venceram a batalha contra uma variedade espantosa de outros arranjos, todos disputando entre si para ser materializados. Por obra e graça do puro acaso, canalizado pelas leis da natureza, aqui estamos.

É uma compreensão que ecoa em meio a cada estágio do desenvolvimento humano e cósmico. Pense no que Richard Dawkins descreveu como sendo o conjunto quase infinito de pessoas potenciais, portadores pretensos do conjunto quase infinito de sequências de pares de bases no DNA, nenhuma das quais jamais nascerá. Ou pense nos momentos que constituem a história cósmica, desde o Big Bang, passando pelo dia do seu nascimento e até hoje, repletos de processos quânticos cuja progressão probabilística inexorável em cada um dos conjuntos quase ilimitados de conjunturas poderia ter originado este resultado em vez daquele, gerando como consequência um universo igualmente sensato, mas que não incluiria nem a você nem a mim.[10] No entanto, com esse número astronômico de possibilidades, contrariando um número assombroso de probabilidades, sua sequência de pares de bases e a minha, a sua combinação molecular e a minha, existem agora. Que coisa espetacularmente improvável, eletrizante de tão magnífica.

E a dádiva é ainda maior: nossas combinações moleculares específicas, nossos arranjos químicos, biológicos e neurológicos específicos nos dão os poderes invejáveis que ocuparam grande parte de nossa atenção nos capítulos anteriores. Enquanto a maior fatia da vida, milagrosa por si só, está amarrada ao imediato, podemos nos desatrelar do tempo. Podemos pensar no passado e imaginar o futuro. Podemos assimilar o universo, processá-lo, investigá-lo com a mente e o corpo, com a razão e a emoção. Do nosso canto solitário do cosmo, usamos a criatividade e a imaginação para moldar palavras, imagens, estruturas e sons para expressar nossos anseios e frustrações, nossas confusões e revelações, nossos fracassos e triunfos. Usamos engenhosidade e perseverança para tocar os próprios limites do espaço exterior e interior, determinando leis fundamentais que regem a forma como as estrelas brilham e a luz viaja, como o tempo passa e o espaço se expande — leis que nos permitem olhar para trás e examinar o mais breve momento depois do início do universo e após desviar nosso olhar e contemplar seu fim.

Esses insights de tirar o fôlego são acompanhados por indagações profundas e persistentes: por que existe algo em vez de nada? O que desencadeou o início da vida? Como surgiu a percepção consciente? Esmiuçamos um leque amplo de especulações, mas as respostas definitivas permanecem evasivas. Quem sabe nosso cérebro, bem adaptado para a sobrevivência no planeta Terra, não seja estruturado para resolver tais mistérios. Ou, talvez, conforme nossa inteligência continua a evoluir, nosso envolvimento com a realidade adquira um caráter totalmente diferente, e, como resultado, as perguntas imponentes de hoje se tornarão irrelevantes. Embora ambas as hipóteses sejam possíveis, o fato de que o mundo como o compreendemos hoje — incluindo os mistérios remanescentes e tudo o mais — se mantém coeso, com uma coerência matemática e lógica firme, e o fato de termos sido capazes de decifrar boa parte dessa coerência sugerem que nem uma hipótese nem outra são corretas. Não nos falta a capacidade cerebral. Não estamos fitando a parede da caverna de Platão, ignorando uma espécie de verdade drasticamente diferente, quase alcançável, com o poder de proporcionar de súbito uma clareza nova e surpreendente.

À medida que avançamos a todo o vapor em direção a um cosmo frio e árido, devemos aceitar que não existe um desígnio grandioso. Partículas não são dotadas de propósito. Não há resposta definitiva pairando nas profundezas do espaço aguardando para ser descoberta. Em vez disso, certos conjuntos especiais de partículas podem pensar, sentir e refletir, e no interior desses mundos subjetivos eles podem criar um propósito. Assim, em nossa busca para compreender a condição humana, a única direção a se olhar é para dentro. Essa é a direção nobre para onde olhar. É uma direção que renuncia a respostas prontas e se volta à jornada bastante pessoal de construir um significado próprio. É uma direção que leva ao cerne da expressão criativa e à fonte de nossas narrativas mais ressoantes. A ciência é uma ferramenta poderosa e requintada para a apreensão de uma realidade externa. Apesar disso, no âmbito dessa categoria, no âmbito desse entendimento, todo o resto é a espécie humana a contemplar a si mesma, compreendendo aquilo de que precisa para seguir em frente e contando uma história que reverbera na escuridão, uma história esculpida em som e cinzelada no silêncio, uma história que, em seus melhores instantes, instiga a alma.

Agradecimentos

Sou grato às muitas pessoas que forneceram um feedback inestimável enquanto eu escrevia *Até o fim do tempo*. Pela leitura cuidadosa do manuscrito, em alguns casos mais de uma vez, e pelas sugestões, opiniões e críticas que melhoraram substancialmente a apresentação do livro, agradeço muito a Raphael Gunner, Ken Vineberg, Tracy Day, Michael Douglas, Saakshi Dulani, Richard Easther, Joshua Greene, Wendy Greene, Raphael Kasper, Eric Lupfer, Markus Pössel, Bob Shaye e Doron Weber. Pela leitura meticulosa e pelos comentários a seções ou capítulos específicos, e/ou por sanarem minhas dúvidas, meus agradecimentos vão para David Albert, Andreas Albrecht, Barry Barish, Michael Bassett, Jesse Bering, Brian Boyd, Pascal Boyer, Vicki Carstens, David Chalmers, Judith Cox, Dean Eliott, Jeremy England, Stuart Firestein, Michael Graziano, Sandra Kaufmann, Will Kinney, Andrei Linde, Avi Loeb, Samir Mathur, Peter de Menocal, Brian Metzger, Ali Mousami, Phil Nelson, Maulik Parikh, Steven Pinker, Adam Riess, Benjamin Smith, Sheldon Solomon, Paul Steinhardt, Giulio Tononi, John Valley e Alex Vilenkin. Agradeço a toda a equipe da Knopf, incluindo a preparadora de texto Amy Ryan, o editor assistente Andrew Weber, o designer Chip Kidd, a editora de produção Rita Madrigal e meu editor, Edward Kastenmeier, que propôs muitas sugestões perspicazes e, ao lado de meu agente, Eric Simonoff, deu apoio total ao projeto em todas as fases do desenvolvimento. Por fim, minha sincera gratidão pelo amor e pelo apoio constantes da minha família: minha mãe, Rita Greene; meus irmãos, Wendy Greene, Susan Greene e Joshua Greene; meus filhos, Alec Day Greene e Sophia Day Greene; e minha maravilhosa esposa e amiga mais querida, Tracy Day.

Notas

PREFÁCIO [pp. 9-13]

1. A citação é de Neil Bellison, um dos meus primeiros mentores, um estudante de pós-graduação do Departamento de Matemática da Universidade Columbia na década de 1970, que generosamente cedeu seu tempo e seu talento excepcional para ensinar matemática a um jovem aluno — eu mesmo — que nada tinha a oferecer, exceto a paixão por aprender. O tema da nossa conversa era um artigo sobre motivação humana que eu estava escrevendo para um curso de psicologia em Harvard, ministrado por David Buss, atualmente professor na Universidade do Texas, em Austin.

2. Oswald Spengler, *Decline of the West* (Nova York: Alfred A. Knopf, 1986), p. 7.

3. Ibidem, p. 166.

4. Otto Rank, *Art and Artist: Creative Urge and Personality Development*, tradução de Charles Francis Atkinson (Nova York: Alfred A. Knopf, 1932), p. 39.

5. Sartre articula essa perspectiva por meio das reflexões do personagem Pablo Ibbieta, condenado à morte por fuzilamento, em seu maravilhoso conto "O muro". Jean-Paul Sartre, *The Wall and Other Stories*, tradução de Lloyd Alexander (Nova York: New Directions Publishing, 1975), p. 12.

1. A ATRAÇÃO DA ETERNIDADE [pp. 15-29]

1. William James, *The Varieties of Religious Experience: A Study in Human Nature* (Nova York: Longmans, Green e Co., 1905), p. 140.

2. Ernest Becker, *The Denial of Death* (Nova York: Free Press, 1973), p. 31. Becker definiu Otto Rank como sua principal influência.

3. Ralph Waldo Emerson, *The Conduct of Life* (Boston e Nova York: Houghton Mifflin Company, 1922), nota 38, p. 424.

4. E. O. Wilson invoca a palavra "consiliência" para descrever sua visão de uma fusão de conhecimentos díspares a fim de produzir uma compreensão mais profunda. E. O. Wilson, *Consilience: The Unity of Knowledge* (Nova York: Vintage Books, 1999). [Ed. bras.: *Consiliência — a unidade do conhecimento: Seria a ciência capaz de explicar tudo?* Rio de Janeiro: Elsevier Campus, 1999.]

5. Em capítulos posteriores, discutirei evidências que sugerem uma influência generalizada da emergência da consciência da humanidade sobre a mortalidade, mas, como há poucos (ou nenhum) dados incontroversos que atestem a mentalidade humana ancestral, a conclusão não desfruta de aceitação universal. Para uma perspectiva alternativa, segundo a qual a ansiedade com relação à morte é uma atribulação moderna, ver, por exemplo, Philippe Ariès, *The Hour of Our Death*, tradução de Helen Weaver (Nova York: Alfred A. Knopf, 1981). A perspectiva de Becker, com base nos insights de Otto Rank, é de que a ansiedade em relação à morte está profundamente enraizada na espécie.

6. Vladimir Nabokov, *Speak, Memory: An Autobiography Revisited* (Nova York: Alfred A. Knopf, 1999), p. 9.

7. Robert Nozick, "Philosophy and the Meaning of Life", em *Life, Death, and Meaning: Key Philosophical Readings on the Big Questions*, David Benatar (org.) (Lanham, MD: The Rowman & Littlefield Publishing Group, 2010), pp. 73-4.

8. Emily Dickinson, *The Poems of Emily Dickinson*, R. W. Franklin (org.) (Cambridge, EUAMA: The Belknap Press of Harvard University Press, 1999), p. 307.

9. Henry David Thoreau, *The Journal, 1837-1861* (Nova York: Nova York Review Books Classics, 2009), p. 563.

10. Franz Kafka, *The Blue Octavo Notebooks*, tradução de Ernst Kaiser e Eithne Wilkens. Max Brod (org.) (Cambridge, MA: Exact Change, 1991), p. 91.

2. A LINGUAGEM DO TEMPO [pp. 30-57]

1. A transmissão, no serviço nacional de rádio *Third Programme* da BBC, em 28 de janeiro de 1948 às 21h45, levou ao ar um debate ocorrido no ano anterior. Disponível em: <genome.ch.bbc.co.uk/35b8e9bdcf60458c976b882d80d9937f>. Acesso em: 28 jun. 2021.

2. Bertrand Russell, *Why I Am Not a Christian* (Nova York: Simon & Schuster, 1957), pp. 32-3.

3. Trata-se, é claro, de uma descrição bastante simplificada de uma máquina a vapor, tendo como modelo o chamado *ciclo de Carnot*, que envolve quatro etapas: (1) o vapor em um recipiente absorve o calor de uma fonte (em geral descrita como um reservatório de calor) à medida que empurra um êmbolo ou pistão, realizando trabalho em uma temperatura constante; (2) o recipiente está desconectado da fonte de calor e é autorizado a continuar a empurrar o pistão, agora realizando o trabalho enquanto a temperatura do vapor cai (mas sua entropia se mantém

constante, já que não há fluxo de calor); (3) o recipiente é então conectado a um segundo reservatório de calor, a uma temperatura mais baixa que a do primeiro, e o trabalho é realizado nessa temperatura inferior constante de modo a deslizar o pistão de volta a sua posição original, expelindo calor residual no processo; (4) por fim, o recipiente é desconectado do reservatório mais frio, enquanto o trabalho continua a ser realizado no pistão, completando sua jornada de volta à posição original, e a temperatura do vapor também se eleva até seu valor original. Em seguida, o ciclo se reinicia. Em uma máquina a vapor real — ao contrário de uma teórica, que analisamos em termos matemáticos —, essas etapas, ou aquelas que são comparáveis, são executadas de várias maneiras, determinadas por questões de engenharia e praticidade.

4. Sadi Carnot, *Reflections on the Motive Power of Fire* (Mineola, NY: Dover Publications, Inc., 1960).

5. Simular uma bola de beisebol como uma única partícula maciça, sem nenhuma estrutura interna, é uma aproximação grosseira da bola de beisebol propriamente dita. No entanto, a aplicação das leis de Newton a esse modelo aproximado de bola de beisebol gera o movimento clássico *exato* do centro de massa da bola. Para esse movimento, a terceira lei de Newton assegura que todas as forças se cancelam entre si e, portanto, ele depende apenas das forças externas aplicadas.

6. Um estudo (B. Hansen, N. Mygind, "How Often do Normal Persons Sneeze and Blow the Nose?", *Rhinology*, v. 40, n. 1, pp. 10-2, mar. 2002) concluiu que, em média, as pessoas espirram cerca de uma vez por dia. Como existem cerca de 7 bilhões de pessoas no planeta, isso produz 7 bilhões de espirros em todo o mundo todos os dias. Como em cada dia há por volta de 86 mil segundos, temos cerca de 80 mil espirros por segundo em todo o mundo.

7. A descrição que dei vale como um bom resumo geral e superficial, mas há sistemas físicos mais exóticos nos quais, para garantir que sequências reversas sejam permitidas pelas leis da física, devemos submeter o sistema a duas outras manipulações além da reversão temporal: temos de inverter as cargas de todas as partículas (a chamada *conjugação de carga*) e também os papéis de destros e canhotos (a chamada *reversão de paridade*). As leis da física, conforme são entendidas hoje, necessariamente respeitam a conjunção de todas essas três reversões, o que é conhecido como Teorema CPT (em que C representa conjugação de carga, P, reversão de paridade e T, a reversão de tempo).

8. Para duas coroas, o cálculo é $(100 \times 99)/2 = 4950$; para três coroas, $(100 \times 99 \times 98)/3! = 161700$; para quatro coroas, $(100 \times 99 \times 98 \times 97)/4! = 3\,921\,225$; para cinco coroas $(100 \times 99 \times 98 \times 97 \times 96)/5! = 75\,287\,520$; para cinquenta coroas $(100!/(50!)^2) = 100\,891\,344\,545\,564\,193\,334\,812\,497\,256$.

9. Em termos mais precisos, entropia é o *logaritmo* do número de membros em determinado grupo, uma distinção matemática essencial garantindo que a entropia tem propriedades físicas sensatas (por exemplo, quando dois sistemas são reunidos, suas entropias se somam), mas que, para o propósito da nossa discussão, podemos ignorar sem prejuízo. Em partes do capítulo 10, usaremos implicitamente a definição mais exata, mas por ora tudo bem.

10. Nesse exemplo, em nome da facilidade pedagógica, consideraremos apenas o vapor — moléculas de H_2O — que está flutuando no seu banheiro. Ignoramos o papel do ar e quaisquer outras substâncias presentes. Para simplificar, ignoramos também a estrutura interna das moléculas de água e as tratamos como partículas pontuais desprovidas de estrutura.

Quando nos referimos à temperatura do vapor, tenha em mente que a água líquida muda de estado e vira vapor a 100°C, porém, uma vez que o vapor é formado, sua temperatura pode ser aumentada ainda mais.

11. Do ponto de vista físico, a temperatura é proporcional à energia cinética média das partículas e, portanto, é calculada matematicamente pela média do quadrado da velocidade de cada partícula. Para nosso propósito, pensar em temperatura em termos de velocidade média — a magnitude da velocidade — é adequado.

12. Em uma definição mais precisa, a primeira lei da termodinâmica é uma versão da lei de conservação de energia que (a) reconhece o calor como uma forma de energia e (b) leva em consideração o trabalho feito em determinado sistema ou por um determinado sistema. Na conservação de energia, portanto, a mudança na energia interna de um sistema surge da diferença entre o calor líquido que ele absorve e o trabalho líquido que ele realiza. O leitor mais bem informado pode notar que, quando consideramos a energia e sua conservação em um meio ambiente global — em toda a totalidade do universo —, sutilezas vêm à tona. Não precisaremos investigá-las a fundo, então podemos adotar com segurança a declaração simples e direta de que a energia é conservada.

13. Assim como no exemplo do vapor no banheiro, no qual ignorei moléculas de ar em nome da simplicidade, não estou levando em consideração explicitamente as colisões entre as moléculas quentes liberadas pelo assamento do pão e as moléculas de ar mais frias que flutuam pela cozinha e pelos outros cômodos da sua casa. Essas colisões, em média, aumentariam a velocidade das moléculas de ar e diminuiriam a velocidade daquelas liberadas pelo pão que assa no forno, nivelando, em última análise, os dois tipos de molécula na mesma temperatura. A diminuição da temperatura das moléculas de pão agiria para diminuir sua entropia; contudo, o aumento da temperatura das moléculas do ar resultaria em um aumento entrópico mais do que compensador, de modo que a entropia combinada de ambos os grupos realmente aumentaria. Na versão simplificada que descrevi, você pode pensar que a velocidade média das moléculas liberadas pelo assamento do pão permanece constante à medida que se propagam; dessa maneira, sua temperatura permaneceria fixa, e o aumento de sua entropia se deveria ao preenchimento de um volume maior.

14. Para o leitor com instrução matemática, há uma suposição técnica fundamental subjacente a essa discussão (bem como à maioria das formas como a mecânica estatística é abordada em livros didáticos e na literatura de pesquisa). Dado um macroestado qualquer, *existem* microestados compatíveis que evoluirão para configurações de entropia mais baixa. Por exemplo, pense na versão com reversão temporal de qualquer desdobramento que produziu determinado microestado com base em uma configuração anterior de entropia mais baixa. Um microestado "revertido no tempo" evoluiria para uma entropia mais baixa. De modo geral, categorizamos tais microestados como "raros" ou "altamente ajustados". Em termos matemáticos, essa categorização requer a especificação de uma *medida* no espaço das configurações. Em situações conhecidas, usar a medida uniforme nesse espaço de fato torna as condições iniciais de redução de entropia "raras" — isto é, de pequena medida. No entanto, de acordo com uma medida que foi escolhida para atingir o pico em torno dessas configurações iniciais de redução de entropia, elas não seriam raras. Até onde sabemos, a escolha da medida é empírica; para os tipos de sistemas que encontramos na vida cotidiana, a medida uniforme produz previsões que estão de acordo

com as observações, e o mesmo vale para a medida à qual recorremos. Mas é importante notar que a escolha da medida é justificada por meio de experimentos e observação. Quando levamos em conta situações exóticas (a exemplo do universo primitivo), para as quais não dispomos de dados análogos que nos levem a uma escolha específica de medida, precisamos reconhecer que nossas intuições sobre "raro" ou "genérico" não têm a mesma base empírica.

15. Existem alguns poucos pontos relevantes, atenuados nesse parágrafo, que afetam o significado de um estado de "entropia máxima" quando aplicado ao universo. Em primeiro lugar, neste capítulo não estamos nos atendo ao papel da gravidade. Faremos isso no capítulo 3. E, como veremos, a gravidade tem impacto profundo na natureza das configurações de partículas de alta entropia. Com efeito, embora não seja nosso foco, em determinado volume finito de espaço a configuração de entropia máxima é um buraco negro — um objeto bastante dependente da gravidade —, que preenche por completo o volume espacial (para detalhes, ver, por exemplo, meu livro *O tecido do cosmo*, capítulos 6 e 16). Em segundo lugar, se considerarmos regiões de espaço arbitrariamente grandes — até mesmo infinitamente grandes —, as configurações mais altas de entropia de dada quantidade de matéria e energia são aquelas em que as partículas constituintes (matéria e/ou radiação) são distribuídas de modo uniforme ao longo de um volume cada vez maior. Na verdade, os buracos negros, como discutiremos no capítulo 10, por fim evaporam (por meio de um processo descoberto por Stephen Hawking), gerando configurações de entropia mais alta nas quais as partículas se espalham cada vez mais. Em terceiro lugar, para os fins desta seção, o único fato em que precisamos prestar atenção é que a entropia presente neste momento em qualquer volume do espaço não está em seu valor máximo. Se esse volume contivesse, digamos, a sala que você está ocupando agora, a entropia aumentaria se todas as partículas que compõem você, sua mobília e quaisquer outras estruturas materiais da sala entrassem em colapso para formar um pequeno buraco negro, que mais tarde evaporaria, produzindo partículas que se espalhariam por um volume de espaço ainda maior. A própria existência de estruturas materiais interessantes — estrelas, planetas, vida e assim por diante —, portanto, implica que a entropia é mais baixa do que potencialmente poderia ser. São essas configurações especiais de entropia comparativamente baixa que exigem uma explicação sobre seu surgimento. No próximo capítulo, enfrentaremos esse desafio.

16. Para o leitor mais diligente, há um detalhe adicional que vale a pena descrever com minúcia. Quando empurra o pistão, o vapor gasta um pouco da energia que absorveu do combustível, mas, nesse processo, o vapor não cede parte alguma de sua entropia ao pistão (presumindo que este tem a mesma temperatura do vapor). Afinal, se o pistão está *aqui* ou se, tendo sido empurrado, está a uma distância curta *daqui*, não há impacto em sua ordem ou desordem interna; sua entropia permanece inalterada. Já que nenhuma entropia é transferida para o pistão, ela permanece toda dentro do próprio vapor. Isso significa que, conforme o pistão é recolocado em sua posição original, pronto para o próximo empurrão, o vapor deve de alguma forma expulsar todo o excesso de entropia que está abrigando. Isso é realizado, como se enfatiza nesse capítulo, pela máquina a vapor que expele calor para o seu entorno.

17. Bertrand Russell, *Why I Am Not a Christian* (Nova York: Simon & Schuster, 1957), p. 107.

3. ORIGENS E ENTROPIA [pp. 58-82]

1. Georges Lemaître, "Rencontres avec Einstein", *Revue des Questions Scientifiques*, v. 129, pp. 129-32, 1958.

2. A história completa da conversão de Einstein a um universo em expansão envolveu dois fatores. Primeiro, Arthur Eddington demonstrou matematicamente que a hipótese anterior de Einstein (de um universo estático) padecia de uma falha técnica: a solução era instável, o que significa que, se a vastidão do espaço recebesse empurrões suaves para se expandir ligeiramente, então ela continuaria se expandindo; se os leves cutucões o fizessem contrair-se um pouco, ele continuaria se contraindo. Em segundo lugar, o argumento observacional, como foi discutido neste capítulo, deixa cada vez mais claro que o espaço não é estático. A combinação de ambas as constatações convenceu Einstein a abandonar a noção de um universo estático (embora alguns argumentem que as considerações de ordem teórica podem ter tido uma influência mais significativa). Para obter detalhes sobre essa história, cf. Harry Nussbaumer, "Einstein's Conversion from His Static to an Expanding Universe", *European Physics Journal — History*, v. 39, pp. 37-62, 2004.

3. Alan H. Guth, "Inflationary Universe: A Possible Solution to the Horizon and Flatness Problems", *Physical Review D*, v. 23, p. 347, 1981. O termo técnico para "combustível cósmico" é campo *escalar*. Ao contrário dos campos elétricos e magnéticos mais conhecidos, que fornecem um vetor em cada local em espaço (a magnitude e a direção do campo elétrico ou magnético no local), um campo escalar fornece apenas um só número em cada localização no espaço (números a partir dos quais a energia e a pressão do campo podem ser determinadas). Observe que o artigo de Guth, e muitos outros que vieram depois, enfatizam o papel da inflação na investigação de uma série de questões cosmológicas que haviam frustrado os pesquisadores — entre elas se destacam o problema do monopolo, o problema do horizonte e o problema da planura. Para uma discussão acessível e esclarecedora a respeito dessas questões, ver Alan Guth, *The Inflationary Universe* (Nova York: Basic Books, 1998). Seguindo o exemplo de Guth, gosto de motivar a inflação levantando o problema mais intuitivo da identificação do empurrão para fora que impulsionou a expansão espacial do Big Bang.

4. O resfriamento ao qual me refiro ocorre depois que a explosão inflacionária foi concluída e o universo entrou em uma fase de expansão espacial menos rápida, mas ainda significativa. Para simplificar, deixei de fora algumas etapas intermediárias no desdobramento cosmológico. O universo primitivo esfriou porque grande parte da energia que ele continha foi transportada por ondas eletromagnéticas, as quais se estendem à medida que o espaço se expande. Tal alongamento das ondas eletromagnéticas — o chamado desvio para o vermelho da radiação — diminui a energia delas e reduz sua temperatura geral. Observe, porém, que, embora a temperatura esteja esfriando, a entropia geral aumenta em decorrência da expansão do volume de espaço.

5. Há uma perspectiva pouco importante que atribui a névoa a uma inerente limitação quântica na precisão das medições, e não a uma realidade fundamentalmente borrada. Nessa abordagem, que se costuma chamar de "mecânica bohmiana", em homenagem ao físico David Bohm (às vezes, porém, ela é chamada de "teoria de Broglie-Bohm", incluindo a atribuição ao ganhador do prêmio Nobel Louis de Broglie), as partículas retêm trajetórias nítidas e definidas.

As trajetórias são diferentes daquelas previstas pela física clássica (há uma força quântica adicional que atua sobre as partículas conforme elas se movem); no entanto, para usar a linguagem do capítulo, essas trajetórias poderiam ser traçadas com uma pena pontiaguda. A incerteza e a imprecisão da formulação mais tradicional da mecânica quântica aparecem como incerteza estatística em relação às condições iniciais de qualquer partícula determinada. A diferença entre as duas perspectivas, apesar de essencial para o retrato da realidade que cada teoria pinta, quase não tem impacto nas previsões quantitativas.

6. A cosmologia inflacionária é um arcabouço de teorias — em oposição a uma teoria específica —, com base na premissa de que, durante uma fase inicial de seu desenvolvimento, o universo passou por um breve período de rápida expansão acelerada. A maneira exata em que essa fase surgiu e os detalhes precisos de seu desdobramento variam de uma formulação matemática para outra. As versões mais simples estão em tensão com os dados observacionais cada vez mais acurados, que mudaram o foco para versões um tanto mais complexas da teoria inflacionária. Os detratores alegam que as versões complexas são menos convincentes e que, ademais, demonstram que o paradigma inflacionário é flexível em demasia, de modo que os dados jamais são capazes de descartá-lo ou inviabilizá-lo. Os defensores argumentam que tudo o que estamos testemunhando é a progressão natural da ciência: continuamente ajustamos nossas teorias a fim de colocá-las em consonância com as informações mais precisas fornecidas por medições observacionais e questões matemáticas. De forma mais geral, e em termos mais técnicos, uma declaração bastante aceita por cosmólogos é que o universo passou por uma fase durante a qual o tamanho do horizonte comóvel (ou horizonte de partículas) diminuiu. O que é menos claro é se essa fase está corretamente descrita pela cosmologia inflacionária, em que a dinâmica é conduzida pela energia uniforme que permeia o espaço fornecido por um campo escalar (ver a nota 3 deste capítulo), como descrevi, ou se essa fase pode ter surgido por meio de um mecanismo diferente (como cosmologias do rebote, inflação de brana, colisão de mundos-brana, velocidade variável de teorias da luz, entre outras, todas propostas por físicos). No capítulo 10, discutiremos brevemente a possibilidade de uma cosmologia do rebote, conforme desenvolvida por Paul Steinhardt, Neil Turok e vários de seus colaboradores, nos quais o universo passa por inúmeros ciclos de evolução cosmológica.

7. Para o leitor mais diligente, permita-me abordar uma questão importante subjacente à discussão. Se tudo o que você sabe acerca de determinado sistema físico é que ele tem menos do que a máxima entropia disponível, então a segunda lei da termodinâmica permite chegar não a uma, mas a duas conclusões: a evolução mais provável do sistema em direção ao futuro aumenta a entropia dele, *e* a evolução mais provável do sistema em direção ao passado também aumenta a entropia do sistema. Esse é o fardo das leis simétricas do tempo — equações que operam exatamente da mesma maneira, seja expandindo o estado de hoje em direção ao futuro, seja expandindo-o em direção ao passado. A dificuldade é que o passado de entropia mais alta ao qual tais considerações conduzem é incompatível com o passado de entropia mais baixa atestado pela memória e pelos registros (nós nos lembramos de que cubos de gelo semiderretidos, por exemplo, estavam menos derretidos antes, portanto, com entropia mais baixa, não mais derretidos, o que caracterizaria entropia mais alta). Em termos mais claros, um passado de alta entropia solaparia nossa confiança nas próprias leis da física, porque esse passado não incluiria os experimentos e as observações que corroboram as próprias leis. Para evitar essa perda de confiança em nosso enten-

dimento, devemos *impingir* um passado de baixa entropia. Em geral, fazemos isso introduzindo uma nova suposição, chamada de *hipótese do passado* pelo filósofo David Albert, segundo a qual a entropia está ancorada em um valor baixo perto do Big Bang e desde então, em média, vem crescendo. É a abordagem que implicitamente adotamos neste capítulo. No capítulo 10, analisaremos de maneira explícita a possibilidade improvável, mas concebível, de que haja um estado de baixa entropia emergindo de uma configuração de alta entropia anterior. Para informações de contexto e mais detalhes, cf. o capítulo 7 de *O tecido do cosmo*.

8. As descrições matemáticas da entropia tornam isto exato: dentro de qualquer região, existem muito mais maneiras de o valor de um campo variar (mais alto aqui, mais baixo ali, muito mais baixo acolá, e assim por diante) do que maneiras de ele ser uniforme (o mesmo valor em todos os locais) e, portanto, as condições requeridas têm baixa entropia. No entanto, há uma suposição técnica oculta que é importante ressaltar. Para facilitar, usarei a linguagem clássica, mas as considerações têm tradução direta para a física quântica. No micromundo, nenhuma configuração de partículas ou campos é fundamentalmente selecionada em detrimento de qualquer outra e, portanto, consideramos que cada uma delas é tão provável quanto a outra. Mas essa é uma suposição calcada no que os filósofos chamam de *princípio da indiferença*. Como não há evidência *a priori* distinguindo uma configuração microscópica de outra, atribuímos a elas probabilidades iguais de serem materializadas. Quando mudamos nosso foco para o macromundo, a probabilidade de um macroestado versus outro é então determinada pela proporção do número de microestados que geram cada um. Se houver o dobro de microestados que produzem um macroestado específico em comparação com aqueles que produzem outro, esse macroestado tem duas vezes mais probabilidade de ocorrer.

Observe, porém, que, fundamentalmente, a justificativa para o princípio da indiferença deve ter base empírica. Com efeito, a experiência comum confirma a validade de uma infinidade de usos, ainda que implícitos, do princípio da indiferença. Vejamos nosso exemplo das moedas de um centavo jogadas no ar. Presumindo que cada "microestado" das moedas (um estado especificado ao enumerarmos a disposição de cada moeda, a saber, a moeda 1 deu cara; a moeda 2 deu coroa; a moeda 3 deu coroa, e assim por diante) é tão provável quanto qualquer outro, concluímos que aqueles arranjos "macroscópicos" (estados especificados apenas pelo número total de caras e coroas, e não a disposição de moedas individuais) que podem ser concretizados por muitos microestados são mais prováveis. Quando arremessamos as moedas, essa suposição é empiricamente confirmada pela raridade dos resultados que podem ser obtidos apenas por um número pequeno de microestados (todas as moedas dão cara, por exemplo) e pela onipresença daqueles que podem ser obtidos por um grande número de microestados (metade cara e metade coroa, por exemplo).

A relevância para a nossa discussão cosmológica é que quando dizemos que um trecho uniforme de campo do ínflaton é "improvável", estamos da mesma maneira invocando o princípio da indiferença. Admitimos de modo implícito que cada possível configuração microscópica do campo (o valor exato do campo em todos os locais) é tão provável quanto qualquer outra; portanto, de novo, a probabilidade de determinada configuração macroscópica é proporcional ao número de microestados que a realizam. No entanto, em contraste com o caso das moedas de um centavo lançadas no ar, não temos nenhuma evidência empírica para corroborar essa suposição. O fato de que ela parece razoável é baseado em nossa experiência no mundo macroscópico cotidiano, em que o princípio da indiferença é respaldado por observação. No entanto, para o desdobramento cosmológico, temos conhecimento de uma única execução do experimento. Uma abordagem empírica obstinada concluiria que, por mais especiais que algumas configurações possam parecer com base no princípio da indiferença, se elas conduzem ao universo que observamos, então são selecionadas e, como classe, merecem ser chamadas não apenas de "prováveis", mas também de "definitivas" (sujeitas à natureza provisória usual de todas as explicações científicas). Matematicamente, esse tipo de mudança no que qualificamos de provável e improvável é conhecido como uma mudança na medida sobre o espaço de configuração (ver o capítulo 2, nota 14). A medida inicial, atribuindo probabilidades iguais para cada configuração possível, é chamada de medida "plana". As observações podem, assim, motivar a introdução de uma medida "não plana" que seleciona certas classes de configurações como as mais prováveis.

Via de regra, os físicos não se mostram satisfeitos com essa abordagem. Eles consideram "antinatural" introduzir uma medida sobre um espaço de configurações de modo a garantir que o maior peso seja dado àquelas que levam ao mundo tal qual o conhecemos. Os físicos buscam uma estrutura matemática fundamental, de primeiros princípios, que produzirá uma dessas medidas como resultado (*output*), em oposição a incluí-lo como parte da entrada (*input*). Questões importantes são: saber se isso é pedir demais; e se o sucesso deslocaria a questão um passo atrás, de volta às suposições implícitas subjacentes a qualquer abordagem de primeiros princípios. Não se trata de uma preocupação com minudências. Boa parte dos últimos trinta anos de trabalho teórico em física de partículas teve como objetivo lidar com questões de aprimoramento das nossas teorias mais refinadas (a sintonia fina do campo de Higgs no modelo-padrão da física de partículas; o ajuste fino necessário para lidar com o problema do horizonte e o problema da planura na cosmologia do Big Bang padrão). Sem dúvida, essa pesquisa levou a percepções importantes tanto sobre a física de partículas como sobre a cosmologia, mas será possível que haja um ponto em que temos de aceitar certas características do mundo como um dado determinado, sem uma explicação mais profunda? Gosto de pensar que a resposta é não, e muitos dos meus colegas são da mesma opinião. Entretanto, não há garantia alguma de que esse será o caso.

9. Andrei Linde, comunicação pessoal, 15 jul. 2019. A abordagem preferida de Linde é que a fase inflacionária seja iniciada por um evento de tunelamento quântico a partir de um reino de todas as geometrias e campos possíveis, em que talvez os próprios conceitos de tempo e temperatura ainda não tenham significado. Usando com muito critério aspectos do formalismo quântico, Linde argumentou que a criação quântica de condições que levam à expansão inflacionária pode muito bem ser um processo comum no universo primitivo que não sofre qualquer supressão quântica.

10. É natural pensar que, quanto mais poderoso é um telescópio (quanto maior o prato, quanto maior o tamanho do espelho, e assim por diante), mais distantes estão os objetos que ele poderá desvendar. Mas há um limite. Se um objeto estiver a uma distância tão grande que qualquer luz emitida desde o seu nascimento ainda não teve tempo de chegar até nós, então, independente do equipamento que usarmos, seremos incapazes de vê-lo. Dizemos que tais objetos estão além do nosso horizonte cósmico, conceito que desempenhará um papel de grande importância em nossa discussão sobre o futuro distante nos capítulos 9 e 10. Na cosmologia infla-

cionária, o espaço se expande tão rápido que regiões no entorno são empurradas para além de nosso horizonte cósmico.

11. Com base em evidências indiretas (o movimento de estrelas e galáxias), há amplo consenso de que o espaço está repleto de partículas de matéria escura — que exercem força gravitacional, mas não absorvem nem produzem luz. Entretanto, como as buscas por partículas de matéria escura empreendidas até hoje se mostraram infrutíferas, alguns pesquisadores sugeriram alternativas em que as observações são explicadas por meio de modificações da lei da força gravitacional. Diante do fracasso contínuo de numerosos experimentos em curso com o intuito de detectar diretamente partículas de matéria escura, as teorias alternativas estão atraindo cada vez mais a atenção.

12. A direção do fluxo de calor, de substâncias ou ambientes mais quentes para mais frios, é uma consequência direta da segunda lei da termodinâmica. Quando o café quente esfria até a temperatura ambiente, transferindo parte de seu calor para as moléculas de ar presentes no cômodo, o ar se aquece ligeiramente e sua entropia aumenta. O aumento da entropia do ar excede a diminuição da entropia de resfriamento do café, garantindo que a entropia geral se eleve. Matematicamente, a mudança na entropia de um sistema é dada pela mudança em seu calor dividida por sua temperatura ($\Delta S = \Delta Q/T$, em que S significa entropia, Q representa calor e T simboliza temperatura). Quando o calor flui de um sistema mais quente para um mais frio, a magnitude da mudança no calor para cada sistema é a mesma, mas, como mostra a equação, a diminuição da entropia do sistema mais quente é menor que o aumento na temperatura do mais frio (em razão do fator de T no denominador), e assim a variação líquida produzirá um aumento geral na entropia.

13. Do ponto de vista da conservação de energia, à medida que as moléculas se movem para fora, sua energia potencial gravitacional aumenta, e, assim, a energia cinética diminui.

14. O leitor com inclinação pela matemática e com formação em física pode entender isso com um cálculo aproximado usando a mecânica estatística clássica, em que a entropia é proporcional ao volume do espaço de fase. Suponha que a diminuição da nuvem de gás satisfaça o (famoso) teorema do virial, que relaciona a energia cinética média das partículas, K, com sua energia potencial média, U, via $K = -U/2$. Então, porque a energia potencial gravitacional é proporcional a $1/R$, com R sendo o raio da nuvem, vemos que K também é proporcional a $1/R$. Além disso, uma vez que a energia cinética é proporcional ao quadrado da velocidade das partículas, aprendemos que a velocidade média das partículas é proporcional a $1/\sqrt{R}$. O volume do espaço de fase acessível às partículas na nuvem é, portanto, proporcional a $R^3\,(1/\sqrt{R})^3$, em que o primeiro fator representa o volume espacial acessível às partículas e o segundo, o volume do espaço de momento acessível às partículas. Verificamos que a diminuição no volume espacial predomina sobre o aumento do volume do espaço de momento, produzindo uma diminuição geral na entropia à medida que a nuvem encolhe. Note também que o teorema do virial garante que, conforme a nuvem encolhe, a diminuição em energia potencial excede o aumento de energia cinética (em virtude do fator de "2" no teorema que relaciona K e U), então não apenas a entropia da parte em encolhimento da nuvem diminui; sua energia também diminui. Essa energia é irradiada para a camada circundante, cuja energia aumenta, assim como sua entropia.

4. INFORMAÇÃO E VITALIDADE [pp. 83-132]

1. Carta de F. H. C. Crick para E. Schrödinger, 12 de agosto de 1953.

2. J. D. Watson e F. H. C. Crick, "Molecular Structure of Nucleic Acids: A Structure for Deoxyribose Nucleic Acid", *Nature*, v. 171, pp. 737-8, 1953. A figura central na descoberta foi a química e cristalógrafa Rosalind Franklin, cuja "fotografia 51" foi fornecida por Wilkins, sem o conhecimento dela, a Watson e Crick. Essa fotografia foi fundamental para que eles completassem o modelo de dupla-hélice de DNA. Franklin morreu em 1958, quatro anos antes da entrega do prêmio Nobel pela descoberta da estrutura do DNA — e o Nobel não pode ser concedido postumamente. Se Franklin ainda estivesse viva, não está claro como o comitê do Nobel teria agido. Ver, por exemplo, Brenda Maddox, *Rosalind Franklin: The Dark Lady of DNA* (Nova York: Harper Perennial, 2003).

3. Maurice Wilkins, *The Third Man of the Double Helix* (Oxford: Oxford University Press, 2003), p. 84.

4. Erwin Schrödinger, *What Is Life?* (Cambridge: Cambridge University Press, 2012), p. 3.

5. Revista *Time*, v. 41, ed. 14, p. 42, 5 abr. 1943.

6. Erwin Schrödinger, *What Is Life?* (op. cit.), p. 87.

7. K. G. Wilson, "Critical Phenomena in 3.99 Dimensions", *Physica*, v. 73, p. 119, 1974. Ver o discurso de Ken Wilson no prêmio Nobel para uma discussão semitécnica e referências a esse respeito. Disponível em: <https://www.nobelprize.org>. Acesso em: 28 jun. 2021.

8. Em várias formas, a noção de "histórias dentro de uma história" [*nested stories*], às vezes descritas como "níveis de compreensão" ou "níveis de explicação", foi invocada por estudiosos acadêmicos de uma gama ampla de disciplinas científicas. Psicólogos falam em explicar o comportamento em nível biológico (recorrendo a causas físico-químicas), cognitivo (invocando funções cerebrais de nível superior) e cultural (com base em influências sociais); alguns cientistas cognitivos (voltando ao neurocientista David Marr) organizam a compreensão de sistemas de processamento de informação nos níveis computacional, algorítmico e físico. Comum a muitos esquemas hierárquicos defendidos por filósofos e físicos é um comprometimento com o *naturalismo* — termo usado com frequência, mas de difícil definição. A maior parte das pessoas que o usam concordaria que o naturalismo rejeita explicações que invocam entidades sobrenaturais e, em vez disso, fia-se exclusivamente nas qualidades do mundo natural. Claro, para tornar essa posição exata, precisamos especificar limites discerníveis sobre o que constitui o mundo natural; e é mais fácil falar do que fazer. Mesas e árvores se encaixam perfeitamente no âmbito de seu domínio, mas e quanto ao número 5 ou o último teorema de Fermat? E quanto à emoção da alegria ou à sensação de vermelho? E quanto aos ideais de liberdade e dignidade humana inalienáveis?

Ao longo dos anos, perguntas como essas inspiraram muitas variações sobre o tema do naturalismo. Uma posição extrema sustenta que apenas o conhecimento legítimo do mundo vem dos conceitos e análises da ciência — posição às vezes rotulada de "cientificismo". Aqui, também, a perspectiva exige que seus defensores definam os termos com precisão: o que constitui ciência? Evidentemente, se a ciência pressupõe conclusões baseadas em observações, experiência e pensamento racional, suas fronteiras se estendem para muito além das disciplinas que em geral encontramos representadas nos departamentos de ciências das universidades. Como você pode imaginar, isso resulta em alegações de um alcance deveras excessivo da ciência.

Posições menos extremas traçam um comprometimento naturalista a partir de vários princípios de organização. O filósofo Barry Stroud defendeu o que ele chama de "naturalismo expansivo ou de mente aberta", em que os limites explicativos não são definidos de forma indelével desde o início. Em vez disso, o naturalismo expansivo reserva a liberdade de construir camadas de compreensão que abarcam tudo, desde ingredientes materiais da natureza a qualidades psicológicas e afirmações matemáticas abstratas, conforme seja necessário para explicar observações, experiências e análises (Barry Stroud, "The Charm of Naturalism", *Proceedings and Addresses of the American Philosophical Association*, v. 70, n. 2, pp. 43-55, nov. 1996). O filósofo John Dupré defendeu o "naturalismo pluralista", em que o sonho de uma unidade no âmbito da ciência é um mito perigoso, razão pela qual nossas explicações devem surgir de "projetos de investigação diversos e sobrepostos" que abranjam as ciências tradicionais e vão além, incluindo, entre outras disciplinas, a história, a filosofia e as artes (John Dupré, "The Miracle of Monism", em *Naturalism in Question*, Mario de Caro e David Macarthur [orgs.]. [Cambridge, MA: Harvard University Press, 2004], pp. 36-58). Stephen Hawking e Leonard Mlodinow apresentaram a noção de "realismo dependente de modelo", que descreve a realidade em termos de um conjunto de histórias distintas, cada uma baseada em um modelo ou arcabouço teórico diferente para explicar observações, seja no micromundo de partículas, seja no macromundo dos acontecimentos cotidianos (Stephen Hawking e Leonard Mlodinow, *The Grand Design* [Nova York: Bantam Books, 2010]). O físico Sean Carroll invocou o "naturalismo poético" para se referir a explicações que estendem o naturalismo científico de modo a incluir a linguagem e conceitos atendidos em diferentes domínios de interesse (Sean Carroll, *The Big Picture* [Nova York: Dutton, 2016]). E, conforme apontado no capítulo 1, nota 4, E. O. Wilson usa o termo "consiliência" a fim de expressar uma junção de conhecimentos de disciplinas bastante díspares para fornecer uma compreensão profunda que, de outra forma, seria inatingível.

Não sou muito afeito a jargões, mas, se tivesse que rotular minha própria concepção, que norteará nossa discussão neste livro, eu a chamaria de "naturalismo dentro de outro naturalismo" [*nested naturalism*]. Como ficará claro neste capítulo e em capítulos subsequentes, o "naturalismo dentro de outro naturalismo" está comprometido com o valor e a aplicabilidade universal do reducionismo. Assume como líquido e certo que existe uma unidade fundamental nos mecanismos de funcionamento do mundo e postula que essa unidade será encontrada se o programa reducionista for seguido de perto e à risca, qualquer que seja sua profundidade. Tudo o que acontece no mundo admite uma descrição em termos de constituintes fundamentais da natureza, obedecendo aos ditames de leis fundamentais. Minha concepção também enfatiza, no entanto, que essa descrição tem poder explicativo limitado. Há muitos outros níveis de compreensão que abrangem a explicação reducionista, assim como as partes externas de um ninho abrangem sua estrutura mais interna. E, dependendo das questões investigadas, outras histórias explicativas podem fornecer hipóteses muito mais perspicazes do que aquelas fornecidas pelo reducionismo. Todas as explicações devem ser mutuamente consistentes, mas conceitos novos e úteis podem surgir em níveis mais elevados, que não admitem correlatos de nível inferior. Por exemplo, para o estudo de muitas moléculas de água, o conceito de onda de água é sensato e útil. Ao se estudar uma única molécula de água, deixa de ser. Da mesma forma, ao investigarmos as histórias ricas e variadas da experiência humana, o naturalismo dentro de outro naturalismo invoca livremente relatos em quaisquer níveis de estrutura que se mostrem mais esclarecedores, ao mesmo tempo garantindo que os relatos se encaixam em uma descrição coerente.

9. Do início ao fim do livro, todas as referências à "vida" significam implicitamente "vida tal qual a conhecemos, no planeta Terra" e, portanto, não fornecerei esse qualificador.

10. Um obstáculo significativo à formação de átomos com pesos atômicos grandes é que não há núcleos estáveis que contenham cinco ou oito núcleons. À medida que os núcleos se acumulam pela adição sequencial de prótons e nêutrons (núcleos de hidrogênio e hélio), a instabilidade nas etapas 5 e 8 cria um gargalo que impede a nucleossíntese do Big Bang.

11. As proporções que apresentei fornecem as abundâncias relativas por massa. Uma vez que cada núcleo de hélio tem cerca de quatro vezes a massa de cada núcleo de hidrogênio, uma contagem do número de átomos de hidrogênio em comparação com o número de átomos de hélio produz uma proporção diferente, cerca de 92% hidrogênio e 8% hélio.

12. Para uma história completa, consulte Helge Kragh, "Naming the Big Bang", *Historical Studies in the Natural Sciences*, v. 44, n. 1, p. 3, fev. 2014. Kragh sugeriu que, embora Hoyle favorecesse uma teoria cosmológica própria (o modelo do estado estacionário, segundo o qual o universo sempre existiu), seu uso do termo "Big Bang" pode não ter tido uma intenção zombeteira. Em vez disso, talvez Hoyle tenha usado "Big Bang" como uma forma pitoresca de distinguir sua teoria daquela elaborada por esse competidor específico.

13. S. E. Woosley, A. Heger e T. A. Weaver, "The Evolution and Explosion of Massive Star", *Reviews of Modern Physics*, v. 74, p. 1015, 2012.

14. Um estudo analisou centenas de milhares de trajetórias possíveis e concluiu que quase todas teriam exigido que o Sol fosse ejetado a uma velocidade tão alta que ou perderia seu disco protoplanetário ou, se planetas já houvessem sido formados, eles seriam dispersos (Bárbara Pichardo, Edmundo Moreno, Christine Allen et al., "The Sun Was Not Born in M67", *The Astronomical Journal*, v. 143, n. 3, p. 73, 2012). Outro estudo, que faz uma suposição diferente para o local onde Messier 67 foi formado, concluiu que uma velocidade de ejeção mais lenta poderia ser adequada para lançar o Sol em seu caminho, e, com essa velocidade, os planetas ou o disco protoplanetário seriam preservados (Timmi G. Jørgensen e Ross P. Church, "Stellar Escapers from M67 Can Reach Solar-Like Galactic Orbits". Disponível em: <arxiv.org, arXiv: 1905.09586>. Acesso em: 28 jun. 2021).

15. A. J. Cavosie, J. W. Valley, S. A. Wilde, "The Oldest Terrestrial Mineral Record: Thirty Years of Research on Hadean Zircon from Jack Hills, Western Australia", em *Earth's Oldest Rocks*, M. J. Van Kranendonk (org.) (Nova York: Elsevier, 2018), pp. 255-78. Os dados mais recentes são consistentes com o estudo original descrito em John W. Valley, William H. Peck, Elizabeth M. King e Simon A. Wilde, "A Cool Early Earth", *Geology*, v. 30, pp. 351-4, 2002; John Valley, comunicação pessoal, 30 jul. 2019.

16. Werner Heisenberg, *Physics and Philosophy: The Revolution in Modern Science* (Londres: Penguin Books, 1958), p. 16.

17. Max Born, "Zur Quantenmechanik der Stoßvorgänge", *Zeitschrift für Physik*, v. 37, n. 12, p. 863, 1926. Na versão inicial desse artigo, Born associou funções de ondas quânticas diretamente a probabilidades, mas, em uma nota de rodapé adicionada mais tarde, corrigiu a relação para envolver a norma quadrada da função de onda.

18. O princípio da exclusão de Wolfgang Pauli, que discutiremos no capítulo 9, também é essencial para determinar os orbitais quânticos de elétrons permitidos ao redor de um núcleo. O princípio da exclusão estabelece que dois elétrons (mais geralmente, duas partículas de matéria da mesma espécie) têm excluída a possibilidade de ocupar o mesmo estado quântico. Em consequência, cada orbital quântico individual determinado pela equação de Schrödinger pode acomodar no máximo um elétron (ou, incluindo o grau de liberdade de spin, dois elétrons). Muitos desses orbitais têm a mesma energia, que em nossa analogia corresponde a assentos localizados no mesmo patamar no teatro quântico. No entanto, assim que cada assento é tomado — tão logo cada orbital quântico é ocupado —, esse patamar não pode acomodar nenhum elétron adicional.

19. Se você se lembra de suas aulas de química do ensino médio, perceberá que fiz uma modesta simplificação. Em uma descrição mais precisa, eu observaria que (por causa da mecânica quântica) os átomos organizam seus níveis em uma variedade de subníveis cujos momentos angulares têm diferentes valores. Às vezes, um nível mais alto, com menos momento angular, tem menos energia do que um nível inferior com mais momento angular. Se for assim, os elétrons preencherão esse subnível do nível superior antes de concluir o nível inferior.

20. Para ser mais preciso, a estabilidade é alcançada quando a subcamada externa de um átomo (sua valência) está cheia. Você deve se lembrar da "regra dos oito" no ensino médio, que observa que os átomos em geral precisam de oito elétrons em sua camada de valência e, assim, doarão, receberão ou compartilharão elétrons com outros átomos para chegar a esse número.

21. Albert Szent-Györgyi, "Biology and Pathology of Water". *Perspectives in Biology and Medicine*, v. 14, n. 2, p. 239, 1971.

22. Nosso foco neste capítulo são plantas e animais, constituídos de células eucarióticas (células que contêm um núcleo). Os pesquisadores, portanto, afirmam que as linhagens convergem no "último ancestral eucariótico comum". De forma mais geral, se considerarmos também bactérias e arqueas (arqueobactérias), as linhagens convergem ainda mais para trás no "último ancestral universal comum".

23. A. Auton, L. Brooks, R. Durbin et al., "A Global Reference for Human Genetic Variation", *Nature*, v. 526, n. 7571, p. 68, out. 2015.

24. Cientistas desenvolveram várias medidas para comparar a sobreposição de DNA entre as espécies. Uma das abordagens compara pares de bases para os genes que as espécies compartilham (que é a origem de cerca de 1% da diferença genética citada entre humanos e chimpanzés), ao passo que outra compara genomas inteiros (o que produz uma diferença genética entre humanos e chimpanzés um pouco maior).

25. Para ser mais preciso, os pesquisadores descrevem o código explicado no parágrafo seguinte como "quase" universal, refletindo o fato de que, em casos especiais particulares, variações foram descobertas. No entanto, mesmo essas modestas modificações compartilham, todas, a mesma estrutura básica de codificação que é descrita no capítulo.

26. Com códigos de três letras e quatro letras distintas, existem 64 combinações possíveis. Mas, uma vez que essas sequências codificam apenas vinte aminoácidos, uma série de sequências diferentes pode e codifica o mesmo aminoácido. Historicamente, entre os primeiros artigos a desvendar esse código genético estavam o de F. H. C. Crick, Leslie Barnett, S. Brenner e R. J. Watts-Tobin, "General Nature of the Genetic Code for Proteins", *Nature*, v. 192, pp. 1227-32, 1961, e o de J. Heinrich Matthaei, Oliver W. Jones, Robert G. Martin e Marshall W. Nirenberg,

"Characteristics and Composition of Coding Units", *Proceedings of the National Academy of Sciences*, v. 48, n. 4, pp. 666-77, 1962. Em meados da década de 1960, por meio dos esforços de diversos pesquisadores, principalmente Marshall Nirenberg, Robert Holley e Har Gobind Khorana, o código foi concluído, trabalho que rendeu a esses três líderes o prêmio Nobel de 1968.

27. A definição rigorosa de um gene ainda está sujeita a debate. Além da informação para a codificação da proteína, um gene compreende sequências auxiliares (que não precisam ser contíguas à região de codificação) que podem impactar a maneira exata como uma célula usa os dados de codificação (por exemplo, aprimorando ou suprimindo a taxa de produção de determinada proteína, entre outras funções regulatórias).

28. A ideia principal, correntes elétricas baseadas em prótons que alimentam a síntese de adenosina trifosfato (ATP), foi proposta pelo bioquímico britânico Peter Mitchell, pela qual ele ganhou o prêmio Nobel de 1978 (P. Mitchell, "Coupling of Phosphorylation to Eletron and Hydrogen Transfer by a Chemisotic Type of Mechanism", *Nature*, v. 191, pp. 144-8, 1961). Embora vários detalhes da proposta de Mitchell tenham exigido um refinamento posterior, o prêmio Nobel foi concedido por conta de seus insights sobre "transferência de energia biológica". Mitchell era um cientista incomum. Farto das várias qualidades frívolas do mundo acadêmico (com o que me solidarizo), ele fundou uma empresa de caridade independente, a Glynn Research, onde, com vários colegas e uma equipe de até dez cientistas, realizou pesquisas bioquímicas. Detalhes de sua vida fascinante são contados em John Prebble e Bruce Weber, *Wandering in the Gardens of the Mind: Peter Mitchell and the Making of Glynn* [Oxford: Oxford University Press, 2003]. Para detalhes a respeito da compreensão moderna de extração e transporte de energia no interior das células, ver, por exemplo, Bruce Alberts et al., *Molecular Biology of the Cell*, 5. ed. (Nova York: Garland Ciência, 2007), capítulo 14. O leitor bem informado notará uma qualificação para a universalidade desse processo: a extração de energia via *fermentação* (um processo de extração de energia que não utiliza oxigênio).

29. Charles Darwin, *The Origin of Species* (Nova York: Pocket Books, 2008).

30. Em minha analogia, imagino uma empresa no ato de repetir seu produto por meio de tentativa e erro aleatórios. No entanto, existem outras maneiras em que esse método pode ser integrado com mais eficácia. Por exemplo, no desenvolvimento de vários algoritmos computacionais, os cientistas da computação começam com um algoritmo, modificam-no aleatoriamente, descartam as modificações que diminuem a velocidade dele e, em seguida, modificam ainda mais aqueles que permanecem (os algoritmos modificados que aumentam a velocidade). Repetindo esse procedimento, temos uma abordagem inspirada na seleção natural que testa uma gama ampla de possibilidades, levando a procedimentos computacionais mais rápidos. É claro que estudar algoritmos modificados em um computador é muito menos caro do que testar um produto modificado aleatoriamente no mercado. Então, tentativa e erro às cegas pode ser uma estratégia útil em várias tarefas, contanto que o custo tanto em termos de tempo como de recursos para a repetição rodada após rodada de modificação aleatória seja pequeno (ou no caso de as modificações poderem ser testadas de maneira substancialmente paralela).

31. Eric T. Parker, Henderson J. Cleaves, Jason P. Dworkin et al., "Primordial Synthesis of Amines and Amino Acids in a 1958 Miller H2s-Rich Spark Discharge Experimente", *Proceedings of the National Academy of Sciences*, v. 108, n. 14, p. 5526, abr. 2011.

32. Paredes celulares podem se formar naturalmente a partir de substâncias químicas co-

muns, como ácidos graxos, que têm uma extremidade que busca a água e outra que a evita. Essa relação com a água pode persuadir essas moléculas a formarem barreiras de largura dupla, em que as extremidades das moléculas que adoram água ficam do lado de fora e as extremidades que têm aversão por ela mantêm unidas as duas paredes — uma parede celular. Para uma discussão no contexto da hipótese do mundo do RNA, ver G. F. Joyce e J. W. Szostak, "Protocells and RNA Self-Replication", *Cold Spring Harbor Perspectives in Biology*, v. 10, n. 9, 2018.

33. Vários pesquisadores, incluindo o químico Svante Arrhenius, o astrônomo Fred Hoyle, o astrobiólogo Chandra Wickramasinghe e o físico Paul Davies, entre outros, sugeriram que alguns dos detritos rochosos que caíram na Terra poderiam ter trazido sementes de vida especialmente resistentes, moléculas prontas que seriam capazes de se replicar e catalisar reações. Por mais intrigante que isso seja, aventando a possibilidade de que rochas espaciais munidas de vida talvez tenham pousado em muitos planetas por todo o cosmo, a hipótese não faz avançar nossa compreensão da origem da vida, pois desloca a questão para a origem das sementes.

34. David Deamer, *Assembling Life: How Can Life Begin on Earth and Other Habitable Planets?* (Oxford: Oxford University Press, 2018).

35. A. G. Cairns-Smith, *Seven Clues to the Origin of Life* (Cambridge: Cambridge University Press, 1990).

36. W. Martin e M. J. Russell, "On the Origin of Biochemistry at an Alkaline Hydrothermal Vent", *Philosophical Transactions of the Royal Society B*, v. 367, p. 1187, 2007.

37. Erwin Schrödinger, *What Is Life?* (Cambridge: Cambridge University Press, 2012), p. 67.

38. A energia transportada pelos fótons que chegam é mais concentrada (seus comprimentos de onda são mais curtos, situam-se na parte visível do espectro e ocorrem em menor número) e, portanto, de maior qualidade; a energia carregada pelos fótons que saem é mais diluída (seus comprimentos de onda são mais longos, situam-se na parte infravermelha do espectro e ocorrem em maior número) e, portanto, de qualidade inferior. A utilidade da energia solar, assim, não deriva apenas da quantidade volumosa de energia fornecida pelo Sol, mas do fato de a energia solar ser de alta qualidade, carregando entropia muito mais baixa do que o calor liberado pela Terra de volta ao espaço. Conforme observado nesse capítulo, para cada fóton que recebe do Sol, a Terra irradia algumas dezenas de fótons de volta ao espaço. Para estimar esse número, observe que os fótons do Sol são emitidos de um meio ambiente cuja temperatura é de cerca de 6000 K (a temperatura da superfície do Sol), ao passo que aqueles liberados pela Terra são emitidos de um meio ambiente cuja temperatura é de cerca de 285 K (temperatura da superfície da Terra). A energia de um fóton é proporcional a tais temperaturas (considerando-se os fótons um gás ideal de partículas), de modo que a proporção de fótons que a Terra absorve do Sol, e, em seguida, volta a liberar, é dada pela razão das duas temperaturas, 6000 K/285 K, que é de cerca de 21 fótons, ou aproximadamente duas dúzias.

39. Erwin Schrödinger, op. cit., p. 1.

40. Albert Einstein, *Autobiographical Notes* (La Salle, IL: Open Court Publishing, 1979), p. 3. Para um belo tratamento moderno dos princípios da termodinâmica no contexto dos sistemas vivos, fornecendo exemplos perspicazes para ilustrar muitos conceitos essenciais que estamos invocando, consulte Philip Nelson, *Biological Physics: Energy, Information, Life* (Nova York: W. H. Freeman and Co., 2014).

41. J. L. England, "Statistical Physics of Self-Replication", *Journal of Chemical Physics*, v. 139,

p. 121923, 2013. Nikolay Perunov, Robert A. Marsland e Jeremy L. England, "Statistical Physics of Adaptation", *Physical Review X*, v. 6, p. 021036-1, jun. 2016; Tal Kachman, Jeremy A. Owen e Jeremy L. England, "Self-Organized Resonance during Search of a Diverse Chemical Space", *Physical Review Letters*, v. 119, n. 3, p. 038001-1, 2017. Ver também G. E. Crooks, "Entropy Production Fluctuation Theorem and the Nonequilibrium Work Relation for Free Energy Differences", *Physical Review E*, v. 60, p. 2721, 1999; e C. Jarzynski, "Nonequilibrium Equality for Free Energy Differences", *Physical Review Letters*, v. 78, p. 2690, 1997.

42. England aponta também que, como a estrutura física de uma entidade viva não é apenas momentaneamente ordenada, mas mantém sua ordem por longos períodos de tempo — mesmo por algum tempo após sua morte —, parte significativa da energia residual que a vida produz pode ser um subproduto da construção dessas estruturas estáveis. Para a vida, então, pode ser que uma contribuição dominante para a dança a dois entrópica esteja ligada à formação da estrutura, em adição à preservação contínua da homeostase. Note também que, ao mesmo tempo que os sistemas vivos precisam absorver energia de alta qualidade, eles necessitam que essa energia esteja em uma forma que não desarticule a organização interna do sistema. Para uma ilustração mecânica: um tom que tenha a frequência certa pode impelir uma taça de vinho a vibrar; entretanto, se houver transferência de energia em excesso, o vidro pode se estilhaçar. Para evitar um resultado análogo, alguns graus de liberdade em um sistema dissipativo podem se agrupar em configurações que evitam a ressonância com a energia impingida pelo ambiente. A vida envolve um equilíbrio adequado entre esses extremos.

5. PARTÍCULAS E CONSCIÊNCIA [pp. 133-79]

1. Albert Camus, *The Myth of Sisyphus*, tradução de Justin O'Brien (Londres: Hamish Hamilton, 1955), p. 18.

2. Ambrose Bierce, *The Devil's Dictionary* (Mount Vernon, NY: The Peter Pauper Press, 1958), p. 14.

3. Will Durant, *The Life of Greece, vol. 2: The Story of Civilization* (Nova York: Simon & Schuster, 2011), pp. 8181-2, Kindle.

4. Como faço menções frequentes a equações matemáticas que articulam as leis da física, vale a pena registrar brevemente nossa versão mais refinada dessas equações. Mesmo que você não entenda os símbolos, ainda assim pode ser interessante ver a "aparência" geral da matemática.

As equações de campo de Einstein da teoria da relatividade geral são: $R_{\mu\nu} - \frac{1}{2}g_{\mu\nu}R + \Lambda g_{\mu\nu} = 8\pi G/c^4\, T_{\mu\nu}$, em que o lado esquerdo descreve a curvatura do espaço-tempo, bem como a constante cosmológica, Λ, e o lado direito descreve a massa e energia que é a fonte de curvatura (a fonte do campo gravitacional). Nessa expressão (e naquelas que se seguem), os índices gregos vão de 0 a 3, representando as quatro coordenadas de espaço-tempo.

As equações de Maxwell do eletromagnetismo são $\partial^{\alpha}F_{\alpha\beta} = \mu_0 J_{\beta}$ e $\partial_{[\alpha}F_{\varrho\sigma]} = 0$; o lado esquerdo dessas equações descreve os campos elétricos e magnéticos, e o lado direito da primeira equação descreve as cargas elétricas que dão origem a eles.

As equações para as forças nucleares fortes e fracas são generalizações das equações de Maxwell.

A nova característica essencial é que, enquanto na teoria de Maxwell podemos escrever a "intensidade do campo" $F_{\alpha\beta} = \partial_\alpha A_\beta - \partial_\beta A_\alpha$ em termos de A_α, o que é conhecido como o "potencial vetorial", para as forças nucleares há um conjunto de intensidades de campo $F^a_{\alpha\beta}$, bem como um conjunto de potenciais vetor A^a_α, que são relacionados por $F^a_{\alpha\beta} = \partial_\alpha A^a_\beta - \partial_\beta A^a_\alpha + gf^{abc} A^b_\alpha A^c_\beta$. Os índices latinos atropelam os geradores das álgebras de Lie su(2) para a força nuclear fraca e o su(3) para a força nuclear forte, e f^{abc} representa as constantes de estrutura dessas álgebras.

A equação de Schrödinger da mecânica quântica é $i\hbar\, \partial\psi/\partial t = H\psi$, onde H é o hamiltoniano e ψ é a função de onda, cuja (devidamente normalizada) norma ao quadrado fornece probabilidades de mecânica quântica. A fusão da mecânica quântica e das forças eletromagnéticas fraca e forte, incluindo as partículas de matéria conhecidas e a partícula de Higgs, constitui o modelo-padrão da física de partículas. Normalmente, o modelo-padrão é expresso em um formalismo equivalente, mas distinto, conhecido como integral de caminho (uma abordagem pioneira desenvolvida pelo físico Richard Feynman). A fusão da mecânica quântica com a relatividade geral é um tópico contínuo de pesquisa avançada.

5. Augustine [Santo Agostinho], *Confessions*, tradução de F. J. Sheed (Indianápolis, IN: Hackett Publishing, 2006), p. 197.

6. T. Aquinas (São Tomás de Aquino), *Questiones Disputatae de Veritate*, questões 10-20, tradução de James V. McGlynn, S.J. (Chicago: Henry Regnery Company, 1953). Disponível em: <https://dhspriory.org/thomas/QDdeVer10.htm#8>.

7. William Shakespeare, *Measure for Measure*, J. M. Nosworthy (org.) (Londres: Penguin Books, 1995), p. 84.

8. Gottfried Leibniz, carta a Christian Goldbach, 17 abr. 1712.

9. Otto Loewi, "An Autobiographical Sketch", *Perspectives in Biology and Medicine*, v. 4, n. 1, pp. 3-25, outono 1960. Loewi observou incorretamente que o sonho aconteceu no domingo de Páscoa de 1920, embora tenha sido em 1921.

10. Para uma história detalhada, ver Henri Ellenberger, *The Discovery of the Inconscious*. Nova York: Basic Books, 1970.

11. Peter Halligan e John Marshall, "Blindsight and Insight in Visuospatial Negliglect", *Nature*, v. 336, n. 6201, pp. 766-7, dez. 1988.

12. O culpado foi James Vicary, que em 1957 alegou que a exibição de flashes subliminares durante sessões de cinema com mensagens incentivando o público a comer pipoca e beber Coca-Cola resultava em aumentos significativos nas vendas de ambos os produtos. Mais tarde, Vicary admitiu que as alegações não tinham mérito.

13. Os pesquisadores estabeleceram a capacidade de variedade significativa de estímulos subliminares para influenciar atividades conscientes. Nesse parágrafo, descrevo um exemplo, que tem a ver com influências subliminares sobre determinações numéricas simples. Mas influências subliminares semelhantes foram demonstradas para o reconhecimento de palavras — ver, por exemplo, Anthony J. Marcel, "Conscious and Unconscious Perception: Experiments on Visual Masking and Word Recognition", *Cognitive Psychology*, v. 15, pp. 197-237, 1983 —, bem como para a percepção e a avaliação de um espectro amplo de imagens e objetos.

14. L. Naccache e S. Dehaene, "The Priming Method: Imaging Inconscious Repetition Priming Reveals an Abstract Representation of Number in the Parietal Lobes", *Cerebral Cortex*, v. 11, n. 10, pp. 966-74, 2001; L. Naccache e S. Dehaene, "Unconscious Semantic Priming Extends to

Novel Unseen Stimuli", *Cognition*, v. 80, n. 3, pp. 215-29, 2001. Observe que, nesses experimentos, o estímulo inicial se torna subliminar por meio de um procedimento de *mascaramento* no qual as formas geométricas são exibidas antes e depois do estímulo. Para uma revisão, ver Stanislas Dehaene e Jean-Pierre Changeux, "Experimental and Theoretical Approaches to Conscious Processing", *Neuron*, v. 70, n. 2, pp. 200-27, 2011, e Stanislas Dehaene, *Consciousness and the Brain* (Nova York: Penguin Books, 2014).

15. Isaac Newton, carta a Henry Oldenburg, 6 fev. 1671. Disponível em: <http: //www. newtonproject.ox.ac.uk/view/texts/normalized/NATP00003>.

16. Filósofos, psicólogos, místicos e uma série de outros pensadores adotaram várias definições de consciência. Dependendo do contexto, algumas podem ser mais úteis do que a abordagem que estamos utilizando, outras menos. Nosso foco aqui está no "problema difícil" e, para esse propósito, a descrição dada no capítulo nos servirá bem.

17. Minha referência aqui a prótons, nêutrons e elétrons é um atalho para o estado do meu cérebro articulado em termos dos ingredientes mais refinados, quaisquer que sejam eles (partículas, campos, cordas etc.) no fim das contas.

18. Thomas Nagel, "What It Is Like to Be a Bat?", *Philosophical Review*, v. 83, n. 4, pp. 435--50, 1974.

19. Quando falo de compreender tufões ou vulcões — ou qualquer corpo macroscópico — em termos de partículas fundamentais, estou falando de uma perspectiva "em princípio". Como a teoria do caos há muito enfatizou, diferenças pequeninas nas condições iniciais de um conjunto de partículas produzem diferenças enormes na configuração futura das partículas. Isso é verdade até mesmo para conjuntos pequenos. Na prática, esse fato afeta de modo significativo os tipos de previsão que somos capazes de fazer, mas não envolve mistério algum. A teoria do caos proporciona uma série significativa e profunda de ideias, mas ela não foi desenvolvida para preencher uma lacuna percebida em nossa compreensão das leis físicas subjacentes. Quando se trata da consciência, no entanto, o problema levantado no capítulo — como é possível que um conjunto de partículas irracionais, desprovidas de pensamento e emoção, se juntem e produzam sensações conscientes? — sugeriu a alguns pesquisadores a existência de uma lacuna de natureza muito mais fundamental. O argumento deles é que as sensações da mente não podem emergir de conjuntos numerosos de partículas, independentemente dos movimentos coordenados que elas possam ter.

20. Frank Jackson, "Epiphenomenal Qualia", *Philosophical Quarterly*, v. 32, pp. 127-36, 1982.

21. Daniel Dennett, *Consciousness Explained* (Boston: Little, Brown e Co., 1991), pp. 399-401.

22. David Lewis, "What Experience Teaches", *Proceedings of the Russellian Society*, v. 13, pp. 29-57, 1988. Reimpresso em David Lewis, artigos em *Metaphysics and Epistemology* (Cambridge: Cambridge University Press, 1999), pp. 262-90, que se baseia em percepções anteriores presentes em Laurence Nemirow, "Review of Nagel's Mortal Questions", *Philosophical Review*, v. 89, pp. 473-7, 1980.

23. Laurence Nemirow, "Physicalism and the Cognitive Role of Acquaintance", em *Mind and Cognition*, W. Lycan (org.) (Oxford: Blackwell, 1990), pp. 490-9.

24. Frank Jackson, "Postscript on Qualia", em *Mind, Method, and Conditionals, Selected Essays* (Londres: Routledge, 1998), pp. 76-9.

25. Em seu artigo de 1995, Chalmers discute o vitalismo e o eletromagnetismo como refe-

rências úteis para uma reflexão sobre o problema difícil. A principal característica distintiva desse problema, de acordo com a definição apresentada por Chalmers, é que ele necessariamente aborda qualidades subjetivas de experiência e, portanto, argumenta, não pode ser resolvido por meio da aquisição de uma compreensão mais refinada das funções objetivas do cérebro. Nesta seção, acho útil formular o problema de maneira um pouco diferente, contrastando questões abertas que a ciência pode resolver, pelo menos em princípio, usando o paradigma estabelecido na atualidade (que define a arena dentro da qual a realidade, tal qual a conhecemos, acontece) e questões abertas para as quais esse paradigma pode se mostrar inadequado. Nessa formulação, um problema é difícil se, para resolvê-lo, temos de mudar fundamentalmente a abordagem existente para descrever o mundo (no exemplo da eletricidade e do magnetismo, os cientistas tiveram de apresentar qualidades fundamentalmente novas — campos elétricos que preenchem o espaço, campos magnéticos e cargas elétricas). Pelo fato de Chalmers argumentar que o problema difícil não pode ser resolvido usando-se apenas os ingredientes materiais no cerne de nossas descrições físicas fundamentais da realidade, a formulação que eu apresento, embora um tanto diferente, capta uma parte essencial da questão. Note também que, de acordo com Chalmers, a própria razão pela qual o vitalismo acabou por desaparecer é que a questão que ele realçava *era* de função objetiva: como os ingredientes físicos podem realizar as funções objetivas da vida? Conforme a ciência compreendeu mais a fundo as capacidades funcionais dos ingredientes físicos (moléculas bioquímicas, e assim por diante), o enigma que o vitalismo procurava resolver diminuiu. Segundo Chalmers, essa progressão não será recapitulada com o problema difícil. Os fisicalistas não compartilham essa intuição e, portanto, anteveem o avanço na compreensão da função cerebral que oferece perspectivas sobre a experiência subjetiva. Para mais detalhes, ver David Chalmers, "Facing up to the Problem of Consciousness", *Journal of Consciousness Studies*, v. 2, n. 3, pp. 200-19, 1995, e David Chalmers, *The Conscious Mind: In Search of a Fundamental Theory* (Oxford: Oxford University Press, 1997), p. 125.

26. Na literatura clínica existem inúmeros casos em que a remoção por excisão cirúrgica de seções específicas do cérebro resulta na perda de funções cerebrais específicas. Um desses casos em particular é bastante pessoal. Depois de uma cirurgia cerebral para remover um tumor maligno, minha esposa, Tracy, perdeu temporariamente a capacidade de se lembrar de grande variedade de substantivos comuns. De acordo com a descrição dada por ela, era como se a cirurgia tivesse apagado o banco de dados em que estava armazenado seu conhecimento dos nomes de vários itens. Ela ainda era capaz de evocar uma imagem mental desses substantivos, como um par de sapatos vermelhos, mas não conseguia nomear a imagem em sua mente.

27. Giulio Tononi, *Phi: A Voyage from the Brain to the Soul* (Nova York: Pantheon, 2012); Christof Koch, *Consciousness: Confessions of a Romantic Reducionist* (Cambridge, MA: MIT Press, 2012); Masafumi Oizumi, Larissa Albantakis e Giulio Tononi, "From the Phenomenology to the Mechanisms of Consciousness: Integrated Information Theory 3.0", *PLoS Computational Biology*, v. 10, n. 5, maio 2014.

28. Scott Aaronson, "Why I Am Not an Integrated Information Theorist (or, The Unconscious Expander)", *Shtetl-Optimized*. Disponível em: <https:// www.scottaaronson.com / blog /? p = 1799>.

29. Michael Graziano, *Consciousness and the Social Brain* (Nova York: Oxford University Press, 2013); Taylor Webb e Michael Graziano, "The Attention Schema Theory: A Mechanistic Account of Subjective Awareness", *Frontiers in Psychology*, v. 6, p. 500, 2015.

30. A percepção humana da cor é mais complexa do que sugere a minha breve descrição. Nossos olhos têm receptores cujas sensibilidades variam entre uma gama de frequências de luz. Alguns são mais sensíveis às mais altas frequências visíveis, alguns às mais baixas, e alguns às frequências intermediárias. As cores que nosso cérebro percebe surgem de uma combinação das respostas dos vários receptores.

31. Como na nota anterior, trata-se aqui de uma simplificação, já que "vermelho" é a interpretação do cérebro para um amálgama de respostas a várias frequências recebidas por seus receptores visuais. No entanto, a descrição simplificada comunica o aspecto essencial: nossa sensação de cor é uma representação útil, mas grosseira, dos dados físicos transportados aos nossos olhos através de ondas eletromagnéticas.

32. David Premack e Guy Woodruff, "Does the Chimpanzee Have a Theory of Mind?". *Cognition and Consciousness in Nonhuman Species*, ed. esp. de *Behavioral and Brain Sciences*, v. 1, n. 4, pp. 515-26, 1978.

33. Daniel Dennett, *The Intentional Stance* (Cambridge, MA: MIT Press, 1989).

34. Ver, por exemplo, o modelo dos rascunhos múltiplos em Daniel Dennett, *Consciousness Explained* (Boston: Little, Brown & Co., 1991), a teoria do espaço de trabalho global de Baar em Bernard J. Baars, *In the Theater of Consciousness* (Nova York: Oxford University Press, 1997), e a teoria da redução orquestrada de Hameroff e Penrose em Stuart Hameroff e Roger Penrose, "Consciousness in the Universe: A Review of the 'Orch OR' Theory", *Physics of Life Reviews*, v. 11, pp. 39-78, 2014.

35. Embora toda a mecânica quântica possa remontar à equação de Schrödinger, nas décadas desde que a teoria foi introduzida muitos físicos desenvolveram ainda mais o formalismo matemático. A previsão bem-sucedida a que me refiro surge de cálculos em um campo da mecânica quântica conhecido como eletrodinâmica quântica, que funde a mecânica quântica com a teoria do eletromagnetismo de Maxwell.

36. Uma maneira alternativa de expressar isso é que, de acordo com a mecânica quântica, o elétron, antes de ser medido, não tem uma posição no sentido convencional do termo.

37. Conforme apontado na nota 5 do capítulo 3, há uma versão da mecânica quântica na qual as partículas mantêm trajetórias nítidas e definidas, oferecendo assim uma resolução potencial para o problema da medição quântica. Até o momento, essa abordagem, chamada de mecânica bohmiana ou de mecânica de Broglie-Bohm, é adotada por um pequeno grupo de pesquisadores no mundo todo. Apesar de ser um candidato azarão, eu não descartaria a mecânica bohmiana como um enfoque que pudesse se tornar uma perspectiva dominante no futuro. Outro enfoque para o problema da medição quântica é a interpretação dos muitos mundos, em que todos os resultados potenciais permitidos pela evolução da mecânica quântica são realizados após medição. E uma terceira proposta é a teoria de Ghirardi-Rimini-Weber (GRW), apresentando um processo físico novo e fundamental que, de forma rara e aleatória, faz desmoronar a onda de probabilidade para uma partícula individual. Para pequenos conjuntos de partículas, o processo acontece muito raramente para impactar os resultados de experimentos quânticos bem-sucedidos. No entanto, para conjuntos numerosos de partículas, o processo se dá com muito mais rapidez, criando um efeito dominó que seleciona um resultado a ser realizado no macromundo. Para mais detalhes, ver, por exemplo, meu livro *O tecido do cosmo*, capítulo 7.

38. Fritz London e Edmond Bauer, "La Théorie de l'observation en mécanique quantique", nº

775, *Actualités scientifiques et industrielles; Exposés de physique générale, publiés sous la direction de Paul Langevin* (Paris: Hermann, 1939), na tradução publicada em John Archibald Wheeler e Wojciech Zurek; *Quantum Theory and Measurement* (Princeton: Princeton University Press, 1983), p. 220.

39. Eugene Wigner, *Symmetries and Reflections* (Cambridge, MA: MIT Press, 1970).

40. Aristóteles descreveu uma ação como "voluntária" se a ação começou dentro de um determinado agente e emergiu das deliberações desse próprio agente — uma perspectiva que, com refinamentos substanciais, teve influência significativa. Ver Aristotle (Aristóteles), *Nicomachean Ethics*, tradução de C. D. C. Reeve (Indianápolis, IN: Hackett Publishing, 2014), pp. 35-41. Aristóteles não incluiu leis determinísticas da física entre as forças externas com a capacidade de tornar uma ação involuntária, mas aqueles (como eu, por exemplo) que levam em consideração tais influências fundamentais, embora impessoais, julgam que sua noção de "voluntário" não se alinha com sua intuição a respeito do livre-arbítrio.

41. Como na nota 17 deste capítulo, quando me refiro às partículas que constituem um objeto macroscópico que é uma abreviação para o estado físico completo do objeto. Classicamente, esse estado é fornecido pelas posições e velocidades dos constituintes fundamentais desse objeto. Em termos de mecânica quântica, o estado é fornecido pela função de onda que descreve os constituintes. Ora, minha ênfase nas partículas pode levar você a se perguntar sobre os campos. Talvez o leitor com instrução técnica saiba que, na teoria de campos quântica, aprendemos que a influência de um campo é transmitida por partículas (por exemplo, a influência do campo eletromagnético é transmitida por fótons); ademais, a teoria de campos quântica também mostra que um campo macroscópico pode ser descrito matematicamente como uma configuração específica de partículas — um *estado coerente* de partículas. Portanto, minha referência a "partículas" se destina a incluir, igualmente, campos. O leitor informado notará ainda que certas características quânticas, a exemplo do emaranhamento quântico, podem tornar o estado de um objeto uma noção mais sutil no cenário quântico em oposição ao cenário clássico. Para muito do que discutiremos, podemos ignorar essas sutilezas; a progressão lícita e unitária do mundo físico é, fundamentalmente, tudo de que necessitaremos.

42. Em termos mais precisos, a probabilidade das partículas do pedregulho conspirando para saltar do banco é tão pequena que, nas escalas de tempo de interesse, a possibilidade estatística de a pedra me salvar pode ser ignorada.

43. A literatura filosófica contém muitas teorias compatibilistas. Entre elas, a abordagem que descrevo é a mais próxima da hipótese proposta e desenvolvida por Daniel Dennett em *Freedom Evolves* (Nova York: Penguin Books, 2003) e também em *Elbow Room* (Cambridge, MA: MIT Press, 1984), os quais recomendo ao leitor para uma discussão mais aprofundada. Venho ruminando sobre essas ideias desde a primeira vez que fui instigado a pensar sobre elas, décadas atrás, por Luise Vosgerchian, uma das minhas professoras mais influentes. Vosgerchian, que lecionava música em Harvard, tinha interesse profundo no modo como as descobertas científicas se relacionam com as sensibilidades estéticas e me pediu que escrevesse sobre a liberdade e a criatividade humanas do ponto de vista da física moderna.

44. A inteligência artificial e a aprendizagem de máquina tornam esse ponto ainda mais convincente. Pesquisadores desenvolveram algoritmos para máquinas que conseguiram dominar jogos como xadrez ou Go e que podem se atualizar com base na análise do êxito ou do fra-

casso de movimentos anteriores. Dentro do computador que hospeda esse algoritmo, tudo o que temos são partículas se movendo para um lado e para o outro sob o controle total da lei física. E, ainda assim, o algoritmo melhora. O algoritmo aprende. Os movimentos do algoritmo se tornam criativos. Tão criativos que, na verdade, com apenas algumas horas dessa atualização interna, os mais refinados sistemas podem avançar do nível de iniciante para triunfar sobre mestres de nível internacional. Ver David Silver, Thomas Hubert, Julian Schrittwieser et al., "A General Reinforcement Learning Algorithm that Masters Chess, Shogi, and Go through Self-Play", *Science*, v. 362, pp. 1140-4, 2018.

45. A questão aqui é que, se "eu" sou minha configuração de partículas, quando essa configuração se altera, tanto no arranjo como na composição, ainda sou eu? Uma versão de outra das grandes questões da filosofia — identidade pessoal ao longo do tempo — produziu numerosos pontos de vista e respostas. Gosto muito do enfoque de Robert Nozick, segundo quem, para usar uma linguagem um tanto técnica, identificamos meu eu futuro minimizando uma função de distância sobre o espaço de candidatos para esse papel, buscando pessoas que "mais de perto continuam" a existência que eu tive até este momento. Especificar a função de distância é essencial, e Nozick observa que as pessoas com ênfases diferentes sobre os aspectos definidores da personalidade podem fazer escolhas diferentes. Em muitos casos, a noção intuitiva de quem "me continua mais de perto" é adequada, a despeito da possibilidade de construir exemplos artificiais, porém intrigantes. Por exemplo, imagine uma falha de funcionamento do transportador que resulte em duas cópias idênticas de mim no destino especificado. Qual conjunto de partículas sou "realmente" eu? Neste caso, Nozick sugere que, sem um único continuador mais próximo, posso não existir mais. Entretanto, como estou confortável com minimizações não únicas de funções de distância, minha perspectiva é a de que ambas as cópias seriam eu. Para a noção de "eu" usada no capítulo, a noção intuitiva de identidade pessoal se alinha com a noção de Nozick, uma vez que os vários conjuntos de partículas que intuitivamente rotularíamos, digamos, "Brian Greene" ao longo da minha vida são de fato continuadores mais próximos. Ver Robert Nozick, *Philosophical Explanations* (Cambridge, MA: Belknap Press, 1983), pp. 29-70.

46. Um ponto que essa discussão suscita é se você deveria arcar com as consequências de um comportamento considerado inaceitável por outros cidadãos ou pela sociedade. Há muito os filósofos debatem questões na interseção do livre-arbítrio, da responsabilidade moral e do papel da punição. São temas complexos e espinhosos. Em poucas e essenciais palavras, eis aqui a minha opinião: pelas mesmas razões apresentadas no capítulo, suas ações — boas ou más — são de sua responsabilidade, mesmo na ausência de livre-arbítrio. Você é suas partículas, e, se elas fizerem a coisa errada, você fez a coisa errada. O xis da questão é: quais deveriam ser as consequências? Deixando de lado o fato de que as consequências das ações também não são voluntariamente desejadas, a questão é se você deve sofrer punição. A única resposta que considero coerente, ou, na verdade, o único início de uma resposta que considero coerente, é qual punição deveria ser baseada na capacidade dessa punição de proteger os interesses sociais, incluindo dissuadir futuras instâncias de comportamento inaceitável. Mais uma vez, o livre-arbítrio é compatível com a aprendizagem; o robô aspirador de pó aprende, assim como as pessoas. As experiências de hoje têm relação de causalidade com as ações de amanhã. Portanto, se a punição impede ou dissuade você e/ou outras pessoas de cometer ações inaceitáveis, então por meio da punição guiamos a sociedade em direção a um resultado mais satisfatório. Considerações simi-

lares são relevantes para os "casos de teste" muitas vezes levantados nessas discussões, em que comportamentos inaceitáveis se devem a circunstâncias atenuantes (tumores cerebrais, coerção, esquizofrenia, implantes neurais controlados por alienígenas nefastos, e assim por diante) que aparentemente eximiriam o infrator de responsabilidade. A visão que daí advém, discutida neste capítulo, é que esses indivíduos *são* responsáveis pelas próprias ações. As partículas deles *fizeram* coisas inaceitáveis. E eles são as próprias partículas. No entanto, mediante os detalhes precisos em qualquer situação, em função das circunstâncias atenuantes, pode não haver oportunidade para que a punição tenha algum benefício. Se seu comportamento inaceitável decorreu de um tumor cerebral, punir você provavelmente não desempenhará papel algum em termos de dissuadir comportamento semelhante causado por circunstâncias semelhantes no futuro. E se pudermos extirpar o tumor, você não representará mais nenhuma ameaça, de forma que a punição não oferecerá nenhuma proteção adicional à sociedade. Em resumo, a punição tem de servir a um propósito pragmático.

6. LINGUAGEM E HISTÓRIA [pp. 180-209]

1. Alice Calaprice (org.), *The New Quotable Einstein* (Princeton: Princeton University Press, 2005), p. 149.

2. Max Wertheimer, *Productive Thinking*, ed. ampl. (Nova York: Harper and Brothers, 1959), p. 228.

3. Ludwig Wittgenstein, *Tractatus Logico-Philosophicus* (Nova York: Harcourt, Brace & Company, 1922), p. 149.

4. Toni Morrison, discurso do prêmio Nobel, 7 de dezembro de 1993. Disponível em: <https://www.nobelprize.org/prizes/literatura/1993/morrison/lecture/>. Acesso em: 28 jun. 2021.

5. Darwin escreveu: "O homem primevo, ou melhor, algum progenitor primitivo do homem, provavelmente usou sua voz pela primeira vez na produção de verdadeiras cadências musicais, ou seja, para cantar". E acrescentou: "Esse poder teria sido especialmente exercido durante o cortejo dos sexos — teria expressado várias emoções, como amor, ciúme, triunfo — e teria servido como um desafio aos rivais". Charles Darwin, *The Descent of Man* (Nova York: D. Appleton and Company, 1871), p. 56.

6. Na edição de abril de 1869 do periódico *Quarterly Review*, Wallace, em referência às forças que impulsionam a evolução — "as leis da variação, multiplicação e sobrevivência" —, argumentou que, conforme observado no capítulo, "devemos, portanto, admitir a possibilidade de que, no desenvolvimento da raça humana, uma Inteligência Superior guiou as mesmas leis para fins mais nobres". Alfred Russel Wallace, "Sir Charles Lyell on Geological Climates and the Origin of Species", *Quarterly Review*, v. 126, pp. 359-94, 1869.

7. Joel S. Schwartz, "Darwin, Wallace, and the Descent of Man", *Journal of the History of Biology*, v. 17, n. 2, pp. 271-89, 1984.

8. Charles Darwin, carta a Alfred Russel Wallace, 27 de março de 1869. Disponível em: <https://www.darwinproject.ac.uk/letter/?docId=letters/DCP-LETT-6684.xml; query = child; brand = default>. Acesso em: 28 jun. 2021.

9. Dorothy L. Cheney e Robert M. Seyfarth, *How Monkeys See the World: Inside the Mind of*

Another Species (Chicago: University of Chicago Press, 1992). Uma gravação desses alarmes de perigo pode ser ouvida no site da BBC: <https://www.bbc.co.uk/sounds/play/p016dgw1>. Acesso em: 28 jun. 2021.

10. Bertrand Russell, *Human Knowledge* (Nova York: Routledge, 2009), pp. 57-8.

11. R. Berwick e N. Chomsky, *Why Only Us?* (Cambridge, MA: MIT Press, 2015). Embora tenha havido questionamentos sobre a necessidade de a proposta de uma mudança biológica comparativamente rápida criar tensão com a compreensão da evolução, Chomsky argumentou que ela se encaixa com perfeição na perspectiva neodarwiniana moderna que encampa episódios biológicos, como a formação do olho, que se desviam da visão tradicional segundo a qual a evolução de todas as coisas é lenta e gradual.

12. S. Pinker e P. Bloom, "Natural Language and Natural Selection", *Behavioral and Brain Sciences*, v. 13, n. 4, pp. 707-84, 1990; Steven Pinker, *The Language Instinct* (Nova York: W. Morrow and Co., 1994); Steven Pinker, "Language as an Adaptation to The Cognitive Niche", em *Language Evolution: States of the Art*, S. Kirby e M. Christiansen (orgs.) (Nova York: Oxford University Press, 2003), pp. 16-37.

13. Por exemplo, como observou o linguista e psicólogo do desenvolvimento Michael Tomasello: "Certamente, todas as línguas do mundo têm coisas em comum [...]. Porém, essas coisas em comum não advêm de qualquer gramática universal, e sim de aspectos universais da cognição humana, da interação social e do processamento de informações — a maior parte dos quais existia em humanos antes que surgisse qualquer coisa parecida com as línguas modernas". Michael Tomasello, "Universal Grammar Is Dead", *Behavioral and Brain Sciences*, v. 32, n. 5, pp. 470-1, out. 2009.

14. Simon E. Fisher, Faraneh Vargha-Khadem, Kate E. Watkins, Anthony P. Monaco e Marcus E. Pembrey, "Localization of a Gene Implicated in a Severe Speech and Language Disorder", *Nature Genetics*, v. 18, pp. 168-70, 1998. C. S. L. Lai et al., "A Novel Forkhead-Domain Gene Is Mutated in a Severe Speech and Language Disorder", *Nature*, v. 413, pp. 519-23, 2001.

15. Johannes Krause, Carles Lalueza-Fox, Ludovic Orlando et al., "The Derived Foxp2 Variant of Modern Humans Was Shared with Neandertals", *Current Biology*, v. 17, pp. 1908-12, 2007.

16. Fernando L. Mendez et al. "The Divergence Of Neandertal And Modern Human Y Chromosomes", *American Journal of Human Genetics*, v. 98, n. 4, pp. 728-34, 2016.

17. Guy Deutscher, *The Unfolding of Language: An Evolutionary Tour of Mankind's Greatest Invention* (Nova York: Henry Holt and Company, 2005), p. 15.

18. Dean Falk, "Prelinguistic Evolution In Early Hominins: Whence motherese?" *Behavioral and Brain Sciences*, v. 27, pp. 491-541, 2004; Dean Falk, *Finding Our Tongues: Mothers, Infants and the Origins of Language* (Nova York: Basic Books, 2009).

19. R. I. M. Dunbar, "Gossip in Evolutionary Perspective", *Review of General Psychology*, v. 8, n. 2, pp. 100-10, 2004; Robin Dunbar, *Grooming, Gossip, and the Evolution of Language* (Cambridge, MA: Harvard University Press, 1997).

20. N. Emler, "The Truth About Gossip", *Social Psychology Section Newsletter*, v. 27, pp. 23-37, 1992; R. I. M. Dunbar, N. D. C. Duncan e A. Marriott, "Human Conversational Behavior", *Human Nature*, v. 8, n. 3, pp. 231-46, 1997.

21. Daniel Dor, *The Instruction of Imagination* (Oxford: Oxford University Press, 2015).

22. Sobre o papel da construção de fogueiras e da preparação de comida, cf. Richard Wran-

gha, *Catching Fire: How Cooking Made Us Human* (Nova York: Basic Books; 2009); sobre a parentalidade em grupo de jovens, cf. Sarah Hrdy, *Mothers and Others: The Evolutionary Origins of Mutual Understanding* (Cambridge, MA: Belknap Press, 2009); sobre aprendizagem e cooperação, cf. Kim Sterelny, *The Evolved Apprentice: How Evolution Made Humans Unique* (Cambridge, MA: MIT Press, 2012).

23. R. Berwick e N. Chomsky, *Why Only Us?* (Cambridge, MA: MIT Press, 2015), capítulo 2.

24. David Damrosch, *The Buried Book: The Loss and Rediscovery of the Great Epic of Gilgamesh* (Nova York: Henry Holt and Company, 2007).

25. *The Epic of Gilgamesh: The Babylonian Epic Poem and Other Texts in Akkadian and Sumerian* (Londres: Penguin Classics, 2003), Trad. para o inglês de Andrew George.

26. Para uma introdução à perspectiva e aos princípios da psicologia evolutiva, ver John Tooby e Leda Cosmides, "The Psychological Foundations of Culture", em *The Adapted Mind: Evolutionary Psychology and the Generation of Culture*, Jerome H. Barkow, Leda Cosmides e John Tooby (orgs.) (Oxford: Oxford University Press, 1992), pp. 19-136; David Buss, *Evolutionary Psychology: The New Science of the Mind* (Boston: Allyn & Bacon, 2012).

27. S. J. Gould e R. C. Lewontin, "The Spandrels of San Marco and the Panglossian Paradigm: A Critique of the Adaptationist Program", *Proceedings of the Royal Society B*, v. 205, n. 1161, pp. 581-98, 21 set. 1979.

28. Steven Pinker, *How the Mind Works* (Nova York: W. W. Norton, 1997), p. 530; Brian Boyd, *On the Origin of Stories* (Cambridge, MA: Belknap Press, 2010); Brian Boyd, "The Evolution of Stories: From Mimesis to Language, from Fact to Fiction", *WIREs Cognitive Science*, v. 9, p. e1444, 2018.

29. Patrick Colm Hogan, *The Mind and Its Stories* (Cambridge, Reino Unido: Cambridge University Press, 2003); Lisa Zunshine, *Why We Read Fiction: Theory of Mind and the Novel* (Columbus: Ohio University Press, 2006).

30. Jonathan Gottschall, *The Storytelling Animal* (Boston; Nova York: Mariner Books; Houghton Mifflin Harcourt, 2013), p. 63.

31. Keith Oatley, "Why Fiction May Be Twice as True as Fact", *Review of General Psychology, v.* 3, pp. 101-17, 1999.

32. Para relatos interessantíssimos sobre o trabalho de Jouvet, ver Barbara E. Jones, "The Mysteries of Sleep and Waking Unveiled by Michel Jouvet", *Sleep Medicine*, v. 49, pp. 14-9, 2018; Isabelle Arnulf, Colette Buda e Jean-Pierre Sastre, "Michel Jouvet: An Explorer of Dreams and a Great Storyteller", *Sleep Medicine*, v. 49, pp. 4-9, 2018.

33. Kenway Louie e Matthew A. Wilson, "Temporally Structured Replay of Awake Hippocampal Ensemble Activity during Rapid Eye Movement Sleep", *Neuron*, v. 29, pp. 145-56, 2001.

34. As narrativas bizarras que muitas vezes associamos aos sonhos — violação das leis físicas, da progressão lógica e da coerência interna — podem sugerir que o ato de sonhar tem pouca relevância para interações no mundo real. No entanto, a prevalência desses sonhos bizarros pode ser muito menor do que sugerem nossas avaliações anedóticas. Em vez disso, uma fração significativa deles pode ter conteúdo realista. Antti Revonsuo, Jarno Tuominen e Katja Valli, "The Avatars in the Machine: Dreaming as a Simulation of Social Reality", *Open MIND*, pp. 1-28, 2015; Serena Scarpelli, Chiara Bartolacci, Aurora D'Atri et al., "The Functional Role of Dreaming in Emotional Processes", *Frontiers in Psychology*, v. 10, p. 459, mar. 2019.

35. Alfred North Whitehead, *Science and the Modern World* (Nova York: Free Press, 1953), p. 10.

36. Joyce Carol Oates, "Literature as Pleasure, Pleasure as Literature", *Narrative*. Disponível em: <https://www.narrativemagazine.com/issues/stories-week-2015-2016/story-week/literature-pleasure-pleasure-literature-joyce-carol-oates>.

37. Jerome Bruner, "The Narrative Construction of Reality", *Critical Inquiry*, v. 18, n. 1, pp. 1-21, outono 1991.

38. Id., *Making Stories: Law, Literature, Life* (Nova York: Farrar, Straus e Giroux, 2002), p. 16.

39. Brian Boyd, "The Evolution of Stories: From Mimesis to Language, from Fact to Fiction", *WIREs Cognitive Science*, v. 9, pp. 7-8, e1444, 2018.

40. John Tooby e Leda Cosmides, "Does Beauty Build Adapted Minds? Toward an Evolutionary Theory of Aesthetics, Fiction and the Arts", *SubStance*, v. 30, n. 1/2, ed. 94-95, pp. 6-27, 2001.

41. Ernest Becker, *The Denial of Death* (Nova York: Free Press, 1973), p. 97.

42. Joseph Campbell, *The Hero with a Thousand Faces* (Novato, CA: New World Library, 2008), p. 23.

43. Michael Witzel, *The Origins of the World's Mythologies* (Nova York: Oxford University Press, 2012).

44. Karen Armstrong, *A Short History of Myth* (Melbourne: The Text Publishing Company, 2005), p. 3.

45. Marguerite Yourcenar, *Oriental Tales* (Nova York: Farrar, Straus e Giroux, 1985).

46. Scott Leonard e Michael McClure, *Myth and Knowing* (Nova York: McGraw-Hill Higher Education, 2004), pp. 283-301.

47. Michael Witzel, op. cit., p. 79.

48. Dan Sperber, *Rethinking Symbolism* (Cambridge, Inglaterra: Cambridge University Press, 1975); id., *Explaining Culture: A Naturalistic Approach* (Oxford: Blackwell Publishers Ltd., 1996).

49. Pascal Boyer, "Functional Origins of Religious Concepts: Ontological and Strategic Selection inEvolved Minds", *Journal of the Royal Anthropological Institute*, v. 6, n. 2, pp. 195-214, jun. 2000. Ver também M. Zuckerman, "Sensation Seeking: A Comparative Approach to a Human Trait", *Behavioral and Brain Sciences*, v. 7, pp. 413-71, 1984.

50. Bertrand Russell enfatizou o papel da linguagem na facilitação do pensamento, observando que "a linguagem serve não só para expressar pensamentos, mas para tornar possíveis pensamentos que sem ela não poderiam existir" (Bertrand Russell, *Human Knowledge* [Nova York: Routledge, 2009], p. 58). Ele descreveu como certos "pensamentos extremamente elaborados" requerem palavras e, à guisa de exemplo, observa a aparente impossibilidade de, sem linguagem, ter qualquer "pensamento que corresponda intimamente ao que é dito na afirmação 'a razão entre a circunferência de um círculo e o diâmetro é de aproximadamente 3,14159'". Construções menos precisas, mas além dos limites da experiência, tais como árvores falantes ou nuvens choronas ou seixos alegres, são acessíveis a materializações desprovidas de palavras na mente humana; contudo, a natureza combinatória e hierárquica da linguagem é especialmente adequada para criá-las. Daniel Dennett enfatizou o papel da linguagem na capacidade humana

de inventar uniões de qualidades que existem individualmente no real, mas que, em combinação, nos levam para o reino do fantástico (Daniel Dennett, *Breaking the Spell: Religion as a Natural Phenomenon* [Nova York: Penguin Publishing Group, 2006], p. 121). Como discutiremos no capítulo 8, certos tipos de arte são particularmente hábeis em facilitar o fluxo de ideias na outra direção: de pensamentos articulados em palavras a sensações de experiência desprovidas de linguagem.

51. Justin L. Barrett, *Why Would Anyone Believe in God?* (Lanham, MD: AltaMira, 2004); Stewart Guthrie, *Faces in the Clouds: A New Theory of Religion* (Nova York: Oxford University Press, 1993).

7. CÉREBROS E CRENÇA [pp. 210-42]

1. Iniciada em 1934, a escavação do sítio arqueológico de Qafzeh, encabeçada pelo arqueólogo francês René Neuville, foi levada adiante por um grupo de pesquisadores liderado pelo antropólogo Bernard Vandermeersch. Nas palavras de Vandermeersch e sua equipe, a disposição dos ornamentos do sepultamento de Qafzeh 11 "atestava uma oferenda funerária e não uma incorporação acidental. Todas essas observações corroboram fortemente a interpretação de um enterro cerimonial deliberado". Ver Hélène Coqueugniot et al., "Earliest Cranio-Encephalic Trauma from the Levantine Middle Palaeolithic: 3d Reappraisal of the Qafzeh 11 Skull, Consequences of Pediatric Brain Damage on Individual Life Condition and Social Care", *PloS One*, v. 9, pp. 7 e102822, 23 jul. 2014.

2. Erik Trinkaus, Alexandra Buzhilova, Maria Mednikova e Maria Dobrovolskaya, *The People of Sunghir: Burials, Bodies and Behavior in the Earlier Upper Paleolithic* (Nova York: Oxford University Press, 2014).

3. Edward Burnett Tylor, *Primitive Culture*, v. 2 (Londres: John Murray 1873; republicado pela editora Dover, 2016), p. 24.

4. Mathias Georg Guenther, *Tricksters and Trancers: Bushman Religion and Society* (Bloomington, IN: Indiana University Press, 1999), pp. 180-98.

5. Peter J. Ucko e Andrée Rosenfeld, *Paleolithic Cave Art* (Nova York: McGraw-Hill, 1967), pp. 117-23, 165-74.

6. David Lewis-Williams, *The Mind in the Cave: Consciousness and the Origins of Art* (Nova York: Thames & Hudson, 2002), p. 11. Embora muitas obras tenham sido criadas em superfícies mais acessíveis, também a existência de um conjunto substancial delas em que se apresentam dificuldades de execução significativas confere relevância a essa perspectiva.

7. Salomon Reinach, *Cults, Myths and Religions*, tradução de Elizabeth Frost (Londres: David Nutt, 1912), pp. 124-38.

8. A hipótese ganhou aceitação ampla, mas a descoberta subsequente de incompatibilidade entre os animais cujos ossos foram desenterrados em escavações nos arredores de várias cavernas e aqueles retratados nas paredes das cavernas lança dúvidas. Se você está em busca de uma dose extra de sorte na hora de caçar bisões, não deixe de pintar um bisão. Era o que se imaginava. No entanto, os dados não conseguem corroborar essa expectativa. Ver Jean Clottes, *What Is*

Paleolithic Art? Cave Paintings and the Dawn of Human Creativity (Chicago: University of Chicago Press, 2016).

9. Benjamin Smith, comunicação pessoal, 13 de março de 2019.

10. Pascal Boyer, *Religion Explained: The Evolutionary Origins of Religious Thought* (Nova York: Basic Books, 2007), p. 2.

11. Para uma discussão detalhada, ver, por exemplo, *The Adapted Mind: Evolutionary Psychology and the Generation of Culture*, Jerome H. Barkow, Leda Cosmides e John Tooby (orgs.) (Oxford: Oxford University Press, 1992); David Buss, *Evolutionary Psychology: The New Science of Mind* (Boston: Allyn & Bacon, 2012).

12. Para outras contribuições acessíveis à ciência cognitiva da religião, ver, por exemplo, Justin L. Barrett, *Why Would Anyone Believe in God?* (Lanham, MD: AltaMira Press, 2004); Scott Atran, *In Gods We Trust: The Evolutionary Landscape of Religion* (Oxford: Oxford University Press, 2002); Todd Tremlin, *Minds and Gods: The Cognitive Foundations of Religion* (Oxford: Oxford University Press, 2006).

13. Pascal Boyer, *Religion Explained: The Evolutionary Origins of Religious Thought* (op. cit.), pp. 46-7; Daniel Dennett, *Breaking the Spell: Religion as a Natural Phenomenon* (Nova York: Penguin Books, 2006), pp. 122-3; Richard Dawkins, *The God Delusion* (Nova York: Houghton Mifflin Harcourt, 2006), pp. 230-3.

14. Descrita pela primeira vez por Darwin, a seleção por parentesco (ou aptidão inclusiva) foi desenvolvida em R. A. Fisher, *The Genetical Theory of Natural Selection* (Oxford: Clarendon Press, 1930); J. B. S. Haldane, *The Causes of Evolution* (Londres: Longmans, Green & Co., 1932); e W. D. Hamilton, "The Genetics Evolution of Social Behavior", *Journal of Theoretical Biology*, v. 7, n. 1, pp. 1-16, 1964. Mais recentemente, a utilidade da aptidão inclusiva na compreensão do desenvolvimento evolutivo foi questionada em M. A. Nowak, C. E. Tarnita e O. Wilson, "The Evolution of Eusociality", *Nature*, v. 466, pp. 1 057-62, 2010, com uma resposta crítica assinada por 136 pesquisadores: P. Abbot, J. Abe, J. Alcock et al., "Inclusive Fitness Theory and Eusociality", *Nature*, v. 471, pp. E1-E4, 2010.

15. David Sloan Wilson, *Does Altruism Exist? Culture, Genes and the Welfare of Others* (New Haven: Yale University Press, 2015); id., *Darwin's Cathedral: Evolution, Religion and the Nature of Society* (Chicago: University of Chicago Press, 2002).

16. Por exemplo, Steven Pinker em "The Believing Brain", programa público do World Science Festival (Festival Mundial de Ciência), cidade de Nova York, Teatro Gerald Lynch, 2 de junho de 2018. Disponível em: <https://www.worldsciencefestival.com/videos/believing-brain-evolution-neuroscience-spiritual-instinct/46:50-49:16>. Acesso em: 28 jun. 2021.

17. Charles Darwin, *The Descent of Man and Selection in Relation to Sex* (Nova York: D. Appleton and Company, 1871), p. 84. Kindle. O comentário de Darwin acena na direção de um debate longevo e turbulento na teoria evolutiva sobre o processo de *seleção de grupo*. A teoria evolutiva padrão é baseada na seleção natural operando em organismos individuais: os organismos mais aptos a sobreviver e se reproduzir serão mais bem-sucedidos na transmissão de seu material genético para indivíduos subsequentes. A seleção de grupo é um tipo semelhante de seleção, mas atuando sobre grupos inteiros: os mais capacitados a sobreviver (como grupos inteiros de indivíduos) e se reproduzir (no sentido de adquirirem mais membros e se fragmentarem em novos grupos) terão mais sucesso em transmitir características dominantes para os

grupos subsequentes (a observação de Darwin enfoca indivíduos cooperativos que contribuem para o sucesso de um grupo, o que se evidencia no aumento da população do grupo, em oposição ao grupo produzir maior número de grupos semelhantes, mas ainda depende da interação fundamental entre comportamentos benéficos para o indivíduo e aqueles benéficos para o grupo). Não há controvérsia quanto à seleção de grupo acontecer em princípio. A controvérsia gira em torno de saber se isso acontece na prática. A questão é de escalas de tempo: a expectativa geral é de que a escala de tempo típica durante a qual um indivíduo se reproduzirá ou morrerá seja bem mais curta do que as escalas de tempo correspondentes durante as quais um grupo se dividirá ou se dissolverá. E, se for esse o caso, conforme argumentam os críticos da seleção de grupo, ela é lenta demais para ter importância. Em resposta, David Sloan Wilson, defensor de longa data da seleção de grupo (em uma forma ainda mais generalizada conhecida como *seleção multinível*), alegou que boa parte do debate se resume a métodos contábeis diferentes, mas, em última análise, equivalentes (diferentes maneiras de dividir toda a população), sendo, portanto, menos controverso do que as divergências em curso fizeram parecer (ver *Does Altruism Exist? Culture, Genes and the Welfare of Others* [New Haven: Yale University Press, 2015], pp. 31-46).

18. A importância da base emocional para o comprometimento religioso é examinada em R. Sosis, "Religion and Intra-Group Cooperation: Preliminary Results of a Comparative Analysis of Utopian Communities", *Cross-Cultural Research*, v. 34, pp. 70-87, 2000; R. Sosis e C. Alcorta, "Signaling, Solidarity, and the Sacred: The Evolution of Religious Behavior", *Evolutionary Anthropology*, v. 12, pp. 264-74, 2003.

19. Robert Axelrod e William D. Hamilton, "The Evolution of Cooperation", *Science*, v. 211, pp. 1 390-6, mar. 1981; Robert Axelrod, *The Evolution of Cooperation*, ed. rev. (Nova York: Perseus Books Group, 2006).

20. Jesse Bering, *The Belief Instinct* (Nova York: W. W. Norton, 2011).

21. Sheldon Solomon, Jeff Greenberg e Tom Pyszczynski, *The Worm at the Core: On the Role of Death in Life* (Nova York: Random House Publishing Group, 2015), p. 122.

22. Abram Rosenblatt, Jeff Greenberg, Sheldon Solomon et al., "Evidence for Terror Management Theory I: The Effects of Mortality Salience on Reactions to Those Who Violate or Uphold Cultural Values", *Journal of Personality and Social Psychology*, v. 57, pp. 681-90, 1989. Para uma revisão, ver Sheldon Solomon, Jeff Greenberg e Tom Pyszczynski, "Tales from the Crypt: On the Role of Death in Life", *Zygon*, v. 33, n. 1, pp. 9-43, 1998.

23. Tom Pyszczynski, Sheldon Solomon e Jeff Greenberg, "Thirty Years of Terror Management Theory", *Advances in Experimental Social Psychology*, v. 52, pp. 1-70, 2015.

24. Pascal Boyer, *Religion Explained: The Evolutionary Origins of Religious Thought* (Nova York: Basic Books, 2007), p. 20.

25. William James, *The Varieties of Religious Experience: A Study in Human Nature* (Nova York: Longmans, Green e Co., 1905), p. 485.

26. Stephen Jay Gould, *The Richness of Life: The Essential Stephen Jay Gould* (Nova York: W. W. Norton, 2006), pp. 232-3.

27. Stephen J. Gould, em *Conversations About the End of Time* (Nova York: Fromm International, 1999). Para um estudo do impacto da consciência da mortalidade sobre a crença em entidades sobrenaturais, ver, por exemplo, A. Norenzayan e I. G. Hansen, "Belief in Supernatural Agents in the Face of Death", *Personality and Social Psychology Bulletin*, v. 32, pp. 174-87, 2006.

28. Karl Jaspers, *The Origin and Goal of History* (Abingdon, Reino Unido: Routledge, 2010), p. 2.

29. Wendy Doniger (tradução), *The Rig Veda* (Nova York: Penguin Classics, 2005), pp. 25-6.

30. Sua Santidade o Dalai Lama, Houston, Texas, 21 de setembro de 2005. Embora eu não tenha conseguido localizar uma transcrição da conversa, essa é, no mínimo, uma paráfrase aproximada de sua resposta.

31. Tal como acontece com as raízes históricas de todas as principais religiões, há debates acadêmicos sobre quando exatamente vários textos foram escritos, quando alcançaram forma canônica, e assim por diante. As datas que citei são compatíveis com a opinião abalizada de alguns acadêmicos, mas, como não há consenso, devem ser vistas como esboço aproximado.

32. David Buss, *Evolutionary Psychology: The New Science of Mind* (Boston: Allyn & Bacon, 2012), pp. 90-5, 205-6, 405-9.

33. Para uma discussão aprofundada, acessível e empolgante sobre a crença humana e os vários fatores que a influenciam, ver Michael Shermer, *The Believing Brain: From Ghosts and Gods to Politics and Conspiracies* (Nova York: St. Martin's Griffin, 2011). Embora a possível influência da emoção sobre a crença possa parecer evidente, até recentemente o foco acadêmico tendeu a enfatizar a influência da crença sobre a emoção, aspecto destacado em N. Frijda, A. S. R. Manstead e S. Bem, "The Influence of Emotions on Belief", em *Emotions and Beliefs: How Feelings Influence Thoughts* (Studies in Emotion and Social Interaction) (Cambridge: Cambridge University Press, 2000), pp. 1-9. Um estudo do impacto da emoção no estabelecimento de crenças em contextos nos quais anteriormente não havia crença alguma, bem como a influência da emoção sobre a disposição de mudar de crença, é descrito em N. Frijda e B. Mesquita, "Beliefs through Emotions", em *Emotions and Beliefs: How Feelings Influence Thoughts* (Studies in Emotion and Social Interaction), N. Frijda, A. Manstead e S. Bem (orgs.) (Cambridge: Cambridge University Press, 2000), pp. 45-77.

34. Pascal Boyer, *Religion Explained: The Evolutionary Origins of Religious Thought* (Nova York: Basic Books, 2007), p. 303.

35. Karen Armstrong, *A Short History of Myth* (Melbourne: The Text Publishing Company, 2005), p. 57.

36. Ibid.

37. Guy Deutscher, *The Unfolding of Language: An Evolutionary Tour of Mankind's Greatest Invention* (Nova York: Henry Holt and Company, 2005).

38. William James, *The Varieties of Religious Experience: A Study in Human Nature* (Nova York: Longmans, Green and Co., 1905), p. 498.

39. Ibid., pp. 506-7.

8. INSTINTO E CRIATIVIDADE [pp. 243-68]

1. Howard Chandler Robbins Landon, *Beethoven: A Documentary Study* (Nova York: Macmillan Publishing Co., Inc., 1970), p. 181.

2. Friedrich Nietzsche, *Twilight of the Idols*, tradução de Duncan Large (Oxford: Oxford University Press, 1998, reedição 2008), p. 9.

3. George Bernard Shaw, *Back to Methuselah* (Scotts Valley, CA: CreateSpace Independent Publishing Platform, 2012), p. 277.

4. David Sheff, "Keith Haring, an intimate conversation", *Rolling Stone*, n. 589, p. 47, ago. 1989.

5. Josephine C. A. Joordens et al., "*Homo Erectus* at Trinil on Java Used Shells for Tool Production and Engraving", *Nature*, v. 518, pp. 228-31, 12 fev. 2015.

6. Mais precisamente, o que importa é que os genes de uma pessoa são propagados para a geração seguinte, objetivo que ela pode alcançar tendo progênie ou se assegurando de que outros indivíduos que compartilham uma porção substancial de seus genes tenham progênie.

7. Os rituais de cortejo dos pássaros manaquins da variedade rendeira são descritos com fartura de detalhes em Richard Prum, *The Evolution of Beauty: How Darwin's Forgotten Theory on Mate Choice Shapes the Animal World and Us* (Nova York: Doubleday, 2017), pp. 1 544-5, Kindle. A escolha dos parceiros de acasalamento dos vaga-lumes, à base de espetáculos de luzes piscantes, são analisados em S. M. Lewis e C. K. Cratsley, "Flash Signal Evolution, Mate Choice, And Predation In Fireflies", *Annual Review of Entomology*, v. 53, pp. 293-321, 2008. As construções do pássaro-cetim macho são descritas e ilustradas em Peter Rowland, *Bowerbirds* (Collingwood, Austrália: CSIRO Publishing, 2008), sobretudo nas pp. 40-7.

8. A resistência à seleção sexual também se devia, em parte, ao poder seletivo concedido às fêmeas exigentes, hipótese que era desanimadora para os biólogos vitorianos, quase todos do sexo masculino. Ver, por exemplo, H. Cronin, *The Ant and the Peacock: Altruism and Sexual Selection from Darwin to Today* (Cambridge: Cambridge University Press, 1991). Note também que há exemplos de espécies em que os machos desempenham o papel de selecionadores, e espécies nas quais tanto machos como fêmeas cumprem esse papel.

9. Charles Darwin, *The Descent of Man and Selection in Relation to Sex*, ed. ilustr. (Nova York: D. Appleton and Company, 1871), p. 59.

10. Wallace propôs explicações alternativas para os ornamentos corporais masculinos, a exemplo de machos dotados de "vigor" excessivo, que, sem outro meio de vazão disponível, possibilitaria o surgimento de cores vibrantes, caudas longas, chamados prolongados, e assim por diante. Ele argumentou também que adornos corporais atraentes necessariamente se correlacionavam com saúde e força e, portanto, ofereciam indicadores externos de aptidão, tornando a seleção sexual nada mais do que uma instância particular de seleção natural. Ver Alfred Russel Wallace, *Natural Selection and Tropical Nature* (Londres: Macmillan and Co., 1891). O ornitólogo Richard Prum argumenta que os pesquisadores injustificadamente descartaram as sensibilidades estéticas intrínsecas em favor de explicações adaptativas, posição controversa exposta por ele em *The Evolution of Beauty: How Darwin's Forgotten Theory on Mate Choice Shapes the Animal World and Us* (Nova York: Doubleday, 2017).

11. A assimetria macho-fêmea na arena da estratégia reprodutiva foi estudada e elucidada por Robert Trivers em "Parental Investment and Sexual Selection", em *Sexual Selection and the Descent of Man: The Darwinian Pivot*, Bernard G. Campbell (org.) (Chicago: Aldine Publishing Company, 1972), pp. 136-79.

12. Geoffrey Miller, *The Mating Mind: How Sexual Choice Shaped the Evolution of Human Nature* (Nova York: Anchor, 2000); Denis Dutton, *The Art Instinct* (Nova York: Bloomsbury Press, 2010). A perspectiva está intimamente relacionada a uma proposta anterior de Amotz Zahavi, o princípio da deficiência, que prevê que alguns animais alardeiam sua aptidão por meio

de exibições similares a consumo conspícuo, que podem assumir a forma de partes do corpo ou comportamentos extravagantes. Um pavão que pode se dar ao luxo de ostentar uma cauda bonita, mas desajeitada, assegura a parceiros em potencial sua força e aptidão, já que irmãos mais fracos seriam incapazes de sobreviver com um traço tão excessivo e dificultador da sobrevivência. A ideia, então, é que os primeiros artistas humanos podem ter tirado proveito da irrelevância adaptativa de sua arte ao convertê-la em uma exibição pública análoga de força e aptidão, promovendo oportunidades reprodutivas e, portanto, transmitindo a tendência de a arte ser usada como meio para atrair parceiros de acasalamento. Ver Amotz Zahavi, "Mate Selection — A Selection for a Handicap", *Journal of Theoretical Biology*, v. 53, n. 1, pp. 205-14, 1975.

13. Brian Boyd, "Evolutionary Theories of Art", em *The Literary Animal: Evolution and the Nature of Narrative*, Jonathan Gottschall e David Sloan Wilson (orgs.) (Evanston, IL: Northwestern University Press, 2005), p. 147.

As críticas à seleção sexual como explicação da atividade artística humana mencionadas neste parágrafo foram explicadas em detalhes em várias obras. Aqui está uma amostra: se a seleção sexual é a explicação para as artes, não deveríamos esperar que a arte fosse um empreendimento comandado por machos e finamente ajustado para o acesso sexual, ou seja, uma atividade exercida com mais vigor por machos no apogeu de seu ímpeto reprodutivo e dirigida exclusivamente a parceiras potenciais? (Brian Boyd, *On the Origin of Stories* [Cambridge, MA: Belknap Press, 2010], p. 76; Ellen Dissanayake, *Art and Intimacy* [Seattle: University of Washington Press, 2000], p. 136). Inteligência e criatividade não são indicadores necessariamente confiáveis da aptidão física — a combinação de fraqueza física e destreza criativa não é incomum. (James R. Roney, "Likeable but Improvable, a Review of The Mating Mind by Geoffrey Miller", *Psycoloquy*, v. 13, n. 10, art. 5., 2002.) Existem evidências de que as investidas artísticas de um homem propiciam um meio para alardear melhor aptidão do que outras atividades, como ostentar conexões sociais, exibir riqueza, vencer eventos esportivos e assim por diante? (Stephen Davies, *The Artful Species: Aesthetics, Art, and Evolution* [Oxford: Oxford University Press, 2012], p. 125.)

14. Steven Pinker, *How the Mind Works* (Nova York: W. W. Norton, 1997), p. 525.

15. Ellen Dissanayake, *Art and Intimacy: How the Arts Began* (Seattle: University of Washington Press, 2000), p. 94.

16. Noël Carroll, "The Arts, Emotion, and Evolution", em *Aesthetics and the Sciences of Mind*, Greg Currie, Matthew Kieran, Aaron Meskin e Jon Robson (orgs.) (Oxford: Oxford University Press, 2014).

17. *Glenn Gould* em *The Glenn Gould Reader*, Tim Page (org.) (Nova York: Vintage Books, 1984), p. 240.

18. Brian Boyd, *On the Origin of Stories* (Cambridge, MA: Belknap Press, 2010), p. 125.

19. Jane Hirshfield, *Nine Gates: Entering the Mind of Poetry* (Nova York: Harper Perennial, 1998), p. 18.

20. Saul Bellow, discurso do prêmio Nobel, 12 de dezembro de 1976, de *Nobel Lectures, Literature 1968-1980*, Sture Allen (org.) (Cingapura: World Scientific Publishing Co., 1993).

21. Joseph Conrad, *The Nigger of the "Narcissus"* (Mineola, NY: Dover Publications, Inc., 1999), p. vi.

22. Yip Harburg, “Yip at the 92nd Street YM-YWHA”, 13 de dezembro de 1970, transcrição 1-10-3, p. 3, fitas 7-2-10 e 7-2-20.

23. Id., “E. Y. Harburg, Palestra na UCLA sobre escrita lírica”, 3 de fevereiro de 1977, transcrição, pp. 5-7, fita 7-3-10.

24. Marcel Proust, *Remembrance of Things Past, v. 3: The Captive, The Fugitive, Time Regained* (Nova York: Vintage, 1982), pp. 260, 931.

25. Ibid., p. 260.

26. George Bernard Shaw, *Back to Methuselah*, op. cit., p. 278.

27. Ellen Greene, “Sappho 58: Philosophical Reflections on Death and Aging”, em *The New Sappho on Old Age: Textual and Philosophical Issues*, Ellen Greene e Marilyn B. Skinner (orgs.), *Hellenic Studies Series*, v. 38 (Washington, D. C.: Center for Hellenic Studies, 2009); Ellen Greene (org.), *Reading Sappho: Contemporary Approaches* (Berkeley: University of California Press, 1996).

28. Joseph Wood Krutch, “Art, Magic, and Eternity”, *Virginia Quarterly Review*, v. 8, n. 4, outono 1932. Disponível em: <https://www.vqronline.org/essay/art-magic-and-eternity>. Acesso em: 28 jun. 2021.

29. Para uma perspectiva alternativa (como na nota 5 do capítulo 1), alguns autores sugeriram que a ansiedade da mortalidade e o impacto resultante da negação da morte, conforme descrito por Ernest Becker, são uma influência moderna, amplamente estimulada pelo aumento da longevidade e pelo declínio da religião. Ver, por exemplo, Philippe Ariès, *The Hour of Our Death*, tradução de Helen Weaver (Nova York: Alfred A. Knopf, 1981).

30. W. B. Yeats, *Collected Poems* (Nova York: Macmillan Collector’s Library Books, 2016), p. 267.

31. Herman Melville, *Moby-Dick* (Hertfordshire, Reino Unido: Wordsworth Classics, 1993), p. 235.

32. Edgar Allan Poe, conforme citado em J. Gerald Kennedy, *Poe, Death, and the Life of Writing* (New Haven: Yale University Press, 1987), p. 48.

33. Tennessee Williams, *Cat on a Hot Tin Roof* (Nova York: New American Library, 1955), pp. 67-8.

34. Fiódor Dostoiévski, *Crime and Punishment*, tradução de Michael R. Katz (Nova York: Liveright, 2017), p. 318.

35. Sylvia Plath, *The Collected Poems*, Ted Hughes (org.) (Nova York: Harper Perennial, 1992), p. 255.

36. Douglas Adams, *Life, the Universe and Everything* (Nova York: Del Rey, 2005), pp. 4-5.

37. Pablo Casals, do Festival de Bach: Prades 1950, citado em Paul Elie, *Reinventing Bach* (Nova York: Farrar, Straus e Giroux, 2012), p. 447.

38. Joseph Conrad, *The Nigger of the “Narcissus”*, op. cit., p. vi.

39. Helen Keller, carta à Orquestra Sinfônica de Nova York, 2 de fevereiro de 1924, arquivos digitais da Fundação Americana para Cegos. Nome de arquivo: HK01-07_B114_F08_015_002.tif.

9. DURAÇÃO E IMPERMANÊNCIA [pp. 269-306]

1. Alguns pensadores renomados sugeriram que a evolução humana chegou ao fim. Por exemplo, Stephen Jay Gould observou que, do ponto de vista da biologia, os humanos hoje são essencialmente os mesmos que viveram há 50 mil anos (Stephen Jay Gould, "The Spice of Life", *Leader to Leader*, v. 15, 2000, pp. 14-9). Outros pesquisadores, estudando o genoma humano, argumentaram, ao contrário, que a taxa de evolução humana está se acelerando (ver, por exemplo, John Hawks, Eric T. Wang, Gregory M. Cochran et al., "Recent Acceleration of Human Adaptive Evolution", *Proceedings of the National Academy of Sciences*, v. 104, n. 52, pp. 20753-8, dez. 2007; Wenqing Fu, Timothy D. O'Connor, Goo Jun et al., "Analysis of 6,515 Exomes Reveals the Recent Origin of Most Human Protein-Coding Variants", *Nature*, v. 493, pp. 216-20, 10 jan. 2013). Estudos de várias populações forneceram evidências de evolução genética relativamente recente. Os exemplos incluem a altura dos homens holandeses, cujo aumento médio excepcional pode refletir os efeitos da seleção sexual e natural (Gert Stulp, Louise Barrett, Felix C. Tropf e Melinda Mill, "Does Natural Selection Favour Taller Stature among the Tallest People on Earth?", *Proceedings of the Royal Society B*, v. 282, n. 1806, p. 20150211, 7 maio 2015) e adaptações a ambientes de alta altitude (Abigail Bigham et al., "Identifying Signatures of Natural Selection in Tibetan and Andean Populations Using Dense Genome Scan Data", *PLoS Genetics*, v. 6, n. 9, p. e1001116, 9 set. 2010).

2. Choongwon Jeong e Anna Di Rienzo, "Adaptations to Local Environments in Modern Human Populations", *Current Opinion in Genetics & Development*, v. 29, pp. 1-8, 2014; Gert Stulp, Louise Barrett, Felix C. Tropf e Melinda Mill, "Does Natural Selection Favour Taller Stature among the Tallest People on Earth?", *Proceedings of the Royal Society B*, v. 282, n. 1806, p. 20150211, 7 maio 2015 (ver também nota 1, acima).

3. Uma advertência acerca dessa suposição é fornecida por Steven Carlip, "Transient Observers and Variable Constants, or Repelling the Invasion of The Boltzmann's Brains", *Journal of Cosmology and Astroparticle Physics*, v. 06, p. 001, 2007. Observe que uma possível variação que levaremos em consideração é que o valor da energia escura pode mudar. Como discutimos neste capítulo, foi apenas no final dos anos 1990 que as observações astronômicas convenceram a comunidade dos físicos de que a eliminação, por Einstein, da constante cosmológica em 1931 ("Fora com o termo cosmológico!") foi prematura. Prematuro também foi rotular como "constante" a constante cosmológica. É bastante possível que o valor do termo cosmológico de Einstein varie ao longo do tempo — uma possibilidade, como veremos, com grandes implicações para o futuro.

4. Para uma perspectiva diferente sobre o futuro da inteligência, ver David Deutsch, *The Beginning of Infinity* (Nova York: Viking, 2011).

5. A escatologia física, a física do futuro distante, recebeu menos atenção do que a física do passado remoto. No entanto, existem vários estudos. Uma lista abrangente de referências técnicas está contida em Milan M. Ćirković, "Resource Letter: PES-1, Physical Eschatology", *American Journal of Physics*, v. 71, p. 122, 2003. Na discussão que se segue, o seminal artigo de Freeman Dyson, "Time Without End: Physics and Biology in an Open Universe", *Reviews of Modern Physics*, v. 51, pp. 447-60, 1979, tem sido particularmente influente, assim como o artigo de Fred C. Adams e Gregory Laughlin, "A Dying Universe: The Long Term Fate And Evolution of As-

trophysical Objects", *Reviews of Modern Physics*, v. 69, pp. 337-72, 1997, que desenvolve ainda mais o assunto, incluindo novos resultados sobre a dinâmica planetária, estelar e galáctica, discutidos também em seu excelente livro de nível mais geral *The Five Ages of the Universe: Inside the Physics of Eternity* (Nova York: Free Press, 1999). O tema deve suas origens modernas ao artigo de M. J. Rees, "The Collapse of the Universe: An Eschatological Study", *Observatory*, v. 89, pp. 193-8, 1969, bem como ao artigo de Jamal N. Islam, "Possible Ultimate Fate of the Universe", *Quarterly Journal of the Royal Astronomical Society*, v. 18, pp. 3-8, mar. 1977.

6. I.-J. Sackmann, A. I. Boothroyd e K. E. Kraemer, "Our Sun. III. Present and Future", *Astrophysical Journal*, v. 418, p. 457, 1993; Klaus-Peter Schroder e Robert C. Smith, "Distant Future of the Sun and Earth Revisited", *Monthly Notices of the Royal Astronomical Society*, v. 386, n. 1, pp. 155-63, 2008.

7. O leitor especialista notará que o princípio da exclusão de Pauli já teria desempenhado um papel relevante na evolução do Sol. Antes da ignição da fusão do hélio no núcleo do Sol, a densidade teria sido suficientemente alta para que a pressão de degeneração do princípio da exclusão de elétrons se tornasse relevante. Com efeito, a "erupção espetacular, mas momentânea", que mencionei como fato marcante da transição para a fusão do hélio surge por causa de propriedades especiais do gás de elétrons degenerados que povoam o núcleo (o gás não se expande nem resfria em resposta ao calor gerado pelo início da fusão do hélio, levando a uma reação nuclear colossal, não muito diferente de uma bomba de hélio).

8. Alan Lindsay Mackay, *The Harvest of a Quiet Eye: A Selection of Scientific Quotations* (Bristol, Reino Unido: Instituto de Física, 1977), p. 117.

9. O reconhecimento inicial do papel essencial do princípio da exclusão de Pauli na estrutura das anãs brancas foi feito em R. H. Fowler, "On Dense Matter", *Monthly Notices of the Royal Astronomical Society*, v. 87, n. 2, pp. 114-22, 1926. O reconhecimento da importante inclusão de efeitos relativísticos foi feito em Subrahmanyan Chandrasekhar, "The Maximum Mass of Ideal White Dwarfs", *Astrophysical Journal*, v. 74, pp. 81-2, 1931. O resultado, conhecido como limite de Chandrasekhar, mostra que a contração de qualquer estrela com massa inferior a cerca de 1,4 vez a do Sol será igualmente interrompida pela resistência devido ao princípio da exclusão de Pauli. Trabalhos subsequentes revelaram que, no caso de estrelas mais massivas, a força da contração estelar pode levar os elétrons a se fundir com os prótons, formando nêutrons. O processo permite que as estrelas se contraiam ainda mais, mas em algum ponto os nêutrons estarão tão compactados que o princípio da exclusão de Pauli se tornará de novo relevante, mais uma vez interrompendo a contração adicional. O resultado é uma estrela de nêutrons.

10. Enquanto, em média, as separações galácticas estão crescendo, existem galáxias que estão suficientemente próximas a ponto de sua atração gravitacional mútua levá-las a chegar bem perto uma da outra. Como discutiremos, é o caso, por exemplo, das galáxias da Via Láctea e de Andrômeda.

11. S. Perlmutter et al., "Measurements of Ω and Λ from 42 High-Redshift Supernovae", *Astrophysical Journal*, v. 517, n. 2, p. 565, 1999; B. P. Schmidt et al., "The High-Z Supernova Search: Measuring Cosmic Deceleration and Global Curvature of the Universe Using Type IA Supernovae", *Astrophysical Journal*, v. 507, p. 46, 1988.

12. Em nome da completude, observe que todas as explicações da expansão espacial acelerada que são levadas a sério apontam o dedo para a gravidade. Falando de maneira geral, con-

tudo, elas o fazem de duas maneiras diferentes. Ou o comportamento da força da gravidade sobre as distâncias cosmológicas difere de nossa expectativa baseada nas descrições de Einstein e Newton, ou as fontes que dão origem à gravidade diferem de nossa expectativa baseada no entendimento convencional de matéria e energia. Embora ambos os enfoques sejam viáveis, o segundo foi desenvolvido de maneira mais completa e aplicado de forma mais ampla (para explicar não apenas a expansão acelerada do espaço, mas também observações detalhadas da radiação cósmica de fundo em micro-ondas), e por isso é a abordagem que adotamos.

13. A densidade da energia escura é de cerca de 5×10^{-10} joules por metro cúbico ou de cerca de 5×10^{-10} watt-segundos por metro cúbico. Para operar uma lâmpada de cem watts por um segundo, a necessidade de energia equivale a 2×10^{11} vezes a energia escura contida em um único centímetro cúbico. Essa energia pode, portanto, fazer funcionar uma lâmpada de cem watts por cerca de 5×10^{-12} segundos, ou cinco trilionésimos de segundo.

14. Se o valor da energia escura não muda com o tempo, então é idêntico à constante cosmológica de Einstein — uma jogada desesperada que Einstein incluiu em seus cálculos em 1917, quando percebeu que as equações da relatividade geral eram incapazes de explicar a ideia consensual de que, em grandes escalas, o universo era estático. A dificuldade que Einstein encontrou é que a estase requer equilíbrio, mas a gravidade aparentemente puxa apenas em uma direção. Sem força de contrapeso, um universo estático parecia impossível. Felizmente, Einstein percebeu que, ao inserir um novo termo em suas equações — a constante cosmológica —, a relatividade geral também permitia a gravidade repulsiva que poderia se opor à atração comum da gravidade e tornar possível um universo estático. (Einstein não percebeu que o equilíbrio era instável — uma pequena mudança no tamanho do universo estático, maior ou menor, perturbaria o equilíbrio, levando à expansão ou à contração.) Em pouco mais de uma década, no entanto, Einstein constatou que o universo está se expandindo. Com essa percepção, tomou a notória decisão de apagar de suas equações a constante cosmológica. Porém, ele havia deixado o gênio da gravidade repulsiva escapar da garrafa da relatividade geral. Com o tempo, a gravidade repulsiva prestaria enorme serviço à cosmologia, conferindo ao Big Bang o empurrão para fora e, depois, oferecendo uma explicação para a expansão acelerada do espaço. Como muitos já disseram, tudo isso mostra que até mesmo as ideias ruins de Einstein são boas.

15. Robert R. Caldwell, Marc Kamionkowski e Nevin N. Weinberg, "Phantom Energy and Cosmic Doomsday", *Physical Review Letters*, v. 91, p. 071301, 2003.

16. Abraham Loeb, "Cosmology with Hypervelocity Stars", *Journal of Cosmology and Astroparticle Physics*, v. 04, p. 023, 2011.

17. A energia no interior da Terra também é um resquício do calor produzido quando a força da gravidade esmagou uma nuvem de poeira e gás no planeta nascente. Além disso, o calor é gerado à medida que a Terra gira, porque o movimento tensiona as camadas de rocha profunda, que precisam de uma força constante para acompanhar a velocidade de rotação.

18. Fred C. Adams e Gregory Laughlin, "A Dying Universe: the Long Term Fate and Evolution of Astrophysical Objects", *Reviews of Modern Physics*, v. 69, pp. 337-2, 1997; Fred C. Adams e Gregory Laughlin, *The Five Ages of the Universe: Inside the Physics of Eternity* (Nova York: Free Press, 1999), pp. 50-2. Considerações semelhantes são relevantes para planetas ou luas que sempre estiveram distantes demais de sua estrela hospedeira para que surgissem as condições de superfície propícias à vida. Os processos internos desses corpos, sua astrogeologia,

podem produzir uma energia capaz de dar sustentação à vida bem abaixo de sua superfície. A lua de Saturno, Encélado, é uma das principais candidatas. A uma distância tão grande do Sol, sua superfície gelada é um lar nada auspicioso para a vida. Mas as várias influências gravitacionais exercidas por Saturno e suas outras luas, esticando ligeiramente Encélado desta forma e comprimindo-a daquela, criam tensões e pressões que aquecem seu interior, derretendo gelo e possivelmente alimentando reservatórios de água líquida. Não é de todo absurdo imaginar que um dia poderíamos perfurar um pequeno buraco na crosta congelada de Encélado, descer uma sonda e ficar cara a cara com um nativo enceladoniano habitante do oceano.

19. Para uma demonstração, ver minha participação no programa *The Late Show with Stephen Colbert*, no qual deixei cair uma pilha de cinco bolas, impelindo a menor e mais leve delas a mais de nove metros no ar (certamente o único recorde mundial do livro *Guinness* de que serei o detentor). Disponível em: <https://www.youtube.com/watch?v=75szwX09pg8>.

20. Dyson fornece uma estimativa simples da proporção em que os planetas são ejetados dos sistemas solares, bem como a taxa em que as estrelas são ejetadas de galáxias: Freeman Dyson, "Time without End: Physics and Biology in an Open Universe", *Reviews of Modern Physics*, v. 51, p. 450, 1979. Adams e Laughlin fornecem explicações e cálculos mais completos, bem como contribuições de pesquisa originais para alguns desses processos (por exemplo, as implicações de pequenas estrelas vagando por nosso sistema solar). Fred C. Adams e Gregory Laughlin, "A Dying Universe: The Long Term Fate and Evolution of Astrophysical Objects", *Reviews of Modern Physics*, v. 69, pp. 343-7, 1997; Fred C. Adams e Gregory Laughlin, *The Five Ages of the Universe: Inside the Physics of Eternity* (Nova York: Free Press, 1999), pp. 50-1.

21. Para uma demonstração em vídeo da metáfora da folha de borracha, uso de elastano e uma breve discussão sobre o argumento apresentado no parágrafo seguinte com relação às ondas gravitacionais e à decadência das órbitas planetárias, ver: <https://www.youtube.com/watch?v=uRijc-AN-F0>.

22. R. A. Hulse e J. H. Taylor, "Discovery of a Pulsar in a Binary System", *Astrophysical Journal*, v. 195, p. L51, 1975.

23. A possibilidade de que uma órbita em lenta decadência possa indicar que a energia está sendo perdida por meio da radiação gravitacional foi levantada em R. V. Wagoner, "Test for the Exist of Gravitational Radiation", *Astrophysical Journal*, v. 196, p. L63, 1975.

24. J. H. Taylor, L. A. Fowler e P. M. McCulloch, "Measurements of General Relativistic Effects in the Binary Pulsar PSR 1913+16", *Nature*, v. 277, p. 437, 1979.

25. Freeman Dyson, "Time without End: Physics and Biology in an Open Universe", *Reviews of Modern Physics*, v. 51, p. 451, 1979; Fred C. Adams e Gregory Laughlin, "A Dying Universe: The Long-Term Fate and Evolution of Astrophysical Objects", *Reviews of Modern Physics*, v. 69, pp. 344-7, 1997.

26. Fred C. Adams e Gregory Laughlin, "A Dying Universe: The Long-Term Fate and Evolution of Astrophysical Objects", *Reviews of Modern Physics*, v. 69, pp. 347-9, 1997.

27. Quando isolados, os nêutrons têm uma vida útil curta de cerca de quinze minutos. No entanto, como são mais pesados que os prótons, o processo de deterioração dos nêutrons envolve a produção de um próton (e um elétron e um antineutrino). Para um nêutron se deteriorar dentro de um átomo, o núcleo precisaria acomodar o próton produzido, mas muitas vezes esse requisito não pode ser atendido. Prótons que já estão no núcleo preenchem as brechas quânticas

disponíveis, que, de acordo com Pauli e seu princípio da exclusão, não podem ser compartilhadas, reforçando a estabilidade do nêutron nesse contexto. Se os prótons, sendo mais leves que os nêutrons, se deteriorassem, não produziriam nêutrons, e um processo de estabilização semelhante não entraria em ação.

28. Howard Georgi e Sheldon Glashow, "Unity of All Elementary-Particle Forces", *Physical Review Letters*, v. 32, n. 8, p. 438, 1974.

29. Uma taxa de decaimento de 50% ao longo de 10^{30} anos implica que em uma amostra de 10^{30} prótons há 50% de chance de que, no intervalo de um único ano, um deles se desintegre.

30. Howard Georgi, comunicação pessoal, Universidade Harvard, 28 de dezembro de 1997.

31. Se os prótons não se desintegrassem da maneira prevista por teorias que, a exemplo da grande unificação ou da teoria das cordas, vão além das leis estabelecidas pela física de partículas — o modelo-padrão da física de partículas —, o lançamento em direção ao futuro que descrevi precisaria de várias modificações. Por exemplo, em geral pensamos nos sólidos, como o ferro, como objetos que mantêm sua forma, ao contrário dos líquidos, cuja forma é fluida. Todavia, em escalas de tempo suficientemente longas, até mesmo o ferro atuaria como um fluido, com seus átomos constituintes cavando um túnel através de todas as barreiras normalmente erguidas por processos físicos e químicos. Ao longo de cerca de 10^{65} anos, um pedaço de ferro flutuando no espaço reorganizaria seus átomos, "derretendo-se" em uma bolha esférica — e o mesmo aconteceria com toda a matéria ainda existente. Além das reconfigurações de forma, no decorrer de períodos mais longos a identidade da matéria mudaria: átomos mais leves que o ferro se fundiriam gradualmente, ao passo que átomos mais pesados que o ferro se separariam por fissão. O ferro é a mais estável de todas as configurações atômicas e, portanto, seria o produto final de todos esses processos nucleares. A escala de tempo para a conclusão desses processos é de cerca de 10^{1500} anos. No decurso de escalas de tempo ainda mais longas, a matéria abriria um túnel quântico em buracos negros, que nessa escala temporal evaporariam imediatamente pela radiação Hawking. Observe, porém, que até mesmo no modelo-padrão da física de partículas — nada de extensões exóticas ou hipotéticas — se acredita que os prótons se deteriorarão, apenas em uma escala de tempo muito mais longa do que os 10^{38} anos que presumimos no capítulo. Por exemplo, existe um processo quântico exótico no âmbito do modelo-padrão estudado teoricamente pelos físicos (conhecido como *instanton*, fazendo uso da chamada solução *sphaleron* para as equações do campo eletrofraco) que resultaria na desintegração dos prótons. O processo depende de um evento de tunelamento quântico, então a escala de tempo para que isso ocorra é longa — estimativas o situam em cerca de 10^{150} anos no futuro, mas muito menos do que os 10^{1500} anos antes observados. Os físicos estudaram outros processos exóticos que também fariam com que o próton se desintegrasse em várias escalas de tempo, a maioria delas não ultrapassando cerca de 10^{200} anos. Portanto, nessa era futura, é provável que qualquer matéria complexa remanescente já tenha se desfeito. Ver Freeman Dyson, "Time without End: Physics and Biology in an Open Universe", *Reviews of Modern Physics*, v. 51, pp. 451-2, 1979, para as estimativas sobre a fluidez da matéria sólida e a transformação da matéria em ferro. Para referências técnicas sobre o tunelamento quântico que leva à deterioração de prótons, ver: G. 't Hooft, "Computation of the Quantum Effects due to a Four-Dimensional Pseudoparticle", *Physical Review D*, v. 14, p. 3432, 1976, e F. R. Klinkhamer e N. S. Manton, "A Saddle-Point Solution in the Weinberg-Salam Theory", *Physical Review D*, v. 30, p. 2212, 1984.

32. Freeman Dyson, "Time without End: Physics and Biology in an Open Universe", *Reviews of Modern Physics*, v. 51, pp. 447-60, 1979.

33. Dyson calcula a taxa de dissipação de energia *D* necessária para um Pensador cuja "complexidade" é *Q* (ou seja, a taxa de produção de entropia por unidade de tempo subjetivo do Pensador, aproximadamente a produção de entropia por pensamento do Pensador), operando a uma temperatura T, e encontra $D \propto QT^2$.

34. Mais precisamente, na linguagem que estou usando, Dyson presume que, se tivermos um conjunto de Pensadores, todos ajustados para funcionar em diferentes temperaturas, então a taxa dos processos metabólicos de cada Pensador, sejam eles quais forem, sobe de modo linear com a temperatura. Em termos técnicos, Dyson está postulando o que ele chama de *hipótese do escalonamento biológico*, que afirma o seguinte: se você tiver uma réplica de determinado meio ambiente, idêntica ao original em termos de mecânica quântica, exceto para a temperatura do novo meio ambiente, que é T_{nova}, ao passo que a do meio ambiente original era $T_{original}$, e se você fizer uma réplica de um sistema vivo de modo que seu hamiltoniano de mecânica quântica, até uma transformação unitária, seja dado por $H_{novo} = (T_{novo}/T_{original})\ H_{original}$, então a cópia está viva e tem experiências subjetivas idênticas às do original, exceto pelo fato de que todas as suas funções internas são reduzidas por um fator de $T_{novo}/T_{original}$.

35. O leitor com inclinação para a matemática observará que, se a temperatura, *T*, é uma função do tempo, *t*, de acordo com $T(t) \sim t^{-p}$, a integral da expressão na nota 33, QT^2, convergirá para $p > ½$, enquanto o número total de pensamentos (a integral de $T(t)$) divergirá para $p < 1$. Assim, com $½ < p < 1$, o Pensador pode realizar um número infinito de pensamentos enquanto requer um suprimento finito de energia.

36. Para o leitor com inclinação para a matemática, a questão-chave aqui é que a taxa máxima de descarte de resíduos (presumindo que o Pensador jogue fora resíduos por meio de radiação dipolo baseada em elétrons) é proporcional a T^3, enquanto a energia dissipada é proporcional a T^2. Isso implica que há um limite inferior em T para evitar que o calor residual se acumule mais rapidamente do que pode ser expelido.

37. Os cientistas da computação responsáveis por esses resultados influentes incluem Charles Bennett, Edward Fredkin, Rolf Landauer e Tommaso Toffoli, entre muitos outros. Para uma exposição perspicaz e acessível, cf. Charles H. Bennett e Rolf Landauer, "The Fundamental Physical Limits of Computation", *Scientific American*, v. 253, n. 1, pp. 48-56, jul. 1985.

38. Em termos mais precisos, é *praticamente* impossível desfazer o cálculo. Como o ato de apagar é em si um processo físico, em princípio poderíamos desfazê-lo pelo mesmo processo que usaríamos para desfazer o estilhaçamento de um vidro: inverter o movimento de cada partícula em todos os lugares. Mas, novamente, em qualquer sentido prático, isso não é viável.

39. Vários autores examinaram o impacto de uma constante cosmológica no futuro da vida e da mente. Muito antes da descoberta observacional da energia escura, John Barrow e Frank Tipler analisaram a física da computação em um universo com uma constante cosmológica e argumentaram que o processamento de informações necessariamente chega ao fim, colocando um ponto-final na vida e na mente (John D. Barrow e Frank J. Tipler, *The Anthropic Cosmological Principle* [Oxford: Oxford University Press, 1988], pp. 668-9). Lawrence Krauss e Glenn Starkman revisitaram a análise de Dyson em um universo com uma constante cosmológica e chegaram a uma conclusão semelhante (Lawrence M. Krauss e Glenn D.

Starkman, "Life, the Universe, and Nothing: Life and Death in an Ever-Expanding Universe", *Astrophysical Journal*, v. 531, pp. 22-30, 2000). Krauss e Starkman argumentaram também, em bases gerais, que, da mesma forma, a natureza discreta dos estados para um sistema quântico de tamanho finito colocaria em perigo o pensamento infinito em *qualquer* espaço-tempo em expansão, mesmo na ausência de uma constante cosmológica. No entanto, Barrow e Hervik argumentaram que, usando gradientes de temperatura gerados por ondas gravitacionais, o processamento de informações pode, de fato, continuar indefinidamente em um universo que não tem uma constante cosmológica (John D. Barrow e Sigbjørn Hervik, "Indefinite Information Processing in Ever-Expansion Universes", *Physics Letters B*, v. 566, n. 1-2, pp. 1-7, 24 jul. 2003). Freese e Kinney chegaram a uma conclusão semelhante, apontando que, em um espaço-tempo cujo tamanho do horizonte aumenta ao longo do tempo (ao contrário de um universo com uma constante cosmológica, em que o tamanho do horizonte é fixo), o espaço de fase adquire continuamente novos modos (aqueles cujos comprimentos de onda caem abaixo do tamanho do horizonte crescente), o que dá ao sistema uma provisão contínua de novos graus de liberdade que podem transportar resíduos para o meio ambiente, permitindo assim que o cômputo prossiga indefinidamente futuro adiante (K. Freese e W. Kinney, "The Ultimate Fate of Life in an Accelerating Universe", *Physics Letters B*, v. 558, n. 1-2, pp. 1-8, 10 abr. 2003).

40. K. Freese e W. Kinney, op. cit.

10. O CREPÚSCULO DO TEMPO [pp. 307-38]

1. O fato de que processos com probabilidades minúsculas podem tirar proveito de longos períodos de tempo para abrir caminho realidade adentro é algo que encontramos em capítulos anteriores. Em uma explicação do que pode ter desencadeado o Big Bang, observei que o desdobramento cósmico talvez tenha esperado por muito tempo pela configuração extremamente improvável de um campo do ínflaton uniforme para preencher uma pequena região, onde estabeleceria uma fonte de gravidade repulsiva e daria início à expansão do espaço. Para outro exemplo importante e geral, também enfatizei que a segunda lei da termodinâmica não é uma lei no sentido convencional, mas sim uma tendência estatística. As diminuições entrópicas são extraordinariamente raras, mas se você esperar por tempo suficiente, até mesmo as coisas mais improváveis acontecerão.

2. Freeman Dyson em Jon Else (org.), *The Day After Trinity* (Houston: KETH, 1981).

3. Comunicação pessoal com John Wheeler, Universidade de Princeton, 27 de janeiro de 1998.

4. W. Israel, "Event Horizons in Static Vacuum Space-Times", *Physical Review*, v. 164, p. 1776, 1967; W. Israel, "Event Horizons in Static Electrovac Space-Times", *Communications in Mathematical Physics*, v. 8, p. 245, 1968; B. Carter, "Axisymmetric Black Hole Has Only Two Degrees of Freedom", *Physical Review Letters*, v. 26, p. 331, 1971.

5. Jacob D. Bekenstein, "Black Holes And Entropy", *Physical Review D*, v. 7, p. 2333, 15 abr. 1973. Para um resumo matemático bonito e acessível do cálculo de Bekenstein, cf. Leonard

Susskind, *The Black Hole War: My Battle with Stephen Hawking to Make the World Safe for Quantum Mechanics* (Nova York: Little, Brown and Co., 2008), pp. 151-4.

6. Mais precisamente, a área aumenta em uma unidade quadrada se a unidade for escolhida como um quarto do comprimento de Planck ao quadrado.

7. As propriedades magnéticas do elétron, que são altamente sensíveis às flutuações quânticas no espaço vazio, fornecem a mais impressionante concordância entre observações e previsões matemáticas. Os cálculos matemáticos são nada menos que heroicos. No fim da década de 1940, Richard Feynman introduziu um esquema gráfico para organizar esses cálculos quânticos, usando o que hoje é conhecido como *diagramas de Feynman*. Cada diagrama representa uma contribuição matemática que requer uma avaliação cuidadosa, e, na conclusão do cálculo, todos esses termos precisam ser somados. A fim de determinar as contribuições quânticas para as propriedades magnéticas dos elétrons (o momento de dipolo do elétron), os pesquisadores precisaram avaliar mais de 12 mil diagramas de Feynman. A consonância espetacular entre esses cálculos e medições experimentais figura entre os maiores de todos os triunfos oriundos de nossa compreensão da física quântica (ver Tatsumi Aoyama, Masashi Hayakawa, Toichiro Kinoshita e Makiko Nio, "Tenth-Order Electron Anomalous Magnetic Moment: Contribution of Diagrams without Closed Lepton Loops", *Physical Review D*, v. 91, p. 033006, 2015).

8. Embora eu esteja usando o carvão como analogia, vale a pena notar uma diferença essencial entre a radiação emitida por uma queima conhecida e a radiação emitida por um buraco negro. Quando o carvão brilha, a radiação é emitida diretamente da queima do material que o constitui; a radiação, portanto, carrega uma marca impressa da composição do material específico do carvão. Em contraste, o material que constitui um buraco negro foi todo esmagado na singularidade do buraco — e, quanto mais maciço ele for, maior será a separação entre a singularidade e o horizonte de eventos do buraco negro —, de modo que a radiação emitida do horizonte de eventos não pareceria carregar uma marca impressa da composição do material do buraco. Essa diferença é uma forma de entender a origem do que é conhecido como *paradoxo da informação do buraco negro*. Se a radiação emitida por um buraco negro é insensível aos ingredientes específicos a partir dos quais ele se formou, então, no momento em que ele se transformou totalmente em radiação, a informação contida nesses ingredientes terá sido perdida. Essa perda de informações desarticularia a progressão da mecânica quântica do universo e, assim, os físicos passaram décadas tentando estabelecer que a informação não está perdida. Hoje a maioria dos físicos concorda que dispomos de fortes argumentos para corroborar a alegação de que a informação foi preservada, mas ainda há vários detalhes importantes na vanguarda da pesquisa.

9. A fórmula de Hawking mostra que a radiação de corpo negro emitida por um buraco negro de Schwarzschild (ou buraco negro estático, sem carga elétrica ou momento angular) de massa M é dada por $T_{\text{Hawking}} = hc^3/16\pi^2 GMk_b$ (h é a constante de Planck, c é a velocidade da luz, G é a constante de Newton e k_b é a constante de Boltzmann). S. W. Hawking, "Particle Creation by Black Holes", *Communications in Mathematical Physics*, v. 43, pp. 199-220, 1975.

10. Don N. Page, "Particle Emission Rates from a Black Hole: Massless Particles from a Uncharged, Nonrotating Hole", *Physical Review D*, v. 13, n. 2, pp. 198-206, 1976. Os números citados atualizam o cálculo de Page com base em avaliações mais recentes das propriedades das partículas, especialmente massas diferentes de zero para neutrinos.

11. Mais precisamente, uma bola com raio não maior que o chamado raio de Schwarzschild, cuja forma matemática em termos de massa, M, é $R_{\text{Schwarzschild}} = 2GM/c^2$.

12. Note que estou me referindo ao que poderia ser chamado de *densidade média efetiva* de um buraco negro: sua massa total dividida pelo volume total contido no interior de uma esfera igual em raio ao de seu horizonte de eventos. A noção é intuitivamente útil, mas, como o leitor especialista reconhecerá, é, na melhor das hipóteses, heurística. Quando um buraco negro se forma, a direção radial dentro do seu horizonte de eventos se torna semelhante ao tempo, de modo que a noção do volume espacial interno do buraco negro vira uma noção mais sutil (e, de fato, divergente). Além disso, a massa do buraco negro não preenche de maneira uniforme qualquer um desses volumes, razão pela qual a densidade média que calculamos não é fisicamente realizada pelo próprio buraco negro. No entanto, a densidade média de um buraco negro, como definimos, dá uma ideia intuitiva do motivo pelo qual buracos negros maiores produzem ambientes externos menos extremos e dão origem à radiação Hawking com temperaturas mais baixas.

13. No capítulo anterior, observamos que a expansão acelerada do espaço dá origem a uma temperatura de fundo minúscula e constante de cerca de 10^{-30} K. A temperatura de um buraco negro com massa maior do que cerca de 10^{23} vezes a massa do Sol seria menor do que a temperatura ambiente do espaço no futuro distante. Entretanto, esse buraco negro seria maior do que o próprio horizonte cosmológico.

14. De acordo com a matemática, à medida que os fótons passam através do campo de Higgs, não sofrem nenhuma resistência ao arrasto, o que os torna desprovidos de massa e faz com que o campo de Higgs fique invisível.

15. Peter Higgs em "What Is Space?" — o primeiro episódio do documentário de quatro partes *The Fabric of Cosmos* (*O tecido do cosmo*), baseado no livro de mesmo título, exibido pelo programa *NOVA* da rede de televisão educativa Public Broadcasting Service (PBS). Outros físicos que desenvolveram ideias semelhantes à de Higgs na mesma época incluem Robert Brout e François Englert, e Gerald Guralnik, C. Richard Hagen e Tom Kibble. Higgs e Englert compartilharam o prêmio Nobel por seu trabalho.

16. Há menos importância neste número em particular do que pode parecer. O valor 246 (ou, mais precisamente, 246,22 GeV, em que GeV representa a unidade convencional de gigaelétron-volts) depende das convenções matemáticas a que os físicos costumam recorrer. Porém, convenções menos próximas do padrão produziriam uma física equivalente com diferentes valores numéricos.

17. Sidney Coleman, "Fate of the False Vacuum", *Physical Review D*, v. 15, p. 2929, 1977; errata, *Physical Review D*, v. 16, p. 1248, 1977.

18. Mais precisamente, a esfera se espalharia devagar no início e em seguida aumentaria com rapidez sua velocidade em direção à da luz.

19. A. Andreassen, W. Frost e M. D. Schwartz, "Scale Invariant Instantons and the Complete Lifetime of the Standard Model", *Physical Review D*, v. 97, p. 056006, 2018.

20. A possibilidade de que nosso universo possa ter surgido de um banho uniforme de alta entropia de partículas se entrechocando no vazio, no qual uma rara queda espontânea para a entropia mais baixa resultou nas estruturas ordenadas que testemunhamos, foi levantada por Ludwig Boltzmann em dois artigos (Ludwig Boltzmann, "On Certain Questions of the Theory

of Gases", *Nature*, v. 51, pp. 1322, 413-5, 1895; Ludwig Boltzmann, "Entgegnung auf die wärmetheoretischen Betrachtungen des Hrn. E. Zermelo", *Annalen der Physik*, v. 57, pp. 773-84, 1896). Mais tarde, Arthur Eddington apontou que, como quedas menos significativas na entropia são mais prováveis de acontecer, há maior probabilidade de que essa flutuação não resulte em um universo inteiro cheio de estrelas, planetas e pessoas — uma queda drástica na entropia —; no lugar disso, ela produziria apenas "físicos matemáticos" (observadores envolvidos nos próprios experimentos mentais que ele estava investigando) dentro de um meio ambiente de outra forma desorganizado (A. Eddington, "The End of the World: From the Standpoint of Mathematical Physics", *Nature*, v. 127, n. 3203, pp. 447-53, 1931). Muito mais tarde, a noção de "físicos matemáticos" foi reduzida a uma queda entrópica ainda mais modesta — dando origem apenas aos componentes pensantes dos observadores, referidos como "cérebros de Boltzmann" (pelo que sei, o primeiro uso explícito do termo ocorreu em A. Albrecht e L. Sorbo, "Can the Universe Afford Inflation?", *Physical Review D*, v. 70, p. 063528, 2004).

21. Por razões enfatizadas no capítulo, meu foco será a criação instantânea de estruturas que são capazes de pensar — cérebros de Boltzmann —, mas a criação espontânea de universos novos inteiros ou a recriação espontânea de condições que desencadeiam a expansão cosmológica inflacionária também são dignas de atenção. Para evitar sobrecarregar o capítulo, examino essas possibilidades nas notas 22 e 34.

22. O leitor especializado reconhecerá que estou passando ao largo da sutileza e da controvérsia. Não há um consenso universal sobre como calcular as probabilidades das várias flutuações cosmológicas espontâneas às quais me refiro. Leonard Susskind e colaboradores defenderam uma abordagem em L. Dyson, M. Kleban e L. Susskind, "Disturbing Implications of a Cosmological Constant", *Journal of High Energy Physics*, v. 0210, p. 011, 2002, com base em uma ideia anterior de Susskind conhecida como "complementaridade de horizonte". Lembre-se de que, como a expansão do espaço está se acelerando, somos rodeados por um horizonte cosmológico distante. Locais além do horizonte cosmológico se afastam de nós mais rapidamente do que a velocidade da luz, portanto, não há possibilidade de sermos influenciados por nenhuma coisa localizada a essa distância ou além dela. Susskind, motivado por esse isolamento (e por seu trabalho anterior sobre buracos negros, que tem uma variedade própria de horizonte), defende levar em consideração apenas os processos físicos que ocorrem dentro de nosso "trecho causal" — você pode pensar nisso como a região do espaço que se estende dentro de nosso horizonte cosmológico —, descartando de modo efetivo toda a física na expansão potencialmente infinita do espaço que se estende além. Mais precisamente, Susskind argumenta que a física fora de nosso trecho causal é redundante com a física dentro de nosso trecho causal (assim como as descrições de ondas e partículas na mecânica quântica são duas maneiras complementares de discutir a mesma física, a física do trecho interno e a física do trecho externo também seriam formas complementares de discutir a mesma física). Com esse pressuposto, a realidade é considerada um trecho finito de espaço, com uma constante cosmológica fixa, Λ, produzindo uma temperatura $T \sim \sqrt{\Lambda}$ — até certo ponto como o caso canônico do gás quente em uma caixa, estudado em mecânica estatística elementar. Calcular as probabilidades relativas de dois macroestados diferentes, então, equivale a extrair as razões do número de microestados associados a cada um. Ou seja, a probabilidade de determinada configuração é proporcional (o exponencial

de) à sua entropia. Com essa abordagem, Susskind e colaboradores observam que a junção de partículas dentro de nosso trecho para gerar as condições necessárias para um Big Bang inflacionário é extraordinariamente menos provável (porque tem baixa entropia) do que o agrupamento de partículas para produzir diretamente o mundo tal qual o conhecemos, de estrelas a pessoas (porque essa configuração tem maior entropia). Um enfoque alternativo para calcular as probabilidades é sugerido em A. Albrecht e L. Sorbo, "Can the Universe Afford Inflation?", op. cit., que se baseia na inflação decorrente de um evento de tunelamento quântico local. Essa abordagem produz probabilidades drasticamente diferentes. Albrecht e Sorbo consideram as flutuações para diminuir a entropia — uma região que em seguida inflará — dentro de um meio ambiente de fundo que, por sua vez, tem alta entropia; isso garante que a configuração completa ainda tenha alta entropia, aumentando assim as probabilidades. Susskind e colaboradores levam em conta a entropia apenas dentro da própria flutuação, raciocinando que, como a região mais tarde inflará, tudo o que está fora dela se encontra além de seu horizonte cosmológico e, por isso, pode ser ignorado. A entropia mais baixa total que Susskind e colaboradores atribuem à flutuação diminui de maneira drástica sua probabilidade de se concretizar.

23. Na nota 9 do capítulo 2, expliquei que a maneira mais apropriada de definir a entropia de um sistema é como o logaritmo natural do número de estados quânticos acessíveis. Assim, se um sistema tem entropia S, o número de tais estados é e^S. Se presumirmos que um sistema passa quase a mesma quantidade de tempo em qualquer um dos microestados compatíveis com seu macroestado, então a probabilidade P de uma flutuação desde um estado inicial de entropia S_1 para um estado de entropia final S_2 é dada pela razão do número de microestados associados a cada um, logo $P = e^{S2}/ e^{S1} = e^{(S2 - S1)}$. Para maior clareza, escreva $S_2 = S_1 - D$, onde D representa a "queda" na entropia do valor inicial de S_1. Então $P = e^{(S_1 - D - S_1)} = e^{-D}$, onde vemos a diminuição exponencial da verossimilhança como uma função da queda da entropia. Qual é então a probabilidade de formar um cérebro de Boltzmann? Bem, na temperatura T, as partículas em nosso banho termal têm energias muito iguais a T (usando unidades com $k_B = 1$); assim, para construir um cérebro de massa M, precisamos desviar cerca de M/T de tais partículas (usando unidades com $c = 1$). Como a entropia do banho rastreia o número de partículas, a queda D é essencialmente igual a M/T e, portanto, a probabilidade é de cerca de $e^{-M/T}$. Para um exemplo bem relevante, podemos ter em vista o futuro muito distante e assumir que T é igual à temperatura do banho termal que surge do horizonte cosmológico, cerca de 10^{-30} K, que corresponde a cerca de 10^{-41} GeV (em que um GeV, gigaelétron-volt, é quase igual ao equivalente em energia da massa de um próton). Uma vez que um cérebro tem cerca de 10^{27} prótons, M/T é cerca de $10^{27}/10^{-41} = 10^{68}$. A probabilidade de um cérebro se formar de modo espontâneo é, por essa razão, quase igual a $e^{-10^{68}}$. O tempo necessário para haver uma chance razoável de um evento tão raro ocorrer é proporcional a $1/(e^{-10^{68}})$, ou seja, $e^{10^{68}}$, que neste capítulo, a fim de facilitar, aproximamos para $10^{10^{68}}$.

24. Embora o tempo possa muito bem ser ilimitado, há uma escala de tempo natural, mas finita, de relevância conhecida como "tempo de recorrência". Discuto isso na nota 34 a seguir, então aqui basta dizer que o tempo de recorrência é tão longo que o número de cérebros de Boltzmann que surgirão antes de atingirmos esse limite é — mesmo com a minúscula taxa de formação — vasto.

25. O leitor particularmente diligente reconhecerá que estamos invocando de modo implícito o princípio da indiferença descrito na nota 8 do capítulo 3. Ou seja, quando pondero sobre a origem do meu cérebro, estou atribuindo uma probabilidade igual a cada versão que tem a mesma configuração física. Uma vez que quase todas elas teriam se formado à maneira boltzmanniana, é altamente improvável que seja verdadeira a história que costumo contar sobre como meu cérebro surgiu. No entanto, como consta da nota suprarreferida, pode-se contestar o uso do princípio da indiferença em situações que não guardam semelhança com aquelas em que o princípio foi empiricamente verificado (cara ou coroa, lances de dados e a grande variedade de situações incertas de acaso que encontramos na vida cotidiana). Entretanto, muitos cosmólogos importantes não se dão por satisfeitos com esse enfoque e, por isso, encaram como uma questão bastante séria os quebra-cabeças envolvendo o cérebro de Boltzmann que descrevo neste capítulo.

26. Ver David Albert, *Time and Chance* (Cambridge, MA: Harvard University Press, 2000), p. 116; Brian Greene, *The Fabric of Cosmos* [*O tecido do cosmo*] (Nova York: Vintage, 2005), p. 168.

27. Permita-me mencionar dois outros enfoques correlatos para resolver o problema. Um é imaginar que ao longo do tempo as "constantes" da natureza ficam à deriva de tal modo que os processos físicos necessários para formar os cérebros de Boltzmann são suprimidos. Ver, por exemplo, Steven Carlip, "Transient Observers and Variable Constants, or Repelling the Invasion of the Boltzmann's Brains", *Journal of Cosmology and Astroparticle Physics*, v. 06, p. 001, 2007. Outro, apresentado por Sean Carroll e colaboradores, é que as flutuações necessárias para formar cérebros de Boltzmann não surgem sob um tratamento mecânico quântico cuidadoso (K. K. Boddy, S. M. Carroll e J. Pollack, "De Sitter Space without Dynamical Quantum Fluctuations", *Foundations of Physics*, v. 46, n. 6, p. 702, 2016).

28. Ver, por exemplo, A. Ceresole, G. Dall'Agata, A. Giryavets et al., "Domain Walls, Near-BPS Bubbles, and Probabilities in the Landscape", *Physical Review D*, v. 74, p. 086010, 2006. O físico Don Page propôs uma abordagem diferente para formular o problema do cérebro de Boltzmann, observando que, em qualquer volume finito de espaço em expansão acelerada, como o nosso, haverá — no transcorrer de uma duração de tempo ilimitada — um número ilimitado de cérebros criados de forma espontânea. Para evitar que nossos cérebros sejam membros atípicos nesse volume em expansão, Page sugere que nossa região não tem tempo ilimitado, mas, em vez disso, está rumando para alguma variedade de destruição. Seus cálculos (Don N. Page, "Is Our Universe Decaying at an Astronomical Rate?", *Physics Letters B*, v. 669, pp. 197-200, 2008) indicam que o tempo de vida máximo do nosso universo pode ser baixo, cerca de 20 bilhões de anos. Vários outros físicos (ver, por exemplo, R. Bousso e B. Freivogel, "A Paradox in the Global Description of the Multiverse", *Journal of High Energy Physics*, v. 6, p. 018, 2017; A. Linde, "Sinks in the Landscape, Boltzmann Brains, and the Cosmological Constant Problem", *Journal of Cosmology and Astroparticle Physics*, v. 0701, p. 022, 2007; A. Vilenkin, "Predictions from Quantum Cosmology", *Physical Review Letters*, v. 74, p. 846, 1995) sugeriram outras maneiras de evitar o problema dos cérebros de Boltzmann usando formalismos matemáticos diferentes para calcular a probabilidade de que eles se formarão. Em suma, resta muita discordância sobre como calcular a probabilidade desses tipos de processos, sem dúvida uma fonte fecunda de controvérsia a impulsionar ainda mais as pesquisas.

29. Kimberly K. Boddy e Sean M. Carroll, "Can the Higgs Boson Save Us from the Menace of the Boltzmann Brains?", 2013, disponível em: <arXiv: 1308.468>.

30. Pelo menos, essa é a história contada pelas equações de Einstein. Determinar se essa poderosa crise seria realmente o fim ou se alguma variedade de processos exóticos surgirá no último momento exigirá um tratamento quântico completo da gravidade. O consenso geral atual é que o tunelamento para um valor negativo produz um estado terminal — nesse reino, um verdadeiro fim do tempo.

31. Paul J. Steinhardt e Neil Turok, "The Cyclic Model Simplified", *New Astronomy Reviews*, v. 49, pp. 43-57, 2005; Anna Ijjas e Paul Steinhardt, "A New Kind of Cyclic Universe", 2019, disponível em: <arXiv: 1904.0822 [gr-qc.]>. Acesso em: 28 jun. 2021.

32. Alexander Friedmann, tradução de Brian Doyle, "On the Curvature of Space", *Zeitschrift für Physik*, v. 10, pp. 377-86, 1922; Richard C. Tolman, "On the Problem of the Entropy of the Universe as a Whole", *Physical Review*, v. 37, pp. 1639-60, 1931; id., "On the Theoretical Requirements for a Periodic Behavior of the Universe", *Physical Review*, v. 38, pp. 1758-71, 1931.

33. Mais do que provável, porém, o argumento não seria facilmente compreensível. O motivo é que o paradigma inflacionário também pode acomodar a falta de ondas gravitacionais primordiais: modelos que reduzem a escala de energia da inflação produziriam ondas fracas demais para serem observadas. Alguns pesquisadores argumentariam com veemência que tais modelos não são naturais e, portanto, são menos convincentes do que o modelo cíclico. Mas esse é um julgamento qualitativo a respeito do qual pesquisadores diferentes terão opiniões diferentes. Os dados potenciais a que me refiro (ou, na verdade, a falta deles) decerto ensejariam um debate acalorado na comunidade da física entre os defensores dessas duas teorias cosmológicas, contudo não é provável que a hipótese inflacionária fosse abandonada.

34. Sob o risco de que isso resultasse em divagações que nos afastariam demais do ponto central do capítulo, observarei aqui que existe uma versão da cosmologia cíclica que pode emergir também de cenários cosmológicos hipotéticos mais próximos do padrão. Embora seja bastante diferente da abordagem cíclica que acabamos de descrever, essa cosmologia envolve episódios sequenciais, mas com escalas de tempo muitíssimo maiores e surgindo em decorrência de um mecanismo completamente diferente. A física essencial foi derivada no final do século XIX pelo matemático Henri Poincaré, e hoje é chamada de teorema da recorrência de Poincaré. Para entender a essência desse teorema, pense em embaralhar as cartas de um baralho. Como existe apenas um número finito de ordens diferentes em que as cartas podem ser misturadas (um número enorme, sim, mas sem dúvida finito), se você continuar a embaralhá-las, mais cedo ou mais tarde a ordem deverá se repetir. Poincaré percebeu que, se você tiver, digamos, moléculas de vapor saltando de forma aleatória de um lado para o outro no interior de um recipiente, é certo que uma espécie de repetição também vai acontecer. Por exemplo, imagine que eu coloco um compacto aglomerado de moléculas de vapor em um canto de um recipiente e depois as deixo se dispersarem. Elas encherão o recipiente com rapidez e por um tempo espetacularmente longo manterão uma aparência uniforme enquanto continuam a se mover de modo aleatório pelo espaço disponível. Porém, se esperarmos por tempo suficiente, as moléculas, por acaso, migrarão para configurações mais ordenadas e de entropia mais baixa. Poincaré foi mais longe. Ele argumentou que as moléculas, por meio de seus movimentos aleatórios, chegarão arbitrariamente perto da própria configuração a partir da qual começaram: um grupo compri-

mido e amontoado com firmeza em um canto do recipiente. O raciocínio, embora técnico, é semelhante à maneira como concluímos que a ordem das cartas embaralhadas indefinidamente deve se repetir. Uma lista interminável de posições e velocidades de partículas aleatórias também se repete, necessariamente. Ora, você pode ser cético em relação a essa afirmação — afinal, ao contrário do que acontece com as cartas embaralhadas, existem infinitas configurações diferentes para as moléculas de vapor no recipiente. No entanto, Poincaré deu um jeito nessa complicação, defendendo não uma recriação exata de uma configuração anterior, e sim uma recriação aproximada de modo arbitrário. Quanto mais precisa a recriação desejada, mais tempo você terá que esperar para que ela aconteça, contudo, escolha qualquer tolerância de sua preferência e as partículas recriarão a configuração anterior dentro daquela especificação.

Não obstante o raciocínio de Poincaré fosse clássico, na década de 1950 seu teorema foi estendido à mecânica quântica. Se você iniciar um sistema fechado com determinadas probabilidades de suas partículas serem encontradas em locais específicos e permitir que ele evolua por um tempo longo o suficiente, as probabilidades chegarão arbitrariamente perto de seus valores iniciais, ciclo que também se repetirá de modo indefinido. Essencial ao argumento de Poincaré, seja clássico ou quântico, é o fato de que o vapor está confinado a um recipiente. Caso contrário, as moléculas continuariam a se dispersar para fora, e nunca mais retornariam. Visto que o universo não é um recipiente fechado, você poderia pensar que o teorema de Poincaré não tem relevância cosmológica. Todavia, como discutimos na nota 22 deste capítulo, Leonard Susskind argumentou que um horizonte cosmológico com efeito age como as paredes de um contêiner: confina a parte do universo com a qual podemos interagir a um tamanho finito, tornando o teorema de Poincaré aplicável. E, assim como o vapor no recipiente, no transcurso de períodos bastante longos, retornará para arbitrariamente perto de qualquer configuração dada, o mesmo acontecerá com as condições no âmbito de nosso horizonte cosmológico: seja qual for a precisão dada, qualquer configuração de partículas e campos se materializará mais e mais. É uma versão literal de um retorno eterno. Com base no tamanho do nosso horizonte cosmológico, podemos calcular a escala de tempo necessária para recorrências, e o resultado é a mais longe escala de tempo que já encontramos — cerca de $10^{10^{120}}$ anos.

Não se pode deixar de pensar sobre essas recorrências em termos terrestres. Cada uma das centenas de bilhões de pessoas que já viveram e morreram eram configurações de partículas. Se essas configurações se materializassem mais uma vez, bem — como você pode ver, essa linha de pensamento se dirige a lugares que a ciência costuma evitar com todas as forças. Contudo, antes de se empolgar demais, observe que, como vimos, quedas espontâneas de entropia podem ameaçar a própria base do entendimento racional. Se uma reconfiguração aleatória de partículas e campos desencadeia um novo desdobramento cosmológico — um novo Big Bang — que acaba gerando estrelas, planetas e pessoas, isso é uma coisa. Entretanto, se no fim ficar claro que há maior probabilidade de recriarmos espontaneamente as condições iguais às do universo de hoje — sem Big Bang e sem desdobramento cosmológico —, nós nos veremos no mesmo pântano que encontramos com os cérebros de Boltzmann. Ainda que nosso universo surgisse da maneira cosmológica que descrevemos nos capítulos anteriores, olhando para o futuro distante concluiríamos que a grande maioria dos observadores como nós (alguns que teriam as mesmas memórias que nós e, por conseguinte, afirmariam ser nós) não teria surgido por meio dessa sequência cosmológica.

Todavia, cada um deles pensará que surgiu, sim. Como no caso dos cérebros de Boltzmann, teremos topado com um atoleiro epistemológico. Talvez você sugira que isso não prejudicaria *nossa* compreensão da realidade — você e eu e tudo aquilo com que estamos familiarizados poderíamos ter surgido de um desdobramento cosmológico genuíno. O insight perturbador, porém, é que no futuro todo mundo poderá se agarrar à mesma história consoladora e, ainda assim, a maior parte das pessoas estaria errada. Tendo em vista que a vasta maioria dos observadores ao longo da linha do tempo não teria surgido da evolução cosmológica padrão, precisaríamos de um argumento convincente de que não estamos entre os iludidos. E esse é um argumento que os físicos tentaram formular, mas até agora nenhum arrazoado desse tipo alcançou aceitação ampla. Parte do problema é que não entendemos totalmente a fusão da mecânica quântica e da gravidade e, por isso, nossos esquemas de cálculo são provisórios. Diante dessa situação, alguns físicos, com destaque especial para Susskind, sugeriram que a constante cosmológica pode não ser constante de fato. Afinal, se em um futuro distante a constante cosmológica se dissipasse, a era de expansão acelerada terminaria e o horizonte cosmológico desapareceria. Com isso, Poincaré e suas recorrências seriam neutralizados. Seguimos aguardando observações que, com otimismo, fornecerão novas perspectivas sobre esse futuro potencial.

35. Visto que a expansão inflacionária começa com uma região minúscula do espaço que rapidamente se avoluma sob a ação da força da gravidade repulsiva, você poderia pensar que o reino resultante precisaria ter um tamanho finito. Afinal, por mais que você estique algo finito, ele permanecerá finito. Porém, a realidade é mais complicada. Na formulação-padrão da inflação, o amálgama de espaço e tempo resulta em observadores *dentro* de uma região inflada do espaço ocupando uma extensão que é *infinita*. Explico isso com alguns detalhes no capítulo 2 de *A realidade oculta*, ao qual remeto o leitor interessado em uma explicação mais completa. Observe também que a cosmologia inflacionária pode produzir um multiverso distinto, mas relacionado: uma característica comum de muitos cenários inflacionários hipotéticos é que a expansão inflacionária não é um evento único. Em vez disso, surtos de expansão inflacionária distintos podem produzir muitos — em geral, infinitos — universos em expansão, sendo o nosso universo apenas um em um vasto conjunto. O conjunto desses universos é conhecido como multiverso inflacionário e surge da assim chamada inflação eterna. Aspectos da descrição do multiverso que forneço neste capítulo se aplicam também ao multiverso inflacionário. Para obter detalhes, ver o capítulo 3 de *A realidade oculta*.

36. Para evitar interações em seus limites, você pode cercar cada região com um anteparo grande o suficiente, garantindo que nenhuma delas tenha tido contato com outra.

37. Jaume Garriga e Alexander Vilenkin, "Many Worlds in One", *Physical Review D*, v. 64, n. 4, p. 043511, 2001. Ver também J. Garriga, V. F. Mukhanov, K. D. Olum e A. Vilenkin, "Eternal Inflation, Black Holes, and the Future of Civilizations", *International Journal of Theoretical Physics*, v. 39, n. 7, pp. 1 887-900, 2000, bem como o livro de Alex Vilenkin, de nível mais geral, *Many Worlds in One* (Nova York: Hill e Wang, 2006).

11. A NOBREZA DE EXISTIR [pp. 339-56]

1. O papel da evolução na formação da ética foi discutido em E. O. Wilson, *Sociobiology: The New Synthesis* (Cambridge, MA: Harvard University Press, 1975), iniciando um novo paradigma para a análise do comportamento humano em geral e da moralidade humana em particular. Para uma proposta detalhada delineando os estágios potenciais na evolução da moralidade humana, ver P. Kitcher, "Biology and Ethics", em *The Oxford Handbook of Ethical Theory* (Oxford: Oxford University Press, 2006), pp. 163-85, e id., "Between Fragile Altruism and Morality: Evolution and the Emergence of Normative Guidance", *Evolutionary Ethics and Contemporary Biology*, pp. 159-77, 2006.

2. T. Nagel, *Mortal Questions* (Cambridge, Reino Unido: Cambridge University Press, 1979), pp. 142-6.

3. Ver, por exemplo, J. Haidt, "The Emotional Dog and Its Rational Tail: A Social Intuitionist Approach to Moral Judgment", *Psychological Review*, v. 108, n. 4, pp. 814-34, 2001, e Jonathan Haidt, *The Righteous Mind: Why Good People Are Divided by Politics and Religion* (Nova York: Pantheon Books, 2012).

4. Jorge Luis Borges, "The Immortal", em *Labyrinths: Selected Stories and Other Writings* (Nova York: New Directions Paperbook, 2017), p. 115. Outros livros mencionados neste parágrafo são Jonathan Swift, *Gulliver's Travels* (Nova York: W. W. Norton, 1997); Karel Čapek, *The Makropulos Case, in Four Plays: R. U. R.; The Insect Play; The Makropulos Case; The White Plague* (Londres: Bloomsbury, 2014).

5. Bernard Williams, *Problems of the Self* (Cambridge, Reino Unido: Cambridge University Press, 1973).

6. Aaron Smuts, "Immortality and Significance", *Philosophy and Literature*, v. 35, n. 1, pp. 134-49, 2011.

7. Samuel Scheffler, *Death and the Afterlife* (Nova York: Oxford University Press, 2016), pp. 59-60.

8. Wolf escreve: "Nossa confiança na continuação da raça humana desempenha um papel enorme, ainda que sobretudo tácito, na maneira como concebemos nossas atividades e entendemos seu valor". Samuel Scheffler, "The Significance of Doomsday", *Death and the Afterlife* (Nova York: Oxford University Press, 2016), p. 113.

9. Harry Frankfurt, "How the Afterlife Matters", em Samuel Scheffler, op. cit., p. 136.

10. Os adeptos da interpretação dos muitos mundos da mecânica quântica podem lançar uma luz diferente sobre essa descrição. Se todos os resultados possíveis acontecerem em um mundo ou outro, este mundo estava predestinado. No entanto, o fato de coleções autoconscientes estarem entre os resultados possíveis não é menos extraordinário.

Referências bibliográficas e sugestões de leitura

AARONSON, Scott. "Why I Am Not an Integrated Information Theorist (or, The Unconscious Expander)". *Shtetl-Optimized*. Disponível em: <www.scottaaronson.com/blog/?p=1799>. Acesso em: 28 jun. 2021.

ABBOT, P.; ABE, J.; ALCOCK, J. et al. "Inclusive Fitness Theory And Eusociality". *Nature*, v. 471, E1-E4, 2010.

ADAMS, Douglas. *Life, the Universe and Everything*. Nova York: Del Rey, 2005. [Ed. bras.: *A vida, o universo e tudo mais (O mochileiro das galáxias — Livro 3)*. São Paulo: Arqueiro, 2010.]

ADAMS, Fred C.; LAUGLIN, Gregory. "A Dying Universe: The Long-Term Fate and Evolution of Astrophysical Objects". *Reviews of Modern Physics*, v. 69, pp. 337-72, 1997.

______. *The Five Ages of the Universe: Inside the Physics of Eternity*. Nova York: Free Press, 1999.

ALBERT, David. *Time and Chance*. Cambridge, MA: Harvard University Press, 2000.

ALBERTS, Bruce et al. *Molecular Biology of the Cell*. 5. ed. Nova York: Garland Science, 2007.

ALBRECHT, A.; SORBO, L. "Can the Universe Afford Inflation?". *Physical Review D*, v. 70, p. 063528, 2004.

ALBRECHT, A.; STEINHARDT, P. "Cosmology for Grand Unified Theories with Radiatively Induced Symmetry Breaking". *Physical Review Letters*, v. 48, p. 220, 1982.

ANDREASSEN, A.; FROST, W.; SCHWARTZ, M. D. "Scale Invariant Instantons and the Complete Lifetime of the Standard Model". *Physical Review D*, v. 97, p. 056006, 2018.

AOYAMA, Tatsumi; HAYAKAWA, Masashi; KINOSHITA, Toichiro; NIO, Makiko. "Tenth-Order Electron Anomalous Magnetic Moment: Contribution of Diagrams without Closed Lepton Loops". *Physical Review D*, v. 91, p. 033006, 2015.

AQUINAS, T. *Questiones Disputatae de Veritate*, questões 10-20. Trad. de James V. McGlynn, S. J. Chicago: Henry Regnery Company, 1953. Disponível em: <dhspriory.org/thomas/QDde-

Ver10.htm#8>. [Ed. bras.: Tomás de Aquino. *O bem. Questões disputadas sobre a verdade*. Trad. de Paulo Faitanin e Bernardo Veiga. Campinas: Ecclesiae, 2015.]

ARIÈS, Philippe. *The Hour of Our Death*. Trad. de Helen Weaver. Nova York: Alfred A. Knopf, 1981. [Ed. bras.: *O homem diante da morte*. Trad. de Luiza Ribeiro. São Paulo: Editora Unesp, 2014.]

ARISTOTLE, *Nicomachean Ethics*. Trad. de C. D. C. Reeve. Indianapolis, IN: Hackett Publishing, 2014. [Ed. bras.: Aristóteles. *Ética a Nicômaco*. Trad. de Leonel Vallandro e Gerd Bornheim. São Paulo: Nova Cultural, 1984 — Coleção Os Pensadores. O volume inclui *Metafísica* e *Poética*.]

ARMSTRONG, Karen. *A Short History of Myth*. Melbourne: The Text Publishing Company, 2005. [Ed. bras.: *Breve história do mito*. Trad. de Celso Nogueira. São Paulo: Companhia das Letras, 2005.]

ARNULF, Isabelle; BUDA, Colette; SASTRE, Jean-Pierre. "Michel Jouvet: An Explorer of Dreams and a Great Storyteller". *Sleep Medicine*, v. 49, pp. 4-9, 2018.

ATRAN, Scott. *In Gods We Trust: The Evolutionary Landscape of Religion*. Oxford: Oxford University Press, 2002.

AUGUSTINE. *Confessions*. Trad. de F. J. Sheed. Indianápolis, IN: Hackett Publishing, 2006. [Ed. bras.: *Confissões de santo Agostinho*. Trad. de Lorenzo Mommi. São Paulo: Companhia das Letras, 2017.]

AUTON, A.; BROOKS, L.; DURBIN, R. et al. "A Global Reference for Human Genetic Variation". *Nature*, v. 526, n. 7571, pp. 68-74, out. 2015.

AXELROD, Robert. *The Evolution of Cooperation*. Ed. rev. Nova York: Perseus Books Group, 2006.

______; HAMILTON, William D. "The Evolution of Cooperation". *Science*, v. 211, pp. 1390-6, mar. 1981.

BAARS, Bernard J. *In the Theater of Consciousness*. Nova York: Oxford University Press, 1997.

BARRETT, Justin L. *Why Would Anyone Believe in God?* Lanham, MD: AltaMira, 2004.

BARROW, John D.; HERVIK, Sigbjørn. "Indefinite Information Processing in Ever-Expanding Universes". *Physics Letters B*, v. 566, n. 1-2, pp. 1-7, 24 jul. 2003.

BARROW, John D.; TIPLER, Frank J. *The Anthropic Cosmological Principle*. Oxford: Oxford University Press, 1988.

BECKER, Ernest. *The Denial of Death*. Nova York: Free Press, 1973. [Ed. bras.: *A negação da morte*. Trad. de Luiz Carlos Nascimento Silva; revisão técnica de José Luiz Meurer. Rio de Janeiro: Nova Fronteira, 1976; Record, 1995.]

BEKENSTEIN, Jacob D. "Black Holes and Entropy". *Physical Review D*, v. 7, p. 2333, 15 abr. 1973.

BELLOW, Saul. Discurso do prêmio Nobel, 12 de dezembro de 1976, de *Nobel Lectures, Literature 1968-1980*. In: ALLEN, Sture (org.). Cingapura: World Scientific Publishing Co., 1993.

BENNETT, Charles H.; LANDAUER, Rolf. "The Fundamental Physical Limits of Computation". *Scientific American*, v. 253, n. 1, jul. 1985.

BERING, Jesse. *The Belief Instinct*. Nova York: W. W. Norton, 2011. [Ed. bras.: *O instinto de acreditar*. Lisboa: Temas e debates, 2011.]

BERWICK, R.; CHOMSKY, N. *Why Only Us?* Cambridge, MA: MIT Press, 2015. [Ed. bras.: *Por que apenas nós? Linguagem e evolução*. Trad. de Gabriel de Ávila Othero e Luisandro Mendes Souza. São Paulo: Editora Unesp, 2017.]

BIERCE, Ambrose. *The Devil's Dictionary*. Mount Vernon, NY: The Peter Pauper Press, 1958. [Ed. bras.: *Dicionário do Diabo*. Trad. de Rogerio W. Galindo. São Paulo: Carambaia, 2017.]

BIGHAM, Abigail et al. "Identifying Signatures of Natural Selection in Tibetan and Andean Populations Using Dense Genome Scan Data". *PLoS Genetics* 6, n. 9, p. e1001116, 9 set. 2010.

BLACKMORE, Susan. *The Meme Machine*. Oxford: Oxford University Press, 1999.

BODDY, Kimberly K.; CARROLL, Sean M. "Can the Higgs Boson Save Us from the Menace of the Boltzmann Brains?", 2013. Disponível em: <arXiv:1308.468>.

BODDY, K. K.; CARROLL, S. M.; POLLACK, J. "De Sitter Space without Dynamical Quantum Fluctuations". *Foundations of Physics*, v. 46, n. 6, p. 702, 2016.

BOLTZMANN, Ludwig. "On Certain Questions of the Theory of Gases". *Nature*, v. 51, n. 1322, pp. 413-5, 1895.

______. "Entgegnung auf die wärmetheoretischen Betrachtungen des Hrn. E. Zermelo". *Annalen der Physik*, v. 57, pp. 773-84, 1896.

BORGES, Jorge Luis. "The Immortal". In: *Labyrinths: Selected Stories and Other Writings*. Nova York: New Directions Paperbook, 2017. [Ed. bras.: "O imortal", em *O Aleph*. Trad. de Davi Arrigucci Jr. São Paulo: Companhia das Letras, 2008.]

BORN, Max. "Zur Quantenmechanik der Stoßvorgänge". *Zeitschrift für Physik*, v. 37, n. 12, pp. 863-7, 1926.

BOUSSO, R.; FREIVOGEL, B. "A Paradox in the Global Description of the Multiverse". *Journal of High Energy Physics*, v. 6, p. 018, 2007.

BOYD, Brian. "The Evolution of Stories: from Mimesis to Language, from Fact to Fiction". *WIREs Cognitive Science*, v. 9, n. 1, pp. e1444-46, 2018.

______. "Evolutionary Theories of Art". In: GOTTSCHALL, Jonathan; WILSON, David Sloan (orgs.). *The Literary Animal: Evolution and the Nature of Narrative*. Evanston, IL: Northwestern University Press, 2005, p. 147.

______. *On the Origin of Stories*. Cambridge, MA: Belknap Press, 2010.

BOYER, Pascal. "Functional Origins of Religious Concepts: Ontological and Strategic Selection in Evolved Minds". *Journal of the Royal Anthropological Institute*, v. 6, n. 2, pp. 195-214, jun. 2000.

______. *Religion Explained: The Evolutionary Origins of Religious Thought*. Nova York: Basic Books, 2007.

BRUNER, Jerome. *Making Stories: Law, Literature, Life*. Nova York: Farrar, Straus and Giroux, 2002. [Ed. bras.: *Fabricando histórias: direito — literatura — vida*. São Paulo: Letra e Voz, 2018.]

______. "The Narrative Construction of Reality". *Critical Inquiry*, v. 18, n. 1, pp. 1-21, outono 1991.

BUSS, David. *Evolutionary Psychology: The New Science of the Mind*. Boston: Allyn & Bacon, 2012.

CAIRNS-SMITH, A. G. *Seven Clues to the Origin of Life*. Cambridge, Reino Unido: Cambridge University Press, 1990.

CALAPRICE, Alice (org.). *The New Quotable Einstein*. Princeton: Princeton University Press, 2005.

CALDWELL, Robert R.; KAMIONKOWSKI, Marc; WEINBERG, Nevin N. "Phantom Energy and Cosmic Doomsday". *Physical Review Letters*, v. 91, p. 071301, 2003.

CAMPBELL, Joseph. *The Hero with a Thousand Faces*. Novato, CA: New World Library, 2008. [Ed. bras.: *O herói de mil faces*. Trad. Adail Ubirajara Sobral. São Paulo: Pensamento/Cultrix, 1989.]

CAMUS, Albert. *Lyrical and Critical Essays.* Trad. Ellen Conroy Kennedy. Nova York: Vintage Books, 1970.

______. *The Myth of Sisyphus.* Trad. de Justin O'Brien. Londres: Hamish Hamilton, 1955. [Ed. bras.: *O mito de Sísifo: Ensaio sobre o absurdo*. Trad. de Mauro Gama. Rio de Janeiro: Guanabara, 1989; *O mito de Sísifo*. Trad. Ari Roitman e Paulina Wacht. Rio de Janeiro: Record, 2004.]

ČAPEK, Karel. *The Makropulos Case.* In: *Four Plays: R. U. R.; The Insect Play; The Makropulos Case; The White Plague*. Londres: Bloomsbury, 2014.

CARLIP, Steven. "Transient Observers and Variable Constants, or Repelling the Invasion of the Boltzmann's Brains". *Journal of Cosmology and Astroparticle Physics*, v. 06, p. 001, 2007.

CARNOT, Sadi. *Reflections on the Motive Power of Fire.* Mineola, NY: Dover Publications, Inc., 1960.

CARROLL, Noël. "The Arts, Emotion, and Evolution". In: CURRIE, Greg; KIERAN, Matthew; MESKIN, Aaron; ROBSON Jon (orgs.). *Aesthetics and the Sciences of Mind.* Oxford: Oxford University Press, 2014.

CARROLL, Sean. *The Big Picture: On the Origins of Life, Meaning, and the Universe Itself.* Nova York: Dutton, 2016.

CARTER, B. "Axisymmetric Black Hole Has Only Two Degrees of Freedom". *Physical Review Letters*, v. 26, p. 331, 1971.

CASALS, Pablo. Bach Festival: Prades 1950. Citado por Paul Elie. *Reinventing Bach.* Nova York: Farrar, Straus and Giroux, 2012.

CAVOSIE, A. J.; VALLEY, J. W.; WILDE, S. A. "The Oldest Terrestrial Mineral Record: Thirty Years of Research on Hadean Zircon from Jack Hills, Western Australia". In: VAN KRANENDONK, M. J. (org.). *Earth's Oldest Rocks.* Nova York: Elsevier, 2018. pp. 255-78.

CERESOLE, A.; DALL'AGATA, G.; GIRYAVETS, A. et al. "Domain Walls, near-BPS Bubbles, and Probabilities in the Landscape". *Physical Review D*, v. 74, p. 086010, 2010.

CHALMERS, David J. "Facing up to the Problem of Consciousness". *Journal of Consciousness Studies*, v. 2, n. 3, pp. 200-19, 1995.

______. *The Conscious Mind: In Search of a Fundamental Theory.* Oxford: Oxford University Press, 1997.

CHANDRASEKHAR, Subrahmanyan. "The Maximum Mass of Ideal White Dwarfs". *Astrophysical Journal*, v. 74, pp. 81-2, 1931.

CHENEY, Dorothy L.; SEYFARTH, Robert M. *How Monkeys See the World: Inside the Mind of Another Species.* Chicago: University of Chicago Press, 1992.

ĆIRKOVIĆ, Milan M. "Resource Letter: PES-1: Physical Eschatology". *American Journal of Physics*, v. 71, p. 122, 2003.

CLOAK JR., F. T. "Cultural Microevolution". *Research Previews*, v. 13, pp. 7-10, nov. 1966.

CLOTTES, Jean. *What Is Paleolithic Art? Cave Paintings and the Dawn of Human Creativity.* Chicago: University of Chicago Press, 2016.

COLEMAN, Sidney. "Fate of the False Vacuum". *Physical Review D*, v. 15, p. 2929; errata, *Physical Review D*, v. 16, p. 1248, 1977.

CONRAD, Joseph. *The Nigger of the "Narcissus"*. Mineola, NY: Dover Publications, Inc., 1999.

COQUEUGNIOT, Hélène et al. "Earliest Cranio-Encephalic Trauma from the Levantine Middle

Palaeolithic: 3D Reappraisal of the Qafzeh 11 Skull, Consequences of Pediatric Brain Damage on Individual Life Condition and Social Care". *PloS One*, v. 9, pp. 7 e102822, 23 jul. 2014.
CRICK, F. H. C.; BARNETT, Leslie; BRENNER, S.; WATTS-TOBIN, R. J. "General Nature of the Genetic Code for Proteins". *Nature*, v. 192, pp. 1227-32, dez. 1961.
CRONIN, H. *The Ant and the Peacock: Altruism and Sexual Selection from Darwin to Today*. Cambridge: Cambridge University Press, 1991.
CROOKS, G. E. "Entropy Production Fluctuation Theorem and the Nonequilibrium Work Relation for Free Energy Differences". *Physical Review E*, v. 60, p. 2721, 1999.
DAMROSCH, David. *The Buried Book: The Loss and Rediscovery of the Great Epic of Gilgamesh*. Nova York: Henry Holt and Company, 2007.
DARWIN, Charles. *The Descent of Man and Selection in Relation to Sex*. Nova York: D. Appleton and Company, 1871. [Ed. bras.: *A origem do homem e a seleção sexual*. Trad. de Eugênio Amado. Belo Horizonte: Itatiaia, 2004.]
______. *The Expression of the Emotions in Man and Animals*. Oxford: Oxford University Press, 1998. [Ed. bras.: *A expressão das emoções no homem e nos animais*. Trad. de Leon de Souza Lobo Garcia. São Paulo: Companhia das Letras, 2000.]
______. Carta a Alfred Russel Wallace, 27 mar. 1869. Disponível em: <www.darwinproject.ac.uk/letter/?docId=letters/DCP-LETT-6684.xml;query=child;brand=default>. Acesso em: 28 jun. 2021.
______. *The Origin of Species*. Nova York: Pocket Books, 2008. [Ed. bras.: *A origem das espécies*. Trad. de Daniel Moreira Miranda. São Paulo: Edipro, 2018.]
DAVIES, Stephen. *The Artful Species: Aesthetics, Art, and Evolution*. Oxford: Oxford University Press, 2012.
DAWKINS, Richard. *The God Delusion*. Nova York: Houghton Mifflin Harcourt, 2006. [Ed. bras.: *Deus, um delírio*. Trad. de Fernanda Ravagnani. São Paulo: Companhia das Letras, 2007.]
______. *The Selfish Gene*. Oxford: Oxford University Press, 1976. [Ed. bras.: *O gene egoísta*. Trad. de Rejane Rubino. São Paulo: Companhia das Letras, 2007.]
DE CARO, M.; MACARTHUR, D. *Naturalism in Question*. Cambridge, MA: Harvard University Press, 2004.
DEAMER, David. *Assembling Life: How Can Life Begin on Earth and Other Habitable Planets?* Oxford: Oxford University Press, 2018.
DEHAENE, Stanislas. *Consciousness and the Brain*. Nova York: Penguin Books, 2014.
______; CHANGEUX, Jean-Pierre. "Experimental and Theoretical Approaches to Conscious Processing". *Neuron*, v. 70, n. 2, pp. 200-27, 2011.
DENNETT, Daniel. *Breaking the Spell: Religion as a Natural Phenomenon*. Nova York: Penguin Books, 2006. [Ed. bras.: *Quebrando o encanto: A religião como fenômeno natural*. Trad. de Helena Londres. São Paulo: Globo, 2012.]
______. *Consciousness Explained*. Boston: Little, Brown and Co., 1991.
______. *Elbow Room*. Cambridge, MA: MIT Press, 1984.
______. *Freedom Evolves*. Nova York: Penguin Books, 2003. [Ed. bras.: *A liberdade evolui*. Trad. de Jorge Beleza. Lisboa: Temas e Debates, 2005.]
______. *The Intentional Stance*. Cambridge, MA: MIT Press, 1989.
DEUTSCH, David. *The Beginning of Infinity: Explanations that Transform the World*. Nova York:

Viking, 2011. [Ed. bras.: *O início do infinito: Explicações que transformam o mundo*. Lisboa: Gradiva, 2013.]

DEUTSCHER, Guy. *The Unfolding of Language: An Evolutionary Tour of Mankind's Greatest Invention*. Nova York: Henry Holt and Company, 2005. [Ed. bras.: *O desenrolar da linguagem*. Trad. de Renato Basso e Guilherme Henrique May. Campinas: Mercado de Letras, 2014.]

DICKINSON, Emily. *The Poems of Emily Dickinson*. Org. de R. W. Franklin. Cambridge, MA: The Belknap Press of Harvard University Press, 1999.

DISSANAYAKE, Ellen. *Art and Intimacy: How the Arts Began*. Seattle: University of Washington Press, 2000.

DISTIN, Kate. *The Selfish Meme: A Critical Reassessment*. Cambridge: Cambridge University Press, 2005.

DOR, Daniel. *The Instruction of Imagination*. Oxford: Oxford University Press, 2015.

DOSTOEVSKY, Fyodor. *Crime and Punishment*. Trad. by Michael R. Katz. Nova York: Liveright, 2017. [Ed. bras.: Fiódor Dostoiévski. *Crime e castigo*. Trad. de Paulo Bezerra. São Paulo: 34, 2001; *Crime e castigo*. Trad. de Rubens Figueiredo. São Paulo: Todavia, 2019.]

DUNBAR, R. I. M. "Gossip in Evolutionary Perspective". *Review of General Psychology*, v. 8, n. 2, pp. 100-10, p. 2004.

______. *Grooming, Gossip, and the Evolution of Language*. Cambridge, MA: Harvard University Press, 1997.

______; DUNCAN, N. D. C.; MARRIOTT, A. "Human Conversational Behavior". *Human Nature*, v. 8, n. 3, pp. 231-46, 1997.

DUPRÉ, John. "The Miracle of Monism". In: CARO, Mario de; MACARTHUR, David (orgs.). *Naturalism in Question*. Cambridge, MA: Harvard University Press, 2004.

DURANT, Will. *The Life of Greece. Vol. 2: The Story of Civilization*. Nova York: Simon & Schuster, 2011. Kindle, posição 8181-82. [Ed. bras.: *História da civilização 2ª parte: Nossa herança clássica: A vida na Grécia*. São Paulo: Companhia Editora Nacional, 1943.]

DUTTON, Denis. *The Art Instinct*. Nova York: Bloomsbury Press, 2010.

DYSON, Freeman. "Time without End: Physics and Biology in an Open Universe". *Reviews of Modern Physics*, v. 51, pp. 447-60, 1979.

DYSON, L.; KLEBAN, M.; SUSSKIND, L. "Disturbing Implications of a Cosmological Constant". *Journal of High Energy Physics*, v. 0210, p. 011, 2002.

EDDINGTON, A. "The End of the World: from the Standpoint of Mathematical Physics". *Nature*, v. 127, n. 3203, pp. 447-53, 1931.

EINSTEIN, Albert. *Autobiographical Notes*. La Salle, IL: Open Court Publishing, 1979. [Ed. bras.: *Notas autobiográficas*. Trad. de Aulyde Soares Rodrigues. Rio de Janeiro: Nova Fronteira, 2019.]

ELGENDI, Mohamed et al. "Subliminal Priming-State of the Art and Future Perspectives". *Behavioral Sciences*, Basel, v. 8, n. 6, p. 54, 30 maio 2018.

ELLENBERGER, Henri. *The Discovery of the Unconscious*. Nova York: Basic Books, 1970.

ELSE, Jon. *The Day After Trinity*. Houston: KETH, 1981.

EMERSON, Ralph Waldo. *The Conduct of Life*. Boston; Nova York: Houghton Mifflin Company, 1922. [Ed. bras.: *A conduta da vida*. Trad. de Juliana Amato. Campinas: Auster, 2019; *A conduta para a vida*. Trad. de C. M. Fonseca. São Paulo: Martin Claret, 2003.]

EMLER, N. "The Truth about Gossip". *Social Psychology Section Newsletter*, v. 27, pp. 23-37, 1992.

ENGLAND, J. L. "Statistical Physics of Self-Replication". *Journal of Chemical Physics*, v. 139, p. 121923, 2013.

EPICURUS. *The Essential Epicurus*. Trad. de Eugene O'Connor. Amherst: Prometheus Books, 1993.

FALK, Dean. *Finding Our Tongues: Mothers, Infants and the Origins of Language*. Nova York: Basic Books, 2009.

______. "Prelinguistic Evolution in Early Hominins: Whence Motherese?". *Behavioral and Brain Sciences*, v. 27, pp. 491-541, 2004.

FISHER, R. A. *The Genetical Theory of Natural Selection*. Oxford: Clarendon Press, 1930.

FISHER, Simon E.; VARGHA-KHADEM, Faraneh; WATKINS, Kate E.; MONACO, Anthony P.; PEMBREY, Marcus E. "Localisation of a Gene Implicated in a Severe Speech and Language Disorder". *Nature Genetics*, v. 18, pp. 168-70, 1998.

FOWLER, R. H. "On Dense Matter". *Monthly Notices of the Royal Astronomical Society*, v. 87, n. 2, pp. 114-22, 1926.

FREESE, K.; KINNEY, W. "The Ultimate Fate of Life in an Accelerating Universe". *Physics Letters B*, v. 558, n. 1-2, pp. 1-8, 10 abr. 2003.

FRIEDMANN, Alexander. "On the Curvature of Space". Trad. de Brian Doyle. *Zeitschrift für Physik*, v. 10, pp. 377-86, 1922.

FRIJDA, N.; MANSTEAD, A. S. R.; BEM, S. "The Influence of Emotions on Belief". In: FRIJDA, N.; MANSTEAD, A. S. R.; BEM, S. (orgs.). *Emotions and Beliefs: How Feelings Influence Thoughts* (Studies in Emotion and Social Interaction). Cambridge, Reino Unido: Cambridge University Press, 2000. pp. 1-9.

FRIJDA, N.; MESQUITA, B. "Beliefs through Emotions". In: FRIJDA, N.; MANSTEAD, A. S. R.; BEM, S. (orgs.). *Emotions and Beliefs: How Feelings Influence Thoughts* (Studies in Emotion and Social Interaction). Cambridge: Cambridge University Press, 2000. pp. 45-77.

FU, Wenqing; O'CONNOR, Timothy D.; JUN, Goo et al. "Analysis of 6,515 Exomes Reveals the Recent Origin of Most Human Protein-Coding Variants". *Nature*, v. 493, pp. 216-20. 10 jan. 2013.

GARRIGA, Jaume; VILENKIN, Alexander. "Many Worlds in One". *Physical Review D*, v. 64, n. 4, p. 043511, 2001.

GARRIGA, J.; MUKHANOV, V. F.; OLUM, K. D.; VILENKIN, A. "Eternal Inflation, Black Holes, and the Future of Civilizations". *International Journal of Theoretical Physics*, v. 39, n. 7, pp. 1887-900, 2000.

GEORGI, Howard; GLASHOW, Sheldon. "Unity of All Elementary-Particle Forces". *Physical Review Letters*, v. 32, n. 8, p. 438, 1974.

GOTTSCHALL, Jonathan. *The Storytelling Animal*. Boston; Nova York: Mariner Books; Houghton Mifflin Harcourt, 2013.

GOULD, Stephen J. *Conversations about the End of Time*. Nova York: Fromm International, 1999. [Ed. bras.: *Entrevistas sobre o fim dos tempos — por Catherine David, Frédéric Lenoir e Jean-Philippe de Tonnac*. Trad. de José Laurenio de Melo. Rio de Janeiro: Rocco, 1999.]

______. "The Spice of Life". *Leader to Leader*, v. 15, pp. 14-9. 2000.

______. *The Richness of Life: The Essential Stephen Jay Gould*. Nova York: W. W. Norton, 2006.

GOULD, S. J.; LEWONTIN, R. C. “The Spandrels of San Marco and the Panglossian Paradigm: A Critique of the Adaptationist Programme”. *Proceedings of the Royal Society B*, v. 205, n. 1161, pp. 581-98, 21 set. 1979.

GRAZIANO, M. *Consciousness and the Social Brain*. Nova York: Oxford University Press, 2013.

GREENE, Brian. *The Elegant Universe*. Nova York: Vintage, 2000. [Ed. bras.: *O universo elegante: Supercordas, dimensões ocultas e a busca da teoria definitiva*. Trad. de José Viegas Filho. São Paulo: Companhia das Letras, 2001.]

______. *The Fabric of the Cosmos*. Nova York: Alfred A. Knopf, 2005. [Ed. bras.: *O tecido do cosmo: O espaço, o tempo e a textura da realidade*. Trad. de José Viegas Filho. São Paulo: Companhia das Letras, 2005.]

______. *The Hidden Reality*. Nova York: Alfred A. Knopf, 2011. [Ed. bras.: *A realidade oculta: Universos paralelos e as leis profundas do cosmo*. Trad. de José Viegas Filho. São Paulo: Companhia das Letras, 2012.]

GREENE, Ellen (org.). *Reading Sappho: Contemporary Approaches*. Berkeley: University of California Press, 1996.

GREENE, Ellen. “Sappho 58: Philosophical Reflections on Death and Aging”. In: GREENE, Ellen; SKINNER, Marilyn B. (orgs.). *The New Sappho on Old Age: Textual and Philosophical Issues*. Hellenic Studies Series 38. Washington, D. C.: Center for Hellenic Studies, 2009. Disponível em: <chs.harvard.edu/CHS/article/display/6036.11-ellen-greene-sappho-58-philosophical--reflections-on-death-and-aging#n.1>.

GUENTHER, Mathias Georg. *Tricksters and Trancers: Bushman Religion and Society*. Bloomington: Indiana University Press, 1999.

GUTH, Alan H. “Inflationary Universe: A Possible Solution to the Horizon and Flatness Problems”. *Physical Review D*, v. 23, p. 347, 1981.

______. *The Inflationary Universe*. Nova York: Basic Books, 1998. [Ed. bras.: *O universo inflacionário: Um relato irresistível de uma das maiores ideias cosmológicas do século*. Rio de Janeiro: Campus, 1997.]

GUTHRIE, Stewart. *Faces in the Clouds: A New Theory of Religion*. Nova York: Oxford University Press, 1993.

HAIDT, Jonathan. “The Emotional Dog and Its Rational Tail: A Social Intuitionist Approach to Moral Judgment”. *Psychological Review*, v. 108, n. 4, pp. 814-34, 2001.

______. *The Righteous Mind: Why Good People Are Divided by Politics and Religion*. Nova York: Pantheon Books, 2012.

HALDANE, J. B. S. *The Causes of Evolution*. Londres: Longmans, Green & Co., 1932.

HALLIGAN, Peter; MARSHALL, John. “Blindsight and Insight in Visuo-Spatial Neglect”. *Nature*, v. 336, n. 6201, pp. 766-7, 22-29 dez. 1988.

HAMEROFF, S.; PENROSE, R. “Consciousness in the Universe: A Review of the ‘Orch OR’ Theory”. *Physics of Life Reviews*, v. 11, pp. 39-78, 2014.

HAMILTON, W. D. “The Genetical Evolution of Social Behaviour”. *Journal of Theoretical Biology*, v. 7, n. 1, pp. 1-16, 1964.

HARBURG, Yip. “E. Y. Harburg, Palestra na UCLA sobre escrita lírica”, 3 de fevereiro de 1977. Transcrição, pp. 5-7, fita 7-3-10.

HARBURG, Yip. "Yip at the 92nd Street YM-YWHA, 13 de dezembro de 1970". Transcrição #1-10-3, p. 3, fitas 7-2-10 e 7-2-20.

HAWKING, S. W. "Particle creation by black holes". *Communications in Mathematical Physics*, v. 43, pp. 199-220, 1975.

HAWKING, Stephen; MLODINOW, Leonard. *The Grand Design*. Nova York: Bantam Books, 2010. [Ed. bras.: *O grande projeto: Novas respostas para as questões definitivas da vida*. Rio de Janeiro: Nova Fronteira, 2011.]

HAWKS, John; WANG, Eric T.; COCHRAN, Gregory M. et al. "Recent Acceleration of Human Adaptive Evolution". *Proceedings of the National Academy of Sciences*, v. 104, n. 52, pp. 20753-8, dez. 2007.

HEISENBERG, Werner. *Physics and Philosophy: The Revolution in Modern Science*. Londres: Penguin Books, 1958.

HIRSHFIELD, Jane. *Nine Gates: Entering the Mind of Poetry*. Nova York: Harper Perennial, 1998.

HOGAN, Patrick Colm. *The Mind and Its Stories*. Cambridge, Reino Unido: Cambridge University Press, 2003.

HRDY, Sarah. *Mothers and Others: The Evolutionary Origins of Mutual Understanding*. Cambridge, MA: Belknap Press, 2009.

HULSE, R. A.; TAYLOR, J. H. "Discovery of a Pulsar in a Binary System". *Astrophysical Journal*, v. 195, p. L51, 1975.

IJJAS, Anna; STEINHARDT, Paul. "A New Kind of Cyclic Universe", 2019. Disponível em: <arXiv:1904.0822[gr-qc.]>.

ISLAM, Jamal N. "Possible Ultimate Fate of the Universe". *Quarterly Journal of the Royal Astronomical Society*, v. 18, pp. 3-8, mar. 1977.

ISRAEL, W. "Event Horizons in Static Electrovac Space-Times". *Communications in Mathematical Physics*, v. 8, p. 245, 1968.

______. "Event Horizons in Static Vacuum Space-Times". *Physical Review*, v. 164, n. 1776, 1967.

JACKSON, Frank. "Epiphenomenal Qualia". *Philosophical Quarterly*, v. 32, pp. 127-36, 1982.

______. "Postscript on Qualia". In: *Mind, Method, and Conditionals: Selected Essays*. Londres: Routledge, 1998. pp. 76-9.

JAMES, William. *The Varieties of Religious Experience: A Study in Human Nature*. Nova York: Longmans, Green, and Co., 1905. [Ed. bras.: *As variedades da experiência religiosa: Um estudo sobre a natureza humana*. São Paulo: Cultrix, 2017.]

JARZYNSKI, C. "Nonequilibrium Equality for Free Energy Differences". *Physical Review Letters*, v. 78, pp. 2690-3, 1997.

JASPERS, Karl. *The Origin and Goal of History*. Abingdon: Routledge, 2010.

JEONG, Choongwon; DI RIENZO, Anna. "Adaptations to Local Environments in Modern Human Populations". *Current Opinion in Genetics & Development*, v. 29, pp. 1-8, 2014.

JONES, Barbara E. "The Mysteries of Sleep and Waking Unveiled by Michel Jouvet". *Sleep Medicine*, v. 49, pp. 14-9, 2018.

JOORDENS, Josephine C. A. et al. "*Homo erectus* at Trinil on Java Used Shells for Tool Production and Engraving". *Nature*, v. 518, pp. 228-31, 12 fev. 2015.

JØRGENSEN, Timmi G.; CHURCH, Ross P. "Stellar Escapers from M67 Can Reach Solar-like Galactic Orbits". Disponível em: <arxiv.org: arXiv:1905.09586>.

JOYCE, G. F.; SZOSTAK, J. W. "Protocells and RNA Self-Replication". *Cold Spring Harbor Perspectives in Biology*, v. 10, n. 9, 2018.

JUNG, Carl. "The Soul and Death". In: ADLER, Gerald; HULL, R. F. C. (orgs.). *Complete Works of C. G. Jung*. Princeton: Princeton University Press, 1983.

KACHMAN, Tal; OWEN, Jeremy A.; ENGLAND, Jeremy L. "Self-Organized Resonance during Search of a Diverse Chemical Space". *Physical Review Letters*, v. 119, n. 3, pp. 038001-1, 2017.

KAFKA, Franz. *The Blue Octavo Notebooks*. Trad. Ernst Kaiser e Eithne Wilkens, Max Brod (orgs.). Cambridge, MA: Exact Change, 1991.

KELLER, Helen. Carta à Orquestra Sinfônica de Nova York, 2 de fevereiro de 1924, arquivos digitais da Fundação Americana para Cegos. Arquivo HK01-07_B114_F08_015_002.tif.

KENNEDY, J. Gerald. *Poe, Death, and the Life of Writing*. New Haven: Yale University Press, 1987.

KIERKEGAARD, Søren. *The Concept of Dread*. Trad., introd. e notas de Walter Lowrie. Princeton: Princeton University Press, 1957. [Ed. bras.: *O conceito de angústia: Uma simples reflexão psicológico-demonstrativa direcionada ao problema dogmático do pecado hereditário de Vigilius aufniensis*. Trad. de Álvaro Luiz Montenegro Valls. Petrópolis: Vozes, 2010.]

KITCHER, P. "Between Fragile Altruism and Morality: Evolution and the Emergence of Normative Guidance". *Evolutionary Ethics and Contemporary Biology*, 2006. pp. 159-77.

______. "Biology and Ethics". In: *The Oxford Handbook of Ethical Theory*. Oxford: Oxford University Press, 2006.

KLINKHAMER, F. R.; MANTON, N. S. "A Saddle-Point Solution in the Weinberg-Salam Theory". *Physical Review D*, v. 30, p. 2212, 1984.

KOCH, Christof. *Consciousness: Confessions of a Romantic Reductionist*. Cambridge, MA: MIT Press, 2012.

KRAGH, Helge. "Naming the Big Bang". *Historical Studies in the Natural Sciences*, v. 44, n. 1, pp. 3-36, fev. 2014.

KRAUSE, Johannes; LALUEZA-FOX, Carles; ORLANDO, Ludovic et al. "The Derived FOXP2 Variant of Modern Humans Was Shared with Neandertals". *Current Biology*, v. 17, pp. 1908-12, 2007.

KRAUSS, Lawrence M.; STARKMAN, Glenn D. "Life, the Universe, and Nothing: Life and Death in an Ever-Expanding Universe". *Astrophysical Journal*, v. 531, pp. 22-30, 2000.

KRUTCH, Joseph Wood. "Art, Magic, and Eternity". *Virginia Quarterly Review*, v. 8, n. 4, outono 1932.

LAI, C. S. L. et al. "A Novel Forkhead-Domain Gene Is Mutated in a Severe Speech and Language Disorder". *Nature*, v. 413, pp. 519-23, 2001.

LANDON, H. C. Robbins. *Beethoven: A Documentary Study*. Nova York: Macmillan Publishing Co., Inc., 1970.

LAURENT, John. "A Note on the Origin of 'Memes'/'Mnemes'". *Journal of Memetics*, v. 3, pp. 14-9, 1999.

LEMAÎTRE, Georges. "Rencontres avec Einstein". *Revue des Questions Scientifiques*, v. 129, pp. 129-32, 1958.

LEONARD, Scott; MCCLURE, Michael. *Myth and Knowing*. Nova York: McGraw-Hill Higher Education, 2004.

LEWIS, David. *Papers in Metaphysics and Epistemology*. Cambridge, Reino Unido: Cambridge University Press, 1999. v. 2.

LEWIS, David. "What Experience Teaches". *Proceedings of the Russellian Society*, v. 13, pp. 29-57, 1988.

LEWIS, S. M.; CRATSLEY, C. K. "Flash Signal Evolution, Mate Choice, and Predation in Fireflies". *Annual Review of Entomology*, v. 53, pp. 293-321, 2008.

LEWIS-WILLIAMS, David. *The Mind in the Cave: Consciousness and the Origins of Art*. Nova York: Thames & Hudson, 2002.

LINDE, A. "A New Inflationary Universe Scenario: A Possible Solution of the Horizon, Flatness, Homogeneity, Isotropy and Primordial Monopole Problems". *Physics Letters B*, v. 108, p. 389, 1982.

______. "Sinks in the Landscape, Boltzmann Brains, and the Cosmological Constant Problem". *Journal of Cosmology and Astroparticle Physics*, v. 0701, p. 022, 2007.

LOEB, Abraham. "Cosmology with Hypervelocity Stars". *Journal of Cosmology and Astroparticle Physics*, v. 04, p. 023, 2011.

LOEWI, Otto. "An Autobiographical Sketch". *Perspectives in Biology and Medicine*, v. 4, n. 1, pp. 3-25, outono 1960.

LOUIE, Kenway; WILSON, Matthew A. "Temporally Structured Replay of Awake Hippocampal Ensemble Activity during Rapid Eye Movement Sleep". *Neuron*, v. 29, pp. 145-56, 2001.

MACKAY, Alan Lindsay. *The Harvest of a Quiet Eye: A Selection of Scientific Quotations*. Bristol: Institute of Physics, 1977.

MADDOX, Brenda. *Rosalind Franklin: The Dark Lady of DNA*. Nova York: Harper Perennial, 2003.

MARCEL, Anthony J. "Conscious and Unconscious Perception: Experiments on Visual Masking and Word Recognition". *Cognitive Psychology*, v. 15, pp. 197-237, 1983.

MARTIN, W.; RUSSELL, M. J. "On the Origin of Biochemistry at an Alkaline Hydrothermal Vent". *Philosophical Transactions of the Royal Society B*, v. 367, pp. 1887-925, 2007.

MATTHAEI, J. Heinrich; JONES, Oliver W.; MARTIN, Robert G.; NIRENBERG, Marshall W. "Characteristics and Composition of RNA Coding Units". *Proceedings of the National Academy of Sciences*, v. 48, n. 4, pp. 666-77, 1962.

MELVILLE, Herman. *Moby-Dick*. Hertfordshire: Wordsworth Classics, 1993. [Ed. Bras.: *Moby Dick*. Trad. de Berenice Xavier. Rio de Janeiro: José Olympio, 1950; *Moby Dick*. Trad. de Péricles Eugênio da Silva Ramos. São Paulo: Abril Cultural, 1971; *Moby Dick*. Trad. de Irene Hirsch e Alexandre Barbosa de Souza. São Paulo: Cosac Naify, 2008.]

MENDEZ, Fernando L. et al. "The Divergence of Neandertal and Modern Human Y Chromosomes." *American Journal of Human Genetics*, v. 98, n. 4, pp. 728-34, 2016.

MILLER, Geoffrey. *The Mating Mind: How Sexual Choice Shaped the Evolution of Human Nature*. Nova York: Anchor, 2000.

MITCHELL, P. "Coupling of Phosphorylation to Electron and Hydrogen Transfer by a Chemi-osmotic Type of Mechanism". *Nature*, v. 191, pp. 144-8, 1961.

MORRISON, Toni. Discurso do prêmio Nobel, 7 de dezembro de 1993. Disponível em: <https://www.nobelprize.org/prizes/literatura/1993/morrison/lecture/>. Acesso em: 28 jun. 2021.

NABOKOV, Vladimir. *Speak, Memory: An Autobiography Revisited*. Nova York: Alfred A. Knopf, 1999. [Ed. bras.: *A pessoa em questão: Uma autobiografia revisitada*. Trad. de Sergio Flaksman. São Paulo: Companhia das Letras, 1994; *Fala, memória*. Trad. de José Rubens Siqueira. Rio de Janeiro: Alfaguara, 2014.]

NACCACHE, L.; DEHAENE, S. "The Priming Method: Imaging Unconscious Repetition Priming Reveals an Abstract Representation of Number in the Parietal Lobes". *Cerebral Cortex*, v. 11, n. 10, pp. 966-74, 2001.

______. "Unconscious Semantic Priming Extends to Novel Unseen Stimuli". *Cognition*, v. 80, n. 3, pp. 215-29, 2001.

NAGEL, Thomas. *Mortal Questions*. Cambridge, Reino Unido: Cambridge University Press, 1979.

______. "What Is It like to Be a Bat?". *Philosophical Review*, v. 83, n. 4, pp. 435-50, 1974. [Ed. bras.: "Como é ser um morcego?". Trad. de Paulo Abrantes e Juliana Orione. *Cadernos de História e Filosofia da Ciência*, Campinas, série 3, v. 15, n. 1, pp. 245-62, jan.-jun. 2005.]

NELSON, Philip. *Biological Physics: Energy, Information, Life*. Nova York: W. H. Freeman and Co., 2014. [Ed. bras.: *Física biológica: Energia, informação, vida*. Rio de Janeiro; Guanabara Koogan, 2006.]

NEMIROW, Laurence. "Physicalism and the Cognitive Role of Acquaintance". In: LYCAN, W. (org.). *Mind and Cognitioni*. Oxford: Blackwell, 1990. pp. 490-9.

______. "Review of Nagel's Mortal Questions". *Philosophical Review*, v. 89, pp. 473-7, 1980.

NEWTON, Isaac. Carta a Henry Oldenburg, 6 de fevereiro de 1671. Disponível em: <www.newtonproject.ox.ac.uk/view/texts/normalized/NATP00003>. Acesso em: 28 jun. 2021.

NIETZSCHE, Friedrich. *Twilight of the Idols*. Trad. de Duncan Large. Oxford: Oxford University Press, 1998. [Ed. bras.: *Crepúsculo dos ídolos*. Trad. de Paulo César de Souza. São Paulo: Companhia das Letras, 2006.]

NORENZAYAN, A.; HANSEN, I. G. "Belief in Supernatural Agents in the Face of Death". *Personality and Social Psychology Bulletin*, v. 32, pp. 174-87, 2006.

NOWAK, M. A.; TARNITA, C. E.; WILSON, E. O. "The Evolution of Eusociality". *Nature*, v. 466, n. 7310, pp. 1057-62, 2010.

NOZICK, Robert. *Philosophical Explanations*. Cambridge, MA: Belknap Press, 1983.

______. "Philosophy and the Meaning of Life". In: BENATAR, David (org.). *Life, Death, and Meaning: Key Philosophical Readings on the Big Questions*. Lanham, MD: The Rowman & Littlefield Publishing Group, 2010. pp. 65-92.

NUSSBAUMER, Harry. "Einstein's Conversion from His Static to an Expanding Universe". *European Physics Journal — History*, v. 39, pp. 37-62, 2014.

OATES, Joyce Carol. "Literature as Pleasure, Pleasure as Literature". *Narrative*. Disponível em: <www.narrativemagazine.com/issues/stories-week-2015-2016/story-week/literature-pleasure-pleasure-literature-joyce-carol-oates>. Acesso em: 28 jun. 2021.

OATLEY, K. "Why Fiction May Be Twice as True as Fact". *Review of General Psychology*, v. 3, pp. 101-17, 1999.

OIZUMI, Masafumi; ALBANTAKIS, Larissa; TONONI, Giulio. "From the Phenomenology to the Mechanisms of Consciousness: Integrated Information Theory 3.0". *PLoS Computational Biology*, v. 10, n. 5, 2 maio 2014.

PAGE, Don N. "Is Our Universe Decaying at an Astronomical Rate?". *Physics Letters B*, v. 669, pp. 197-200, 2008.

______. "The Lifetime of the Universe". *Journal of the Korean Physical Society*, v. 49, pp. 711-4, 2006.

PAGE, Don N. "Particle Emission Rates from a Black Hole: Massless Particles from an Uncharged, Non-Rotating Hole". *Physical Review D*, v. 13, n. 2, pp. 198-206, 1976.

PAGE, Tim (org.). *The Glenn Gould Reader*. Nova York: Vintage, 1984.

PARKER, Eric; CLEAVES, Henderson J.; DWORKIN, Jason P. et al. "Primordial Synthesis of Amines and Amino Acids in a 1958 Miller H2S-rich Spark Discharge Experiment". *Proceedings of the National Academy of Sciences*, v. 108, n. 14, pp. 5526-31, abr. 2011.

PERLMUTTER, Saul et al. "Measurements of Ω and Λ from 42 High-Redshift Supernovae". *Astrophysical Journal*, v. 517, n. 2, p. 565, 1999.

PERUNOV, Nikolay; MARSLAND, Robert A.; ENGLAND, Jeremy L. "Statistical Physics of Adaptation". *Physical Review X*, v. 6, p. 021036-1, jun. 2016.

PICHARDO, Bárbara; MORENO, Edmundo; ALLEN, Christine et al. "The Sun Was Not Born in M67". *The Astronomical Journal*, v. 143, n. 3, pp. 73-84, 2012.

PINKER, Steven. *How the Mind Works*. Nova York: W. W. Norton, 1997. [Ed. bras.: *Como a mente funciona*. Trad. de Laura Teixeira Motta. São Paulo: Companhia das Letras, 1998.]

______. "Language as an Adaptation to the Cognitive Niche". In: KIRBY, S.; CHRISTIANSEN, M. (orgs.). *Language Evolution: States of the Art*. Nova York: Oxford University Press, 2003.

______. *The Language Instinct*. Nova York: W. Morrow and Co., 1994. [Ed. bras.:*O instinto da linguagem: Como a mente cria a linguagem*. Trad. de Claudia Berliner. São Paulo: Martins Fontes, 2002.]

PINKER, S.; BLOOM, P. "Natural Language and Natural Selection". *Behavioral and Brain Sciences*, v. 13, n. 4, pp. 707-84, 1990.

PLATH, Sylvia. *The Collected Poems*. Ed. Ted Hughes. Nova York: Harper Perennial, 1992.

PREBBLE, John; WEBER, Bruce. *Wandering in the Gardens of the Mind: Peter Mitchell and the Making of Glynn*. Oxford: Oxford University Press, 2003.

PREMACK, David; WOODRUFF, Guy. "Does the Chimpanzee Have a Theory of Mind?". *Cognition and Consciousness in Nonhuman Species*, ed. esp. de *Behavioral and Brain Sciences*, v. 1, n. 4, pp. 515-26, 1978.

PROUST, Marcel. *Remembrance of Things Past. V. 3: The Captive, The Fugitive, Time Regained*. Nova York: Vintage, 1982. [Ed. bras.: *Em busca do tempo perdido*. Trad. de Fernando Py. Rio de Janeiro: Ediouro, 2002.]

PRUM, Richard. *The Evolution of Beauty: How Darwin's Forgotten Theory on Mate Choice Shapes the Animal World and Us*. Nova York: Doubleday, 2017.

PYSZCZYNSKI, Tom; SOLOMON, Sheldon; GREENBERG, Jeff. "Thirty Years of Terror Management Theory". *Advances in Experimental Social Psychology*, v. 52, pp. 1-70, 2015.

RANK, Otto. *Art and Artist: Creative Urge and Personality Development*. Trad. de Charles Francis Atkinson. Nova York: Alfred A. Knopf, 1932.

______. *Psychology and the Soul*. Trad. de William D. Turner. Filadélfia: University of Pennsylvania Press, 1950.

REES, M. J. "The Collapse of the Universe: An Eschatological Study". *Observatory*, v. 89, pp. 193-8, 1969.

REINACH, Salomon. *Cults, Myths and Religions*. Trad. de Elizabeth Frost. Londres: David Nutt, 1912.

REVONSUO, Antti; TUOMINEN, Jarno; VALLI, Katja. "The Avatars in the Machine: Dreaming as a Simulation of Social Reality". *Open MIND*, pp. 1-28, 2015.

RODD, F. Helen; HUGHES, Kimberly A.; GRETHER, Gregory F.; BARIL, Colette T. "A Possible Non--Sexual Origin of Mate Preference: Are Male Guppies Mimicking Fruit?". *Proceedings of the Royal Society B*, v. 269, pp. 475-81, 2002.

RONEY, James R. "Likeable but Unlikely, a Review of the Mating Mind by Geoffrey Miller". *Psycoloquy*, v. 13, n. 10, art. 5, 2002.

ROSENBLATT, Abram; GREENBERG, Jeff; SOLOMON, Sheldon et al. "Evidence for Terror Management Theory I: The Effects of Mortality Salience on Reactions to Those who Violate or Uphold Cultural Values". *Journal of Personality and Social Psychology*, v. 57, pp. 681-90, 1989.

ROWLAND, Peter. *Bowerbirds*. Collingwood, Austrália: CSIRO Publishing, 2008.

RUSSELL, Bertrand. *Why I Am Not a Christian*. Nova York: Simon and Schuster, 1957. [Ed. bras.: *Por que não sou cristão: E outros ensaios sobre religião e assuntos correlatos*. Trad. de Brenno Silveira. Livraria Exposição do Livro, 1972; *Por que não sou cristão: E outros ensaios a respeito de religião e assuntos afins*. Trad. de Ana Ban. Porto Alegre: L&PM, 2008.]

______. *Human Knowledge*. Nova York: Routledge, 2009. [Ed. bras.: *Conhecimento humano: Seus escopos e seus limites*. Trad. de Renato Prelorentzou. São Paulo: Editora Unesp, 2018.]

RYAN, Michael. *A Taste for the Beautiful*. Princeton: Princeton University Press, 2018.

SACKMANN I.-J.; BOOTHROYD, A. I.; KRAEMER, K. E. "Our Sun. III. Present and Future". *Astrophysical Journal*, v. 418, p. 457, 1993.

SARTRE, Jean-Paul. *The Wall and Other Stories*. Trad. de Lloyd Alexander. Nova York: New Directions Publishing, 1975. [Ed. bras.: *O muro*. Trad. de Alcântara Silveira. Instituto Progresso Editorial (IPE), 1948. (Tradução publicada a partir de 1957 pela Civilização Brasileira; o conto aparece ainda em edições do Círculo do Livro e da Nova Fronteira.)]

SCARPELLI, Serena; BARTOLACCI, Chiara; D'ATRI, Aurora et al. "The Functional Role of Dreaming in Emotional Processes". *Frontiers in Psychology*, v. 10, p. 459, mar. 2019.

SCHEFFLER, Samuel. *Death and the Afterlife*. Nova York: Oxford University Press, 2016.

SCHMIDT, B. P. et al. "The High-Z Supernova Search: Measuring Cosmic Deceleration and Global Curvature of the Universe Using Type IA Supernovae". *Astrophysical Journal*, v. 507, p. 46, 1998.

SCHRODER, Klaus-Peter; SMITH, Robert C. "Distant Future of the Sun and Earth Revisited". *Monthly Notices of the Royal Astronomical Society*, v. 386, n. 1, pp. 155-63, 2008.

SCHRÖDINGER, Erwin. *What Is Life?* Cambridge: Cambridge University Press, 2012. [Ed. bras.: *O que é vida?: O aspecto físico da célula viva. Seguido de "Mente e matéria" e "Fragmentos autobiográficos"*. São Paulo: Editora Unesp, 2007.]

SCHVANEVELDT, R. W.; MEYER, D. E.; BECKER, C. A. "Lexical Ambiguity, Semantic Context, and Visual Word Recognition". *Journal of Experimental Psychology: Human Perception and Performance*, v. 2, n. 2, pp. 243-56, 1976.

SCHWARTZ, Joel S. "Darwin, Wallace, and the *Descent of Man*". *Journal of the History of Biology*, v. 17, n. 2, pp. 271-89, 1984.

SHAKESPEARE, William. *Measure for Measure*. Org. J. M. Nosworthy. Londres: Penguin Books, 1995. [Ed. bras.: *Medida por medida*. Trad. de Barbara Heliodora. Rio de Janeiro: Nova Fronteira, 1995; Lacerda, 2005; Nova Aguilar, 2006.]

SHAW, George Bernard. *Back to Methuselah*. Scotts Valley, CA: CreateSpace Independent Publishing Platform, 2012. [Ed. bras.: *Volta a Matusalém: Um pentateuco metabiológico; No princípio; O evangelho dos irmãos Barnabé; A coisa acontece; Tragédia de um senhor idoso; Até onde o pensamento alcança*. Trad. de João Távora. São Paulo: Melhoramentos, 1953.]

SHEFF, David. "Keith Haring, an Intimate Conversation". *Rolling Stone*, n. 589, p. 47, ago. 1989.

SHERMER, Michael. *The Believing Brain: From Ghosts and Gods to Politics and Conspiracies*. Nova York: St. Martin's Griffin, 2011.

SILVER, David; HUBERT, Thomas; SCHRITTWIESER, Julian et al. "A General Reinforcement Learing Algorithm that Masters Chess, Shogi, and Go through Self-Play". *Science*, v. 362, pp. 1140-4, 2018.

SMUTS, Aaron. "Immortality and Significance". *Philosophy and Literature*, v. 35, n. 1, pp. 134-49, 2011.

SOLOMON, Sheldon; GREENBERG, Jeff; PYSZCZYNSKI, Tom. "Tales from the Crypt: On the Role of Death in Life". *Zygon*, v. 33, n. 1, pp. 9-43, 1998.

______. *The Worm at the Core: On the Role of Death in Life*. Nova York: Random House Publishing Group, 2015.

______. "Religion and Intra-Group Cooperation: Preliminary Results of a Comparative Analysis of Utopian Communities". *Cross-Cultural Research*, v. 34, pp. 70-87, 2000.

SOSIS, R.; ALCORTA, C. "Signaling, Solidarity, and the Sacred: The Evolution of Religious Behavior". *Evolutionary Anthropology*, v. 12, pp. 264-74, 2003.

SPENGLER, Oswald. *Decline of the West*. Nova York: Alfred A. Knopf, 1986. [Ed. bras.: *A decadência do Ocidente: Esboço de uma morfologia da história universal*. Trad. de Herbert Caro. Rio de Janeiro: Zahar, 1964; Brasília: Editora UnB, 1982; Forense Universitária, 2013.]

SPERBER, Dan. *Explaining Culture: A Naturalistic Approach*. Oxford: Blackwell Publishers Ltd., 1996.

______. *Rethinking Symbolism*. Cambridge: Cambridge University Press, 1975. [Ed. bras.: *O simbolismo em geral*. Trad. de Frederico Pessoa de Barros, Oswaldo Elias Xidieh. São Paulo: Cultrix, 1978.]

STAPLEDON, Olaf. *Star Maker*. Mineola, NY: Dover Publications, 2008.

STEINHARDT, Paul J.; TUROK, Neil. "The Cyclic Model Simplified". *New Astronomy Reviews*, v. 49, pp. 43-57, 2005.

STERELNY, Kim. *The Evolved Apprentice: How Evolution Made Humans Unique*. Cambridge, MA: MIT Press, 2012.

STROUD, Barry. "The Charm of Naturalism", *Proceedings and Addresses of the American Philosophical Association*, v. 70, n. 2, nov. 1996.

STULP, G.; BARRETT, L.; TROPF, F. C.; MILLS, M. "Does Natural Selection Favour Taller Stature among the Tallest People on Earth?". *Proceedings of the Royal Society B*, v. 282, p. 20150211, 2015.

SUSSKIND, Leonard. *The Black Hole War: My Battle with Stephen Hawking to Make the World Safe for Quantum Mechanics*. Nova York: Little, Brown and Co., 2008.

SWIFT, Jonathan. *Gulliver's Travels*. Nova York: W. W. Norton, 1997. [Ed. bras.: *Viagens de Gulliver*. Trad. de Paulo Henriques Britto. São Paulo: Companhia das Letras, 2010.]

SZENT-GYÖRGYI, Albert. "Biology and Pathology of Water". *Perspectives in Biology and Medicine*, v. 14, n. 2, pp. 239-49, 1971.

THE EPIC of Gilgamesh: The Babylonian Epic Poem and Other Texts in Akkadian and Sumerian. Trad. para o inglês de Andrew George. Londres: Penguin Classics, 2003. [Ed. bras.: *Ele que o abismo viu: Epopeia de Gilgámesh*. Trad. de Jacyntho Lins Brandão. São Paulo: Autêntica, 2017.]

THE RIG Veda. Trad. para o inglês de Wendy Doniger. Nova York: Penguin Classics, 2005.

THE UPANISHADS. Trad. para o inglês de Ma Müller. Oxford: The Clarendon Press, 1879.

'T HOOFT, G. "Computation of the Quantum Effects due to a Four-Dimensional Pseudoparticle". *Physical Review D*, v. 14, p. 3432, 1976.

THOREAU, Henry David. *The Journal 1837-1861*. Nova York: New York Review Books Classics, 2009.

Time, v. 41, n. 1, p. 42, 5 abr. 1943.

TOLMAN, Richard C. "On the Problem of the Entropy of the Universe as a Whole". *Physical Review*, v. 37, pp. 1639-60, 1931.

______. "On the Theoretical Requirements for a Periodic Behavior of the Universe". *Physical Review*, v. 38, pp. 1758-71, 1931.

TOMASELLO, Michael. "Universal Grammar Is Dead". *Behavioral and Brain Sciences*, v. 32, n. 5, pp. 470-1, out. 2009.

TONONI, Giulio. *Phi: A Voyage from the Brain to the Soul*. Nova York: Pantheon, 2012.

TOOBY, John; COSMIDES, Leda. "Does Beauty Build Adapted Minds? Toward an Evolutionary Theory of Aesthetics, Fiction and the Arts". *SubStance*, v. 30, n. 1/2, ed. 94-95, pp. 6-27, 2001.

______. "The Psychological Foundations of Culture". In: BARKOW, Jerome H.; COSMIDES, Leda; TOOBY, John (orgs.). *The Adapted Mind: Evolutionary Psychology and the Generation of Culture*. Oxford: Oxford University Press, 1992. pp. 19-136.

TREMLIN, Todd. *Minds and Gods: The Cognitive Foundations of Religion*. Oxford: Oxford University Press, 2006.

TRINKAUS, Erik; BUZHILOVA, Alexandra; MEDNIKOVA, Maria; DOBROVOLSKAYA, Maria. *The People of Sunghir: Burials, Bodies and Behavior in the Earlier Upper Paleolithic*. Nova York: Oxford University Press, 2014.

TRIVERS, Robert. "Parental Investment and Sexual Selection". In: CAMPBELL, Bernard G. (org.). *Sexual Selection and the Descent of Man: The Darwinian Pivot*. Chicago: Aldine Publishing Company, 1972.

TYLOR, Edward Burnett. *Primitive Culture*. Londres: John Murray, 1873; Dover Reprint Edition, 2016. v. 2, p. 24.

UCKO, Peter J.; ROSENFELD, Andreé. *Paleolithic Cave Art*. Nova York: McGraw-Hill, 1967, pp. 117-23, 165-74.

VALLEY, John W.; PECK, William H.; KING, Elizabeth M.; WILDE, Simon A. "A Cool Early Earth". *Geology*, v. 30, pp. 351-4, 2002.

VILENKIN, A. "Predictions from Quantum Cosmology". *Physical Review Letters*, v. 74, p. 846, 1995.

______. *Many Worlds in One*. Nova York: Hill and Wang, 2006.

WAGONER, R. V. "Test for the Existence of Gravitational Radiation". *Astrophysical Journal*, v. 196, p. L63, 1975.

WALLACE, Alfred Russel. *Natural Selection and Tropical Nature*. Londres: Macmillan and Co., 1891.

______. "Sir Charles Lyell on Geological Climates and the Origin of Species". *Quarterly Review*, v. 126, pp. 359-94, 1869.

WATSON, J. D.; CRICK, F. H. C. "Molecular Structure of Nucleic Acids: A Structure for Deoxyribose Nucleic Acid". *Nature*, v. 171, pp. 737-8, 1953.
WEBB, Taylor; GRAZIANO, M. "The Attention Schema Theory: A Mechanistic Account of Subjective Awareness". *Frontiers in Psychology*, v. 6, p. 500, 2015.
WERTHEIMER, Max. *Productive Thinking*. Ed. ampl. Nova York: Harper and Brothers, 1959.
WHEELER, John Archibald; ZUREK, Wojciech. *Quantum Theory and Measurement*. Princeton: Princeton University Press, 1983.
WHITEHEAD, Alfred North. *Science and the Modern World*. Nova York: The Free Press, 1953. [Ed. bras.: *A ciência e o mundo moderno*. Trad. de Hermann Herbert Watzlawick. São Paulo: Paulus, 2006.]
WIGNER, Eugene. *Symmetries and Reflections*. Cambridge, MA: MIT Press, 1970.
WILKINS, Maurice. *The Third Man of the Double Helix*. Oxford: Oxford University Press, 2003.
WILLIAMS, Bernard. *Problems of the Self*. Cambridge: Cambridge University Press, 1973.
WILLIAMS, Tennessee. *Cat on a Hot Tin Roof*. Nova York: New American Library, 1955. [Ed. bras.: *Gata em telhado de zinco quente + A Descida de Orfeu e A Noite do Iguana*. Trad. de Augusto Cesar. São Paulo: É Realizações, 2016.]
WILSON, David Sloan. *Darwin's Cathedral: Evolution, Religion and the Nature of Society*. Chicago: University of Chicago Press, 2002.
______. *Does Altruism Exist? Culture, Genes and the Welfare of Others*. New Haven: Yale University Press, 2015.
WILSON, E. O. *Sociobiology: The New Synthesis*. Cambridge, MA: Harvard University Press, 1975.
WILSON, K. G. "Critical Phenomena in 3.99 Dimensions". *Physica*, v. 73, p. 119, 1974.
WITTGENSTEIN, Ludwig. *Tractatus Logico-Philosophicus*. Nova York: Harcourt, Brace & Company, 1922. [Ed. bras.: *Tractatus Logico-Philosophicus*. Trad. de Luiz Henrique Lopes dos Santos. São Paulo: Edusp, 2017.]
WITZEL, Michael. *The Origins of the World's Mythologies*. Nova York: Oxford University Press, 2012.
WOOSLEY, S. E.; HEGER, A.; WEAVER, T. A. "The Evolution and Explosion of Massive Stars". *Reviews of Modern Physics*, v. 74, pp. 1015-71, 2002.
WRANGHA, Richard. *Catching Fire: How Cooking Made Us Human*. Nova York: Basic Books, 2009.
YEATS, W. B. *Collected Poems*. Nova York: Macmillan Collector's Library Books, 2016.
YOURCENAR, Marguerite. *Oriental Tales*. Nova York: Farrar, Straus and Giroux, 1985. [Ed. bras.: *Contos orientais*. Trad. de Gaëtan Martins de Oliveira. Lisboa: Dom Quixote, 1999.]
ZAHAVI, Amotz. "Mate Selection: A Selection for a Handicap". *Journal of Theoretical Biology*, v. 53, n. 1, pp. 205-14, 1975.
ZUCKERMAN, M. "Sensation Seeking: A Comparative Approach to a Human Trait". *Behavioral and Brain Sciences*, v. 7, pp. 413-71, 1984.
ZUNSHINE, Lisa. *Why We Read Fiction: Theory of Mind and the Novel*. Columbus: Ohio State University Press, 2006.

Índice remissivo

ESTA OBRA FOI COMPOSTA PELA SPRESS EM MINION E IMPRESSA PELA
GRÁFICA SANTA MARTA EM OFSETE SOBRE PAPEL PÓLEN SOFT DA SUZANO S.A.
PARA A EDITORA SCHWARCZ EM AGOSTO DE 2021

A marca FSC® é a garantia de que a madeira utilizada na fabricação do papel deste livro provém de florestas que foram gerenciadas de maneira ambientalmente correta, socialmente justa e economicamente viável, além de outras fontes de origem controlada.